国家级实验教学示范中心联席会

计算机学科组规划教材

C语言程序设计

面向"新工科"人才培养 微课视频版

徐新爱 主 编

朱莹婷 卢昕 秦春影 黄水发 王丽娜 副主编

清华大学出版社

北京

内 容 简 介

全书由浅入深地介绍了 C 语言的基本理论、基本知识以及编程的基本技能和方法,使读者能全面、系统地理解和掌握利用 C 语言进行程序设计的方法,更注重培养初学者使用计算机程序设计语言解决实际问题的能力。全书的源程序都在 Dev-C++ 6.3 上实现。全书共 12 章,第 1 章全面介绍 C 语言的概貌,包括编程的预备知识、程序设计语言的发展过程、结构化程序设计的基本特点以及 C 语言的开发环境,第 2～6 章介绍 C 语言的基础语法知识和 3 种基本程序控制结构,包括关键字与标识符、常量与变量、基本数据类型、运算符与表达式等,以及顺序结构、选择结构、循环结构 3 种基本程序控制结构,第 7、8 章和第 10～12 章介绍 C 语言函数和构造数据类型等的使用,包括数组、函数、结构体、共用体、文件和预处理命令等,第 9 章介绍 C 语言的精髓——指针。每章后面均附有习题,以供读者练习。

本书融合了课程思政元素,强化育人导向,主要作为计算机及相关学科本科生的课程教材,也可供相关领域的研究人员和工程技术人员参考。

图书在版编目(CIP)数据

C 语言程序设计: 面向"新工科"人才培养: 微课视频版/徐新爱主编. —北京: 清华大学出版社,2023.8
国家级实验教学示范中心联席会计算机学科组规划教材
ISBN 978-7-302-64086-8

Ⅰ. ①C…　Ⅱ. ①徐…　Ⅲ. ①C 语言－程序设计－教材　Ⅳ. ①TP312.8

中国国家版本馆 CIP 数据核字(2023)第 130503 号

责任编辑: 郑寅堃　李　燕
封面设计: 刘　键
责任校对: 申晓焕
责任印制: 曹婉颖

出版发行: 清华大学出版社
　　　　网　　　址: http://www.tup.com.cn, http://www.wqbook.com
　　　　地　　　址: 北京清华大学学研大厦 A 座　　邮　　编: 100084
　　　　社 总 机: 010-83470000　　　　邮　　购: 010-62786544
　　　　投稿与读者服务: 010-62776969, c-service@tup.tsinghua.edu.cn
　　　　质量反馈: 010-62772015, zhiliang@tup.tsinghua.edu.cn
　　　　课件下载: http://www.tup.com.cn,010-83470236
印 装 者: 三河市铭诚印务有限公司
经　销: 全国新华书店
开　本: 185mm×260mm　　印　张: 23.75　　　字　数: 581 千字
版　次: 2023 年 9 月第 1 版　　　　　　　　印　次: 2023 年 9 月第 1 次印刷
印　数: 1～1500
定　价: 69.90 元

产品编号: 100420-01

前 言

随着人工智能、物联网、大数据、5G 等新一代信息技术加速发展,科技创新人才的需求不断增加。习近平总书记在党的二十大报告中强调指出,"必须坚持科技是第一生产力、人才是第一资源、创新是第一动力,要坚持教育优先发展、科技自立自强、人才引领驱动,加快建设教育强国、科技强国、人才强国"。高等教育进入高质量发展阶段,建设高质量高等教育体系是摆在高等教育面前的重大历史使命和政治责任。高等教育要坚持国家战略引领,聚焦重大需求布局,推进新工科、新医科、新农科、新文科建设,加快培养紧缺型人才。

"C 语言程序设计"是计算机及相关专业的一门专业基础课。通过该课程的教学,帮助学生了解结构化程序设计基本思想和方法,并养成良好的编程风格;掌握利用计算机处理问题的思维方式和程序设计的基本方法以及编程技巧;运用 C 语言编写程序,掌握基本的程序调试方法,为进一步学习后续课程和将来从事应用软件开发奠定良好的基础。本课程以程序设计的方法为主线,注重培养和训练学生的程序设计思维方法。

C 语言是一种被广泛使用的高级程序设计语言,具有丰富灵活的控制结构和数据结构、简洁高效的表达式语句、清晰的程序结构和良好的可移植性等优点。此外,C 语言还具有直接操纵计算机硬件的强大能力,因此成为编程者学习的基础语言。许多新型的语言,如 C++、Java、C♯、J♯ 和 Perl 等都以 C 语言为基础。

本书是江西省一流本科课程和校级共享资源建设课程"高级语言程序设计"的配套教材,也可作为面向"新工科"人才培养的教材及读者自学的参考书。《C 语言程序设计》第 1 版于 2014 年出版,于 2017 年进行了改版,现增加微课视频,更新部分章节内容,出版本书。编写团队在多年的教学经验和"新工科"理念的指导下,融合课程思政元素,以优秀案例为依托,将核心内容和问题求解结合起来,帮助读者重新领略 C 语言的独特魅力和思想。

在写作理念上,本书以"新工科"理念为指导,以典型案例为依托,理论联系实际,以培养计算机求解问题的思维为核心。本书内容全面,概念清晰,层次分明,语言通俗易懂,引导并启发读者掌握知识及运用知识,举一反三,激发创新思维,培养读者分析问题和解决问题的能力,并体验编程的乐趣。

在内容写作上,每章都包括学习导读、内容导学和育人目标,每节都以问题为导向,为读者学习和教师讲授提供参考。第3～12章的章末均有知识梳理和常见上机问题及解决方法。知识梳理以简略知识导图形式呈现,常见上机问题及解决方法有助于提醒读者在编写程序时容易出错的知识点,使读者养成良好的编程习惯。此外,部分章节还增加了扩展阅读(如C语言之父、程序调试方法和技巧、古人的智慧、计算机程序设计大赛、中国芯),帮助读者深入了解程序设计的过去、现在和未来,培养明德、力行、明责、知行合一的精神。

本书的特色体现在以下几方面。

(1) 融合课程思政元素,注重育人导向。在编写过程中,每章都有育人目标,各案例深入挖掘与内容相关的课程思政元素,强化育人导向。注重对读者理想信念、价值理念和道德观念的引领,使读者在阅读中提升专业技能的同时,潜移默化地进行人格的塑造。

(2) 案例丰富多样,夯实基础知识。每章内容都融入大量的典型案例,如哥德巴赫猜想、"蓝桥杯"省赛和国赛试题等。案例分析包括多角度的算法分析、建立算法模型、培养学生解决问题的能力、训练计算思维。

(3) 注重典型应用,培养计算思维。每章都安排了多个典型应用案例,都是以问题描述、算法分析、建立模型、编写源程序、源代码展示、运行结果的形式呈现。讲解结束之后,增加了举一反三,例题后面增加了拓展思考,进一步加大创新性和挑战度。

(4) 加强实验实践,提升应用能力。每章都配备了丰富的实验实践习题,类型多样,由易到难,具有广泛的代表性和实践性,有助于读者通过编程训练进一步提高综合应用能力。同时,配套出版了《C语言程序设计上机指导与习题解答》,提供了全部习题解答和实验指导,帮助读者更好地掌握C语言程序设计的核心方法。

(5) 建设资源丰富,支持线上线下混合式教学。本课程已在超星学银MOOC平台上线,精心打造了配套的多类型教辅资源,如全部视频、全部课件及相关资料等,读者可扫描二维码获取,并可结合视频进行学习。扫描本书知识点对应的二维码,可观看部分教学视频。

本书全面介绍了C语言的基本理论、知识和编程技能,帮助读者全面、系统地掌握用C语言进行程序设计的方法,强调培养初学者解决实际问题的能力。书中不仅涵盖了C语言的基础知识,还重点讲解了C语言程序的详细实现方法,所有源程序都使用Dev-C++ 6.3实现。

本书由徐新爱进行顶层设计和编写,参与编写工作的还有卢昕(负责第1～4章)、秦春影(负责第5～8章)、朱莹婷(负责第9～12章)、王丽娜和黄水发(负责部分章节),胡佳、吴瑜鹏老师参与了初稿校对工作。本书还得到了南昌师范学院全体计算机教师的大力支持,在此深表感谢。

由于编者水平有限,书中难免存在不足和疏漏之处,希望广大读者能提出宝贵的修改意见和建议。

编　者

2023 年 6 月

目 录

随书资源

第1章

概 述

CHAPTER **1**

◇ **学习导读**

从了解计算机语言相关的基础知识开始 C 语言编程的学习,明确编程过程中可能会遇到的问题,做好相应的心理准备。

本章首先介绍编程的预备知识,然后逐步介绍计算机程序设计语言的基础知识,最后介绍 C 语言的发展历史及特点、C 语言常用的几种编译平台和 C 语言程序编译的基本步骤。

◇ **内容导学**

(1) 编程的预备知识。

(2) 程序设计语言的发展。

(3) 程序设计的基本过程。

(4) C 语言的发展及特点。

(5) C 语言的开发环境。

(6) Dev-C++ 6.3 编译 C 语言程序的基本步骤。

◇ **育人目标**

《论语》的"欲速则不达"意为:违背规律,一味求快,反而达不到目的。——脚踏实地,戒骄戒躁。

从世界上第一台电子计算机的诞生到第一种程序设计语言的产生,科学技术始终伴随着人类的发展与进步。"蛟龙"深潜、"嫦娥"揽月、"羲和"浴日,云计算、人工智能、大数据等数字技术发挥积极作用,C919 大型客机交付用户、载人航天创造多个"首次"等一系列我国重大创新成果竞相涌现,一些前沿领域开始进入并跑、领跑阶段,中国科技实力正在从量的积累迈向质的飞跃、从点的突破迈向系统能力提升。科技推动生产力发展,在实现第二个百年目标的新征程上,中国的科技工作者们在科技创新和发展的道路上百舸争流、奋勇前进。

🔑 1.1　编程的预备知识

本节主要讨论以下问题：

（1）如何做好编程的心理准备？

（2）编程是什么？

（3）在计算机中，如何表示数据？又如何存储？

从 1946 年美国宾夕法尼亚大学的两位教授 John Mauchly 和 J. Eckert 设计并制造了电子数字积分计算机（ENIAC）以来，计算机硬件、软件技术发生了日新月异的变化。一直以来，科学家们都在为计算机赋以更高的智能而不断搜索、研究，将人类遇到的各类问题转换为计算机能够进行处理的问题，如智慧交通、智慧教育和万物互联等，按照计算机的思维去思考、去实现，这样就出现了计算思维。也就是如何以计算机的思维去解决问题，而编程就是与计算机对话的最佳方式。编程就是程序设计，这是一项需要反复实践、不断坚持的科学活动。成为一名编程者，应该具备哪些预备知识呢？

1.1.1　学习编程的心理准备

随着信息技术及互联网的普及，人们对计算机功能的要求也越来越高，如办公自动化、购物网络化、理财网络化、生活智能化和学习 App 普及化，以及城市智能化等。有预言说，编程技能变得越来越重要，将会变成 21 世纪生存技能中的核心竞争力。同时，随着时间的推移，编程的工作岗位也将有大幅增加。根据国家统计局的年度数据和月度数据，2022 年11 月软件业务收入累计值达到 94 671.7 亿元，软件产品收入累计值达 22 922.8 亿元。2016 年至今，信息传输、计算机服务和软件业其他单位就业人员平均工资均居各行业平均工资的首位，2021 年达到了每人年均 20 余万元。有数据显示，预计到 2023 年底，全球软件开发人员将达到 2770 万，其中增长最快的国家是中国（到 2023 年将占 6%～8%）。因此，希望有志于编程的读者能够继续努力学习，早日成为一名优秀的 IT 行业从业人员。

1. 培养兴趣，对事物永远保持一颗好奇心

兴趣即兴致，是对事物喜好或关切的情绪。心理学认为兴趣是人们力求认识某种事物和从事某项活动的意识倾向。它表现为人们对某件事物、某项活动的选择性态度和积极的情绪反应。兴趣在人的实践活动中具有重要的意义，可以使人集中注意力，产生愉快紧张的心理状态。如果一直待在兴趣范围内，就会产生学习的欲望。同时，对事物保持一颗好奇心，也会激发学习的动力，从而积极地开展学习，享受学习的过程和学习带来的成就感，形成良性循环。

2. 制订目标，通过实现目标获得成就感

在学习的过程中，制订计划是达到有效学习的一个重要方法。大学生活平淡无奇，有时觉得自己在不断地浪费时间，没有学到具体的知识，没有实现自己的目标。怎么办呢？最有效、直接的方法就是制订自己的学习计划。计划可以包括短期的计划，如日计划、周计划，也可以是长期的计划，如月计划、学期计划或学年计划。通过制订计划，按照计划去完成一定的目标。在完成一定的学习目标后，可以适当对自己进行奖励或与同学、朋友一起分享，让自己的学习热情更持久，成就感也就会更加强烈，就有了挑战下一个目标的动力。同时，还可以积极参加一些计算机专业的学科竞赛,拓展自己的视野,结交更多志同道合的朋友,制订更高的目标。除此之外,也可以制订计划去考一些计算机的专业水平认证证书,如计算机技术与软件专业技术资格证书、微软认证、思科认证等。

3. 动手动脑,提高学习效果

很多学生在学习编程的过程中,经常会有这样的问题,"书都看了,也都看懂了,但还是写不出代码"。这种情况一般都是因为没有积极主动地去思考和练习所致。在阅读程序的过程中,还要不断思考为什么要这样写,甚至可以质疑书上的内容,做到举一反三。在解决问题的过程中,如果有哪个环节存在疑问,一定要积极地去解决,绝不要把问题带到下一个学习环节。实践是提高编程能力的唯一途径。

1.1.2　认识编程

人与人之间交流的语言称为自然语言(Natural Language),而计算机是一种机器,它能够识别的语言称为机器语言(Machine Language)。可见,人与计算机使用的是不同的语言,人不可能去学习计算机的机器语言,计算机也不可能学习人类的自然语言。因此,

科学家们就设计了人与机器之间交流的工具——编程语言(Programming Language),又称为程序设计语言(Program Design Language,PDL)。其中,想到利用程序设计语言来解决问题的人是德国工程师康拉德·楚泽(1910—1995 年),他提出了计算机程序控制的基础概念,并于 1941 年制造出世界上第一台基于二进制浮点数和交换系统的可编程电子数字计算机 Z-3。这台计算机共设有 2600 个继电器,用穿孔纸带输入,实现了二进制数程序控制。Z-3 能达到每秒 3～4 次加法的运算速度,或者在 3～5 秒内完成一次乘法运算。1942 年,在紧张研究的间隙里,他编写了世界上第一个下国际象棋的计算机程序。楚泽因此也被称为编程语言之父和数字计算机之父,如图 1-1 所示。

图 1-1　编程语言之父康拉德·楚泽与他的 Z-3 计算机

编程就是让计算机为解决某个问题而使用某种编程语言编写程序代码,并最终得到结果的过程。为了使计算机能够理解人的意图,人类就必须要将解决问题的思路、方法和手段通过计算机能够理解的形式告诉计算机,使计算机能够根据人的指令一步一步去工作,完成某种特定的任务。这种人和计算机之间交流的过程就是编程。

通过编程语言,人类将问题转换成语言中的合法符号表达出来,然后通过转换软件将其转换成机器语言,最终交由计算机执行。在这个过程中,能使用编程语言写程序,并以此为职业的人,称为程序员(Programmer),或者程序设计师。程序员写出来的原始程序称为源代码(Source Code)、代码(Code)或源码。编程的基本过程如图 1-2 所示。

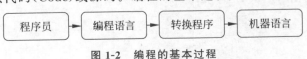

图 1-2　编程的基本过程

1.1.3 数据在计算机中的存储形式

计算机处理的信息可以是数字、文字、图像、声音等,这些信息数据分为数值型数据和非数值型数据。但不管是哪种类型的信息,在计算机中最终都以二进制数据信息来表示和处理。因此,需要计算机加工处理信息时,首先必须按一定的规则将信息转换成二进制数。以下开始介绍计算机中数据的存储方式。

1. 计算机中的存储单位

随着计算机技术的发展,计算机的存储容量在不断扩充,存储单位也在不断出现,尤其是大数据时代下,存储单位在原有的 Byte、KB、MB、GB 基础上出现了 TB、PB、EB、ZB、YB、BB、DB、NB 等。它们之间的换算关系如下所示。

8bit=1Byte(字节)	1024B=1KB (KiloByte,千字节)
1024KB=1MB(MegaByte,兆字节)	1024MB=1GB(GigaByte,吉字节)
1024GB=1TB(TeraByte,太字节)	1024TB=1PB(PetaByte,拍字节)
1024PB=1EB(ExaByte,艾字节)	1024EB=1ZB(ZetaByte,泽字节)
1024ZB=1YB(YottaByte,尧字节)	1024YB=1BB(Brontobyte,步字节)
1024BB=1NB(NonaByte,诺字节)	1024NB=1DB(DoggaByte,刀字节)

计算机处理数据是把数据存放在计算机硬件系统的内存中。计算机系统的内存储器分为若干存储单元,每个存储单元的大小为 1 字节(Byte)。字节是计算机存储容量的基本单位,每字节由 8 个二进制位(bit)组成。每字节中的每个二进制位的取值是 0 或 1,最右端的二进制位称为最低位或第 0 位,最左端的二进制位称为最高位或第 7 位。一个字符占用 1字节,一个汉字占用 2 字节。CPU 一次能处理的二进制数的位数称为计算机的字长,如 32位、64 位。

2. 进制

进位制简称进制,是人们规定的一种进位方法。计算机表示数有多种进制方法,常用的有十进制、八进制、十六进制和二进制。十进制是人们日常生活中使用的进制。因此,给定的一个数在没有特别说明的情况下都以十进制表示。因为二进制形式具有容易表示、运算规则简单和节省设备的优点,数据在计算机中是以二进制形式存储的。但为了方便,又引入了八进制和十六进制。

对于任何 R 进制,表示只用 R 个基本符号(0～R−1)表示数值,R 称为该数制的基数(Radix)。在 R 进制数进行运算时,逢 R 进一。例如,十进制组成的数只包括 0～9 这 10 个数字,它的基数是 10,运算规则是逢十进一。不同进制的共同特点如下所述。

(1) 每一种数制都有固定的数字。例如,十进制数制的基本数字有 $0,1,2,\cdots,9$。二进制数制的基本数字有两个,即 0 和 1。

(2) 每一种数制都可以使用位置表示法。即处于不同位置的数符(a_i)所代表的值不同,与它所在位的权值(如 2^i)有关。例如,二进制整数 M 和小数 N 分别表示如下。

二进制整数 M:$M=(a_n a_{n-1}\cdots a_1 a_0)_2$
$$=a_n\times 2^n+a_{n-1}\times 2^{n-1}+\cdots+a_1\times 2^1+a_0\times 2^0$$
二进制小数 N:$N=(a_{-1}a_{-2}\cdots a_{-m})_2$
$$=a_{-1}\times 2^{-1}+a_{-2}\times 2^{-2}+\cdots+a_{-m}\times 2^{-m}$$

从上面的表示可以看出,位置表示法中每个数符的权值正好是基数 2 的某次幂,幂的次数就是该数符所在的位置。因此,对任何一种进位计数制表示的数都可以写成按权展开的多项式。

计算机表示数的不同进制的数码、基数、权和运算规则如表 1-1 所示,以 n 位整数和 m 位小数为例。

表 1-1　不同进制的数码、基数、权和运算规则

数　制	十 进 制 数	二 进 制 数	八 进 制 数	十六进制数
数码	$0\sim9$	$0,1$	$0\sim7$	$0\sim9,A\sim F(a\sim f)$
基数	10	2	8	16
权	从低位到高位依次为 $10^0,10^1,10^2,\cdots,10^{n-1}$;从低分位到高分位依次为 $10^{-1},10^{-2},10^{-3},\cdots,10^{-m}$	从低位到高位依次为 $2^0,2^1,2^2,\cdots,2^{n-1}$;从低分位到高分位依次为 $2^{-1},2^{-2},2^{-3},\cdots,2^{-m}$	从低位到高位依次为 $8^0,8^1,8^2,\cdots,8^{n-1}$;从低分位到高分位依次为 $8^{-1},8^{-2},8^{-3},\cdots,8^{-m}$	从低位到高位依次为 $16^0,16^1,16^2,\cdots,16^{n-1}$;从低分位到高分位依次为 $16^{-1},16^{-2},16^{-3},\cdots,16^{-m}$
运算规则	逢十进一	逢二进一	逢八进一	逢十六进一

3. 进制间的相互转换

(1) 八进制数、十六进制数、二进制数转换为十进制数。八进制数、十六进制数、二进制数转换为十进制数的规则是将八进制、十六进制、二进制的数按权展开,然后计算该多项式的各项总和,此"和"就是十进制表示的数。

【例 1-1】 将二进制数 1011.1 转换为十进制数。

$$1\times2^3+0\times2^2+1\times2^1+1\times2^0+1\times2^{-1}=11.5$$

【例 1-2】 将八进制数 13.1 转换为十进制数。

$$1\times8^1+3\times8^0+1\times8^{-1}=11.125$$

【例 1-3】 将十六进制数 13.1 转换为十进制数。

$$1\times16^1+3\times16^0+1\times16^{-1}=19.0625$$

(2) 十进制数转换为八进制数、十六进制数、二进制数。十进制数转换为八进制数、十六进制数、二进制数的规则分两部分进行,整数部分除以基数(R)取余直至商为 0,小数部分乘以基数(R)取整直至结果为 1 或根据需要来决定位数。

【例 1-4】 将十进制数 10.25 转换为二进制数。

具体方法如下。

因是将十进制数转换为二进制数,所以基数是 2。将 10.25 的整数部分 10 不断除以 2,每一步取余,直至商为 0;将 10.25 的小数部分 0.25 不断乘以 2,每步取结果的整数部分,然后用其小数部分乘以 2 直至整数部分为 1 或计算结果接近于 1。具体步骤如图 1-3 所示。

将十进制数转换为八进制数、十进制数转换为十六进制数都与上面的步骤一样,只是将 2 改成 8 或者 16。

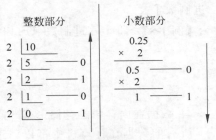

图 1-3　转换过程

（3）二进制数与八进制数或十六进制数的相互转换。二进制数转换成八进制数的规则是：以小数点为分界点，把二进制数的整数部分从右往左每3位分成一组，不够3位的前面补0；把二进制数的小数部分从左往右每3位分成一组，不够3位的后面补0，然后把每一组对应的十进制数算出，最后将每组对应值顺序排列起来就得到了相应的八进制数。

【例 1-5】 将二进制数 10101111.10111 转换为八进制数。

具体步骤如下。

第1步(划分组)：　　　　　　　　　(010　　101　　111.101　　110)$_2$

第2步(求各组对应的八进制数)：　　2　　5　　7. 5　　6

第3步(最终求得八进制数)：　　　257.56

二进制数转换成十六进制数的规则是：以小数点为分界点，把二进制数的整数部分从右往左每4位分成一组，不够4位的前面补0；把二进制数的小数部分从左往右每4位分成一组，不够4位的后面补0，然后把每一组对应的十六进制数算出，最后将每组对应值顺序排列起来就得到了相应的十六进制数。

【例 1-6】 将二进制数 10101111.10111 转换为十六进制数。

具体步骤如下。

第1步(划分组)：　　　　　　　　　(1010　　1111.1011　　1000)$_2$

第2步(求各组对应的十六进制数)：　　A　　F. B　　8

第3步(最终求得十六进制数)：　　　AF.B8

反过来，将一个八进制数或十六进制数转换为二进制数的规则是将该八进制数或十六进制数的每一位，按照十进制数转换为二进制数的方法变成用3位或4位二进制数表示的顺序序列，就转换为二进制数了。如果整数部分最高位或小数部分最低位是0，可以省略不写。

【例 1-7】 将八进制数 257.56 转换为二进制数。

$$2　　5　　7. 5　　6$$
$$=(010　　101　　111.101　　110)_2$$
$$=(10101111.10111)_2$$

同样，将一个十六进制数转换为二进制数的规则是将该十六进制数的每一位，按照十进制数转换为二进制数的方法变成用4位二进制数表示的序列，然后按照顺序排列，就转换为二进制数了。

【例 1-8】 将十六进制数 AF.B8 转换为二进制数。

$$A　　F. B　　8$$
$$=(1010　　1111.1011　　1000)_2$$
$$=(10101111.10111)_2$$

4. 数据在内存中的存储形式

所有的数据在计算机中都以二进制形式存放，其机内表示形式称为机器数。机器数的表示方法通常有原码、反码和补码3种形式。根据它们的运算规则，补码运算最简单，可连同符号位一起参与运算。因此，计算机系统规定：数据都是以补码的形式存放在内存中。

（1）原码。数值的原码是指将最高位用作符号位,其他各位表示数据值本身绝对值的二进制形式。其中 0 表示正号,1 表示负号。

【例 1-9】　若采用 8 个二进制位存储以下数据(此位数称为机器字长),则:

$[+1]_{原} = 0000\ 0001$　　　　　$[-1]_{原} = 1000\ 0001$

$[+45]_{原} = 0010\ 1101$　　　　$[-45]_{原} = 1010\ 1101$

（2）反码。对于一个带符号的数来说,正数的反码与其原码相同,负数的反码为其原码除符号位以外的各位按位取反。

【例 1-10】　若机器字长 n 等于 8,则:

$[+1]_{反} = 0000\ 0001$　　　　　$[-1]_{反} = 1111\ 1110$

$[+45]_{反} = 0010\ 1101$　　　　$[-45]_{反} = 1101\ 0010$

（3）补码。数值的补码的最高位是符号位,其他位取决于该数是正数还是负数。其中,正数的补码与其原码相同,负数的补码为其反码加 1。

【例 1-11】　若机器字长 n 等于 8,则:

$[+1]_{补} = 0000\ 0001$　　　　　$[-1]_{补} = 1111\ 1111$

$[+45]_{补} = 0010\ 1101$　　　　$[-45]_{补} = 1101\ 0011$

1.2　程序设计语言的基础

视频讲解

本节主要讨论以下问题。

（1）什么是程序设计语言? 有哪些程序设计语言?

（2）程序设计语言有什么特点? 未来发展如何?

（3）如何用程序设计语言进行程序设计?

自 1946 年冯·诺依曼提出冯·诺依曼原理以来,如何简单方便地将数据和指令(存储地址码、操作码)输入计算机,让计算机按照此指令运行,一直是人们追求的目标。对计算机工作人员而言,程序设计语言也是除计算机本身之外的所有工具中最重要的工具。由于程序设计语言的重要性,从计算机问世至今,人们一直在为研制更新更好的程序设计语言而努力。随着计算机的日益普及和性能的不断改进,程序设计语言也相应得到了迅猛发展。目前已问世的各种程序设计语言有成千上万种,但其中只有极少数得到了人们的广泛认可。

1.2.1　程序设计语言的发展

编程语言又称为程序设计语言,是一组用来定义计算机程序的语法规则,是进行程序设计的必备工具。它是一种被标准化的交流技巧,用来向计算机发出指令。自 20 世纪 60 年代以来,世界上公布的程序设计语言已有上千种之多,但是只有很小一部分得到了广泛应用。程序设计语言的发展历程如图 1-4 所示。

从程序设计语言的发展历程来看,程序设计语言可以分为 5 代,其中除第 1 代之外,其余 4 代都属于高级语言,其中第 2 代语言和第 3 代语言往往习惯于作为高级语言的典型代表,而第 4 代语言和第 5 代语言更具有特定的应用,因此,下面将计算机程序设计语言的发展分为 4 个阶段进行介绍。

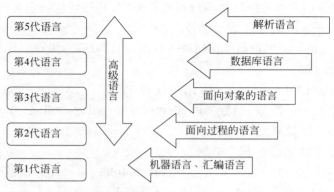

图 1-4　程序设计语言的发展历程

1. 第 1 阶段

第 1 代语言属于程序设计语言发展的第 1 阶段,简称为 1GL,又称为低级语言。这代语言包括机器语言和汇编语言,是计算机诞生和发展初期使用的语言。

(1) 机器语言。机器语言是计算机能够唯一识别的语言,也称为面向机器的语言。机器语言程序是由二进制数字"0""1"组成的串,依赖具体的计算机系统,因而程序的通用性、移植性都很差。使用机器语言编写的程序,由于每条指令都对应计算机一个特定的基本动作,所以程序占用内存少、执行效率高。但是,使用机器语言编程对程序员来说是一件非常痛苦和困难的事情,一不小心,"0"写成了"1",就可能会造成灾难性的后果。

(2) 汇编语言。为了解决使用机器语言编写应用程序所带来的困难,人们想到了使用助记符号来代替不容易记忆的机器指令,如用 ADD 代表加法。像这种使用助记符号来表示计算机指令的语言称为符号语言,也称汇编语言。在汇编语言中,每一条用符号来表示的汇编指令与计算机机器指令一一对应;记忆难度减少了,而且易于检查和修改程序错误,指令、数据的存放位置也可以由计算机自动分配。

用汇编语言编写的程序称为源程序,但是,计算机不认识这些符号。这就需要一个专门

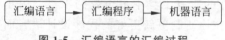

图 1-5　汇编语言的汇编过程

的媒介程序,专门负责将这些符号翻译成机器语言,像这种翻译程序被称为汇编程序。汇编语言的汇编过程如图 1-5 所示。

使用汇编语言编写计算机程序,需要程序员十分熟悉计算机系统的硬件结构,因此,从程序设计本身上来看仍然是低效率和烦琐的。但是,与计算机硬件系统关系密切的特定场合,如对时空效率要求很高的系统核心程序以及实时控制程序等,汇编语言仍然是十分强有力的程序设计工具。

2. 第 2 阶段

第 2 代语言和第 3 代语言属于程序设计语言发展的第 2 阶段,简称为 2GL,起始于20 世纪 50 年代中期。汇编语言虽然在一定程度上克服了机器语言的不足,但是对程序员又提出了更高的要求。因此,人们意识到,应该设计一些接近于数学语言或人的自然语言的编程语言,同时又不依赖于计算机硬件,编写出来的程序能在所有机器上通用,高级语言也就由此产生。高级语言是按照一定的语法规则,由表达各种意义的运算对象和运算方法构成。1954 年,第一个完全脱离机器硬件的高级语言——FORTRAN 问世了,继 FORTRAN

之后先后出现过几百种高级语言。当前使用较普遍的计算机编程语言主要有：C 语言、Java语言、C♯语言、Visual Basic、Delphi 等。

（1）从应用角度分类。从应用角度来看，高级语言可以分为基础语言、结构化语言和专用语言。

① 基础语言。基础语言也称通用语言。它历史悠久，流传很广，有大量的已开发的软件库，拥有众多的用户，为人们所熟悉和接受。像 FORTRAN、Cobol、Basic、Algol 等都是基础语言。FORTRAN 语言是目前国际上广为流行且使用得最早的一种高级语言，从20 世纪 90 年代到现在，在工程与科学计算中占有重要地位，备受科技人员的欢迎。Basic语言是在 20 世纪 60 年代初为适应分时系统而研制的一种交互式语言，可用于一般的数值计算与事务处理。Basic 语言结构简单，易学易用，并且具有交互能力，成为许多初学者学习程序设计的入门语言。

② 结构化语言。20 世纪 70 年代以来，结构化程序设计和软件工程的思想日益为人们所接受和欣赏。在它们的影响下，先后出现了一些很有影响的结构化语言，这些结构化语言直接支持结构化的控制结构，具有很强的过程结构和数据结构能力。Pascal、C、Ada 语言就是结构化语言的突出代表。

③ 专用语言。专用语言是为某种特殊应用而专门设计的语言，通常具有特殊的语法形式。一般来说，这种语言的应用范围狭窄，移植性和可维护性不如结构化程序设计语言。目前使用的专业语言已有数百种，应用比较广泛的有 Apl 语言、Forth 语言、Lisp 语言。

（2）从客观系统的描述分类。从描述客观系统来看，程序设计语言可以分为面向过程语言和面向对象语言。

① 面向过程语言。以“数据结构＋算法”程序设计范式构成的程序设计语言，称为面向过程语言。面向过程的语言具有以下特点。

采用模块分解与功能抽象的方法，自顶向下，逐步求精；按功能划分为若干基本的功能模块，形成一个树状结构。各模块间的关系尽可能简单，功能上相对独立。每个功能模块内部都是由顺序、选择和循环 3 种基本结构组成。

② 面向对象语言。以“对象＋消息”程序设计范式构成的程序设计语言，称为面向对象语言。面向对象语言的目标是实现软件的集成化，把相互联系的数据以及对数据的操作封装成通用的功能模块，各功能模块可以相互组合，完成具体的应用，还可以重复使用，而用户不必关心其功能是如何实现的。目前比较流行的面向对象语言有 Delphi、Visual Basic、Java、C++等。

（3）从需要的转换方式分类。用高级语言编写的程序称为源程序，计算机系统不能直接理解和执行，必须通过一个语言转换系统将其转换为计算机能够识别、理解的目标程序。按照转换方式的不同，高级语言分为解释型语言和编译型语言。

① 解释型语言。解释型转换是指将编写的程序一边翻译一边执行，每翻译一句就执行一句，称这个解释型转换为解释器（Interpreter）。需要解释器的语言称为解释型语言。采用解释型语言写出来的代码常称为脚本（Script）。常见的解释型语言有 BASIC 语言和 Perl语言。用解释型语言写出来的程序，每次执行都要再次翻译，所以执行效率比较低，但优点是可以跨平台。

② 编译型语言。编译型转换是将编写的程序通过编译器（Compiler）转换成计算机能

执行的机器码。需要编译器的语言称为编译型语言。C语言、Pascal语言就是编译型语言。用编译型语言写出来的程序,每次执行都是直接执行其机器码,所以执行效率高。

使用高级语言编写程序的优点是:编程相对简单、直观、易理解、不容易出错。同时,高级语言是独立于计算机的,程序通用性好,具有较好的移植性。

3. 第3阶段

第4代语言属于程序设计语言发展的第3阶段,简称3GL。3GL是非过程化语言,编码时只需说明"做什么",无须描述算法细节。

3GL是以数据库管理系统所提供的功能为核心,进一步构造了开发高层软件系统的开发环境,如报表生成、多窗口表格设计、菜单生成系统、图形图像处理系统和决策支持系统,从而为用户提供了一个良好的应用开发环境。它提供了功能强大的非过程化问题定义手段,用户只需告知系统做什么,而无须说明怎么做,因此可大大提高软件的生产率。进入20世纪90年代,随着计算机软硬件技术的发展和应用水平的提高,大量基于数据库管理系统的3GL商品化软件已在计算机应用开发领域中获得广泛应用,成为了面向数据库应用开发的主流工具,如Oracle应用开发环境、SQL Server、Power Builder等。它们缩短了软件开发周期,在提高软件质量方面发挥了巨大的作用,为软件开发注入了新的生机和活力。

4. 第4阶段

第5代语言属于程序设计语言发展的第4阶段,简称4GL。4GL是指解析语言,是博科资讯公司发明的一种面向应用的程序开发语言。从计算机技术角度看,该语言是面向管理业务的领域特定语言(Domain-Specific Language,DSL),使用该语言的目的是基于标准化的管理业务描述定义,用于开发具有丰富业务模型的企业管理应用,如供应链管理系统(SCM)、供应链执行系统(SCE)、企业资源计划系统(ERP)、人力资源管理系统(HR)、客户关系管理系统(CRM)、供应商关系管理系统(SRM)等。

1.2.2 程序设计语言的特点及发展趋势

1. 程序设计语言的特点

每一种程序设计语言都可以被看作是一套包含语法、词汇和含义的正式规范。这些规范通常包括数据和数据结构、指令及流程控制、引用机制和重用。

(1) 数据和数据结构。现代计算机内部的数据都只以二元方式存储,即开-关模式(on-off)。现实世界中代表信息的各种数据,例如名字、银行账号、度量以及同样低端的二元数据,都经由程序设计语言整理。

(2) 指令及流程控制。一旦数据被确定,机器必须被告知如何对这些数据进行处理。较简单的指令可以使用关键字或定义好的语法结构来完成。不同的语言利用序列系统来取得或组合这些语句。除此之外,一个语言中的其他指令也可以用来控制处理的过程(如选择、循环等)。

(3) 引用机制和重用。引用的中心思想是必须有一种间接设计存储空间的方法,最常见的方法是命名变量。根据不同的语言,进一步的引用可以包括指向其他存储空间的指针。还有一种类似的方法就是命名一组指令。大多数程序设计语言使用宏调用、过程调用或函数调用。使用这些代替的名字能让程序更灵活,并更具重用性。

2. 程序设计语言的发展趋势

程序设计语言是开发软件的重要平台,它的发展趋势是模块化、简明性和形式化。

(1) 模块化。不仅语言具有模块成分,程序也由模块组成,而且语言本身的结构也是模块化的。

(2) 简明性。语言所含的基本概念不多,而且成分简单、结构清晰、易学易用。

(3) 形式化。语言发展了一套合适的形式体系,以描述语言的语法、语义、语用。

1.2.3 程序设计的基本过程

程序是软件开发人员根据用户需求开发的、用程序设计语言描述的、适合计算机执行的指令(语句)序列,这个序列指示计算机如何完成一个具体的任务。也有人把程序定义为人们为解决某种问题用计算机可以识别的代码编排的一系列加工步骤。任何一种计算机语言程序的主体都是由 3 种基本结构组成的,即顺序结构、选择结构和循环结构。

一个程序至少包括以下两部分。

(1) 对数据的描述。在程序中要指定数据的类型和数据的组织形式,即数据结构(Data Structure)。

(2) 对操作的描述,即操作步骤,也就是算法(Algorithm)。早在 1976 年,著名的计算机科学家、Pascal 程序设计语言之父、结构化程序设计首创者、1984 年图灵奖获得者沃斯(Niklaus Wirth)就提出了 Algorithms＋Data Structures＝Programs,即"算法＋数据结构＝程序"。在这个著名的公式中,"＋"生动地表达了算法和数据结构的相互作用,是程序设计的精髓;"＝"言简意赅地刻画了算法和数据结构是构成计算机程序的两个关键要素。程序设计包括算法、数据结构和程序设计语言 3 部分。算法是求解问题的过程描述;数据结构是对所要求解问题中的数据的存储和算法策略实现的支持;程序设计语言是选定的某种在计算机中描述和实现数据结构和算法的工具。

因此,使用计算机解决问题,必须从问题描述入手,经过解题过程的分析、算法设计直到最后程序的编写、调试和运行等一系列过程,最终得到要求解问题的结果,这一过程称为程序设计。程序设计的基本步骤是:分析问题并设计算法、编辑源程序、编译或解释程序、连接程序、运行与调试。具体介绍如下。

1. 分析问题并设计算法

针对具体的问题,分析、建立解决问题的数学模型,并将解决此问题的过程采用某种算法工具描述出来,为后续的编程打下良好基础。

(1) 算法。算法是指解决某个问题的步骤集合。能让计算机执行的算法必须具有如下特征。

有穷性:是指解决问题的过程必须在有限的时间内结束,不能无限进行下去。因此,在设计算法时,必须确定一个条件以终止算法的执行。

确定性:是指算法的每个步骤都必须是确定的,不能存在二义性。

可行性:是指算法的每个步骤都能够在计算机上被有效地执行,并得到正确的结果。

有零个或多个输入:任何算法被执行时,都离不开原始数据。获取原始数据有两种方法:直接设定值,或者通过相应的输入设备进行数据的输入。

有一个或多个输出:利用计算机处理问题的最终目的就是求得某个问题的正确结果。

这个结果必须通过某个输出设备进行输出并让用户获取，才能最终确定问题是否得到正确解决。因此，一个没有输出结果的算法或程序没有任何实际意义。

（2）描述算法的工具。为了表示一个计算机算法，可以使用不同的方法。描述算法的工具有自然语言、伪代码、流程图、N-S图、Pad图、计算机语言和UML图等。下面主要介绍前面4种描述算法的工具。

① 自然语言。自然语言就是人们日常使用的语言，用自然语言描述算法比较容易接受，但是叙述比较烦琐，容易出现"歧义性"，一般不采用这种方法。

② 伪代码。伪代码（Pseudocode）是一种算法描述语言。使用伪代码的目的是使被描述的算法可以容易地以任何一种编程语言（如 Pascal、C、Java 等）实现。因此，伪代码必须结构清晰、代码简单、可读性好。它介于自然语言与编程语言之间，以编程语言的书写形式指明算法职能。使用伪代码，不用拘泥于具体实现。相比于编程语言（如 Java、C++、C、Delphi 等），它更类似于自然语言，是半角式化、不标准的语言，可以将整个算法运行过程的结构用接近自然语言的形式描述出来。

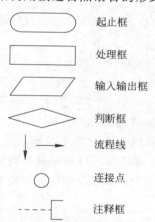

图 1-6 常用的传统流程图的基本符号

起止框

处理框

输入输出框

判断框

流程线

连接点

注释框

③ 流程图。流程图是用一组几何图形表示各种类型的操作，在图形上用简明扼要的文字和符号表示具体的操作，并用带有箭头的流程线表示操作的先后次序。图 1-6 列出了常用的传统流程图的基本符号，不同符号表示的含义如下所述。

■ 起止框：表示算法的开始和结束。

■ 处理框：表示初始化或运算赋值等操作。

■ 输入输出框：表示数据的输入输出操作。

■ 判断框：表示根据一个条件成立与否，决定执行不同操作中的其中一种。

■ 流程线：表示流程的方向。

结构化程序设计的算法由 3 种基本结构构成，它们是顺序结构、选择结构和循环结构。因此，只要能够用流程图描述这 3 种结构，问题的算法的对应流程图也就可以很容易地画出。常用的程序结构对应的流程图如图 1-7 所示。

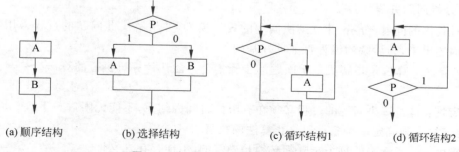

(a) 顺序结构   (b) 选择结构   (c) 循环结构1   (d) 循环结构2

图 1-7 常用的程序结构对应的流程图

【例 1-12】 输入一个整数，将它逆序输出。如输入 153，输出为 351。

a. 用自然语言描述该算法。

第一步，输入一个整数赋值给 X。

第二步,求 X 除以 10 的余数,即 X 的个位值,把这个结果赋值给 d,并输出 d。

第三步,求 X 除以 10 的整数商,结果赋值给 X。

第四步,重复第二、三步,直到 X 变为 0 时终止。

b. 该算法的伪代码描述如下。

```
输入一个整数赋值给 X;
while(X≠0)
  { d = X % 10;
    输出 d;
    X = X/10;
  }
```

c. 该算法用流程图描述如图 1-8 所示。

【例 1-13】 求满足 $1+2+3+4+\cdots+n>560$ 的最小自然数 n。

用流程图描述该算法,结果如图 1-9 所示。

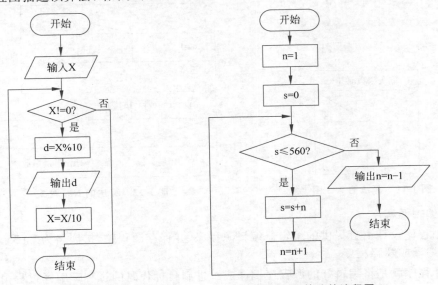

图 1-8　算法的流程图 1　　　　　图 1-9　算法的流程图 2

④ N-S 图。为了避免流程图在描述程序时的随意跳转,1973 年,由美国人 Nassi 和 Shneiderman 提出了用方框图代替流程图,即 N-S 图。它采用图形的方法描述处理过程,全部算法写在一个大的矩形框中,框内包含若干基本处理框,没有指向箭头,所以 N-S 图又称为盒图。N-S 图描述算法的优点是形象直观、可读性强,限制了随意的控制转移。

利用 N-S 图描述 3 种基本流程结构的形式如图 1-10 所示。

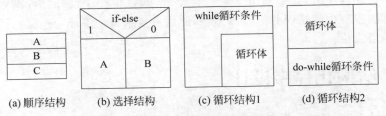

(a) 顺序结构　　(b) 选择结构　　(c) 循环结构1　　(d) 循环结构2

图 1-10　N-S 图描述 3 种基本流程结构

【例 1-14】　输入两个整数 a、b,输出最大数。

算法分析:

a. 输入两个整数,分别为 a 和 b。

b. 比较。如果 a≥b,则输出 a,否则输出 b。

N-S 图的流程描述如图 1-11 所示。

【例 1-15】　从键盘输入一个整数,判断该数是否为素数。

素数,也称为质数,是指只能被 1 及其自身整除且大于 1 的正整数,如 2、3、5、7 等都是素数。用 N-S 图描述解决这个问题的算法如图 1-12 所示。

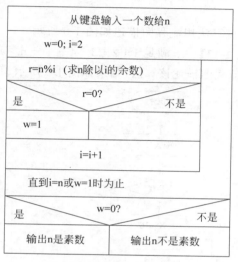

图 1-11　算法的 N-S 图 1　　　　　图 1-12　算法的 N-S 图 2

2. 编辑源程序

使用程序设计语言提供的编辑器编辑源程序,并保存源程序,扩展名为".c"。

3. 编译或解释程序

编译程序就是将编辑好的源程序翻译成二进制目标代码的过程。编译过程由程序设计语言编译系统自动完成,从词法分析、语法分析、中间代码生成直至生成一个扩展名为".obj"的目标代码文件。

4. 连接程序

将目标文件和库函数等连接在一起,形成一个扩展名为".exe"的可执行文件。

5. 运行与调试

通过上述 4 个过程得到的".exe"文件可以直接在操作系统下运行,不再依赖于具体的编译系统。运行完程序后,如果输出结果符合要求,则整个程序设计过程结束;否则,必须进一步查找算法步骤中的错误并修改源程序,然后重复编辑—编译—连接—运行的过程,直到得到正确结果为止。

1.3　结构化程序设计

本节主要讨论以下问题。

(1) 什么是结构化程序设计?

（2）结构化程序设计的基本原则是什么？有什么优缺点？

（3）结构化程序设计有哪些基本结构？

编程的方法有自底而上的程序设计方法，也有自顶向下、逐步求精的模块化程序设计方法。自底而上的程序设计方法是先编写最基础的程序段，然后根据条件、规模等不断完善程序的功能，而自顶向下、逐步求精的模块化程序设计方法是从问题的全局出发，将问题尤其是复杂问题的功能进行分解，分解成子问题，然后再继续根据子问题的复杂程度决定是否继续分解，直到所有问题不能再分解为止。

1.3.1　什么是结构化程序设计

结构化程序设计是由著名的荷兰计算机科学家 E. W. Dijkstra 在 1965 年召开的 IFIP 会议上提出的。这个提法曾被称为软件发展中的第 3 个里程碑，子程序和高级语言分别被称为软件发展中的第 1 个、第 2 个里程碑。

结构化程序设计是一种进行程序设计的原则和方法。按照这种原则和方法可设计出结构清晰、容易理解、容易修改和容易验证的程序。也就是说，结构化程序设计是按照一定的原则，组织和编写正确且易读的程序的软件技术。

1.3.2　结构化程序设计的基本原则

1. 采用自顶向下、逐步求精的程序设计方法

（1）自顶向下：程序设计时，应先考虑总体，后考虑细节；先考虑全局目标，后考虑局部目标。不要一开始就过多追求众多的细节，要先从最上层总目标开始设计，再逐步具体化。

（2）逐步求精：对复杂问题，应设计一些子目标作为过渡，逐步细化。

2. 模块化设计

一个复杂的问题肯定是由若干简单的问题构成，模块化是把程序要解决的总目标分解为子目标，再进一步分解为具体的小目标，把每一个小目标称为一个模块。

例如"员工信息管理系统"的模块化结构如图 1-13 所示。

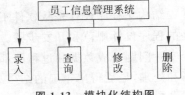

图 1-13　模块化结构图

3. 限制使用 goto 语句

结构化程序设计方法的起源来自对 goto 语句的认识和争论。肯定的结论是，在块和进程的非正常出口处往往需要用 goto 语句，使用 goto 语句会使程序的执行效率提高；在合成程序目标时，goto 语句往往是有用的，如返回语句用 goto。否定的结论是，goto 语句是有害的，是造成程序混乱的祸根，程序的质量与 goto 语句的数量成反比，应该在所有高级程序设计语言中取消 goto 语句；取消 goto 语句后，程序易于理解、易于排错，容易维护，容易进行正确性证明。作为争论的焦点，1974 年，Knuth 发表并证实了以下结论。

（1）goto 语句确实有害，应当尽量避免。

（2）完全避免使用 goto 语句也并非明智的方法，有些地方使用 goto 语句会使程序流程更清楚、效率更高。

（3）争论的焦点不应该放在是否取消 goto 语句上，而应该放在用什么样的程序结构

上。其中最关键的是,应在以提高程序清晰性为目标的结构化方法中限制使用goto语句。

1.3.3　结构化程序设计的基本结构

结构化程序设计的基本结构有3种,它们分别是顺序结构、选择结构和循环结构。用流程图和N-S图表示这3种结构的执行过程如图1-7和图1-10所示。

1. 顺序结构

顺序结构表示程序中的各操作按照它们出现的先后顺序执行。

2. 选择结构

选择结构表示程序的处理步骤出现了分支,它需要根据某一特定的条件选择其中的一个分支执行。选择结构有单选择、双选择和多选择3种形式。

3. 循环结构

循环结构表示程序反复执行某个或某些操作,直到某条件为假时才可以终止循环。在循环结构中最主要的是三点:循环前的前置条件是什么? 什么情况下执行循环? 哪些操作需要循环执行? 循环结构的基本形式有两种:当型循环和直到型循环。

(1) 当型循环:表示先判断条件,当满足给定的条件时执行循环体,并且在循环终端处流程自动返回到循环入口;如果条件不满足,则退出循环体直接到达流程出口处。因为是"当条件满足时执行循环",即先判断后执行,所以称为当型循环。

(2) 直到型循环:表示从结构入口处直接执行循环体,在循环终端处判断条件,如果条件满足,返回入口处继续执行循环体,直到条件为假时退出循环到达流程出口处。因为是"直到条件为假时为止",即先执行后判断,所以称为直到型循环。

1.3.4　结构化程序设计的基本特点

结构化程序设计是从软件工程的观点出发,把软件的产生看成是一个系统工程,遵守严格的程序设计规范和开发步骤。结构化程序设计的思想是一种面向过程的概念,它是把一个实际问题分成数据和过程两部分,通过动态的程序执行过程来对静态的数据进行存储、分析和处理,最后得出正确的结果。

1. 优点

结构化程序设计由于采用了模块分解与功能抽象,是一种自顶向下、分而治之的方法,从而有效地将一个较复杂的系统进行任务切割,分解成许多易于控制和处理的子任务,便于开发和维护。归纳起来,结构化程序设计方法的优点有以下3点。

(1) 整体思路清楚,目标明确。

(2) 设计工作中阶段性非常强,有利于系统开发的总体管理和控制。

(3) 在系统分析时可以诊断出原系统中存在的问题和结构上的缺陷。

2. 缺点

虽然结构化程序设计方法具有很多的优点,但它仍然是一种面向过程的程序设计方法,它把数据和处理数据的过程分离为相互独立的实体。当数据结构改变时,所有相关的处理过程都要进行相应的修改,程序的可重用性差。

同时,由于图形用户界面的应用,程序运行由顺序运行演变为事件驱动,使得软件使用起来越来越方便,但开发起来却越来越困难,对这种软件的功能很难用过程来描述和实现,使用面向过程的方法来开发和维护都将非常困难。归纳起来,结构化程序设计方法的不足有以下 3 点。

(1) 用户要求难以在系统分析阶段准确定义,致使系统在交付使用时产生许多问题。

(2) 用系统开发每个阶段的成果来进行控制,不能适应事物变化的要求。

(3) 系统的开发周期长。

1.4 C 语言的发展历史及特点

视频讲解

本节主要讨论以下问题。

(1) C 语言的发展历史是什么?

(2) 为什么选择 C 语言? C 语言有哪些特点?

(3) C 语言有哪些应用?

程序设计语言是用于书写计算机程序的语言。语言的基础是一组记号和一组规则。本书将以 C 程序设计语言为例,介绍 C 语言的一组记号和一组规则以及用 C 语言进行程序设计的过程。C 语言是一种面向过程的计算机编程语言,与 C++、C♯、Java 等面向对象的编程语言有所不同。C 语言的设计目标是提供一种能以简易的方式编译、处理低级存储器、仅产生少量的机器码以及不需要任何运行环境支持便能运行的编程语言,可以编写系统软件,相较于其他编程语言具有较大优势,在编程语言中具有举足轻重的地位。

1.4.1 C 语言的发展历史

自 20 世纪 60 年代以来,世界上公布的程序设计语言已有上千种之多,但是只有很小一部分得到了广泛的应用。为了跟踪不同语言的被认可程度,有一个公认的 TIOBE(The Importance Of Being Earnest)编程语言排行榜。它是编程语言流行趋势的一个指标,每月更新,是基于互联网有经验的程序员、课程和第三方厂商的数量。排名主要使用著名的搜索引擎(如 Google、MSN、Yahoo!、Wikipedia、YouTube 以及 Baidu 等)进行计算。当然,这个排行榜只是反映某个编程语言的热门程度,并不能说明一门编程语言好不好,或者一门语言所编写的代码数量多少。据 2022 年 12 月世界计算机编程语言排行榜统计,Top15 语言的排名情况见表 1-2。

表 1-2 2022 年 12 月世界计算机编程语言 Top15 排行榜

排　　名	编程语言	趋　　势	评分比/%
1	Python	=	16.66
2	C	=	16.56
3	C++	↑	11.94
4	Java	↓	11.82
5	C♯	=	4.92
6	Visual Basic	=	3.94
7	JavaScript	=	3.196

续表

排　名	编程语言	趋　势	评分比/%
8	SQL	↑	2.22
9	汇编语言	↓	1.87
10	PHP	↑	1.62
11	R	=	1.25
12	Go	↑ ↑	1.15
13	Classic Visual Basic	=	1.15
14	MATLAB	↑ ↑	0.95
15	Swift	↓ ↓	0.91

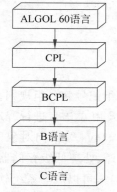

图 1-14　C 语言的发展过程

从表 1-2 中可见,C 语言仍然是目前世界上使用非常广泛的高级程序设计语言之一,其发展过程如图 1-14 所示。

从图 1-14 中可以看出,C 语言的原型是 ALGOL 60 语言(也称为 A 语言)。

1963 年,剑桥大学将 ALGOL 60 语言发展为 CPL(Combined Programming Language)。

1967 年,剑桥大学的马丁·理查兹(Matin Richards)对 CPL 语言进行了简化,产生了 BCPL。

1970 年,美国贝尔实验室的肯·汤普森(Ken Thompson)将 BCPL 进行了修改,并为它起了一个有趣的名字"B 语言"。其意思就是将 CPL"煮干",提炼出它的精华。然后,他用 B 语言写了第一个 UNIX 操作系统。

1972 年,美国贝尔实验室的丹尼斯·里奇(Dennis Ritchie)"煮"了一下 B 语言,在 B 语言的基础上设计出了一种新的语言,即 C 语言,C 来自于 BCPL 的第 2 个字母。

不久后,UNIX 的内核(Kernel)和应用程序全部用 C 语言改写。从此,C 语言成为 UNIX 环境下使用最广泛的主流编程语言。

为了推广 UNIX 操作系统,1977 年,丹尼斯·里奇发表了不依赖于具体机器系统的 C 语言编译文本《可移植的 C 语言编译程序》,他被称为 C 语言之父、UNIX 之父。

1978 年,布莱恩·科尔尼干(Brian Kernighan)和丹尼斯·里奇出版了一本名著——*The C Programming Language*,书末给出了当时 C 语言的完整定义,成为那时 C 语言事实上的标准,称为 K&R C。从此,C 语言成为当时世界上流行的高级程序设计语言。

随着微型计算机的日益普及,出现了许多 C 语言版本。由于没有统一的标准,使得这些 C 语言之间出现了一些不一致的地方。为统一 C 语言版本,1983 年,美国国家标准局(American National Standards Institute,ANSI)成立了一个委员会来制定 C 语言标准。1989 年,C 语言标准被批准,被称为 ANSI X3.159-1989 Programming Language C。这个版本的 C 语言标准通常被称为 ANSI C,也被称为 C89。1988 年,布莱恩·科尔尼干和丹尼斯·里奇修改此书,出版了 *The C Programming Language* 的第 2 版,涵盖了 ANSI C 语言标准。1990 年,国际标准化组织(ISO)接受了 1989 年的 ANSI C 为 ISO C 的标准,简称 C90 标准。1995 年,通过了一些对 C90 的技术补充——对 C90 进行了微小的扩充,经过扩充后的 ISO C 被称为 C95。1999 年,ANSI 和 ISO 通过了最新版本的 C 语言标准和技术勘误文档,该标准被称为 C99。2011 年,ISO 正式发布了新的标准,称为 ISO/IEC9899:2011,简称为 C11。2018 年,发布了 ISO/IEC 9899:2018 标准,这个标准被称为 C18,是目前最新的 C 语言编程标准,该标准主要是对 C11 进行了补充和修正,并没有引入新的语言特性。

同时,C 语言有不同的编译器,常用的编译软件有 Microsoft Visual C++、Borland C++ Builder、Watcom C++、GNU DJGPP C++、Lccwin32 C、Microsoft C、Turbo C、High C、Dev-C++ 等。

1.4.2　C 语言的特点

C 语言作为一门高级程序设计语言,发展至今,经历短短几十年的时间,已成为计算机研发人员广泛使用的一门语言,C 语言能受到全世界几乎所有程序员的喜爱,这与 C 语言的特点及优点是密切相关的。概括来说,C 语言具有 9 个突出的特点。

1. 简洁紧凑、使用灵活方便

C 语言只有 32 个关键字和 9 种控制语句,程序书写形式自由,主要用小写字母表示。它把高级语言的基本结构和语句与低级语言的实用性结合起来。C 语言可以像汇编语言一样对位、字节和地址进行操作,而这三者是计算机最基本的操作单元。

2. 运算符丰富、表达能力强

C 语言的运算符共有 12 类 34 个。括号、赋值、强制类型转换等都可作为运算符使用,因而 C 的运算符极其丰富,表达式类型也更加多样化。灵活使用各种运算符可以实现在其他高级语言中难以实现的运算。

3. 数据类型丰富、数据处理更方便

C 语言不但支持基本数据类型,还支持复杂数据类型。这些数据类型为整型、实型、字符型、数组类型、指针类型、结构体类型、共用体类型等。用这些数据类型可以实现各种复杂数据的操作,计算功能、逻辑判断功能强大。同时,C 语言引入了指针概念,使程序效率更高。

4. 结构化程序设计语言

结构化程序设计语言的显著特点是代码及数据分离,即程序的各个部分,除了必要的信息交流外彼此相互独立。这种结构化方式可使程序的层次清晰,便于使用、维护以及调试。函数是构成 C 语言源程序的基本单位,程序的很多操作可以由不同功能的函数组成。这些函数间可以相互调用,同时提供控制语句和构造数据类型,使程序流程和数据描述也都具有良好的结构性。

5. 允许直接访问物理地址,可以直接对硬件进行操作

C 语言是一门高级语言,具有高级语言的所有功能,但又能对位、字节和地址进行操作,具有低级语言的许多功能,因此 C 语言又称为中级语言。

6. 程序生成代码质量高,程序执行效率高

用 C 语言编写的程序,经编译后生成的可执行代码一般只比用汇编语言编写的程序生成的目标代码效率低 10%～20%。

7. 适用范围大,可移植性好

C 语言适合于多种不同的操作系统,如 DOS、UNIX、Windows。用 C 语言编写的程序不需要修改,或只需要进行微小的改动就可以在其他类型的计算机上运行。

8. 具有预处理功能

C 语言提供了预处理功能,包括文件包含命令、宏定义和条件编译命令。使用预处理功能可以提高程序的可读性和移植性。

9. 具有递归功能

C 语言允许函数间相互调用,也允许函数递归调用,在解决递归问题上具有明显的优势。

当然,C 语言也有一些不足,表现在 C 语言的语法限制不太严格,对数组下标越界不进行检查等,这些都会影响程序的安全性。

1.4.3　C 语言的应用

由于上述 C 语言的突出特点,C 语言可以应用到程序开发的任何领域。具体来说,它主要应用于以下 6 个方向。

1. 系统软件和图形处理

C 语言具有很强的绘图能力和可移植性,并且具备很强的数据处理能力,可以用来编写系统软件、制作动画、绘制二维图形和三维图形等,如 UNIX、Linux 操作系统。

2. 应用软件

Linux 操作系统中的应用软件都是使用 C 语言编写的。

3. 对性能要求严格的领域

一般对性能有严格要求的地方都是用 C 语言编写的,如网络程序的底层和网络服务器端底层、地图查询等。

4. 数字计算

相对于其他编程语言,C 语言是数字计算能力超强的高级语言。

5. 嵌入式设备开发

手机、平板电脑等时尚消费类电子产品相信大家都不陌生,其内部的应用软件、游戏等大多都是采用 C 语言进行嵌入式开发的。

6. 游戏软件开发

利用 C 语言可以开发很多游戏,如推箱子、贪吃蛇等。

🔑 1.5　开发环境简介

本节主要讨论以下问题。

(1) 编译器有什么用?

(2) 常用的编译器有哪些? 各有什么特点?

高级程序设计语言编写的程序让计算机执行时需要通过编译器。编译器就是将高级语言代码转换成 CPU 能够识别的二进制指令,也就是将代码加工成.exe 程序的工具。实际开发中,是需要一个集编辑代码、调试代码、项目管理工具、操作界面等为一体的集成开发环境,如 Visual Studio、Dev C++、Xcode、Visual C++ 6.0、C-Free、Code∷Blocks 等。C 语言是编译型语言,必须使用编译器才能够将 C 语言源程序编译成可执行文件。然后,执行可执行文件才能够看到结果。从源代码到可执行文件要经历 3 个步骤：预处理、编译、链接。C 语言常用的编译软件有 Microsoft Visual C++、Borland C++ Builder、High C、Turbo C、GCC、Dev-C++集成开发环境等。

1.5.1 Turbo C 开发环境

Turbo C 开发环境是由 Borland 公司开发的一套 C 语言开发工具，它集成了程序编辑、调试、链接等多种功能。在 DOS 系统时代，Turbo C 是最广泛使用的一种 PC 应用程序开发工具，很多应用软件均是由 Turbo C 开发完成的。Turbo C 开发环境的主要功能有文件管理功能、编辑功能、编译/链接功能、运行/调试功能、项目管理功能和系统设置与帮助。

随着计算机及其软件的发展，操作系统已经从 DOS 发展到 Windows 操作系统。虽然大部分应用软件已经不再使用 Turbo C 来开发，但是 Turbo C 仍是一种非常优秀的 C 程序设计语言开发工具。Turbo C 2.0 的主界面如图 1-15 所示。

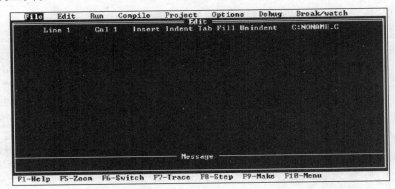

图 1-15　Turbo C 2.0 的主界面

1.5.2 Visual C++ 6.0 开发环境

Visual C++ 6.0，简称 VC 或者 VC++ 6.0，是微软公司推出的一款 C++编译器，是将"高级语言"翻译为"机器语言"（低级语言）的程序。Visual C++ 是一个功能强大的可视化软件开发工具。自 1993 年微软公司推出 Visual C++ 1.0 后，随着其新版本的不断问世，Visual C++已成为专业程序员进行软件开发的首选工具。虽然微软公司推出了 Visual C++. NET（Visual C++ 7.0），但它的应用有很大的局限性，只适用于 Windows 2000、Windows XP 和 Windows NT 4.0。所以在实际应用中，更多的是以 Visual C++ 6.0 为平台。Visual C++ 6.0 的主界面如图 1-16 所示。

1.5.3 Dev-C++ 6.3 开发环境

Dev-C++是基于 Windows 平台下的 C&C++开发工具，它是一款非常实用的自由软件，遵守 GPL 协议。它集合了 GCC、MinGW32 等众多自由软件，并且可以从 GitHub 上取得具有最新版本的软件。开发环境包括多页面窗口、工程编辑器以及调试器等，在工程编辑器中集合了编辑器、编译器、连接程序和执行程序，提供高亮度语法显示，以减少编辑错误，还

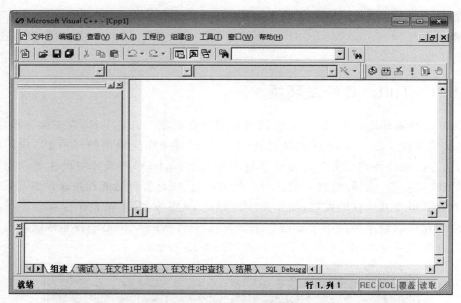

图 1-16　Visual C++ 6.0 的主界面

有完善的调试功能,能满足初学者与编程高手的不同需求。Dev-C++已被蓝桥杯全国软件和信息技术专业人才大赛、全国青少年信息学奥林匹克联赛设为 C/C++语言指定的编译器。本书中所有实例的源程序都通过了 Dev-C++ 6.3 的测试。Dev-C++ 6.3 的主界面如图 1-17 所示。

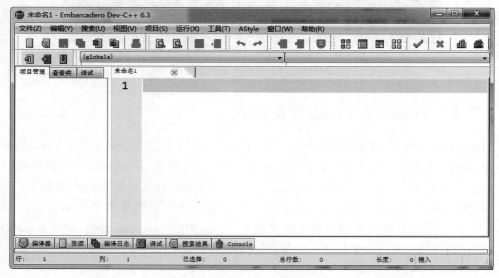

图 1-17　Dev-C++ 6.3 的主界面

1.6　编写 C 语言程序的基本步骤

本节主要讨论以下问题。

(1) 如何用 C 语言编写程序?

（2）编写过程中要注意哪些问题？

（3）如何编译运行 C 程序？

通过前面的学习，已经了解了程序设计语言的发展过程、功能和 C 语言的概况。假设现在给出一个具体问题，要求通过计算机的执行得到一个用户要求的结果，这个过程如何实现呢？下面通过高级语言程序设计的第一个问题输出"Hello,world!"来开启 C 语言的学习之路。

1. 问题分析

学习每种高级语言的第一个问题都是简单输出问题，这个问题能使学习者通过实践迅速与编译器和这种语言建立连接，激发大家的学习兴趣，并且学习者在反复地练习后就能熟悉编译器的使用方法和今后常用的代码框架，这点对今后的学习来说非常重要。本问题要求在程序运行界面输出"Hello,world!"。

2. 算法设计

C 语言是一门结构化程序设计语言，提供了 3 种控制结构，即顺序结构、选择结构和循环结构。本问题的要求简单，只需要在运行界面输出一串字符，使用顺序结构即可。需要注意的是，这串字符由英文大小写字符和感叹号组成。

3. 安装 C 语言编译环境

C 语言是编译型语言，因此必须提供程序的编译器。编译器通常由软件厂商提供，常见的编译器有很多种，安装其中的一种就行。本书所有的程序均基于 Dev-C++ 6.3 开发环境进行并通过调试。安装 C 语言编译环境与安装普通软件的方法基本相同。

4. 编辑程序

当确定了解决问题的算法并安装了 Dev-C++ 6.3 编译环境后，就可以开始编辑程序了。

1）在默认文件中编辑程序

在软件的初始界面的右侧单击"新文件"按钮，然后直接在"未命名 1/Untitled 1"文件里编辑代码。也可以依次选择"文件"→"新建"→"源代码"命令，或者直接使用快捷键 Ctrl＋N 完成创建新文件的操作，如图 1-18 所示。

图 1-18　"新建"选项

　　Dev-C++ 6.3 的主窗口如图 1-17 所示。主窗口的顶部是主菜单栏,其中包括 10 个菜单项,即 File(文件)、Edit(编辑)、Search(搜索)、View(视图)、Project(项目)、Execute(运行)、Tools(工具)、Astyle、Window(窗口)和 Help(帮助)。

　　主窗口的左侧是项目管理工作区窗口,右侧是用于程序编辑的文件窗口,下面是调试信息窗口。项目管理工作区窗口显示所设定的项目的相关信息,程序编辑窗口用来输入和编辑源程序,调试信息窗口用来显示程序的出错信息,表示结果有无错误(Errors)或警告(Warnings)。

　　在"未命名 1"文件中输入程序代码,如图 1-19 所示。此外,可以依次选择"工具"→"编辑器属性"命令,在"编辑器属性"对话框中的"显示"选项卡中修改字体的"大小",使得代码的阅读更加方便,注意在修改字体属性之后再新建的文件才会执行这项修改。

图 1-19　编辑窗口

　2) 保存 C 程序

　　编辑代码后,依次选择"文件"→"保存"命令,或者直接使用快捷键 Ctrl+S,打开"保存为"对话框,选择保存位置、输入保存文件名称和设置保存类型(C source files (* . c)),完成保存新文件的操作。

　　5. 编译程序

　　编译是指将编辑好的 C 语言源程序翻译成二进制目标代码(文件扩展名为".obj")的过程。编译时,编译器首先要对源程序检查语法错误,当发现错误时就在屏幕上显示错误的位置和错误类型的信息。此时,要再次调用编辑器进行查错、修改。然后,再进行编译,直至排除所有语法和语义错误。具体操作如下所述。

　　单击"运行"下拉菜单中的"编译"选项,或者直接使用快捷键 F9,如图 1-20 所示。

　　经过短暂的编译处理,界面下方的"编译日志"选项卡会出现编译的相关信息,如图 1-21 所示。目前显示错误和警告个数均为 0,说明当前代码没有任何错误信息。

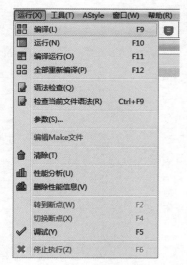

图 1-20　"运行"菜单

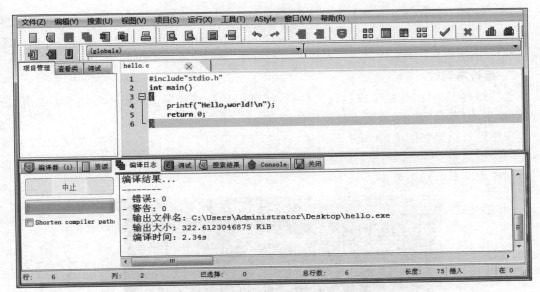

图 1-21　"编译日志"选项卡

如果代码出现了语法错误,编译后会在界面下方"编译器"选项卡出现报错的提示信息,包括出现错误的文件名、报错的行号/列号和错误原因信息,如图 1-22 所示。

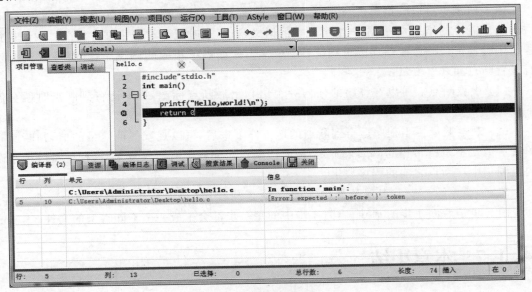

图 1-22　编译器报错信息

如果之前从未保存过该程序文件,在第一次单击"编译"选项后,屏幕上会出现一个"保存"对话框,按照要求选择保存的路径和输入程序的文件名。然后,编译完成后生成一个可执行的文件,并在下方"编译日志"选项卡中显示源程序编译后的结果信息。

6. 连接程序

编译后产生的目标程序,还不能直接运行。连接过程就是目标文件和其他分别进行编译生成的目标程序模块及系统提供的库函数进行连接,生成可执行程序(文件扩展名是

".exe")。Dev-C++把这个步骤与上一"编译"步骤一并完成了,因此在图 1-21 中的提示信息中有"输出文件名:C:\Users\Administrator\Desktop\hello.exe",说明可执行程序已经正常生成。

7. 运行与调试

程序通过了编译、连接生成执行文件后,就可以运行该程序了。操作方法为:单击"运行"菜单下的"运行"选项,或者直接使用快捷键 F10。

程序运行结果如图 1-23 所示。如果执行程序后得到了用户需要的结果,则 C 语言编写程序的过程结束;否则,要进一步检查、修改源程序,重复编辑、编译、连接、运行的过程,直到得到用户满意的结果为止。

图 1-23   程序运行结果

以上两步也可以直接单击"运行"菜单下的"编译运行"选项完成。如果程序执行后没有得到用户需要的结果,一般是产生了严重的语义错误,这时就要对程序进行调试。调试是在程序中查找错误并修改错误的过程。Dev-C++ 6.3 提供了相应的调试手段,最主要的方法有设置断点和观察变量。

(1) 设置断点。可以在程序的任何一个语句上做断点标记,程序运行到断点时就会停下来。

(2) 观察变量。当程序运行到断点的地方停下来后,可以观察各种变量的值,判断此时的变量值是不是所希望的。如果不是,说明该断点之前肯定有错误发生,这样就可以把错误的范围集中在断点之前的程序段上。

总之,要想编写一个实现某种功能的 C 语言源程序,必须经历上面所述的 7 个步骤。其中前 3 步是后面 4 步的基础,后面 4 步中的每一步都会生成一个不同类型的文件。

🔑 1.7   本章小结

本章的内容是本书的一个缩影,也是一个开端。首先介绍了编程的预备工作,包括学习编程的心理准备并认识编程;然后介绍了程序设计语言,包括程序设计语言的发展、特点及发展趋势、程序设计的基本过程;其次介绍了 C 语言的发展、特点及应用;接着介绍了开发环境,包括 Turbo C、VC++ 和 Dev-C++ 6.3 开发环境;最后介绍了编制 C 语言程序的基本步骤。本书所使用的 C 语言开发环境为 Dev-C++ 6.3,所有的程序在 Dev-C++ 6.3 环境下编译通过。本章知识导图如图 1-24 所示。

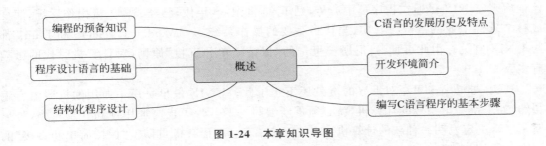

图 1-24 本章知识导图

扩展阅读：C 语言之父——丹尼斯·里奇

丹尼斯·里奇(1941 年 9 月 9 日—2011 年 10 月 12 日)，美国计算机科学家，哈佛大学数学博士，被誉为"C 语言之父""UNIX 操作系统之父"，如图 1-25 所示。

1941 年，丹尼斯·里奇出生在纽约布朗克斯区，父亲是贝尔实验室的交换系统工程师。受父亲的影响，丹尼斯·里奇走上了科学研究之路。在哈佛读书期间，一次偶然的机会，丹尼斯·里奇参加了哈佛计算机系统相关的讲座，从此就开始疯狂着迷计算机。1968 年，获得数学博士学位，而论文正是《递归函数的层次》。1967年，他进入贝尔实验室，担任朗讯科技公司贝尔实验室下属的计算机科学研究中心系统软件研究部的主任，参与一个大项目——Multics，即开发一个前所未有的、可以多人使用的、同时运行多个程序的操作系统。该项目由贝尔实验室、麻省理工学院和通用电气公司三方联合研制，但是由于设计过于复杂，迟迟拿不出成果，1969 年，贝尔实验室宣布退出。

图 1-25 丹尼斯·里奇

第一个任务这样无果而终，丹尼斯·里奇很不甘，但也无能为力。夏天刚过，肯·汤普森(Ken Thompson)来到家里，说借鉴 Multics 的设计思路，计划做一个个人项目——UNIX，问他有没有兴趣一起参与。丹尼斯·里奇立刻表示同意，于是两人一起投入 UNIX 的开发。肯·汤普森的专业是电子工程，丹尼斯·里奇的专业是应用数学，正好互补。经过夜以继日的工作，1969 年圣诞节前，UNIX 已经可以初步运行了。为什么 UNIX 在短短几个月内就问世了呢？原来，丹尼斯·里奇将 UNIX 的设计原则定为"保持简单和直接"(Keep it simple stupid)，也就是后来著名的 KISS 原则。为了做到这一点，UNIX 由许多小程序组成，每个小程序只能完成一个功能，任何复杂的操作都必须分解成一些基本步骤。事实证明，由于小程序之间可以像积木一样自由组合，所以非常灵活，能够轻易完成大量意想不到的任务。而且，计算机硬件的升级速度非常快，所以性能也不是一个问题。此外，开发单一目的的小程序要比开发大型程序容易得多，所以 UNIX 才有可能在短短几个月内问世。[1]

---

[1] 节选自阮一峰。保持简单——纪念丹尼斯·里奇(Dennis Ritchie)[EB/OL]. (2011-10-25)[2023-7-10]. https://www.ruanyifeng.com/blog/2011/10/dennis_ritchie.html.

后来,UNIX 迅速在程序员中流传,到了 20 世纪 80 年代,已经成为主流操作系统,演变成整个软件工业的基础。其实,当代最主要的操作系统——Windows、macOS 和 Linux 都与 UNIX 有关。由此可见,丹尼斯·里奇的"保持简单和直接"原则,对计算机时代的影响有多大。

其实,丹尼斯·里奇对世界的贡献还不止于此。UNIX 最早是用不通用的机器语言编写的,如果换一个型号的计算机,就必须重新编写一遍。为了提高通用性和开发效率,丹尼斯·里奇决定发明一种新的计算机语言——C 语言。C 语言也贯彻了"保持简单和直接"的原则,语法非常简洁,对使用者的限制很少。

1978 年,与布莱恩·科尔尼干一起出版了名著 *The C Programming Language*。此书已翻译成多种语言,被誉为 C 语言的"圣经"。1983 年,他与肯·汤普森一起获得了图灵奖,获奖理由是"研究发展了通用的操作系统理论,尤其是实现了 UNIX 操作系统"。1990 年,丹尼斯·里奇获得了汉明奖,1999 年,两人获得了美国国家技术奖章。2001 年,丹尼斯·里奇接手贝尔实验室的朗讯公司,决定关闭大多数实验室,许多研究人员也纷纷离开,包括UNIX 发明者之一的肯·汤普森都去了 Google,但是丹尼斯·里奇还是留了下来。2006 年12 月 1 日,贝尔实验室被整体卖给了法国阿尔卡特公司,第二年他就选择了退休。

尽管功成名就,但是就像他的工程设计思想,丹尼斯·里奇在个人生活上也尽量"保持简单"。他依然住在新泽西,低调地生活,终身没有结婚。2011 年 10 月 12 日(北京时间2011 年 10 月 13 日),丹尼斯·里奇去世,享年 70 岁。

今天,我们是站在巨人的肩上,请不要忘记时代的先驱——丹尼斯·里奇。

习题 1

1. 计算机解决问题的过程是什么?
2. C 语言的特点有哪些?
3. 程序设计的基本步骤有哪些?
4. 算法有哪些特点?
5. 用流程图描述求 3 个整数中最大值的算法。
6. 选择题

(1) 算法具有 5 个特性,以下选项中不属于算法特性的是(   )。

    A. 有穷性   B. 简洁性   C. 可行性   D. 确定性

(2) 以下叙述中正确的是(   )。

    A. 用 C 程序实现的算法必须要有输入和输出

    B. 用 C 程序实现的算法可以没有输出但必须要有输入

    C. 用 C 程序实现的算法可以没有输入但必须要有输出

    D. 用 C 程序实现的算法可以既没有输入也没有输出

(3) 用 C 语言编写的代码程序(   )。

    A. 可立即执行   B. 是一个源程序

    C. 经过编译即可执行   D. 经过编译解释才能执行

（4）用于结构化程序设计的 3 种基本结构是（　　）。

    A. 顺序结构、选择结构、循环结构　　　　B. if、switch、break

    C. for、while、do-while　　　　　　　　D. if、for、continue

（5）要把高级语言编写的源程序转换为目标程序，需要使用（　　）。

    A. 编辑程序　　　　B. 驱动程序　　　　C. 诊断程序　　　　D. 编译程序

（6）C 语言程序名的扩展名是（　　）。

    A. .exe　　　　　　B. .c　　　　　　　C. .obj　　　　　　D. .cpp

（7）以下叙述中错误的是（　　）。

    A. C 语言是一种结构化程序设计语言

    B. 结构程序由顺序、分支、循环 3 种基本结构组成

    C. 使用 3 种基本结构构成的程序只能解决简单问题

    D. 结构化程序设计提倡模块化的设计方法

（8）下列 4 条叙述中，正确的一条是（　　）。

    A. 计算机语言中，只有机器语言属于低级语言

    B. 高级语言源程序可以被计算机直接执行

    C. C 语言属于高级语言

    D. 机器语言与所用机器无关

7. 填空题

（1）程序流程图中的菱形框表示的是_____，平行四边形表示的是_____，矩形框表示的是_____。

（2）结构化程序所规定的 3 种基本结构是_____、_____、_____。

（3）一个 C 语言程序的开发过程包括：编辑、_____、_____和运行 4 个步骤。

第 2 章

C语言源程序的基本结构

CHAPTER 2

◇ 学习导读

本章介绍 C 语言源程序的基本结构。通过两个具体实例,分析 C 语言源程序的基本结构、基本语句以及源程序中的标识符。

在认识源程序基本结构的基础上,进一步介绍 C 语言源程序中带参数的 main 函数结构以及由多个文件构成的 C 语言源程序的调试过程。

◇ 内容导学

(1) C 语言源程序。

(2) C 语言源程序的基本结构。

(3) C 语言源程序的基本语句。

(4) C 语言源程序中的标识符。

(5) C 语言源程序中带参数的 main 函数。

(6) 由多个文件构成的 C 语言源程序。

◇ 育人目标

《论语》的"工欲善其事,必先利其器"意为:工匠要想做好工,必须先把器具打磨锋利——扎扎实实地打好基础,练好基本功。

学习程序设计语言,应从接触最简单的程序代码开始,掌握 C 语言源程序的基本结构和基本语句,正所谓"不以规矩,不能成方圆",脚踏实地,不断地积累、实践、再实践,由外向内,抽茧剥丝,步步深入,从宏观、中观到微观。

🔑 2.1　源程序的基本结构

本节主要讨论以下问题。

(1) C 语言编写的程序的基本结构是怎样的?

(2) 观察 C 语言源程序,归纳总结具体由哪些部分组成?

给定一个具体的问题,分析得出具体算法步骤之后,就要按照 C 语言的语法规则编写源程序了,那么怎么用 C 语言来表述这个问题的数据和算法呢? 这就需要了解 C 语言源程序的基本结构,按照基本结构和预设的数据和算法把每一部分补充完整也就得到了问题所对应的源程序。

2.1.1　认识 C 语言源程序

下面通过两个简单的 C 语言源程序来了解并分析 C 语言源程序的基本构成。

【例 2-1】　在计算机屏幕上输出"Hello,world!"信息。

源程序:

```
1 /* 这是第一个 C 语言源程序 */
2 #include "stdio.h"
3 int main()
4 {
5     printf("Hello, world!\n");
6     return 0;
7 }
```

程序解析:

程序第 1 行是注释信息。注释信息的作用是提高程序的可读性,让阅读程序的人看懂程序的功能或所在行的作用或功能。C 语言源程序中,程序编写者可以根据实际需要在程序的任何行前或者行后加入注释信息。其中,多行注释信息是以符号"/*"开头,以符号"*/"结束。单行注释以符号"//"开头,一般书写在某行代码的右侧。

程序第 2 行是文件包含命令。文件包含命令是预处理命令中的一种。C 语言中的预处理命令有 3 种:宏定义命令、文件包含命令和条件编译命令。所有的预处理命令都是以符号"#"开头的。stdio.h 是一个头文件,是一个关于标准输入输出的头文件。源程序最终需要执行,与用户进行互动,就靠输入和输出数据了。因此,只要在程序中用到标准输入输出库函数,如 printf 函数,就需要在程序的开头处写上包含 stdio.h 文件的命令。若在功能完成过程中,涉及其他函数的使用,则同样需要写上包含这些函数所对应的头文件的命令。

程序第 3 行是主函数的首部。main 是主函数名,一个 C 语言源程序有且仅有一个 main 函数,C 语言程序的执行就是从 main 函数开始,main 后面有个"()","()"中什么也没有,说明 main 函数没有参数。int 是 main 函数的返回值类型,若无返回值,则 main 函数前使用 void,表示空类型。

程序第 4~7 行是 main 函数体。函数体是以"{"开始,以"}"结束。在此函数体中包括两行:第 5 行和第 6 行。

　　程序第 5 行是数据的标准输出。任何一个程序都有一个或多个输出结果。C 语言中要实现数据的标准输出都是通过函数调用语句来实现的,printf 就是一个函数名,它的功能是将双引号中的文本信息输出,即将"Hello,world!\n"输出到屏幕上,此行以";"结束。C 语言规定,语句以";"结束。

　　程序第 6 行是函数返回值表达式语句。该语句的返回值 0 与第 3 行 main 函数的返回类型 int 相对应。当一个函数的返回值类型不是 void 时,则返回值就由 return 引起,后面写返回值,最后以";"结束。实际上当程序执行此 return 语句时,也意味着该函数执行结束。

　　从以上分析可知,该程序共有 7 行,其中第 1 行是注释,第 2 行是标准输入输出文件包含命令,第 3～7 行为 main 函数,第 3 行是 main 函数首部,第 4～7 行是 main 函数体,第 5 行和第 6 行分别是 main 函数体中的语句。

　　程序运行结果如下。

Hello, world!

【例 2-2】 输入两个整数,输出最大整数。

源程序:

```
1 # include "stdio. h"
2 int max( int a, int b)
3 {
4    int m;
5    m = a > b?a:b;
6    return m;
7 }
8 int   main()
9 {
10  int a,b,m;
11  scanf(" % d % d",&a,&b);
12  m = max(a,b);
13  printf(" % d\n",m);
14  return 0;
15 }
```

程序解释:

　　程序第 1 行是文件包含命令。

　　程序第 2 行是 max 函数的首部。 max 是函数名,一个 C 语言源程序除了包含 main 函数外还可以有其他函数。第一个 int 是 max 函数的返回值类型。max 后面有个"()","()"中不是空的,说明 max 函数有参数且有两个,一个是 int a,另一个是 int b,int 表示为整型,a、b 表示参数的名称。

　　程序第 3～7 行是 max 函数体。 函数体以"{"开始,以与之配对的"}"结束。在此函数体中包括 3 行:第 4 行、第 5 行和第 6 行。

　　程序第 4 行是函数体中的变量定义部分。 此处"int m;"表示定义了一个整型变量 m。

　　程序第 5 行是函数体中的功能处理部分。 此处"m＝a>b? a:b;"表示如果 a>b,则把 a 赋给 m,否则把 b 赋给 m。

　　程序第 6 行是 max 函数返回值表达式语句。 该函数的功能是求 a 和 b 的最大值,即得到最大值 m,由 return 语句后面跟上返回值 m,最后以";"结束。

程序第 **8～15** 行是 **main** 函数。

程序第 **10** 行是 **main** 函数体中的变量定义部分。此处"int a,b,m;"表示定义了 3 个整型变量 a、b 和 m。

程序第 **11** 行是程序数据的标准输入。任何一个程序都有零个或多个输入。C 语言中要实现数据的标准输入是通过函数调用语句来实现的,scanf 就是一个函数名,它的功能是通过键盘输入变量 a 和 b 的值。

程序第 **12** 行是求两个整数 **a** 和 **b** 的最大值 **m**。这一行是 main 函数的功能处理部分,功能处理主要通过调用函数 max 来完成。

程序第 **13** 行是程序数据的标准输出。此处调用了 printf 函数,将 m 的值输出到屏幕上。

从以上分析可知,该程序共有 15 行,包含了两个函数:max 和 main。其中第 1 行是注释行,第 2～7 行是 max 函数,第 8～15 行是 main 函数。通过观察与总结,该程序中的 main 函数有比较固定的 5 部分,分别是变量定义部分、数据输入部分、功能处理部分和数据输出部分、return 表达式部分。而 max 函数和例 2-1 中的 main 函数中则包含这 5 部分的某些部分。

程序运行结果如下。

```
20 50 ↙
50
```

2.1.2　基本结构

通过以上两个程序的分析,可以得出 C 语言源程序的基本结构的一般形式为:

```
文件包含命令
函数 1
函数 2
…
函数 n
```

其中,每个函数包括函数首部和函数体,函数的基本结构的一般形式为:

```
函数返回值类型　函数名(参数)　　　//函数首部
{
 //函数体
  变量定义
  数据输入
  功能处理
  数据输出
  return　表达式;
}
```

每个具体问题的源程序结构是根据该问题的复杂程度来决定具体需要包含哪些部分。以上两个程序中,例 2-1 只包含了一个 main 函数,函数体也只有数据输出和"return 0;",例 2-2 就复杂得多,包含了两个函数,其中 max 函数有变量定义、功能处理和 return 表达式。

但不管一个 C 语言源程序包含多少个函数,有且仅有一个 main 函数,函数中的每条语句都以";"结束。main 函数的基本构成的一般形式为:

```
int  main()
{
    变量定义部分
    数据输入部分
    功能处理部分
    数据输出部分
    return  0;
}
```

通过以上两个 C 语言源程序的介绍与分析,相信读者对 C 语言源程序的结构有了一个初步的认识。

(1) 源程序由一个或多个函数组成。函数是构成 C 语言源程序的基本单位。函数可以是系统提供的库函数,如 printf、scanf,也可以是根据需要自己编写的函数(如例 1-2 中的 max 函数)。C 语言函数库十分丰富,标准 C 提供一百多个函数,用于完成某些特定功能。

(2) 每个源程序有且只有一个 main 函数。一个 C 语言程序总是从 main 函数开始执行,直至 main 函数结束执行,无论 main 在整个程序中处于什么位置。main 函数可放在整个程序的最开始或最后,或其他两个函数的中间,每个函数都是以函数名和函数体的一个整体出现。

(3) 程序中可以加注释。注释信息放在一对符号"/ ＊ … ＊/"之间或者符号"//"之后,增加程序的可读性。

(4) C 语言源程序书写自由。一行中可以有多条语句,一条语句也可以占用多行。一条预处理命令分多行写则需要在行尾使用符号"\"续行,语句中的字符串如果需要换行书写,也需要使用符号"\"续行。书写程序时,一律使用英文标点符号。建议一行只写一条语句。

(5) 每条语句以分号";"作为语句结束符。分号是语句的必要组成部分。

例如:

```
int  x , y = 7;
c = a + b;
```

(6) C 语言本身没有输入输出语句。输入输出的操作由库函数,如 printf、scanf 函数来完成。C 语言对输入输出实行"函数化"管理。

(7) C 语言程序中的字母区分大小写。C 语言中大小写字母代表不同含义。即 C 语言对字母的大小写敏感。

(8) 书写程序时建议采用缩进格式。养成良好的编写程序的习惯,可以提高程序的可读性。

视频讲解

🔑 2.2　源程序的标识符

本节主要讨论以下问题。

(1) 构成 C 语言源程序的最小组成成分有哪些?

(2) 构成 C 语言源程序的主要组成成分有哪些?

(3) 标识符的命名规则是什么? 保留字与标识符有什么异同?

观察以上两个程序还可以发现,构成 C 语言源程序的最小单位是一个个的字符,C 语言支持哪些字符呢？下面从基本字符和标识符两个角度进行分析。

1. 基本字符

C 语言源程序的基本字符包括以下 4 类。

(1) 大小写英文字母：a~z、A~Z(注意：C 语言对大小写敏感)。

(2) 数字：0~9。

(3) 分隔符："," (逗号)、";" (分号)、" "(空格)、"( )"(括号)等。

(4) 运算符：＋、－、& 等各类运算符。

字符集是多个字符的集合。字符集的种类很多，包括 ASCII、GB2312、Unicode 等。在 C 语言中常用的字符集是 ASCII(American Standard Code for Information Interchange，美国信息互换标准代码)，它是现今最通用的单字节编码系统，使用 7 位或 8 位二进制数组合来表示 128 或 256 种可能的字符。标准 ASCII 码也叫基础 ASCII 码，使用 7 位二进制数(剩下的 1 位二进制为 0)来表示所有的大写和小写字母、数字 0~9、标点符号，以及在美式英语中使用的特殊控制字符。

2. 标识符

1) 标识符的命名规则

以上基本字符如何组织来形成一个有意义的标识符呢？C 语言中变量和函数都有自己的名字，如上面程序中的变量 a、b、m 和函数 max、printf、main 等，这些名字在 C 语言中称为标识符。标识符就是一个名字，用来标识信息，如表示变量名、类型名和函数名等。例 2-1 和例 2-2 程序中的变量名有 a、b、m，函数名有 main、max、printf、scanf，类型名有 int，还有 return 控制语句名。

C 语言规定标识符只能由英文大小写字母、下画线(_)或数字组合而成，并且开头必须是英文字母或下画线。例如 a、b、_average、sum_2 均为合法的标识符，而 0sum、ave@、-num 则均为不合法的标识符。

C 语言是字母大小写敏感的语言，因此 sum 和 Sum 是两个不同的标识符。

C 语言源程序中一般用标识符来表示变量名、常量名和函数名，其有效长度随 C 语言编译系统的不同而不同，但至少前 8 位字符有效。例如，在一个源程序中有两个标识符 student11 和 student12，根据标识符的命名规则，它们是合法标识符。但是由于这两个标识符的前 8 位是一样的，所以有的编译系统认为它们是同一个标识符。

为了提高程序的可读性，标识符的取名要尽可能体现它的意义，做到"见名知义"。如学生 1 用 student1 表示，分数用 score 表示，平均值用 average 表示。

2) 特殊的标识符——保留字

C 语言中有一些特别的标识符，它们的用途已经事先规定好了，程序员不能再将它们另作他用。这些特殊的标识符被称为保留字，也称为关键字。保留字必须使用小写字母表示，两个标识符之间必须以空格作为间隔符，如：int　sum。

ANSI C99 标准中 C 语言有 32 个保留字，分为以下 4 种类型。

(1) 数据类型保留字：char、double、float、int、long、short、struct、union、unsigned、enum、signed、void。

(2) 控制语句保留字：break、case、continue、default、do、else、for、goto、if、return、switch、while。

（3）存储属性保留字：extern、static、auto、register。

（4）其他保留字：sizeof、typedef、const、volatile。

C语言规定，在同一个程序内，不允许出现两个完全相同的标识符。因此，函数名不能与其他名字，如变量名等重名，不能用关键字命名变量和函数，标识符习惯用英文小写字母。

🔑 2.3　源程序的基本语句

本节主要讨论以下问题。

（1）C语言中，实现功能的语句有哪些？

（2）不同语句有什么特点？

观察以上两个程序的函数体发现，函数体都是由一行一行组成的，每行的末尾大都是由分号结束，这种由分号结束的每一行称为一条语句，不同的语句完成的功能也不完全相同，C语言提供的语句分为5类。

1. 表达式语句

由一个表达式加上分号便构成了一条表达式语句，最常见的表达式语句是赋值表达式语句。例如"m＝max(a,b);"和"m＝a＞b?a:b;"。

2. 流程控制语句

流程控制语句用来完成一定的控制功能。C语言提供了三类共9条流程控制语句。

（1）实现条件结构的控制语句：if-else、switch-case语句。

（2）实现循环结构的控制语句：while、do-while、for、continue、break、if-goto语句。

（3）用于函数返回的控制语句：return语句。如 return 0。

3. 函数调用语句

函数调用语句由函数调用和一个分号组成。例如"printf("%d",m);"和"scanf("%d%d",&a,&b);"。

4. 复合语句

复合语句就是将若干条语句用一对大括号"{}"括起来的语句，复合语句可以嵌套使用。例如：

```
#include<stdio.h>
int main()
{
  …
  {              /*下面用一对大括号括起来的语句就是一条复合语句*/
  int a=3,b=7;
  printf("%d",a+b);
  }
  …
}
```

5. 空语句

空语句只有一个分号，表示什么也不做。空语句的作用一般是预留出代码位置，提示这里还有未完成的工作；如果在for语句中的表达式2出现空语句，则表示循环条件为真。

🔑 2.4 带参数的 main 函数

本节主要讨论以下问题。

(1) 带参数的 main 函数中参数表示什么意义？

(2) 带参数的 main 函数如何执行？

通过前面的介绍可以发现，若问题比较简单，则 C 语言源程序中只需要一个 main 函数。main 函数除了函数首部无形式参数之外，还有一种带参数的格式，如下所示。

```
int  main(int argc,char * argv[])  /* 函数首部 */
{                                  /* 函数体 */
        变量定义
        数据输入
        功能处理
        数据输出
        return 0;
}
```

在 main 函数格式中，main 函数首部定义的"()"中的内容为函数的形式参数，这个函数参数是一个固定的参数格式"(int argc,char * argv[])"，前一个参数 argc 表示执行该程序时输入以空格分隔的字符串个数，argv 则指向所录入的这些字符串。argv[0]默认指向程序的完整名称，argv[1]指向参数中第 1 个输入参数字符串的内容，以此类推。

带有包含参数的 main 函数的程序，其执行过程与之前不带参数的 main 函数的程序有些不同。其中编辑程序、编译程序和连接程序是相同的，运行前需要先在 Dev-C++ 6.3 的菜单中选择"运行"→"参数"命令，输入程序中需要的若干参数字符串，如输入"xxa 女"，如图 2-1 所示，然后选择"运行"→"运行"命令即可查看运行结果。

图 2-1 "参数"对话框

【例 2-3】 命令行参数的输入与输出。

源程序：

```
1  /* 2-3.c */
2  # include "stdio.h"
3  int main(int argc,char * argv[])
4  {
5    printf("argc -- arg num: % d\n",argc);
6    printf("argv -- arg content: \n");
7    printf("file name: % s\nyour name: % s\nyour gender: % s\n",argv[0],argv[1],argv[2]);
8    return 0;
9  }
```

程序运行结果如下。

```
argc -- arg num: 3
argv -- arg content:
file name: D:\2-3.exe
your name: xxa
your gender: 女
```

🔍 2.5　由多个文件构成的源程序

本节主要讨论以下问题。

(1) 如何设计包含多个文件的 C 语言程序？

(2) 多个文件构成的 C 语言程序有什么特点？

(3) 多个文件构成的 C 语言程序怎么执行？

C 语言是结构化的程序设计语言，一个 C 语言源程序可以由一个或多个文件组成，C 语言源程序文件的扩展名一般为".c"。每个文件完成一个独立的功能，但不管文件有多少个，必定只有一个文件中有且仅有一个 main 函数。其中，main 函数只能放在".c"文件中定义，其他一些功能函数既可以在头文件".h"中定义，也可以在".c"文件中定义。习惯上，程序员将函数的定义放在".c"文件中，函数的声明放在".h"文件中，然后在程序某个文件的开始以文件包含命令的形式给出。一个大规模的典型 C 语言源程序结构如图 2-2 所示。

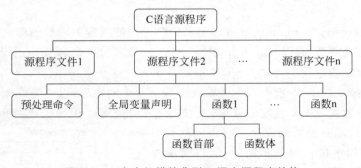

图 2-2　一个大规模的典型 C 语言源程序结构

对于由多个文件构成的 C 语言源程序，预处理命令往往以文件包含预处理命令的形式出现。文件包含预处理是指一个文件可以将另一个源文件的全部内容包含进来。文件包含预处理命令的一般格式是：

　　♯include <文件名>　　　　或者　　　　♯include "文件名"

其中，使用"<>"(尖括号)表示到存放 C 库函数头文件所在目录中寻找要包含的文件；使用"" ""(双引号)表示先在当前目录(文件夹)中未找到所包含的文件后，再按尖括号方式寻找。当然，文件包含预处理命令也可在特定的分区、特定的目录(文件夹)中寻找包含文件。如：♯include "c:\my folder\myfile.c"，如图 2-3 所示。其中，在文件 file2.c 中有 ♯include "file1.c"，在编译时，将 file1.c 全部内容复制到 ♯include "file1.c" 的位置上，将 file2.c 作为一个源文件单位进行编译。

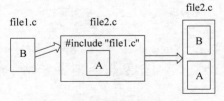

图 2-3　文件包含的编译过程

下面通过一个具体例子来介绍由多个文件构成的源程序的编译过程。

【例 2-4】　输入 2 个整数，输出最大值。

算法分析：

在 Dev-C++ 6.3 环境下新建两个文件，其文件名分别为"b.c"和"a.c"，其中文件"b.c"

完成的功能是求得两个整数的最大值,文件"a.c"完成的功能是输入两个整数及求这两个整数的最大值并输出最大值,该文件包含 main 函数。

操作步骤:

(1) 在 Dev-C++ 6.3 环境下的主界面中选择"文件"→"新建"命令,然后单击"源代码"选项,输入源代码,输入完后选择"文件"→"保存"命令,命名为 b.c,如图 2-4 所示。

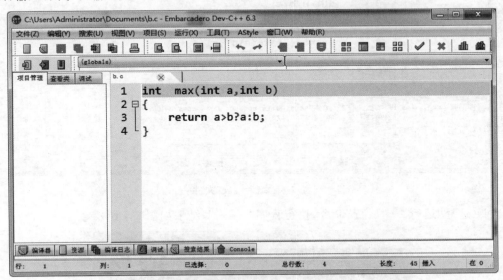

图 2-4　b.c 文件

(2) 按照相同的方法在同一目录下新建另一文件"a.c",在 a.c 文件中需要使用文件 b.c,增加文件包含命令"#include "b.c"",如图 2-5 所示。

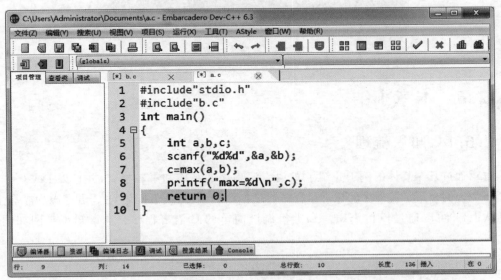

图 2-5　a.c 文件

(3) 选择"运行"→"编译"命令,编译源程序"a.c",生成可执行文件 a.exe,信息窗口显示无错误,如图 2-6 所示。注意,编译的源程序是包含了 main 函数的文件"a.c"。

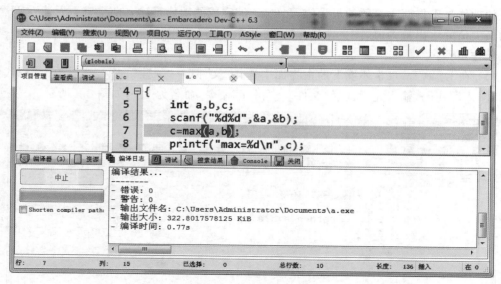

图 2-6 编译"a.c"文件

(4)选择"运行"→"运行"命令,执行程序"a.exe",结果如图 2-7 所示。

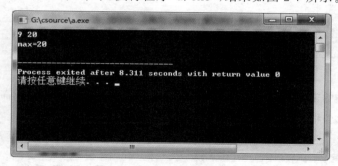

图 2-7 程序执行结果

2.6 本章小结

2.6.1 知识梳理

本章通过几个具体的例子介绍了 C 语言源程序的结构和书写格式,并且以 Dev-C++ 6.3 编译环境为例介绍了源程序的执行过程。通过本章的学习,读者能够对 C 语言源程序有了初步的认识,并可以通过模仿来编写和上机调试简单的 C 语言程序。本章知识导图如图 2-8 所示。

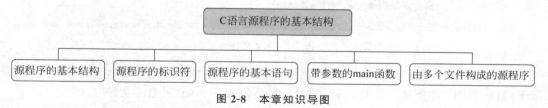

图 2-8 本章知识导图

2.6.2　如何编程

从第 3 章开始将正式进入 C 语言程序设计的学习,要学好一门计算机语言,其实与学习其他语言是相通的。这门课程是以 C 语言为工具,学习程序设计的基本概念、基本思想与基本方法。学习 C 语言这门课程切忌死记硬背,而是要多做练习,加强应用方面的实践训练。通过上机调试程序,理解书中的概念,学习用计算机解决问题的方法。所以实践是学习和掌握 C 语言最有效的方法。

针对 C 语言的学习,下面提出"三步法"建议。

1. 读程序

本书中的很多例题都是循序渐进的,很多知识点的使用都包含在某个具体的实例中,因此,读懂程序是编写程序的关键一步。通过读程序,掌握 C 语言中的基本概念,了解计算机解决问题的基本思路,不断总结出一套符合自己特点的学习方法。在初始读程序的过程中,尽量标出每条语句的功能。

2. 改写

读懂程序后,就可以将读懂的程序进行改写。例如,可以修改变量的类型,可以改变语句的顺序,可以修改输出格式,可以改变解决这个问题的方法等。通过调试自己修改的程序,观察其变化并仔细比较程序改变前后的异同。当自己修改后的程序不正确时,一定要找出原因。通过反复的修改与调试,进一步巩固 C 语言的基本概念,加深对程序设计思想和方法的理解,提高写程序的能力,学会编程的技巧和方法。

3. 编写

通过大量的改写程序练习后,就可以自己独立编写程序了。不断加强训练,举一反三,提高独立分析、独立设计、独立编写和独立调试程序的能力。学好程序设计的秘诀就是实践、实践、再实践。

习题 2

1. 下面哪些是正确的标识符?

1sb　a147　14?4　ab.25　_14　a?47

2. 下面哪些是正确的保留字?

If　if　else　Static　ab　const

3. 下面哪些是用户自定义标识符? 哪些是保留字?

A　ab　b_147　if　else　Goto　main　default　_ab?

4. 编写一个实现某种功能的 C 语言程序,必须经历哪几个步骤?

5. 选择题

(1) 以下叙述中正确的是(　　)。

　　A. C 语言程序将从源程序中第 1 个函数开始执行

　　B. 可以在程序中由用户指定任意一个函数作为主函数,程序将从此开始执行

　　C. C 语言规定必须用 main 作为主函数名,程序从此开始执行,在此函数结束

　　D. main 可作为用户标识符,用以命名任意一个函数作为主函数

(2) 下列叙述中正确的是(　　　)。

    A. 每个 C 语言程序文件中都必须要有一个 main 函数

    B. 在 C 语言程序中 main 函数的位置是固定的

    C. C 语言程序中所有函数之间都可以相互调用,与函数所在位置无关

    D. 在 C 语言程序的函数体内不能定义另一个函数

(3) 下列叙述错误的是(　　　)。

    A. 一个 C 语言程序只能实现一种算法

    B. C 语言程序可以由多个程序文件组成

    C. C 语言程序文件可以由一个或多个函数组成

    D. 一个 C 语言函数可以单独作为一个 C 语言程序文件存在

(4) 以下 4 个程序中,完全正确的是(　　　)。

```
A.  # include < stdio. h >          B.  # include < stdio,h >
    int main()                          int main()
    {/ * programming * /               {/ * /programming/ * /
     printf("programming!\n");              printf("programming!\n");
     return 0;}                         return 0;}

C.  # include < stdio. h >          D.  include < stdio,h >
    int   main()                        int   main()
    {/ * /programming * / * /           {/ * programming * /
     printf("programming!、n");          printf("programming!\n");
     return 0;}                         return 0;}
```

(5) C 语言源程序文件的基本组成单位是(　　　)。

    A. 函数　　　　　　　　B. 过程　　　　　　　　C. 子程序　　　　　　　　D. 子例程

(6) C 语言规定,在一个源程序中 main 函数的位置(　　　)。

    A. 必须在最开始　　　　　　　　　　　　B. 必须在系统调用的库函数的后面

    C. 可以任意　　　　　　　　　　　　　　D. 必须在最后

(7) 一个 C 语言程序是由(　　　)。

    A. 一个主程序和若干子程序组成　　　　　B. 函数组成

    C. 若干过程组成　　　　　　　　　　　　D. 若干子程序组成

(8) C 语言的程序一行写不下时,应该(　　　)。

    A. 用回车符换行　　　　　　　　　　　　B. 在任意一个空格处换行

    C. 用分号换行　　　　　　　　　　　　　D. 用逗号换行

6. 填空题

(1) 在一个 C 语言程序中,多行注释部分两侧的分界符分别为_____和_____。

(2) C 语言源程序文件经过编译后,生成文件的扩展名是_____;经过连接后,生成文件的扩展名是_____。

(3) 一个用 C 语言编写的程序是从_____函数开始执行的。

(4) C 语言源程序的基本组成单位是_____。

7. 找出下列代码中的书写错误(共有 3 处)。

```
# include "stdio. h"
int mian(void)
{ int a,b,c,v;
```

```
a = 2;
b = 3;
c = 4
v = a * b * c;
printf(" % d\n",v);
return(0);
```

8. 下面是由多个文件组成的源程序,写出该程序的执行过程和执行结果。

```
/ * disp.c * /
void dispstar( )
{
    printf(" ********* \n");
}
/ * how.c * /
# include < stdio. h >
# include < disp. c >
int   main( )
{
    dispstar();
    printf("This is a C program. \n");
    dispstar();
    return 0;
}
```

9. 信息输出。编写一个 C 语言程序,输出以下信息。

****

How do you do?

****

10. 图形输出。编写一个 C 语言程序,输出以下图形。

*

**

***

****

第 3 章

基本数据类型、运算符
和表达式

CHAPTER 3

◇ 学习导读

通过前面内容的学习,已经了解了 C 语言源程序的基本结构以及源程序包含的基本语句和合法的标识符,那么如何编写一个程序解决实际问题呢? 首先,需要确定处理的对象,然后,实现功能。在计算机中,确定处理对象就是描述或定义问题所涉及对象的数据类型,实现功能就是在处理对象之间进行运算,进而通过语法规则编写语句来解决实际问题。

本章详细介绍 C 语言中常用的基本数据类型以及在数据处理过程中使用的基本运算符和表达式。通过本章的学习,读者将能够用基本数据类型定义问题中使用到的数据,以及用合适的运算符和表达式描述数据的简单处理过程。本章是学习 C 语言的重要基础。

◇ 内容导学

(1) 变量和常量的概念。

(2) 各种类型的数据在内存中的存放形式。

(3) 各种类型常量的使用方法。

(4) 各种整型、字符型、浮点型变量的定义和引用方法。

(5) 自动数据类型转换的规则以及强制数据类型转换的方法。

(6) 算术运算符、赋值运算符、逗号运算符以及 sizeof 运算符的使用方法。

(7) 运算符的优先级和结合性。

◇ 育人目标

《论语》的“学而不思则罔,思而不学则殆”意为：学习而不思考就会迷惘无所得;思考而不学习就不切于事而疑惑不解——常学习,常思考,定会有收获。

本章的基本数据类型、基本运算符及其构成的表达式都是今后学习的重要基础语法知识,也是所有高级语言学习的基础。作为初学者从基础知识开始,认真学习并了解不同数据类型的区别和用法,基本运算符、表达式的运算规则,养成良好的编程习惯和语法规则意识,可以帮助编程者避免很多基础性的语法错误。

3.1　C 语言的数据类型

本节主要讨论以下问题。

(1) C 语言支持的数据类型有哪些?

(2) C 语言的基本数据类型有哪些?

(3) C 语言的构造数据类型有哪些?

学习 C 语言的最终目的就是编写解决实际问题的程序,而程序的操作对象是数据。计算机在处理数据时,要求数据必须具有确定的数据类型。数据类型决定了数据在内存中占有存储空间的大小、取值范围以及能够参与的运算。C 语言提供了丰富的数据类型,分为基本数据类型、构造数据类型、指针类型和空类型四大类,如图 3-1 所示。

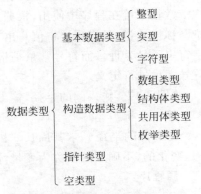

图 3-1　C 语言的数据类型分类

1. 基本数据类型

基本数据类型的主要特点是其值不可以再分解为其他类型。C 语言中,基本数据类型有 3 种,它们分别是整型、实型和字符型。本章将详细介绍这 3 种基本数据类型。

2. 构造数据类型

为了更好地处理并表达更复杂的数据,C 语言提供了构造数据类型。构造数据类型根据已定义的一个或多个数据类型用构造的方法来定义。它的最主要的特点是其值可以分解成一个或更多个成员或元素,而每个成员又是一个独立的基本数据类型或构造数据类型。C 语言中,构造数据类型有 4 种,它们分别是数组类型、结构体类型、共用体类型和枚举类型。

3. 指针类型

指针类型是一种特殊的数据类型,同时又是具有重要作用的数据类型。其值用来表示数据在内存中的地址。指针是 C 语言的精髓,没有学好指针就等于没有学好 C 语言。

4. 空类型

函数在定义时需要给出函数的返回值的类型。若一个函数没有返回值,则其返回值的类型为空,用 void 表示。

3.2　数据的表现形式

本节主要讨论以下问题。

(1) 数据在程序中如何表现? 表现的类型有哪几种?

(2) 常量和变量有什么区别?

(3) 常量有哪些类型? 不同数据类型常量的区别是什么?

(4) 变量有哪些类型? 不同数据类型变量的区别是什么?

程序中处理的数据,除了要求明确规定是哪种数据类型之外,还要求数据以一定的形式出现。在 C 语言中,数据的表现形式有常量和变量两种。

3.2.1 常量

程序运行时其值不能改变的数据称为常量,即数据的表现形式为常量。

常量直接在程序中使用,根据其使用的形式分为两种,即直接常量和符号常量。直接常量又称值常量,是指直接将值写出来的常量。值常量有整型常量、实型常量、字符型常量和字符串常量 4 种。而符号常量是指用标识符表示常量,在使用符号常量前,必须用宏定义对符号常量进行定义。

【例 3-1】 输入圆的半径,输出其周长和面积。

算法分析:

已知圆的半径 r,求其周长 c 和面积 s 的公式分别为 $c=2\pi r$,$s=\pi r^2$。对于计算机而言,r 是变化的,不确定的值称为变量,同理,依赖于 r 的周长 c 和 s 也是变量。

源程序:

```
1   /*3-1.c*/
2   #include"stdio.h"
3   #define PI 3.1415926              /*用宏定义说明符号常量PI*/
4   int main(void)
5   {
6       double r,s,c;                 /*定义3个双精度变量r、s、c*/
7       scanf("%lf",&r);             /*输入变量r的值*/
8       c=2*PI*r;                     /*计算c的值*/
9       s=PI*r*r;                     /*计算s的值*/
10   printf("c=%lf,s=%lf\n",c,s);     /*输出c、s的值*/
11   return 0;
12  }
```

程序解析:

该程序中使用的数据有圆的半径 r、圆的周长 c、圆的面积 s、圆周率 π 以及圆的周长公式中的数 2。在这些数据中,前 3 个数据是会变化的,后两个数据是不变的,因此把前面 3 个数据定义成变量,分别用标识符 r、c 和 s 表示,而后面两个数据则是常量。其中,圆的周长公式中的数 2 直接写出,称为直接常量或值常量,圆周率 π 即 3.14,该实型常量可以直接写出,也可以在程序中使用 PI(π 的谐音),这种形式出现的常量称为符号常量。使用符号常量之前,必须在程序开头写一条"#define PI 3.1415926"宏定义预处理命令。这样,符号常量 PI 在程序编译时会进行宏替换,值为 3.1415926。

程序运行结果如下。

```
3 ↙
c=18.849556,s=28.274333
```

3.2.2 变量

程序运行时其值可以被改变的数据称为变量,即数据的表现形式为变量。

通常用变量来保存程序执行过程中的输入数据、中间结果和最终结果。

在源程序中,为了区别不同的变量,就需要为变量取一个名字,名字也就是一个标识符,这个标识符就是变量名。在程序运行过程中,通过变量名来访问变量的值。C 语言规定,变量在使用之前,必须先定义,定义的位置一般放在函数体的开头。

1. 变量定义的格式

一般来说,变量定义的基本格式为:

[存储类型]　数据类型 变量名 1[,变量名 2,…,变量名 n];

其中,数据类型决定了系统为变量分配的字节数和数的取值范围,变量 1、变量 2、…、变量 n 是合法的标识符,即变量名。例如以下定义的变量:

```
int    x, y, z;
float  radius, length, area;
char   ch;
```

其中,变量 x、y、z 定义为基本整型,radius、length、area 定义为单精度实型,ch 定义为字符型。定义时,可以定义一个变量,也可以同时定义多个变量。

2. 变量的初始化

在定义时,还可以为变量赋初值,称为变量的初始化。例如以下定义的变量:

```
int r = 3;
```

其中,定义了变量 r 为基本整型,同时 r 的初值为 3。

3. 变量的存储地址

在程序运行期间,编译系统会为程序中定义的每个变量分配一定大小的存储单元,存储单元的初始地址称为该变量的存储地址。程序员在编写程序过程中要引用变量的存储地址时,可以通过取地址运算符(&)来获得,引用格式为:

& 变量名

例如以下语句:

```
scanf("% lf",&r);
```

其中,scanf 表示从标准输入设备(键盘)输入一个双精度类型的数据存入到变量 r 所对应的存储单元中,因此,就需要知道 r 所对应的存储单元地址 &r。

🔑 3.3　基本数据类型

本节主要讨论以下问题。

(1) 基本数据类型有哪些?

(2) 不同基本数据类型的常量如何表示?

(3) 不同基本数据类型的变量如何定义? 定义之后,其占用的存储空间、表示的范围是什么?

(4) 不同基本数据类型的数据在内存中如何存储?

(5) 字符串常量怎么表示? 字符串常量与字符常量有什么区别?

使用一个数据时,不但要知道它的表现形式还要知道它的类型。前面介绍到,数据在程序执行过程中,根据其值是否可以改变分为常量和变量,而基本数据类型分为整型、实型、字符型,因此,基本数据又可以分为整型常量、实型常量、字符型常量以及整型变量、实型变量、字符型变量。下面详细介绍基本数据类型的常量和变量的表示及表示范围。

视频讲解

3.3.1　整型数据

1. 整型常量的表示形式

整型常量即整型常数。在 C 语言中,整型常量的表示形式有以下 3 种。

(1) 十进制整型常量。由数字 0~9 和正负号组成,如 10、−200、897 等是合法的十进制整型常量,而 056、23F 是不合法的十进制整型常量,其中 056 含有前导 0,23F 中含有不合法的字母 F。

(2) 八进制整型常量。由数字 0~7 组成,且以数字 0 开头,如 056、071 等是合法的八进制整型常量,而 086、54 是不合法的八进制整型常量,其中 086 含有不合法数字 8,54 不是以 0 开头。

(3) 十六进制整型常量。由数字 0~9、字母 A~F 或 a~f 组成,且以 0X 或 0x 开头,如 0x12、0x1ab 等是合法的十六进制整型常量,而 7B、0X34H 是不合法的十六进制整型常量,其中 7B 不是以 0X 或 0x 开头,0X34H 中含有不合法的字母 H。

2. 整数在内存中的表示

通过第 1 章的学习,已经了解到数据以二进制形式存储在计算机中,其机内表示形式通常有 3 种,即原码、反码和补码。其中补码可以连同符号位一起参与运算。因此,计算机系统规定:整数的数值在内存中用补码的形式存放。在 TC 2.0 或 BC 3.1 下,一个整数默认情况下需要 2 字节(16 位)的内存单元存放;而在 Dev-C++ 6.3、VC++ 6.0 下,则需要 4 字节(32 位)。下面通过具体的例子来观察不同进制整数在内存中的表示形式。

1) 十进制整数

(1) 设有十进制整数 17,根据求补码的规则得出 17 在内存中的表示形式。

① 若用 16 位的内存单元存放该整数,结果为(17)$_{补}$=0000 0000 0001 0001。左边第 1 个数位为符号位。根据数据在内存中的存放位置是高字节放在高地址的存储单元中、低字节放在低地址的存储单元中的原则,可以得出十进制整数 17 存放在 16 位的存储单元中的存放形式,如图 3-2 所示。

② 若用 32 位的内存单元存放该整数,结果为(17)$_{补}$=0000 0000 0000 0000 0000 0000 0001 0001。左边第 1 个数位为符号位。其在内存中的存放形式如图 3-3 所示。

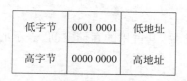

图 3-2　十进制整数 17 存放在 16 位的
存储单元中的存放形式

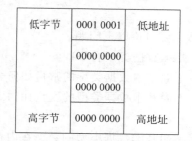

图 3-3　十进制整数 17 存放在 32 位的
存储单元中的存放形式

(2) 设有十进制整数 −17,根据求补码的规则得出在内存中的表示形式。

① 若用 16 位的内存单元存放该整数,结果为(−17)$_{补}$=1111 1111 1110 1111。左边第

1 个数位为符号位。其在内存中的存放形式如图 3-4 所示。

② 若用 32 位的内存单元存放该整数,结果为(−17)$_{补}$＝1111 1111 1111 1111 1111 1111 1110 1111。左边第 1 个数位为符号位。其在内存中的存放形式如图 3-5 所示。

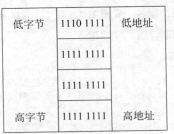

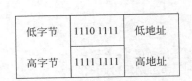

图 3-4　十进制整数−17 存放在 16 位的
存储单元中的存放形式

图 3-5　十进制整数−17 存放在 32 位的
存储单元中的存放形式

2) 八进制整数

(1) 设有八进制整数 052,根据不同进制数之间的转换方法及求补码的规则得出下面的结果。

(052)$_8$＝(101010)$_2$,则若用 16 位的内存单元存放该数,结果为(052)$_{补}$＝0000 0000 0010 1010。若用 32 位的内存单元存放该数,结果为(052)$_{补}$＝0000 0000 0000 0000 0000 0000 0010 1010。

(2) 设有八进制整数−052,根据不同进制数之间的转换方法及求补码的规则得出下面的结果。

若用 16 位的内存单元存放该数,结果为(−052)$_{补}$＝1111 1111 1101 0110。若用 32 位的内存单元存放该数,结果为(−052)$_{补}$＝1111 1111 1111 1111 1111 1111 1101 0110。

3) 十六进制整数

设有十六进制整数 0X85AB,(0X85AB)$_{16}$＝(1000 0101 1010 1011)$_2$,根据不同进制数之间的转换方法及求补码的规则得出下面的结果。

(1) 若用 16 位的内存单元存放该数,结果为(0X85AB)$_{补}$＝1000 0101 1010 1011。因此,数据 0X85AB 在内存中的存放的形式为 1000 0101 1010 1011。从该形式中可以看出,最高位为 1,说明该数为负数且为其真值的补码在内存中的存放形式,其对应的真值二进制数为−111 1010 0101 0101,即十进制数−31317。

(2) 若为 32 位的内存单元存放该数,结果为(0X85AB)$_{补}$＝0000 0000 0000 0000 1000 0101 1010 1011。因此,数据 0X85AB 在内存中的存放的形式为 0000 0000 0000 0000 1000 0101 1010 1011。从该形式中可以看出,最高位为 0,说明该数为正数且为其真值的补码在内存中的存放形式,其对应的真值二进制数为 1000 0101 1010 1011,即十进制数 34219。

3. 整型变量

C 语言中,当处理的数据以变量的形式出现时,必须先定义后使用。

(1) 整型变量的定义。定义整型变量的基本格式为:

整型类型名　变量名 1[,变量名 2,…,变量 n];

在使用此格式定义整型变量时,必须遵守以下规则。

① 整型类型名属于关键字,必须小写。

② 整型类型名与变量名之间要有空格分开。

③ 可以同时定义多个变量,但变量名间要用","分开。

④ 在定义变量时也可以对变量赋初值,具体格式为:

整型类型名　变量名 1 = 值 1[,变量名 2 = 值 2,…,变量名 n = 值 n];

⑤ 最后以";"结尾。

例如:

```
int   a;              /*定义整型变量 a*/
int   a,b,c;          /*定义整型变量 a、b、c*/
int   a=3,b;          /*定义整型变量 a、b,同时给变量 a 赋初值 3*/
int   a=3,b=4;        /*定义整型变量 a、b,同时给变量 a、b 分别赋初值 3、4*/
```

(2) 整型变量的类型。整型变量的基本类型标识符是 int。C 语言还允许编程者在定义整型变量时,在 int 前面加上修饰符,这些修饰符可以是 unsigned(无符号)、signed(有符号,可以省略)以及 short(短)和 long(长)。这样,整型变量的类型就有 6 种。不同的类型决定了该数的范围以及在内存中占有的空间大小。

例如:

```
long int a;
```

该定义表示定义了一个长整型变量 a,在程序执行时为变量 a 分配 4 字节。

不同整型变量的类型所表示的数的范围及分配的字节数如表 3-1 所示([]表示此部分在定义时可省略,不同类型所占的字节数是指在 Dev-C++ 6.3 环境下的取值)。

表 3-1　整型变量的类型

类型	种　类	保　留　字	字节数	取　值　范　围
整型	有符号基本整型	[signed] int	4	−2147483648～+2147483647
	有符号短整型	[signed] short [int]	2	−32768～+32767
	有符号长整型	[signed] long [int]	4	−2147483648～+2147483647
	无符号基本整型	unsigned [int]	4	0～4294967295
	无符号短整型	unsigned short [int]	2	0～65535
	无符号长整型	unsigned long [int]	4	0～4294967295

例如:

```
int a;                /*定义一个有符号基本整型变量 a*/
unsigned int a = 8;   /*定义一个无符号基本整型变量 a,并赋初值 8*/
unsigned a = −20;     /*定义一个无符号基本整型变量 a,并赋初值−20*/
short int a = 10;     /*定义一个有符号短整型变量 a,并赋初值 10*/
unsigned long a = 2;  /*定义一个无符号长整型变量 a,并赋初值 2*/
long a = 245968;      /*定义一个有符号长整型变量 a,并赋初值 245968*/
```

实际上,不管是哪种类型的数据,它们在计算机内存中都以其补码形式表示,当把数的最高位当成符号位时,则为有符号数;当把最高位当成数据位看待时,则变为无符号数。

例如:

```
unsigned int a = −2;
printf("%d",a);       /*有符号输出,则为−2*/
printf("%u",a);       /*无符号输出,则为 4294967294*/
```

4．整型常量的类型

整型变量的类型有 6 种，那么整型常量的类型是不是也有 6 种呢？C 语言根据整型常量的值来决定整型常量的类型，具体判定规则如下。

（1）根据常量值所在范围确定其数据类型。在 TC 2.0 或 BC 3.1 下，若整型常量的值为 −32768～32767，C 语言则认为它是 int 型常量；若整型常量的值为 −2147483648～2147483647，C 语言则认为它是 long 型常量。

（2）长整型。整型常量后加字母 l 或 L，C 语言认为它是 long int 型常量。如 483L、571。

（3）无符号整型。整型常量后加字母 u 或 U，C 语言认为它是 unsigned int 型常量；加字母 ul 或 UL，则表示是无符号长整型（unsigned long int）常量，如 5846UL、5874789012ul。

视频讲解

3.3.2　实型数据

1．实型常量的表现形式

实型也称为浮点型。实型常量也称为实数或者浮点数。在 C 语言中，实数只采用十进制表示。它用十进制小数和十进制指数两种形式表示。

（1）十进制小数形式。十进制小数形式表示的实型数据由数字 0～9 和小数点组成，如 0.83、36.12、85.0 等。当小数点前面只有 0 或者后面只有 0 时，0 则可以省略，但小数点不可以省略，如.83、85. 等。

（2）指数形式。十进制指数形式表示的实型数据是由十进制数、阶码标志（e 或 E）以及阶码组成。其一般形式为 aE(e)±n，其中 a 为十进制数，又称为尾数部分，n 为十进制整数，又称为指数部分，两者必不可少；± 表示指数的正负，当指数为正时，＋号可以省略。数学中表示为 $a \times 10^{\pm n}$。如：3.2×10^5 可以写成 3.2E＋5、0.32E＋6 等合法的指数形式。

可见，实型数据 3.2×10^5 可用多种不同的指数形式表示。为了统一起见，C 语言中定义了一种标准化的指数形式。标准化的指数形式是 E 或 e 之前的尾数部分的小数点左边为零且右边第 1 位为非零的数字，如 30.75 的标准化指数形式为 0.3075e2。这种标准化的指数形式主要用于存储，提高数据的精确度。但在以指数形式输出时，一般使用规范化的指数形式。规范化的指数形式是指 E 或 e 之前的尾数部分的小数点左边第 1 位为非零的数字，如 30.75 的规范化指数形式为 3.075e＋1。

2．实数在内存中的表示

计算机中的实数按指数形式存放。通常一个实数需要 4 字节的内存，计算机将这 32 位分成 S、E 和 M 三部分：最高位 S 是尾数的符号位，其余的 31 位分成 E 和 M 两部分，E 部分用来存放实数的阶码部分，M 部分用于存放实数的尾数部分，如图 3-6 所示。

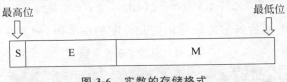

图 3-6　实数的存储格式

在 C 语言中，具体如何分配由 C 语言的编译器来决定。按照 IEEE 754 标准，常用浮点数的存储分配格式如表 3-2 所示。

表 3-2　常用浮点数的存储分配格式

	符号位 S	阶码 E	尾数 M	总位数
单精度浮点数	1	8	23	32
双精度浮点数	1	11	52	64
长双精度浮点数	1	15	64	80

对于浮点数来说,尾数部分占的位数越多,它所能表示的精度越高;阶码部分占的位数越多,它所能表示的值越大。

【例 3-2】 将十进制数 78.125 表示成机器内的 32 字节的二进制数形式。

计算方法如下:

(1) 将 78.125 表示成二进制数。

$$(78.125)_{(10)} = (0.781\,25 \times 10^2)_{(10)}$$

则

$$尾数(0.781\,25)_{(10)} = (0.110\,010\,000\,000\,000\,000\,000\,00)_{(2)}$$
$$阶码(2)_{(10)} = (00000010)_{(2)}$$

(2) 根据此过程可以得出符号位、尾数和阶码。

① 符号位:该数为正数,故第 31 位为 0,占一个二进制位。

② 阶码:从第 30 位到第 23 位,共占 8 个二进制位。

③ 尾数为小数点后的部分 0.78125,即 11001。因为尾数共 23 个二进制位,在后面补 18 个 0,即 11001000000000000000000。

所以,78.125 以 32 字节存储在内存中的存放方式如表 3-3 所示。

表 3-3　78.125 以 32 字节存储在内存中的存放方式

符号位(共 1 位,第 31 位)	阶码(共 8 位,第 30 位至第 23 位)	尾数(共 23 位,第 22 位至第 0 位)
0	0000 0010	1100 1000 0000 0000 0000 000

3. 实型变量

实型变量有单精度类型、双精度类型和长双精度类型 3 种。这 3 种类型对应的标识符分别是 float、double、long double。实型变量的定义格式与整型变量的定义格式一样,只是数据类型标识符不同。

例如:

```
float r;          /* 定义 1 个单精度类型的实型变量 r */
double r,c,s;     /* 定义 3 个双精度类型的实型变量 r、c、s */
float r = 3,c,s;  /* 定义 3 个单精度类型的实型变量 r、c、s,同时变量 r 赋初值 3 */
```

不同实型变量的类型所表示的数的精度及分配的字节数,如表 3-4 所示。

表 3-4　实型变量的类型

类型	种　类	保 留 字	字　节　数	精确表示的数字个数
实型	单精度类型	float	4	6～7
	双精度类型	double	8	15～16
	长双精度类型	long double	16	18～19

4. 实型常量的类型

实型常量的类型有单精度类型和双精度类型两种。所有的实型常量都按照 double 类型处理,若要表示单精度类型,则在数值后面加个 F 或 f,如 0.12f。

3.3.3　字符型数据

有了整型数据和实型数据,就足够处理数学计算了。实际上,计算机除了处理一般的数值信息外,还要处理其他大量的非数值信息,如文本信息。那么,计算机是怎么处理文本信息的呢? 字符型数据就是用来表示那些非数值信息的文本数据,如英文字母、符号、汉字等。

字符型数据本质上是整型数据,在内存中存储该字符数据的 ASCII 且分配 1 字节的存储单元。下面介绍字符型常量和变量。

1. 字符型常量

字符常量有下面两种表示方法。

(1)用一对单引号将一个直接输入的字符引起来。直接输入的字符是指通过键盘直接输入的字符。如'a'、'b'和'?'等都是合法的字符常量。

(2)使用转义字符。对于那些无法直接输入的字符以及某些特殊的字符,需要用由一对单引号括起来的转义字符来表示。转义字符是一种特殊的字符常量,具有特定的含义,不同于原有字符的意义,故称为转义字符。所有的转义字符都以"\"开头,后面跟一个字符或多个数字。C 语言中常用的转义字符及其含义如表 3-5 所示。

表 3-5　常用的转义字符及其含义

形　　式	转 义 字 符	含　　　　义
\字母	\a	响铃
	\n	换行,光标移到下一行的开头
	\r	回车,光标移到本行的开头
	\t	水平制表,跳到下一个制表位(Tab)位置
	\f	换页,光标移到下页的开头
	\b	退格,将光标移到前一列
	\0	空字符,作为字符串的结束标记
\符号	\\	代表一个反斜杠字符
	\'	代表一个单撇号字符
	\"	代表一个双撇号字符
\数字	\ddd	代表一个字符,其中 ddd 是这个字符 ASCII 码的八进制形式
\字母数字	\xhh	代表一个字符,其中 hh 是这个字符 ASCII 码的十六进制形式

2. 字符型变量

字符型变量的定义格式与其他类型变量的定义格式一样,只是数据类型标识符不同。字符型变量的类型标识符为 char。

例如:

```
char a;          /* 定义一个字符型类型的变量 a */
char a,b,c;      /* 定义 3 个字符型类型的变量 a、b、c */
char a = 'A',b,c; /* 定义 3 个字符型变量 a、b、c,同时变量 a 赋初值'A' */
```

3. 字符数据在内存中的表示

在内存中,一个字符型数据占用 1 字节(8 位),以其 ASCII 码的二进制形式存放。这个 ASCII 码值就是一个无符号整数,其形式与整数的存储形式一样,所以 C 语言允许字符型数据与整型数据之间通用。

因此,对一个字符型的变量,可以赋予一个字符常量,也可以赋予一个整数。在输出一个字符型数据时,可以以字符格式输出,也可以整数格式输出。若以字符格式输出时,系统自动将存储单元中的 ASCII 码转换为字符,然后输出;若以整数格式输出时,系统直接将其 ASCII 码作为整数输出。

【例 3-3】 转义字符的使用。

源程序:

```
1   /* 3 - 3.c */
2   # include < stdio.h>
3   int main ( )
4   {
5     printf ("\101\t\x42\tC\n");
6     printf ("\"Hello    \"\n");
7     printf ("\\C Program\\\n");
8     return 0;
9   }
```

程序解析:

该程序函数体共有 4 行,主要由函数 printf 完成信息的输出。

第 5 行"printf ("\101\t\x42\tC\n");"中,包含转义字符\101、\t、\x42 和\n,根据常用转义字符表中描述的意义,分别表示字符'A'、制表符、'B'和换行。

第 6 行"printf ("\"Hello.\"\n");"中,包含转义字符'\"'、'\n',分别表示字符双引号"和换行。

第 7 行"printf ("\\C Program\\\n ");"中,包含转义字符\\、\n,分别表示字符'\'和换行。因此,根据以上分析,程序运行结果如下。

```
A       B       C
"Hello."
\C Program\
```

【例 3-4】 字符型数据和整型数据通用。

源程序:

```
1   /* 3 - 4.c */
2   # include"stdio.h"
3   int main()
4   {
5     int x,y;
6     char c1,c2;
7     x = 'a';                /* 字符常量赋给整型变量 */
8     y = 'b';
9     c1 = 97;                /* 整型常量赋给字符变量 */
10    c2 = 98;
11    c1 = c1 - 32;           /* 字符变量进行算术运算 */
12    c2 = c2 - 32;
```

```
13      printf("%d %d\n",x,y);        /* 整型变量以整型格式输出 */
14      printf("%c %c\n",x,y);        /* 整型变量以字符型格式输出 */
15      printf("%c %c\n",c1,c2);      /* 字符型变量以字符型格式输出 */
16      printf("%d %d\n",c1,c2);      /* 字符型变量以整型格式输出 */
17      return 0;
18  }
```

程序解析见程序后面的注释,以第 13 行为例,表示输出两个整型变量 x 和 y,都以%d 的形式输出,即以十进制整型输出,虽然 x 和 y 赋值为字符型,但 x 和 y 的结果是这两个字符'a'和'b'对应的 ASCII 码。该程序运行结果如下。

```
97 98
a b
A B
65 66
```

3.3.4　字符串常量

1. 字符串常量的定义

C 语言规定,由一对双引号括起来的字符序列称为字符串常量。如"123"、"abc456"、" "(空字符串)等都是合法的字符串常量。

字符串中字符的个数称为字符串长度。长度为 0 的字符串(即一个字符都没有的字符串)称为空串,表示为" "(一对紧连的双引号)。例如,"How do you do. "、"Good morning. "等,都是字符串常量,其长度分别为 14 和 13。

若字符串常量中出现反斜杠和双引号作为字符串中的有效字符,则必须以转义字符给出。例如:字符串 C:\program\chap3 则应写成"C:\\program\\chap3"的形式。

2. 字符串在内存中的表示

C 语言规定:在存储字符串常量时,由系统在字符串的末尾自动加一个'\0'作为字符串的结束标志。例如字符串"China"在内存中的存储形式如图 3-7 所示。

综上所述,字符常量'A'与字符串常量"A"有三点区别。

(1) 定界符不同。字符常量使用单引号;而字符串常量使用双引号。

(2) 长度不同。字符常量的长度固定为 1;而字符串常量的长度是≥0 的整数。

(3) 存储要求不同。字符常量存储字符的 ASCII 码值;而字符串常量,除了要存储有效的字符外,还要存储一个结束标志'\0'。

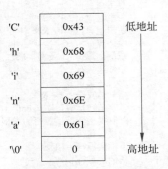

图 3-7　字符串"China"在内存中的存储形式

3.4　常用运算符与表达式

本节主要讨论以下问题。

(1) C 语言中常用的运算符有哪些? 这些运算符按照操作对象的个数不同可以分为哪

些类型? 按照功能来分,又分为哪些类型?

（2）算术运算符的功能是什么? 算术运算符有哪些? 其优先级和结合性怎样? 什么是算术表达式? 如何计算算术表达式?

（3）自增自减运算符的功能是什么? 自增自减运算符有哪些? 其优先级和结合性怎样?

（4）赋值运算符的功能是什么? 赋值运算符有哪些? 其优先级和结合性怎样? 什么是赋值表达式? 如何计算赋值表达式?

（5）类型转换的原理是什么? 自动类型转换的规则是什么? 强制类型转换运算符的功能是什么? 如何使用强制类型转换运算符? 其优先级怎样?

（6）逗号运算符的功能是什么? 其优先级和结合性怎样? 什么是逗号表达式? 如何计算逗号表达式?

（7）sizeof 运算符的功能是什么? 其优先级和结合性怎样? 如何计算值?

（8）位运算符的功能是什么? 位运算符有哪些? 其优先级和结合性怎样? 什么是位运算表达式? 如何计算位运算表达式?

变量用来存放数据,运算符则用来处理数据。用运算符将变量和常量连接起来的符合 C 语言语法规则的式子称为表达式。这些常量和变量称为运算符的操作数,每个表达式都有一个值。在以后的章节中,将陆续介绍 C 语言支持的运算符和表达式。

C 语言提供了丰富的运算符。根据运算符所需要操作数的个数,可以把运算符分成以下 3 种类型。

（1）单目运算符:运算时,需要一个操作数的运算符。

（2）双目运算符:运算时,需要两个操作数的运算符。

（3）三目运算符:运算时,需要三个操作数的运算符。

```
        ┌ 算术运算符: +、-、*、/、%、++、--
        │ 关系运算符: <、<=、= =、>、>=、!=
        │ 逻辑运算符: !、&&、||
        │ 位运算符: <<、>>、~、|、^、&
   运    │ 赋值运算符: =及其扩展
   算    │ 条件运算符: ?:
   符    ┤ 逗号运算符: ,
        │ 指针运算符: *、&
        │ 求字节数运算符: sizeof
        │ 强制类型转换运算符: 类型
        │ 分量运算符: .、->
        │ 下标运算符: [ ]
        └ 其他运算符: ( )、-
```

图 3-8　C 语言的运算符

在 C 语言中,运算符和表达式相当丰富,数量繁多。在表达式的计算中,不仅要考虑运算符的优先级,还要考虑同一优先级的运算符具有的结合性。因此对于运算符的学习,可以从运算符的功能、与运算量的关系、运算符的优先级、运算符的结合性以及运算结果的类型 5 方面进行学习和掌握。

C 语言提供了 13 类运算符,如图 3-8 所示。

C 语言规定了运算符的优先级和结合性。结合性是 C 语言的独有概念。所谓结合性是指,当一个操作数两侧的运算符具有相同的优先级时,该操作数是应该与左边的运算符结合,还是应该与右边的运算符结合。若是自左至右的结合方向,称为左结合性;反之,称为右结合性。除单目运算符、赋值运算符和条件运算符是右结合性外,其他运算符都是左结合性。

下面介绍最常用的算术运算符、赋值运算符、强制类型转换运算符、求字节长度运算符、逗号运算符、位运算符及其表达式,其他运算符将在以后的章节中陆续介绍。

视频讲解

3.4.1 算术运算符及其表达式

1. 算术运算符

C 语言提供的算术运算符的功能是进行加、减、乘、除四则运算,算术运算符主要包括 5 种:加(＋)、减(－)、乘(＊)、除(/)和取余(％)。

算术运算符都是双目运算符,＊、/、％优先级相同且高于优先级相同的＋、－。此外,＋、－、＊、/可用于任何数据类型间的算术运算,而％只能用于整型数据的算术运算。例如,5％2 的值为 1,5/2 的值为 2,5.0/2 的值为 2.5,5.0％2 则是不合法的表达式。因此,C 语言规定,两个整数相除(/),其商为整数,否则与数学运算保持一致。

2. 表达式和算术表达式

用运算符将运算对象连接起来、符合 C 语言语法规则的式子,称为表达式。运算对象可以是常量、变量、函数或其他表达式。单个常量、变量或函数,可以看作表达式的特例。将单个常量、变量或函数构成的表达式称为简单表达式,其他表达式称为复杂表达式。

若表达式中的运算符都是算术运算符,称为算术表达式。例如,3＋14、56＊17％10 都是合法的算术表达式。

3. 算术运算符的优先级和结合性

在计算算术表达式值时,必须考虑其运算符的优先级和结合性,先乘、除和取余,再加、减,同级运算符的计算顺序是从左到右,即左结合性。例如,在计算 a－b＋c 时,先执行 a－b;然后执行加 c 的运算。

3.4.2 自增自减运算符、负号运算符

C 语言中,减号(－)是一个算术运算符,其实也是一个负号运算符。负号运算符是一个单目运算符。例如,a＝－5,－a 的值则为 5。

C 语言还提供了两个用于算术运算的运算符:自增(＋＋)和自减(－－)运算符。自增、自减运算符属于单目运算符,它们的结合性为右结合性。这两个运算符的优先级比其他 5 个算术运算符(加、减、乘、除、取余)的优先级高。

1. 作用与用法

自增(＋＋)运算符的作用是使单个变量的值增 1,自减(－－)运算符的作用是使单个变量的值减 1。在使用时,自增(＋＋)和自减(－－)运算符只可以放在变量之前或之后,不能放在常量和表达式的前或后。例如,10＋＋、－－(x＋y)等都是非法的。

自增自减运算符常用于循环语句中,使循环变量增 1 或减 1,还用于指针变量中,使指针下移(或上移)一个存储单元。例如,若对变量 a 进行增 1,可以写成＋＋a 或 a＋＋;若对变量 a 进行减 1,可以写成－－a 或 a－－。

2. 运算规则

(1) 前置运算。自增(＋＋)和自减(－－)运算符放在变量之前称为前置运算。例如,＋＋a 和－－a。此时,运算规则为表示变量自身先加或减 1,然后使用变量运算后的值参与其他运算。

例如:

```
int a = 5,b;
```

请分析下面表达式执行完后 a、b 的值。

```
b = ++a
```

此表达式中有两个运算符++和=,++放在 a 之前,因此,a 先加 1 的值为 6,再参与=运算,将 a 的值 6 赋给 b,则 b 的值为 6。此执行过程等价于以下两个表达式:a=a+1,b=a。

(2) 后置运算。自增(++)和自减(--)运算符放在变量之后称为后置运算。例如:a++和 a--。此时,运算规则为先使用变量的原值参与其他运算,结束之后变量自身加 1 或减 1。

【例 3-5】 自增、自减运算符的用法。

源程序:

```
1   /* 3 - 5.c */
2   # include"stdio.h"
3   int main()
4   {
5       int x = 6, y;
6       printf("x = % d\n",x);
7       y = ++x;
8       printf("x = % d, y = % d\n",x,y);
9       y = x -- ;
10      printf("x = % d, y = % d\n",x,y);
11      return 0;
12  }
```

程序解析:

(1) 程序中第 7 行表达式语句"y=++x;"中有两个运算符:++和=。++放在 x 之前,因此先执行++运算,即 x 自身加 1 等于 7,然后将 x 的值赋给 y,y 的值为 7。此执行过程等价于以下两个表达式:x=x+1,y=x。

(2) 程序中第 9 行表达式语句"y=x--;"中有两个运算符:--和=。--放在 x 之后,因此先执行=运算,即将 x 的值赋给 y,y 的值为 7,然后执行--运算,即 x 自身减 1 等于 6。此执行过程等价于以下两个表达式:y=x,x=x-1。

根据以上分析过程,该程序的运行结果如下。

```
x = 6
x = 7, y = 7
x = 6, y = 7
```

3.4.3　赋值运算符及其表达式

1. 赋值运算符

赋值符号"="就是 C 语言中的赋值运算符,它的作用是将一个表达式值赋给一个变量。赋值运算符是双目运算符,它的优先级比算术运算符、自增自减运算符的优先级低,是右结合性。

2. 赋值表达式

由赋值运算符将一个变量和一个表达式连接起来的表达式,称为赋值表达式。它的一般格式是：

变量 = 表达式

注意，赋值运算符"＝"的左侧只能是变量，右侧可以是变量、常量、函数调用或其他复杂表达式。功能是将表达式值赋给变量。

若表达式值的类型与被赋值变量的类型不一致，系统会自动地将表达式值转换成被赋值变量的数据类型，然后赋值给变量。

例如：

```
int a,b,c;
a = 30;
b = a + 10;
c = a + b/10;
```

3．赋值语句

C 语言规定，赋值表达式末尾加上分号就构成一条赋值表达式语句，简称为赋值语句。例如，"a＝30;""b＝a＋10;""c＝a＋b/10;"就是 3 条赋值语句。

4．复合的赋值运算符

复合赋值运算符是由一个双目运算符和"＝"结合在一起构成，复合赋值运算符包括＋＝、－＝、＊＝、/＝、%＝、≪＝、≫＝、^＝、&＝、|＝。由复合赋值运算符将一个变量和一个表达式连接起来的表达式，称为赋值表达式。它的一般格式是：

变量 op = 表达式

此赋值表达式等价于：

变量 = 变量 op(表达式)

其中，op 表示算术或位运算符，当表达式为简单表达式时，表达式外的一对圆括号才可缺省，否则可能出错。

例如：

```
a + = 10          /＊ 等价于 a = a + 10 ＊/
a ＊ = b + 2      /＊ 等价于 a = a ＊ (b + 2),而不是 a = a ＊ b + 2 ＊/
```

5．赋值表达式的应用

1）多个变量连续赋值

例如：

假设有 int a，b＝5，c＝4，求 a－＝a＝b＋c 表达式的值。

分析：

此表达式为赋值表达式，且含有多个赋值运算符。按照赋值运算符的右结合性，分为以下两步完成。

(1) a＝b＋c，将 b＋c 的值 9 赋给 a，因此，a 的值为 9。

(2) a－＝a，等价于 a＝a－a，将 a－a 的值为 0 赋给 a，因此，a 的值为 0。

2）赋值表达式的嵌套

例如：

设有表达式 a＝(b＝2)＋(c＝3)，则 a＝?

分析：

此表达式为赋值表达式,且含有括号运算符、加法运算符和赋值运算符。由于括号的优先级最高,因此,先计算括号中的表达式,将 2 赋给 b,同理赋值表达式 c＝3 的值为 3,然后进行加法运算 b+c,值为 5,最后将值 5 赋给 a,即 a＝5。

视频讲解

3.4.4　强制类型转换运算符

C语言提供了丰富的数据类型,当不同类型的数据在一起进行运算时,这些数据的类型可以相互转换。转换的方法有两种:一种是自动类型转换;另一种是强制类型转换。

1. 自动类型转换

若一个运算符两侧的操作数的数据类型不同,则系统按"先转换、后运算"的原则,首先将数据自动转换成同一类型,然后在同一类型数据间进行运算。

自动类型转换是由机器直接完成的,其转换规则如图 3-9 所示。

使用图 3-9 的转换规则时,需遵守以下规则。

(1)图 3-9 中的横向左箭头表示必定进行的转换:char 和 short 型数据在参与运算时会自动转换为 int 型,float 型数据在参与运算时会自动转换为 double 型。

(2)图 3-9 中的纵向短箭头表示 int 型、unsigned 型、long 型和 double 型之间的转换方向。若 int 型和 double 型数据进行混合运算,int 型数据会自动转换为 double 型,运算的结果也是 double 型。

(3)图 3-9 中的纵向长箭头表示转换类型的级别高低,低级别的数据类型会转换成高级别的数据类型,并不表示从下至上依次转换。例如:

```
char ch;
int i;
float f;
double d;
```

那么表达式"result＝(ch/i)＋(f * d)－(f+i)"的结果类型是哪一种?

分析过程:

根据图 3-9 的转换规则,在表达式 result 的计算过程中,各操作数类型的转换过程如图 3-10 所示。

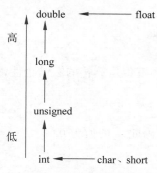

图 3-9　自动类型转换规则

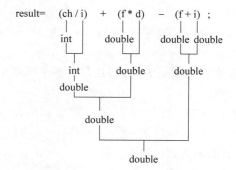

图 3-10　在表达式 result 的计算过程中,各操作数类型的转换过程

2. 强制类型转换

在进行数据处理时,有时需要把数据类型转换成规定的数据类型或者在赋值时保持左右类型一致,这时可以采用强制类型转换符"()"达到要求。强制类型转换又称为显式类型转换。强制类型转换的一般格式为:

(类型名)(表达式)

强制类型转换符"(类型名)"中的类型名是指要转换成的目标类型名,表达式是指需要转换的数据对象,数据对象可以是常量、变量或其他更复杂的表达式。当被转换的表达式是一个简单表达式时,圆括号可以缺省。

强制类型转换得到的是一个所需类型的中间量,原表达式类型并不发生变化。例如,(double)a 是得到一个将变量 a 转换成 double 型的中间值去参与运算,而变量 a 的数据类型并未转换成 double 型。

例如:

```
int a;
float b;
(float)(a)    /* 等价于(float)a,得到变量 a 强制转换成 float 型的一个值 */
(int)(b)      /* 等价于(int)b,得到变量 b 强制转换成 int 型的一个值 */
(int)(b + a)  /* 得到表达式(b + a)强制转换成 int 型的一个值 */
(int)b + a    /* 得到变量 b 强制转换成 int 型的一个值,将这个值与变量 a 相加,运算结果为 int 型 */
```

3.4.5　逗号运算符及其表达式

逗号运算符(,)又称顺序求值运算符,是 C 语言中优先级最低的运算符,具有左结合性。使用该运算符能够将多个表达式连接起来,用逗号连接起来的表达式称为逗号表达式。逗号表达式的一般格式是:

表达式 1,表达式 2, …,表达式 n

例如:8,a+4,b=a 是一个逗号表达式(假设已定义变量 a、b)。

逗号表达式的求值顺序是从左到右依次求取每个用逗号分隔的表达式,最后一个表达式的值就是整个逗号表达式的值。

例如,逗号表达式"(a=3 * 5,a/5),a+20"的值为 35,求解过程如下。

(1) 求 a=3 * 5,得 a=15;

(2) 求 a/5=3,但 a 的值未改变;

(3) 求 a+20=35。

因此,逗号表达式的值为 35。

3.4.6　sizeof 运算符

C 语言中提供了一个能获取数据或数据类型所占内存大小的运算符——sizeof,称为求字节长度运算符,是单目运算符。其使用的一般格式是:

sizeof(数据或数据类型名)

例如:

```
double a;
```

char b;

则表达式 sizeof(a)的值为 8,sizeof(char)的值为 1,sizeof(a+b)的值为 8。

3.4.7 位运算符及其表达式

位运算是对字节或字节内部的二进制进行测试、设置、移位或逻辑的运算,是 C 语言的重要特色之一,利用位运算可以实现与硬件密切相关的操作。位运算有两类:位逻辑运算和移位运算。实现这两种运算的运算符分别为位逻辑运算符和移位运算符,统称为位运算符。运用位运算符将操作数连接起来的式子称为位运算表达式。

1. 位逻辑运算符

位逻辑运算符有~、&、^和|四种,它们的类型、功能、运算规则如表 3-6 所示,优先级由高到低依次为~、&、^、|,其中,按位取反运算符~是单目运算符,所以是右结合性,其他三个运算符的优先级相同,且满足左结合性。

表 3-6 位逻辑运算符

类型	位逻辑运算符	功 能	操作数 1 位	操作数 2 位	结 果	运算规则描述
单目	~	按位取反	0		1	0 按位取反为 1,1 按位取反为 0
			1		0	
双目	&	按位与	0	0	0	只有两个操作数对应的位均为 1 时,结果才为 1,其他情况均为 0
			0	1	0	
			1	0	0	
			1	1	1	
	|	按位或	0	0	0	只有两个操作数对应位均为 0 时,结果才为 0,其他情况均为 1
			0	1	1	
			1	0	1	
			1	1	1	
	^	按位异或	0	0	0	两个操作数对应位的值相同时结果为 0,否则为 1
			0	1	1	
			1	0	1	
			1	1	0	

【例 3-6】 令 a=10,b=8,c=a&b,求 c 的值。

```
      0 0 0 0 1 0 1 0  (10)
  &   0 0 0 0 1 0 0 0  (8)
  ─────────────────────
      0 0 0 0 1 0 0 0  (8)
```

所以 c=8。

【例 3-7】 令 a=12,b=9,c=a|b,求 c 的值。

```
      0 0 0 0 1 1 0 0  (12)
  |   0 0 0 0 1 0 0 1  (9)
  ─────────────────────
      0 0 0 0 1 1 0 1  (13)
```

所以 c=13。

【例 3-8】 令 a＝10,b＝8,c＝a^b,求 c 的值。

$$
\begin{array}{r}
0\ 0\ 0\ 0\ 1\ 0\ 1\ 0 \quad (10)\\
^{\wedge}\quad 0\ 0\ 0\ 0\ 1\ 0\ 0\ 0 \quad (8)\\
\hline
0\ 0\ 0\ 0\ 0\ 0\ 1\ 0 \quad (2)
\end{array}
$$

所以 c＝2。

【例 3-9】 a＝8,c＝~a,求 c 的值。

$$
\begin{array}{r}
^{\wedge}\quad 0\ 0\ 0\ 0\ 1\ 0\ 0\ 0 \quad (8)\\
\hline
1\ 1\ 1\ 1\ 0\ 1\ 1\ 1 \quad (245)
\end{array}
$$

所以 c＝245。

2. 移位运算符

移位运算是指对二进制操作数向左移或向右移的操作。移位运算符有左移(≪)和右移(≫),它们都是双目运算符,优先级相同,满足左结合性。移位运算的具体实现方式有循环移位、逻辑移位和算术移位。

1) 左移位运算符(≪)

左移位的运算规则是指在移位过程中,操作数的二进制位向左移动,右端空出的位补 0,左端移出的位被舍弃。从左移位的规则可以看出,对于无符号数而言,左移 n 相当于乘以 2^n。

其语法格式为 a≪n,其中 a 是操作数,可以是整型或字符型的变量或表达式,n 是移位的位数,只能是整数。功能是将 a 中的二进制位数向左移动 n 位。

例如,a＝12,二进制形式为 00001100,则 a≪2 表示将各个二进位顺序左移 2 位,得到 00110000,即十进制数 48。

2) 右移位运算符(≫)

右移位的运算规则是指在移位过程中,操作数的二进制位向右移动,左端空出来的位补 0 或 1,右端移出的位被舍弃。这里补 0 还是补 1 取决于操作数是有符号数还是无符号数,具体如下。

(1) 对于无符号数向右移时,左端空出端补 0。

(2) 对于有符号数向右移时,如果采用逻辑位移,则不管是正数还是负数,左端一律补 0;如果采用算术位移,则正数右移,左端的空位全部补 0,负数右移,左端的空位全部补 1。Turbo C 和 Dev-C++编译采用算术右移。

其语法格式为 a≫n,其中 a 是操作数,可以是整型或字符型的变量或表达式;n 是移位的位数,只能是整数。功能是将 a 中的二进制位数向右移动 n 位。从右移位的规则可以看出,对于无符号数而言,右移 n 位相当于除以 2^n。

例如,a＝12,二进制形式为 00001100,则 a≫2 表示将各个二进制位顺序右移 2 位,得到 00000011,即十进制数 3。

3. 复合赋值位运算符

除了位非运算符(~)外,其他位运算符均能和赋值运算符“＝”结合起来构成复合赋值运算符,它们是:&＝、|＝、^＝、≫＝、≪＝。

例如,对于 a＝5,b＝4,则有:

(1) a&=b 等价于 a=a&b=5&4=101&100=100=4。

(2) a|=b 等价于 a=a|b=5|4=101|100=101=5。

(3) a^=b 等价于 a=a^b=5^4=101^100=001=1。

(4) a≫=2 等价于 a=a≫2=5≫2=101≫2=1。

(5) a≪=2 等价于 a=a≪2=5≪2=101≪2=10100=20。

4. 位运算的特殊用途

通过位运算符可以实现一些特殊操作,如位与运算可以将操作数置零、取操作数中的某些位和将操作数的某些位保留,位或运算可以将操作数的某些位变为1,位异或操作可以将操作数的特定位置反、保留原值。

【例 3-10】 已知 a=80,用位运算符实现以下操作:

首先,将 a 变成 0。

然后,将 a 的 3~5 位置 1,其他位不变。

最后,将 a 的低 4 位置反,其他位不变。

a 所对应的二进制为 01010000,分析过程如下。

首先,将 a 变成 0,根据位与运算规则,只要找到一个操作数,这个操作数具有以下特点:原数中为 1 的位,操作数中对应的位为 0,操作数的其他位可以是 0 和 1 中的任何情况,然后将两个数进行与运算。下面就是其中一种操作过程:

```
    0 1 0 1 0 0 0 0  (80)
  & 0 0 0 0 1 0 0 1  (9)
  ─────────────────
    0 0 0 0 0 0 0 0  (0)
```

然后,将 a 的 3~5 位置 1,其他位不变。根据位或运算规则,只要找到一个操作数,这个操作数满足以下特点:与原数这些位对应的操作数相应位为 1,其他位为 0,然后将两个数进行或运算。操作过程如下:

```
    0 1 0 1 0 0 0 0  (80)
  | 0 0 1 1 1 0 0 0  (56)
  ─────────────────
    0 1 1 1 1 0 0 0  (120)
```

最后,将 a 的低 4 位置反,其他位不变。根据位异或运算规则,只要找到一个操作数,这个操作数满足以下特点:与原数低 4 位对应的操作数相应位为 1,其他位为 0,然后将两个数进行异或运算。操作过程如下:

```
    0 1 0 1 0 0 0 0  (80)
  ^ 0 0 0 0 1 1 1 1  (15)
  ─────────────────
    0 1 0 1 1 1 1 1  (95)
```

🔑 3.5 常见数学运算表达式在 C 语言中的表示

本节主要讨论以下问题。

常见数学运算表达式在 C 语言中正确表达应该注意哪些问题?

在进行数据处理时,有很大一部分表达式是数学表达式。若选择 C 语言程序设计,就需要借助 C 语言丰富的运算符,将此数学表达式转换为 C 语言支持的表达式进行计算,才能得到正确的结果。转换规则如下所述。

1. 基本符号的变化

(1) 在 C 语言中,表达式的乘号不能省略。

(2) 数学中的分数符号“—”要改成 C 语言中的除号“/”。在转换成“/”时,要注意分子和分母的类型,必要时要进行类型转换,才能保证最终结果的等价性。如分式 $\dfrac{2}{5}$ 直接转换成 2/5 就会出问题,因为前者的结果是 0.4,后者的结果为 0,所以此时要进行类型转换,可以写成 2.0/5 或者(float)2/5。

(3) 数学中的“$\leqslant$”号要改成 C 语言中的“$<=$”号。

(4) 数学中的 π 和 e 是个常值,但在 C 语言中不能直接写 π 和 e,必须将它们的值直接写出或者将其定义为符号常量。

(5) 在 C 语言中,平方根不能直接使用,需要借助 C 中的库函数 sqrt。

(6) 数学中的绝对值“| |”符号,也不能直接使用,需要借助 C 中的库函数 abs 或者 fabs。

例如:

① 圆面积公式 $s=\pi r^2$,对应的 C 语言表达式为 s=3.14 * r * r。

② 球体积公式 $v=\dfrac{4}{3}\pi r^3$,对应的 C 语言表达式为 v=4.0/3 * 3.14 * r * r * r。

2. 借助库函数

除了基本符号的变化外,还有一些特殊符号,如根号、数的多次方、绝对值或者正弦、余弦等,若表达式出现了这些符号或运算时,就需要使用 C 语言提供的库函数。当程序中用到了 C 语言提供的库函数时,就需要告知程序这些库函数来自哪个头文件。像刚才提到的根号、绝对值和三角函数等,它们都需要使用头文件“math.h”中的相关数学库函数,因此,需要将文件包含预处理命令 #include "math.h" 放在程序开头。具体 C 语言提供的库函数参见附录 E。例如:

(1) $\sqrt{a}$ 对应的 C 语言表达式为 sqrt(a)。

(2) sin60°对应的 C 语言表达式为 sin(60 * 3.1415926/180)。

(3) int a,b;|a+b| 对应的 C 语言表达式为 abs(a+b)。

(4) a^3 对应的 C 语言表达式为 a * a * a。

(5) x^y 对应的 C 语言表达式为 pow(x,y)。

3.6 本章小结

3.6.1 知识梳理

本章所介绍的主要内容是 C 语言中的基本数据类型,即整型数据、实型数据和字符型数据的常量和变量,以及作用于这些数据类型的基本运算符及其表达式,即算术运算符及其表达式、自增自减运算符和负号运算符、赋值运算符及其表达式、强制类型转换运算符、逗号运算符及其表达式、sizeof 运算符和位运算符及其表达式。

　　本章的内容比较繁杂,学起来比较枯燥,但本章的内容是学好 C 语言的基础,每个 C 语言程序员必须熟练掌握。在学习的过程中,不必过分强求记住每一个细节,可以在后续写程序的过程中遇到了再到本章来查阅相关需要注意的问题。这样,学习的目的性就更强,也更容易明白之前学习的意义,也就能更快更好地记住和掌握。本章知识导图如图 3-11 所示。

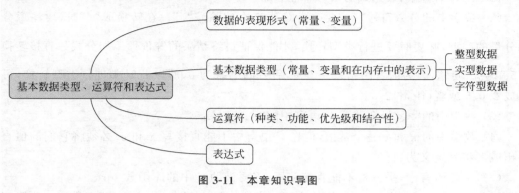

图 3-11　本章知识导图

3.6.2　常见上机问题及解决方法

1. 使用未定义的变量

C 语言要求变量必须先定义,后使用。

例如:

```
# include "stdio. h"
int main()
{
 a = 1;b = a + 2;      / * a,b 未定义 * /
 printf(" % d, % d",a,b);
 return 0;
}
```

2. 一行 C 语句后面漏掉";"

C 语言要求每一条语句都要以";"结尾,但在输入程序过程中常常会漏掉末尾的分号,特别是在使用＋＋、－－时。

例如:

```
# include "stdio. h"
int main()
{
  int a;              / * 以下 3 条语句都漏掉了";" * /
  scanf(" % d",a)
  a++
  printf(" % d",a)
  return 0;
}
```

3. 语序颠倒

　　表达式在进行计算时,要确保相应操作数都有确定的值,也就是有些变量被定义后,需要赋初值才能开始使用。因此,下面的程序输出的结果不是 5。

```
# include "stdio.h"
int main()
{
 int a,b;
 a = b + 4;            /* b没有赋初值 */
 b = 1;
 printf("%d",a);
 return 0;
}
```

4. 混淆字符常量和字符串常量

C 语言中字符常量用一对单引号引起来,而字符串常量用一对双引号引起。例如: 'A'
表示字符常量,而"A"则表示字符串常量。字符常量只能赋值给字符型变量,而字符串常量
只能赋值给字符数组字符型指针或利用 strcpy 复制到字符数组中。

例如:

```
char ch,str[10];
char * p;
ch = 'M';
p = "12345";
strcpy(str,"abcd");
/* 以下语句则是错误的 */
ch = "A";
p = '1';
```

5. 定义变量时漏掉";"

C 语言中变量定义的格式是"类型标识符 变量名 1[,变量名 2,…,变量名 n];"。但初
学者常常在定义变量时,漏掉变量名后面的分号,尤其是同时定义多个变量时更是如此。

例如:

```
# include "stdio.h"
int main()
{
 int a,b,c            /* 连续定义 3 个变量,却忘记了";" */
 a = 2;
 b = a * a;
 c = b * a;
 printf("%d",c);
 return 0;
}
```

6. 定义变量时数据类型关键字与变量名之间无空格

在输入程序时很容易漏掉类型标识符与变量名之间的空格。下面定义变量的方式是错
误的。

```
inta,b;               /* int 和 a 之间没有空格 */
```

7. 对表达式进行强制类型转换时漏掉了"()"

在进行强制类型转换时,通常要将表达式和类型标识符都用"()"括起来。例如,(int)
(f * 10/21)表示将 f * 10/21 的结果转换为 int 型。若漏掉了表达式的"()",则变成了(int)
f * 10/21,这样就表示先将 f 转换为 int 型再乘以 10 除以 21,其结果与(int)(f * 10/21)可能
会不一样。

此外,如果强制类型转换运算符漏掉了类型标识符的"()",便会出现语法错误,在编译时不能通过,例如"k＝int(f＊10/21);"是错误的。

8. 用'\'表示

C语言中字符"\"是转义控制字符引导符,在C语言编译器对字符"\"的解释要看"\"后面跟的是什么字符,如果是"\n",则表示换行;如果是"\'",则表示字符单引号。但是,表示字符"\"就要用"'\\'"。

当字符串包含转义字符时,就要注意字符串的长度。例如,字符串"ab12\0245\d\\"的长度为8,这8个字符分别是:'a'、'b'、'1'、'2'、'\024'、'5'、'\d'和'\\'。

9. 使用关键字作为变量名

C语言中关键字都有各自的特殊用途。例如,int表示整型类型,用来定义整型变量;break用于跳出循环语句或switch语句。但是,初学者有时为了给变量取一个有意义的名字而又想不起其他更好的英文单词时,就会不经意地使用这些关键字来为变量取名。例如:

```
int break , int;    /＊ 关键字 break 和 int 都不能作为变量名 ＊/
```

🔑 习题 3

1. 如下变量在内存中的地址如何引用?

a　b　c　sum　average

2. 下列哪些是整型常量?

789　087　0x345　84a　0234　234

3. 下列哪些是实型常量?

8.12　1.　.12　123.123　11E2　2.e＋3　3.34e3　5.4e9.9　e4　64.235e

4. 下列哪些是字符常量?

'a'　'ab'　'b'　'?'　'2'　'\234'　'\x23'　'\25'　'\x3a'

5. 下列数据在内存中分别占多少字节?

int a;　long b;　char c;double d;　"234"　"\234mnox"

6. 假设有以下定义:

int a;　float b;　char c;

下列表达式结果分别是什么类型?

① a＋b　② b＋c　③ (int)c＋b　④ (int)(b＋c)

7. 求下列表达式分别执行完后,变量 a、b 的值分别是多少(假设 a 的初值是 8)?

① b＝－－a;

② b＝a－－;

8. 下列各表达式的值是多少?

```
int a＝5,b＝9,c＝7;
char d＝'A';
float e＝2.0,f＝1e1;
```

① b/a　　② b%c　③ c/f　④ a＋b－e

9. 计算下列赋值表达式的值(a、b 的值分别为 6 和 5)。

① a＝b ② a＋＝b ③ a＋＝b＊＝a ④ a−＝a/b

10. 选择题

(1) 以下叙述中错误的是(   )。

　　A. 用户所定义的标识符允许使用关键字

　　B. 用户所定义的标识符应尽量做到"见名知意"

　　C. 用户所定义的标识符必须以字母或下画线开头

　　D. 用户定义的标识符中,大、小写字母代表不同标识

(2) 以下叙述中错误的是(   )。

　　A. C 语句必须以分号结束

　　B. 复合语句在语法上被看作一条语句

　　C. 空语句出现在任何位置都不会影响程序运行

　　D. 赋值表达式末尾加分号就构成赋值语句

(3) 以下能正确定义且赋初值的语句是(   )。

　　A. int n1＝n2＝10;　　　　　　　　B. char c＝32;

　　C. float f＝f＋1.1;　　　　　　　　D. double x＝12.3E2.5;

(4) 以下选项中可作为 C 语言合法常量的是(   )。

　　A. −80.　　　　　B. −080　　　　　C. −8e1.0　　　　　D. −80.0e

(5) 有以下程序

```
# include "stdio.h"
int main()
{   int m = 12,n = 34;
    printf("%d%d",m++,++n);
    printf("%d%d\n",n++,++m);
    return 0;
}
```

程序运行后的输出结果是(   )。

　　A. 12353514　　　　B. 12353513　　　　C. 12343514　　　　D. 12343513

(6) 以下符合 C 语言语法的实型常量是(   )。

　　A. 1.2E0.5　　　　B. 3.14.159E　　　　C. 5E−3　　　　D. E15

(7) 若以下选项中的变量已正确定义,则正确的赋值语句是(   )。

　　A. x1＝26.8%3　　　　　　　　　　B. 1＋2＝x2

　　C. x3＝0x12　　　　　　　　　　　D. x4＝1＋2＝3

(8) 以下叙述中正确的是(   )。

　　A. C 语言程序中注释部分可以出现在程序中任意合适的地方

　　B. 大括号"{"和"}"只能作为函数体的定界符

　　C. 构成 C 语言程序的基本单位是函数,所有函数名都可以由用户命名

　　D. 分号是 C 语句之间的分隔符,不是语句的一部分

(9) 以下选项中可作为 C 语言合法整数的是(   )。

　　A. 10110B　　　　B. 0386　　　　C. 0Xffa　　　　D. x2a2

（10）下列关于单目运算符＋＋、－－的叙述正确的是(　　)。

A. 它们的运算对象可以是任何变量和常量

B. 它们的运算对象可以是char型变量和int型变量,但不能是float型变量

C. 它们的运算对象可以是int型变量,但不能是double型变量和float型变量

D. 它们的运算对象可以是char型变量、int型变量和float型变量

（11）若有以下程序:

```
# include "stdio. h"
int main()
{    int k = 2,i = 2,m;
     m = (k += i * = k);printf(" % d, % d\n",m,i);
     return 0;
}
```

执行后的输出结果是(　　)。

A. 8,6　　　　　　　B. 8,3　　　　　　　C. 6,4　　　　　　　D. 7,4

（12）以下选项中,与k＝n++完全等价的表达式是(　　)。

A. k＝n,n＝n+1　　B. n＝n+1,k＝n　　C. k＝++n　　　　D. k+＝n+1

（13）以下选项中不属于C语言的类型的是(　　)。

A. signed short int　　　　　　　　　B. unsigned long int

C. unsigned int　　　　　　　　　　　D. long short

（14）假定x和y为double型,则表达式x＝2,y＝x+3/2的值是(　　)。

A. 3.500000　　　B. 3　　　　　　　　C. 2.000000　　　　D. 3.000000

（15）下列选项中,合法的C语言关键字是(　　)。

A. VAR　　　　　　B. cher　　　　　　C. integer　　　　　D. default

（16）若a为int类型,且其值为3,则执行完表达式a+＝a-＝a*a后,a的值是(　　)。

A. -3　　　　　　　B. 9　　　　　　　　C. -12　　　　　　D. 6

11. 程序设计题

（1）**本利计算**。小明每年过完春节后定期存入本金capital元,利率为rate,存期为n年,编程帮助小明计算到期时能从银行得到的本利之和deposit。假设利息公式如下:

$$利息＝capital×rate×n$$

（2）**整数的算术运算**。输入两个整数a和b,分别计算并输出两个整数的和、差、积、商和余数。

第4章

顺序结构程序设计

CHAPTER **4**

◇ **学习导读**

程序的主要功能就是处理数据。在处理数据之前,需要获取数据。其中获取数据的方法之一就是输入数据。数据处理之后,需要以一定的方式呈现给用户。其中呈现的方式之一就是输出数据到屏幕。C语言提供了输入数据和输出数据的库函数。因此,本章主要介绍在C语言中实现数据输入和数据输出的常用标准库函数。

如果程序中的每条语句都按照编写的先后顺序依次执行,称为顺序结构程序。顺序结构是结构化程序设计所采用的3种基本控制结构之一。本章通过实例介绍顺序结构以及编写顺序结构程序的方法。

◇ **内容导学**

(1)格式化输出 printf 函数。

(2)格式化输入 scanf 函数。

(3)字符数据的非格式化输入、输出函数。

(4)结构化程序设计的概念。

(5)程序设计的良好风格。

(6)顺序结构程序设计的编写方法。

(7)编写顺序结构问题的程序。

◇ **育人目标**

《论语》的"如切如磋,如琢如磨"引申意为:君子的自我修养就像加工骨器,切了还要磋,就像加工玉器,琢了还得磨——精益求精,必出精品。

在完成顺序结构程序设计时,首先要逐步养成规范的程序设计习惯,根据之前总结的程序函数基本框架,按顺序分析并总结出解题的算法,然后按照C语言的语法规则编写程序来解决问题。问题的解题过程需要遵循一定的规律和步骤,为人处世也是一样。广大青年要带头立足岗位、苦练本领、创先争优,努力成为行业骨干、青年先锋,在开拓进取中创造非凡业绩。

视频讲解

🔑 4.1　3种基本的程序结构

本节主要讨论以下问题。

(1) 程序的基本结构有哪些?

(2) 各种不同的程序基本结构的区别是什么?

(3) 如何用流程图描述不同的程序基本结构?

C语言源程序主要由一条条的语句组成。语句用来向计算机系统发出操作指令。一条语句经编译后产生若干条机器指令,用来完成一定操作任务。通过第2章的介绍,可以知道C语言的语句分为五大类:函数调用语句、表达式语句、空语句、复合语句和流程控制语句。

C语言是结构化程序设计语言,它提供了比其他高级语言更丰富的流程控制语句。结构化程序设计的基本思想是用顺序结构、选择结构和循环结构3种基本结构来构造程序,限制使用无条件转移语句(goto语句)。程序的3种基本结构分别用传统流程图来表示,如图4-1所示。

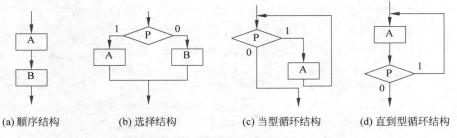

(a) 顺序结构　　(b) 选择结构　　(c) 当型循环结构　　(d) 直到型循环结构

图 4-1　常用的程序结构流程图

1. 顺序结构

顺序执行每个操作,即先执行A操作,然后执行B操作,两者之间是顺序执行的关系。如图4-1(a)所示。

2. 选择结构

设P代表一个判断条件,当P成立(或"为真")时,执行A操作,否则执行B操作。即A和B中只能选择其中之一,如图4-1(b)所示。

3. 循环结构

(1) 当型循环结构:如图4-1(c)所示,当条件P成立时,反复执行A操作,直到条件P不成立时跳出循环。

(2) 直到型循环结构:如图4-1(d)所示,先执行A操作,再判断条件P是否成立,若P成立,则继续执行A操作,如此反复,直到条件P不成立时跳出循环。

🔑 4.2　顺序结构程序设计的思想

本节主要讨论以下问题。

(1) 什么是顺序结构?

（2）顺序结构程序设计的思想是什么？

（3）如何编写顺序结构的程序？

在顺序结构程序中，程序的执行按照语句出现的先后次序顺序执行，并且每条语句都会被执行一次。

【例 4-1】　由键盘输入两个整数，计算它们的和，并将结果输出。

算法设计：

（1）由键盘输入两个整数。

（2）计算这两个整数的和。

（3）输出和。

解决该问题的算法可用传统流程图描述，如图 4-2 所示。

从该流程图可以看出是个顺序结构，具有如下特性。

（1）顺序结构由 3 部分组成。

A：输入两个整数。

B：计算两数和。

C：输出和。

（2）按语句的先后顺序执行且都执行一次，如图 4-3 所示。

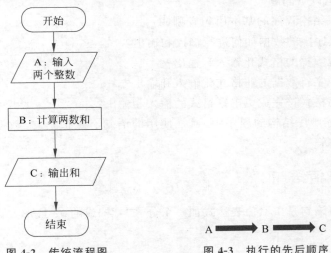

图 4-2　传统流程图　　　图 4-3　执行的先后顺序

因此，通过实现顺序结构的流程图可以看出，编写具有顺序结构程序的基本步骤如下。

（1）准备工作。主要包括变量声明以及初始化，涉及的变量主要由两部分组成。

① 存放已知原始数据的变量，包括变量的个数、数据类型、变量名和变量的初始值。如例 4-1 中，原始数据需要输入两个整数，因此定义为"int a,b;"。

② 存放中间结果和最终结果的变量，包括变量个数、变量名和数据类型。如例 4-1 中，可以设置一个用来存放结果和的变量，定义为"int sum;"。

（2）输入相关变量的值。如在例 4-1 中输入两个整数值给变量 a 和 b。

（3）将求解结果的过程用计算机语言（若干条语句）描述出来。如"sum=a+b;"。

（4）输出最终的计算结果。如例 4-1 中输出结果和 sum。

根据编写顺序结构程序的思路，可以得出例 4-1 的完整代码如下。

```
/* 4-1.c */
1  #include"stdio.h"
2  int main()
3  {
4      int a,b;
5      int sum;
6      scanf("%d%d",&a,&b);
7      sum = a + b;
8      printf("%d\n",sum);
9      return 0;
10 }
```

程序运行结果如下。

10 20 ↙
30

🔑 4.3　实现顺序结构程序设计的基本语句

本节主要讨论以下问题。

(1)实现顺序结构程序的基本语句有哪些?

(2)C 语言程序中的数据如何进行输入和输出?

(3)如何实现数据的格式化输入和输出?

(4)如何实现字符数据的非格式化输入和输出?

(5)怎么使用格式符完成更丰富格式的输入和输出?

在 C 语言描述顺序结构的程序中,通常使用的语句有赋值语句、数据的基本输入与输出、函数调用语句等。

视频讲解

4.3.1　赋值语句

C 语言的赋值语句是由赋值表达式加一个分号";"构成的,一般形式为:

变量 = 表达式;

(1)"="是赋值符号,赋值符号的右边是由常量、变量、运算符和函数组成的表达式。
例如:

视频讲解

```
y = 4;              /* 将整数 4 赋给变量 y   */
x= y * 5 + 2;       /* 将表达式 y * 5 + 2 的值赋给变量 x   */
```

(2)赋值语句是由赋值表达式加一个分号";"构成的,因此以下两条语句是正确的赋值语句。

视频讲解

```
i++;
x += 3;
```

(3)赋值语句是将右边的表达式值赋给左边的变量,因此赋值语句要先对表达式计算求值,然后再将求得的值赋给左边的变量。在语句"y=4;x=y*5+2;"中,先计算表达式 y=4,后计算表达式 y*5+2 的值为 22,然后将 22 赋给变量 x。

4.3.2　数据的基本输入与输出

用 C 语言编写的源程序是否能够满足用户的基本要求,取决于根据原始数据或输入数据是否能够得到用户需要的结果。在满足基本要求的前提下,再考虑程序的优劣,这取决于解决此问题所用的算法或者程序在运行过程中的时空效率。本节主要讨论前者,在 C 语言中如何准确地输入数据给程序或将程序运行结果显示在屏幕上。在调试程序时,输入数据和输出数据是非常重要的两个操作。

C 语言提供了两种方法实现数据的输入和输出:一种是通过标准的输入设备(键盘)和输出设备(显示器)实现数据的输入和输出;另一种是将数据存储在一个文件中,通过对文件的访问实现数据的输入和输出。本节将介绍通过标准的输入设备和输出设备实现数据的输入和输出。

为了完成此数据的输入和输出操作,C 语言提供了相应的库函数。常用的输入输出函数有两种:格式化输入输出函数以及字符数据的非格式化输入输出函数。它的函数原型在头文件 stdio. h 中。

因此,在使用了系统提供的此类库函数时,文件开头需要写文件预处理命令中的文件包含命令 ♯ include < stdio. h >或 ♯ include "stdio. h"。

1. 格式化输入输出函数

(1) 格式化输出函数——printf。在 C 语言程序中,用于输出数据的主要函数就是printf 函数,称为格式化输出函数,其函数名最末一个字母 f 即为"格式"(format)之意。也就是说,它可以按照某种指定的格式在标准输出设备(显示器)上输出相应的数据。因此,看一个程序的输出结果是什么形式,取决于 printf 函数的调用格式。

printf 函数调用的一般格式是:

printf(格式控制字符串,输出参数 1,输出参数 2,……,输出参数 n);

其功能是按照格式控制字符串的要求将输出参数 1、输出参数 2、……、输出参数 n 的值显示在计算机屏幕上。其中,格式控制字符串是以双引号引起来的字符串。输出参数可以是常量、变量或表达式,也可能是空,如例 2-1。

格式控制字符串用于指定输出格式。它包含以下两部分。

① 格式控制字符:以"%"开头,后跟一个或多个字符,用于规定输出数据的类型、形式、长度或小数位数等。如%d、%f、%c,其中的 d、f、c 称为格式控制字符,分别表示以十进制整型、单精度实型和字符型形式输出所对应的输出参数。每种不同的数据类型分别对应一种格式控制字符,如表 4-1 所示。

表 4-1　printf 函数中常用的格式控制符

格式控制字符	含　　义
%d	以十进制形式输出一个有符号整型数据,正号省略
%x	以十六进制形式输出一个无符号整型数据
%o	以八进制形式输出一个无符号整型数据
%u	以十进制形式输出一个无符号整型数据
%c	输出一个字符型数据

续表

格式控制字符	含　义
%s	输出一个字符串
%f、%lf	以十进制小数形式输出一个单精度、双精度实型数据
%e	以十进制指数形式输出一个实型数据
%g	系统自动选择%f或%e格式中数值位数较短的形式输出一个实型数据,并且小数部分结尾自动省略多余的0

② 常规字符：包括可直接显示的字符和用转义字符表示的字符。对于此类字符,系统会原样输出到标准设备(屏幕)中。

【例 4-2】　阅读以下程序,分析程序的运行结果。

源程序：

```
1   /* 4 - 2.c */
2   # include "stdio.h"
3   int main(void)
4   {
5       int a = 3,b = 4;
6       float c = 2.56f;
7       char d = 'a';
8       char * e = "123eg";
9       unsigned f = 2u;
10      printf("Hello,C\n");           /* 无格式符,其中直接显示的字符是"Hello,C",\n是转义字符 */
11      printf("%d\n",a);              /* 输出整型数据 a */
12      printf("a = %d,b = %d\n",a,b); /* 按指定格式输出整型数据 a 和 b */
13      printf("c = %f %e %g\n",c,c,c); /* 输出实型数据 c */
14      printf("d = %c,e = %s\n",d,e); /* 输出字符 d、字符串 e */
15      printf("f = %u\n",f);          /* 输出无符号整型数据 f */
16      return 0;
17  }
```

程序分析：

程序的输出结果由 10～15 行的 printf 函数来决定。第 10 行直接输出双引号中的字符,其他行都是按照一定的格式输出其后面变量的值。具体功能见每行后面的注释。如第 13 行,其功能是以 3 种不同格式输出实型数据 c 的值。%f 是以单精度实型输出且小数点后面保留 6 位小数,结果为 2.560000;%e 是以十进制规范化的指数形式输出一个实型数据,尾数部分为 2.560000,指数部分为 000,结果为 2.560000e+000;%g 是系统自动选择%f 或%e 格式中数值位数较短的形式输出一个实型数据,并且小数部分结尾自动省略多余的 0,结果是选择%f 的形式输出,去掉多余的 0,结果为 2.56。

通过以上分析,程序运行结果如下。

```
Hello,C
3
a = 3,b = 4
c = 2.560000 2.560000e + 000 2.56
d = a,e = 123eg
f = 2
```

(2) 格式化输入函数——scanf。在 C 语言程序中,用于输入数据的主要函数就是 scanf 函数,称为格式化输入函数,其函数名最末一个字母 f 即为"格式"(format)之意。也就是说,它可以按照某种指定的格式通过标准输入设备(键盘)将相应的数据信息输入到程序中。因此,看一个程序的数据如何输入,取决于 scanf 函数的调用格式。

scanf 函数调用的一般格式是:

scanf(格式控制字符串,变量 1 的地址, 变量 2 的地址, ……,变量 n 的地址);

其功能就是按格式控制字符串指定的格式,接受键盘的输入,并将输入的数据依次存放在变量 1、变量 2、……、变量 n 中。其中,格式控制字符串是一个以双引号引起来的字符串。变量的地址是每一个输入变量的地址。

格式控制字符串用于指定输入格式,它包含以下两部分。

① 格式控制字符:用来控制用户输入数据的格式。不同的格式符要求输入不同形式的数据,如表 4-2 所示。

表 4-2　scanf 函数中常用的格式控制字符及含义

格式控制字符	含　义
%d 或 %i	以十进制形式输入一个有符号整型数据
%x、%X	以十六进制形式输入一个无符号整型数据
%o	以八进制形式输入一个无符号整型数据
%u	以十进制形式输入一个无符号整型数据
%c	输入一个字符型数据
%s	输入一个字符串
%f、%lf	以十进制小数形式输入一个单精度、双精度实型数据
%e、%E	以十进制指数形式输入一个实型数据
%g、%G	等价于 %f、%e 或 %E

② 常规字符:要求用户原样输入。建议不在 scanf 函数的格式控制字符串中使用常规字符。

【例 4-3】 阅读以下程序,分析程序的运行结果。

源程序:

```
1   /* 4 - 3.c */
2   # include "stdio.h"
3   int main()
4   {
5       int a;
6       float b;
7       char c[10];                  /* 字符数组 c */
8       scanf("a = % d",&a);         /* 输入整数 a,格式控制中有格式符和常规字符 */
9       scanf(" % f",&b);            /* 以小数形式输入实数 b */
10      scanf(" % s",c);             /* 输入字符串 c */
11      printf("a = % d \n", a );
12      printf("b = % f\n", b );
13      printf("c = % s\n", c );
14      return 0;
15  }
```

程序分析:

程序第 8~10 行表示通过 scanf 函数输入相应变量的值,第 11~13 行表示通过 printf

函数输出相应变量的值。如第 8 行除了%d 对应后面变量 a 的值输入外,还有字符"a="也要输入,正确的输入为 a=60↙(假设值为 60,"↙"表示回车,作为输入的结束)。第 13 行表示输出字符数组 c 的值,这里使用格式符%s,表示输出一个字符串,即整体输出字符数组 c。在输出值之前,先输出"c=",输出结果为"c=abcde"。

程序运行结果如下(其中前面三行是用户输入数据,"↙"是回车符,表示数据输入结束。后面三行是程序的输出结果)。

```
a = 60 ↙
30.5 ↙
abcde ↙
a = 60
b = 30.500000
c = abcde
```

使用 scanf 函数,应注意以下几点。

① 不能控制输入实型数据的精度。如"scanf("%.2f",&f);"是错误的。

② 输入数据时,遇到以下 3 种情况之一时认为该数据输入结束。

* 空格、回车符或制表符。

* 达到指定的宽度。

* 非法输入。

2. 字符数据的非格式化输入输出函数

对于字符数据的输入输出除了用格式化函数之外,还可以调用 C 语言其他的库函数来实现。但这些库函数在实现字符数据的输入输出时,不能进行格式控制,输入输出格式是系统规定的。因此,称为非格式化的输入输出函数。下面介绍最常用的单字符输入输出函数 putchar 和 getchar。

在使用系统提供的此类库函数后,文件开头需要写上一条文件包含预处理命令# include < stdio. h >或 # include "stdio. h"。

(1) 字符输出函数——putchar。putchar 函数的功能是在显示器上输出单个字符。调用 putchar 函数的一般格式是:

```
putchar(输出数据);
```

其中,括号中的输出数据可以是字符变量或常量,也可以是整型变量或常量,还可以是特殊的转义字符或表达式。当输出数据是整型变量或常量时,在屏幕上输出的是该整型变量或常量的值,即 ASCII 码值所对应的字符。

例如:

```
putchar(a);            /*变量 a 之前已定义为字符变量*/
putchar(65);           /* 65 是整型常量*/
putchar('A');          /* 'A'是一个字符常量 */
```

【例 4-4】 输出单个字符。

算法分析:

输出一个字符有两种输出方法:一种是使用格式化输出函数 printf;另一种是使用非格式化输出函数 putchar。在这里,使用 putchar 函数,直接将需要输出的字符作为该函数的参数,如 putchar('A')。

源程序：

```
1   /* 4 - 4.c */
2   # include < stdio. h>
3   int main()
4   {
5       int a;
6       char c1,c2;
7       a = 71;
8       c1 = 'o'; c2 = 'y';
9       putchar('\102');        /* 输出转义字符\102 */
10      putchar(c1);            /* 输出一个字符变量 c1 */
11      putchar(c2);            /* 输出一个字符变量 c2 */
12      putchar('\n');          /* 输出转义字符\n */
13      putchar(a);             /* 输出整型变量 a 所表示的字符 */
14      putchar('i');           /* 输出字符常量 i */
15      putchar('r');           /* 输出字符常量 r */
16      putchar(108);           /* 输出 ASCII 码是 108 的字符 */
17      putchar('\n');          /* 输出转义字符\n */
18      return 0;
19  }
```

以上程序中，第 9、12、14～17 行是用 putchar 函数直接输出字符常量，第 10、11、13 行是用 putchar 函数输出字符变量的值，程序运行结果如下。

```
Boy
Girl
```

（2）字符输入函数——getchar。getchar(void)函数的功能是读取键盘输入的第一个单个字符，函数返回值是这个字符的 ASCII 码。调用 getchar 函数的一般格式是：

ch = getchar( );

其中，ch 是已定义的一个字符变量或整型变量，getchar 函数是一个无参函数，但圆括号不能省。getchar 函数从键盘接收一个字符作为它的返回值，可以把这个返回值赋给一个变量，也可以作为其他函数的参数，还可以作为表达式的操作数。

例如：

```
a = getchar();              /* 从键盘输入一个字符赋给字符变量 a */
putchar(getchar());         /* 将输入的字符作为 putchar 函数的参数输出 */
30 + getchar()              /* 作为表达式的操作数 */
```

【例 4-5】　从键盘输入单个字符。

算法分析：

输入一个字符有两种输入方法：一种是使用格式化输入函数 scanf；另一种是使用非格式化输入函数 getchar。在这里，使用 getchar 函数，直接将需要输入的字符作为该函数的返回值，如 a＝getchar()。

源程序：

```
1   /* 4 - 5.c */
2   # include "stdio. h"
3   int main()
4   {
5       int a;
```

```
6       char ch;
7       ch = getchar();          /* 从键盘输入单个字符给变量 ch */
8       a = getchar();           /* 从键盘输入单个字符,并将其 ASCII 码给变量 a */
9       putchar(ch);             /* 输出一个字符变量 ch */
10      putchar(a);              /* 输出 ASCII 码是整型变量 a 的值对应的字符 */
11      return 0;
12  }
```

以上程序中,第 7、8 行是用 getchar 函数直接输入字符变量 ch 和 a 的值,第 9、10 行是用 putchar 函数分别输出字符变量 ch 和 a 的值,程序运行结果如下。

ab↙
ab

3. 格式符的延伸用法

(1) printf 函数中的辅助格式控制符。前面介绍了 printf 函数可以实现任何类型数据按照规定的格式输出,并且表 4-1 介绍了 printf 函数中常用的格式控制符,但实际上在%和格式控制字符之间可以插入一些辅助格式控制符。它们可以控制输出数据的宽度(width)、对齐方式(+或-),还可以更准确地指出是短整型(hd)还是长整型(ld),是单精度(f)还是双精度(lf),以及小数的位数(.precision),还可以出现其他辅助格式控制符(0 或♯)。有了这些辅助格式控制符,就可以更准确地规定数据的输出格式。具体如表 4-3 所示。

表 4-3　printf 函数中的辅助格式控制符

辅助格式 控制符	功　能	例　子
width	输出数据域宽。如果数据长度小于 width,则补空格;否则按实际输出	%4d:表示输出至少占 4 格
.precision	对于整数:表示至少要输出 precision 位,当数据长度小于 precision 时,左边补 0	%6.4d:表示至少要输出 4 位数
	对于实数:指定小数点后的位数(四舍五入)	%6.2f:表示输出 2 位小数
	对于字符串:表示只输出字符串的前 precision 个字符	%.3s:表示输出字符串的前 3 个字符
-	输出数据在域内左对齐(默认为右对齐)	%-16d:表示输出数据左对齐
+	输出有符号正数时,在其前面显示正号(+)	%+d:表示输出整数的正号
0	输出数值时,指定左边不使用的空格自动填 0	%08X:表示输出十六进制无符号整数,不足 8 位时左补 0
♯	对于无符号数:在八进制和十六进制数前显示前导 0、0x 或 0X	%♯X:表示输出的十六进制前显示前导 0X
	对于实数:必须输出小数点	%♯10.0f:表示输出的浮点数必须输出小数点
h	在 d、o、x、u 前,指定输出为短整型数	%hd:表示输出短整型数
l	在 d、o、x、u 前,指定输出为 long int 型	%ld:表示输出长整型数
	在 e、f、g 前,指定输出精度为 double 型(默认也为 double)	%lf:表示输出为 double 型数
L	在 e、f、g 前,指定输出精度为 long double 型	%Lf:表示输出为 long double 型数

使用 printf 函数时要注意以下几点。

① 格式控制字符串后面输出参数表达式的个数一般要与格式控制字符串中的格式控

制符的个数相等。

② 在格式控制符中,除了 X、E、G 以外,其他均为小写。

③ 表达式的实际数据类型要与格式转换符所表示的类型相符,printf 函数不会进行不同数据类型之间的自动转换。例如,整型数据不可能自动转换成浮点型数据,浮点型数据也不可能自动转换成整型数据。

【例 4-6】　printf 函数中格式符的延伸用法。

源程序:

```
1   /* 4 - 6.c */
2   # include"stdio.h"
3   int main()
4   {
5       long a = 1024;
6       unsigned b = 54321;
7       int c = 20;
8       char ch = 'a';
9       float x,y;
10      double z;
11      x = 111111.111;
12      y = 123.468;
13      z = 2222222222222.222222222;
14      printf(" % d, % ld, % u\n",c,a,b);        /* 以十进制按数据实际长度输出变量 c、a、b */
15      printf(" % - 8d, % - 8ld, % - 8u\n",c,a,b);
                                                  /* 以十进制按 8 位列宽输出变量 c、a、b,左对齐 */
16      printf(" % x, % lx, % x\n",c,a,b);         /* 以十六进制按数据实际长度输出变量 c、a、b */
17      printf(" % 8o, % 8lo, % 8o\n",c,a,b);      /* 以八进制按 8 位列宽输出变量 c、a、b,右对齐 */
18      printf(" % c\n",ch);                       /* 输出变量 ch(单个字符) */
19      printf(" % - 3c\n",ch);                    /* 输出变量 ch,占 3 列,左对齐 */
20      printf(" % s\n","programing");             /* 按实际长度输出字符串 programing */
21      printf(" % 15s\n","programing");           /* 输出字符串 programing,占 15 列,右对齐 */
22      printf(" % 10.5s\n","programing");         /* 输出字符串 programing 中的前 5 个字符,
                                                      占 10 列,右对齐 */
23      printf(" % f % f \n",x,z);
24      printf(" % 10f, % 10.2f, % .2f \n",x,x,x);
25      printf(" % e % e \n",x,z);
26      printf(" % 10e, % .2e, % - 10.2e\n", z,z,z);
27      printf(" % f, % e, % g\n",y,y,y);
28      return 0;
29  }
```

程序分析:

程序第 14～27 行都是由 printf 函数输出相应输出列表值,其中第 14～17 行是以不同格式输出整型变量,第 18、19 行是以不同格式输出字符变量 ch,第 20～22 行是以不同格式输出字符串常量"programing",第 23～27 行是以不同格式输出实型变量。以第 22 行为例,格式符"%10.5s"表示输出一个字符串的前 5 个字符,共占 10 列,默认为右对齐。

程序运行结果如下。

```
20,1024,54321
20      ,1024    ,54321
14,400,d431
      24,     2000,  152061
```

```
a
a
programing
       programing
       progr
111111.109375    2222222222222.222200
111111.109375,   111111.11,111111.11
1.111111e + 005   2.222222e + 012
2.222222e + 012,  2.22e + 012,2.22e + 012
123.468002,1.234680e + 002,123.468
```

(2) scanf 函数中的辅助格式控制符。前面介绍了 scanf 函数可以实现数据按照规定的格式输入,并且介绍了常用的格式控制字符,但实际上在%和格式控制字符之间可以插入一些辅助格式控制符。这些辅助格式控制符可以控制输入数据的宽度(width),指明是短整型(hd)还是长整型(ld),还可以出现其他辅助格式控制符(*)。有了这些辅助格式控制符,就可以更准确地规定数据的输入格式。

使用 scanf 函数时要注意以下几点。

① 如果相邻两个格式控制符之间,不指定数据分隔符(如逗号、冒号等),则相应在两个输入数据之间至少用一个空格分隔或者用制表符分隔,或者输入一个数据后按 Enter 键,然后输入下一个数据。

② 格式控制字符串中出现的常规字符(包括转义字符),务必原样输入,所以建议在 scanf 函数中不使用常规字符。

③ 为改善人机交互性,同时简化输入操作,在设计输入操作时一般先用 printf 函数输出一个提示信息,再用 scanf 函数进行数据输入。

④ 当格式控制字符串中指定了输入数据的域宽(width)时,将读取输入数据中相应的 width 位,按需要的位数赋给相应的变量,多余部分舍弃。

⑤ 当格式控制字符串中含有抑制符"*"时,表示本输入项对应的数据读入后,不赋给相应的变量(该变量由下一个格式控制符输入)。

⑥ 使用格式控制符"%c"输入单个字符时,空格和转义字符均作为有效字符被输入。

⑦ 输入数据时,遇到以下情况,系统认为该数据输入结束。

- 空格、回车符或制表符。
- 达到指定的宽度。例如"%3d",只取 3 列。
- 非法输入。例如在输入数值数据时,遇到字母等非数值符号。

⑧ 当一次 scanf 调用需要输入多个数据项时,如果前面数据的输入遇到非法字符,并且输入的非法字符不是格式控制字符串中的常规字符,那么这种非法输入将影响后面数据的输入,导致数据输入失败。

【例 4-7】 用 scanf 函数输入数据。

源程序:

```
1  /* 4 - 7.c */
2  # include"stdio.h"
3  int main()
4  {
5    int a,b;
6    scanf(" % d % d",&a,&b);
```

```
7    printf("a = % d,b = % d\n",a,b);
8    return 0;
9  }
```

程序运行结果如下。

90 80 ↙
a = 90,b = 80

🔑 4.4　顺序结构程序设计的典型应用

视频讲解

本节主要讨论以下问题。

(1) 顺序结构程序设计的算法分析如何进行?

(2) 如何编写顺序结构程序?

顺序结构的程序按照程序中语句的先后次序执行,语句包括表达式语句、函数调用语句等。一般来说,一些不涉及基于条件的、反复完成的计算和数据处理等问题都采用顺序结构程序设计。下面主要通过图形的面积等计算问题及数字分离、数的交换和大小写转换等问题介绍顺序结构程序设计。

4.4.1　图形的面积等计算问题

1. 问题描述

输入三角形的三条边长,求三角形的面积。

2. 算法分析

有一类问题是输入一些图形的半径、长、宽、高或其他一些参数,根据这些参数求出相对应图形的周长、面积、体积、表面积、侧面积等。对于此类问题,一般是通过使用数学公式来进行计算。如已知球的半径为 r,求球的体积 v。这时可以使用公式 $v = \frac{4}{3}\pi r^3$。在进行计算时,需要将数学公式如 $v = \frac{4}{3}\pi r^3$ 转换为符合 C 语言语法规则的式子 $v = 4.0/3 * 3.14 * r * r * r$。

从问题的描述可知,该问题中涉及的数据有:三角形的三条边长分别用变量 a、b 和 c 表示,三角形面积用 area 表示。如何根据三角形的三边长求面积呢? 首先需要判断这三条边长 a、b、c 能否构成一个正确的三角形。根据三角形三边关系定理,需要判断输入的任意两边之和是否永远大于第三边。如果是,则这三条边长可以构成一个正确的三角形,才能继续完成下一个步骤。这个部分需要使用第 5 章中将要介绍的选择结构程序设计的语句,所以本章暂时假设输入的三条边能够构成一个正确的三角形,例如,输入 3 4 5。

然后,求取这三条边长构成的三角形的面积,可以使用海伦公式 area $=$ $\sqrt{s(s-a)(s-b)(s-c)}$,其中 s 是三条边长之和的一半,即 s=(a+b+c)/2。此公式转换为 C 语言中的表达式是 area=sqrt(s * (s−a) * (s−b) * (s−c)),其中 sqrt() 是一个 C 语言数学库函数,功能是求某个数的平方根。数学库函数都在头文件 math.h 中。因此,使用了 C 语言数学库函数的程序,在程序开头都要通过文件包含命令 #include "math.h" 指出数学库函数的出处。

根据以上分析,建立求一个三角形边长为 a、b、c 的面积的算法模型为 area ＝ $\sqrt{s(s-a)(s-b)(s-c)}$ (s＝(a＋b＋c)/2)。

3. 源程序的编写步骤

根据函数的基本结构来构造程序的内容,目前简单程序代码都只写在 main 函数中。

(1) **变量定义**。定义算法过程中用到的数据,int 类型的三条边长 a、b 和 c,float 类型的半周长 s 和面积 area。请大家思考为什么 s 不能和边长一样定义为 int 类型呢?

(2) **数据输入**。输入三角形的三条边长 a、b 和 c,调用 scanf 函数。

(3) **功能处理**。

① 计算半周长 s:s＝(a＋b＋c)/2.0。

② 计算面积 area:area＝sqrt(s * (s－a) * (s－b) * (s－c))。

(4) **数据输出**。输出三角形面积 area,调用 printf 函数。

4. 源程序

```
1  /*图形的面积等计算问题.c*/
2  #include<stdio.h>
3  #include<math.h>
4  int main()
5  {
6      int a,b,c;
7      float s,area;
8      scanf("%d%d%d",&a,&b,&c);
9      s=(a+b+c)/2.0;
10     area=sqrt(s*(s-a)*(s-b)*(s-c));
11     printf("%.2f\n",area);
12     return 0;
13  }
```

程序运行结果如下。

3 4 5↙
6.00

【举一反三】

(1) 输入一个日期,输出该日期的前一天和后一天。

(2) 已知物品的单价和购买数量,输出该顾客的消费额。

(3) 计算输出 sinα＋|b－20| 的值,其中,α＝30°,b＝6.5。

4.4.2 数字分离问题

1. 问题描述

任意从键盘输入一个三位整数,要求正确地分离出它的百位、十位和个位数,并在屏幕上依次输出。

2. 算法分析

该问题称为数字分离问题。数字分离问题是指把组成一个整数中的各个数字通过一定的运算分离出来。在数字分离的过程中,一般使用到算术运算,尤其是整除和求余。

从问题的描述可知,该问题中涉及的数据有：三位的整数用变量 x 表示,组成这个三位整数的数字分别用变量 b0、b1、b2 表示 x 的个位、十位和百位。如何通过 x 得到 b0、b1、b2 呢？其实有很多种方法。例如,输入的是 456,则输出的分别是 4、5、6,最低位数字可用对 10 求余的方法得到,456%10＝6；最高位的百位数字可用对 100 整除的方法得到,456/100＝4；中间位的数字既可以通过将其变换为最高位后再整除的方法得到（456－4＊100）/10＝5,也可以通过将其变换为最低位再求余的方法得到,(456/10)%10＝5,还可以让十位变换为最高位而取到这个值,456%100/10＝5。

根据以上分析,建立求 x 的各位数字的算法模型为：b2＝x/100,b1＝x%100/10,b0＝x%10。

3. 源程序的编写步骤

（1）**变量定义**。定义一个整型变量 x,用于存放用户输入的三位整数；然后定义 3 个整型变量 b0、b1、b2,用于存放 x 的个位、十位和百位。

（2）**数据输入**。输入一个三位整数 x,调用 scanf 函数。

（3）**功能处理**。通过整除和求余计算分别得到该数的个位、十位和百位：b2＝x/100,b1＝x%100/10,b0＝x%10。

（4）**数据输出**。输出数 x 的百位、十位和个位数 b2、b1、b0,调用 printf 函数。

4. 源程序

```
1   /*数字分离问题.c*/
2   #include<stdio.h>
3   int main()
4   {
5       int x,b0,b1,b2;
6       scanf("%d", &x);
7       b2 = x/100;
8       b1 = x%100/10;
9       b0 = x % 10;
10      printf("百位 = %d,十位 = %d,个位 = %d\n",b2,b1,b0);
11      return 0;
12  }
```

程序运行结果如下。

360↙
百位 = 3,十位 = 6,个位 = 0

【举一反三】

（1）输入一个 4 位整数,要求正确地分离出它的千位、百位、十位和个位数,并在屏幕上依次输出。

（2）输入一个 3 位整数,计算组成这个整数的各位数字和。

4.4.3　数的交换问题

1. 问题描述

输入两个整型数据,将它们交换后输出。如输入为 3 4,输出为 4 3。

2. 算法分析

此问题称为数的交换问题。排序算法是计算机中常用的基本算法。在实现排序算法的过程中,归根结底是两个数之间的比较和交换。如何实现两个数之间的交换呢? 实现两个数之间的交换有多种方法,从是否需要中间变量出发分为两种方法。第一种方法,使用中间变量实现两个数的交换,这种解法的思路可以理解为手中有两杯果汁,如何让这两个杯子中的果汁互换呢? 可以通过第三个杯子达到目的。这两杯果汁就是两个要交换的数据,另一个杯子的引入就是中间变量。第二种方法,不使用中间变量的方法就是通过变量之间的相互运算进行,使最终两个变量的值互换。这两种方法各有利弊。引入了中间变量,系统就要多分配存储空间,但这种方法更容易理解,下面的代码就采用这个思路完成。而不使用中间变量,就不需要额外开辟存储空间,但不易理解。

从问题的描述可知,该问题中涉及的数据有:两个整数分别用变量 a、b 表示,中间变量用 t 表示。建立的算法模型如下。

(1) 采用中间变量 t,交换变量 a、b 的过程。首先,将 a 中的值存放到变量 t 中,即 t=a;然后,将变量 b 中的值给变量 a,即 a=b;最后,将中间变量 t 的值给变量 b,即 b=t。

(2) 不采用中间变量 t,交换变量 a、b 的过程。首先,a=a+b;然后,b=a−b;最后,a=a−b。

3. 源程序的编写步骤

(1) **变量定义**:两个整数 a、b,中间整型变量 t。

(2) **数据输入**:输入两个整数 a、b,调用 scanf 函数。

(3) **功能处理**:选择通过中间变量 t 进行互换——t=a,a=b,b=t。

(4) **数据输出**:输出交换后的 a、b,调用 printf 函数。

4. 源程序

```
1   /* 数的交换问题.c */
2   # include "stdio.h"
3   int main(void)
4   {
5     int a,b,t;
6     scanf("%d%d",&a,&b);
7     t = a; a = b; b = t;
8     printf("%d %d\n",a,b);
9     return 0;
10  }
```

程序运行结果如下。

28 97 ↙
97 28

【举一反三】

(1) 输入两个整型数据,将它们交换后输出。要求不用中间变量 t。

(2) 鸡兔同笼,共有 35 个头,94 只脚,求鸡和兔各有多少只?

4.4.4　大小写转换问题

1. 问题描述

从键盘输入一个小写字母,要求改用其大写字母输出。

2．算法分析

在 ASCII 字符集表中可以观察到大写字母 A～Z 是连续的(ASCII 码值从 65～90)，小写字母 a～z 也是连续的(ASCII 码值从 97～122)。另外，每对大写和小写字母的 ASCII 码值差都是 32，即'a'－'A'，'b'－'B'，'c'－'C'，…，'z'－'Z'都等于 32。所以，将小写字母的 ASCII 码值减去 32，则可以得到所对应的大写字母 ASCII 码值。同理，将大写字母的 ASCII 码值加上 32，则可以得到所对应的小写字母 ASCII 码值。

从问题的描述可知，该问题中涉及的数据有：小写字母用变量 ch1 表示，大写字母用变量 ch2 表示。通过大小写字母 ASCII 码值之间的关系，可以根据 ch1 的值来求出 ch2，即 ch2=ch1－32。这就是建立的算法模型。

3．源程序的编写步骤

(1) **变量定义**：定义两个字符变量 ch1、ch2。

(2) **数据输入**：输入小写字母 ch1，调用 scanf 函数或 getchar 函数。

(3) **功能处理**：将小写字母 ch1 转换成大写字母 ch2，ch2=ch1－32。

(4) **数据输出**：输出大写字母 ch2，调用 printf 函数或 putchar 函数。

4．源程序

```
1   /＊大小写转换问题.c＊/
2   ＃include＜stdio.h＞
3   int main( )
4   {
5     char ch1,ch2;
6     ch1 = getchar();
7     ch2 = ch1 － 32;
8     printf("％c ％c\n",ch1,ch2);
9     return 0;
10  }
```

程序运行结果如下。

```
c
c C
```

【举一反三】

(1) 从键盘输入一个大写字母，要求改用小写字母输出。

(2) 输入父亲和母亲的身高，根据自己的性别，预测成人时的身高。计算公式：儿子成人时的身高＝(父亲的身高＋母亲的身高)×0.54，女儿成人时的身高＝(父亲的身高×0.923＋母亲的身高)÷2。

4.5　本章小结

4.5.1　知识梳理

(1) 格式化输入、输出库函数的使用。重点介绍了格式化输入函数 scanf 和格式化输出函数 printf 的功能及使用方法，其中格式控制字符串要重点关注，格式化输入和输出可以按照某种输入输出格式来进行，常见输入输出库函数如表 4-4 所示。

(2) 字符的非格式化输入、输出库函数的使用,如表 4-4 所示。

表 4-4　输入输出库函数

库 函 数 名	功　　能	函数原型所在头文件
scanf	格式化输入	stdio. h
printf	格式化输出	stdio. h
getchar	接收一个字符输入,以回车符结束,回显	stdio. h
getc	从输入流中接收一个字符,以回车符结束,回显	stdio. h
getche	接收一个字符输入,输入字符后就结束,回显	conio. h
getch	接收一个字符输入,输入字符后就结束,不回显	conio. h
putchar	输出一个字符	stdio. h
putc	输出一个字符到流文件(流文件为 stdout 时等价于 putchar)	stdio. h
puts	输出一个字符串(输出后自动换行)	stdio. h
fflush	清除键盘缓冲区	stdio. h

(3) 算法的基本概念。简单地说,算法是求解某个问题的方法,程序是算法通过编程语言书写出来的表现形式。算法是程序的灵魂,语言只是算法的实现工具。所以学习 C 语言不仅要学会 C 语言的语法特点及各种函数的使用方法等,更重要的是掌握分析问题、解决问题的方法,就是不断地进行分析、分解,最终归纳整理出算法的能力。

(4) 程序的控制结构。任何复杂的算法都可以由顺序结构、选择结构和循环结构这 3 种基本控制结构(流程结构)组成。这 3 种控制结构在程序中相互嵌套,从而构造出各种各样复杂的程序。

本章知识导图如图 4-4 所示。

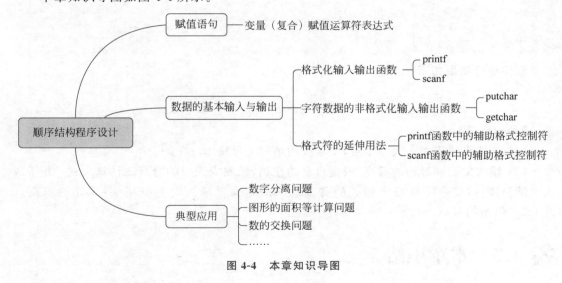

图 4-4　本章知识导图

4.5.2　常见上机问题及解决方法

1. 利用 scanf 函数输入变量值时漏掉取地址符"&"

函数 scanf 的功能是将用户输入的数值、字符或字符串放在相应的变量存储空间中,如:

```
int a;
scanf("%d",&a);
```

上面的语句执行时,用户输入 10,scanf 会将 10 赋值给 a。但 scanf 函数是标准库函数,是其他程序员编写的。在 scanf 函数内部并不知道变量 a 的存在,那么 scanf 函数如何给 a 赋值呢? scanf 函数需要知道 a 的地址。scanf 函数根据这个地址信息,将输入数据 10 放在地址是 &a 的内存单元中。因此,scanf 函数要求参数都是地址信息。

在使用 scanf 函数输入数据时,要在变量名前面增加 & 符号。& 用来取变量的地址。如果漏掉了 &,也不会出现编译错误,但执行结果是异常的。如:

```
scanf("%d",a);　/*错误: a 前面漏掉了 & */
```

2. printf 函数输出时格式控制符与表达式类型不一致

利用 printf 函数输出数据时,通常要求 printf 函数的格式控制符与输出参数的数据类型对应一致。比如 printf("%d %f",a,b)中,%d 要求 a 是一个 int 型的变量,%f 要求 b 是一个 float 型的变量。

如果格式控制符与输出数据的类型不一致,并不会出现语法错误,但执行效果可能异常。一般来说,导致这种不一致的原因有以下几种。

(1) 认为 printf 函数会对要输出的数据根据格式控制符进行相应的数据类型强制转换,如语句"float f=1.2; printf("%d",f);"误认为 printf 函数会对 f 先转换为 int 型值再输出。这种错误还可能是"int k=2; printf("%f",k);"。

(2) 混淆了格式控制字符与数据类型的对应关系,如错误地利用%c 输出字符串,利用%s 输出字符。例如:

```
char ch = 'A';
char * str = "abc";
printf("%s",ch);　　/*错误*/
printf("%c",str);　　/*错误*/
```

3. 调用 scanf 函数输入浮点数时规定了精度

scanf 函数在输入整数时可以规定宽度,但在输入 float 型的数据时却不能规定精度。例如:

```
float f;
scanf("%3.2f",&f);　/*错误:为 %f 规定了精度*/
```

4. 对算术表达式取地址

只有变量和函数在内存中有位置,对于算术表达式来说,如果它是由常量构成的,那么表达式值在编译时就已经被计算出来了;如果表达式中包含有变量,表达式值经过一小段机器指令在运行时计算,通常被放在寄存器中或某个临时变量中,这个临时变量随时会消失。因此,对于表达式取地址在逻辑上是错误的,也无法实现。总之,不能对表达式使用取地址运算符 &。下面的使用是错误的:

```
int a,b;
scanf("%d",&(a+b));/*错误*/
```

习题 4

1. 写出以下程序的运行结果。

（1）

```
#include"stdio.h"
int main()
{   int i = 123;
    long n = 456;
    float a = 12.34567, y = 0.205;
    printf("i = %4d\ta = %7.4f\n\tn = %ld\n", i, a, n);
    printf("y = %5.2f%%\n", y * 100);
    return 0;
}
```

（2）

```
#include"stdio.h"
int main()
{
    int a = 123;
    float x = 12.345678;
    printf("%5d, %5.2f\n", a, x);
    printf("%2d, %2.1f\n", a, x);
    return 0;
}
```

（3）以下程序运行时若从键盘输入：10 20 <回车>。

```
#include"stdio.h"
int main()
{
    int a, b;
    printf("a = ");
    scanf("%d", &a);
    printf("b = ");
    scanf("%d", &b);
    printf("a = %d, b = %d\n", a, b);
    return 0;
}
```

（4）

```
#include"stdio.h"
int main()
{
    int a = 0; a += (a = 8);
    printf("%d\n", a);
    return 0;
}
```

（5）

```
#include"stdio.h"
int main()
{
```

```
  int a = 177;
  printf(" % o\n",a);
  return 0;
}
```

(6)

```
# include"stdio.h"
int main()
{
  char a;
  a = 'H' - 'A' + '0';
  printf(" % c\n",a);
  return 0;
}
```

(7)

```
# include"stdio.h"
int   main()
{ char m;
  m = 'B' + 32;
  printf(" % c\n",m);
  return 0;
 }
```

2. 程序设计题

（1）**字符转换成 ASCII 码**。输入一个字符，输出该字符及对应的 ASCII 码。

（2）**数字转换成 ASCII 码**。输入一个数字（0～9），输出其对应的数字字符及对应的 ASCII 码。

（3）**数字字符转换成数字**。输入一个数字字符，输出其对应的数字（如输入'0'，输出 0）。

（4）**计算圆的周长和面积**。输入圆的半径，输出该圆的周长和面积。

（5）**计算梯形的面积**。输入梯形的上底、下底和高，求梯形面积。

（6）**计算矩形的周长和面积**。输入矩形的长和宽，计算该矩形的周长和面积。

（7）**计算球的体积**。输入球的半径 R，计算并输出球的体积。

（8）**两个数的平均值**。输入两个实型数据，输出它们的平均值。

（9）**数的相加**。输入 3 个数，求这 3 个数的和。

（10）**拆分整数**。输入一个 3 位整数 x（100≤x≤999），将其分解出各位数字，并求各位数字之和以及各位数字之积。

第 **5** 章

选择结构程序设计

CHAPTER **5**

◇ **学习导读**

在编写程序时,有时并不能保证程序一定执行某些指令,而是要根据一定的外部条件来判断哪些指令要执行。选择结构可以让程序有选择地执行,满足条件就执行,不满足条件就不执行。根据判断的结果来控制程序的流程,属于流程控制语句。如一个菜谱中包含西红柿这个食材,需要加入西红柿时,可能有如下的步骤:如果是用新鲜的西红柿,则去皮、切碎,开始放入;如果是用西红柿酱,则直接放入。这里,并不知道具体操作时执行哪段指令,而是根据菜谱给出的条件进行处理,计算机程序也是如此,可以根据不同的条件执行不同的代码,这就是选择结构。

程序是为解决某个实际问题而设计的,而问题往往包含多个方面,不同的情况需要进行不同的处理,所以选择结构在实际应用程序中可以说是无处不在,离开了选择结构,很多情况将无法处理,因此正确掌握选择结构程序的设计方法对于编写实际的应用问题来说尤为重要。本章介绍了 C 语言源程序的选择结构程序设计。

◇ **内容导学**

(1) 选择结构的含义。

(2) 关系运算符、逻辑运算符和条件运算符。

(3) if、switch 语句的使用方法。

(4) 选择结构程序设计的编写方法。

(5) 编写选择结构问题的程序。

◇ **育人目标**

《论语》的"知之者不如好之者,好之者不如乐之者。"意为:懂得它的人,不如爱好它的人;爱好它的人,又不如以它为乐的人——有比较,才有鉴别,选择对了,胜过百般努力。

大千世界,选择无处不在。人的一生可能面临诸多选择,如此时此刻,或许你正站在十字路口,向左走还是向右走?为了在关键时刻能够实现选择自由,平时就需要不断努力地创造条件,创造机遇,提高能力和水平,做到志存高远、德才并重、情理兼修、勇于开拓,自然就能作出正确的判断和正确的选择,实现"山重水复疑无路,柳暗花明又一村"。计算机在求解问题时,也要考虑所有可能发生的情况,做到严谨、完备、不出差错。

视频讲解

🔑 5.1　关系运算符、逻辑运算符和条件运算符

本节主要讨论以下问题。

(1)选择结构中的条件如何表示?如何判定一个 C 语言表达式的"真"和"假"?用什么值表示表达式的"真"和"假"?

(2)关系运算符、逻辑运算符和条件运算符的功能是什么?关系运算符、逻辑运算符和条件运算符有哪些?其优先级和结合性怎样?什么是关系表达式、逻辑表达式?如何计算关系表达式和逻辑表达式?

(3)关系运算符、逻辑运算符和条件运算符如何表达条件?

在日常的学习和生活中,经常会遇到需要作出选择,如高考填报志愿、出门是否需要带伞等。在这些事件中,都蕴含着一个称为条件的信息,如当今天会下雨时就带伞,否则就不带;当高考分数在第一梯队时志愿填报 985 或 211 大学等。这里出现的"下雨或第一梯队"就是条件。因此,用选择结构解决问题,首先要学会描述条件。C 语言提供了描述条件的运算符:关系运算符、逻辑运算符和条件运算符。前者适合描述简单的条件,后两者适合描述两个或两个以上更复杂的条件。下面从运算符的类型、优先级和结合性以及计算规则等方面进行详细介绍。

5.1.1　关系运算符及其表达式

1. 关系运算符

关系运算符是用于表达比较运算的运算符。C 语言提供的关系运算符有 6 种,这 6 种关系运算符都属于双目运算符,其写法和含义如表 5-1 所示(假设变量 a、b 已定义)。

表 5-1　关系运算符的写法和含义

类　型	运　算　符	含　义	举　例
双目	>	大于	a>b,5>2
	<	小于	a<b
	>=	大于或等于	a>=b
	<=	小于或等于	a<=b
	==	等于	a==b
	!=	不等于	a!=b

在这 6 种关系运算符中,">""<"">=""<="的优先级相同,且高于优先级相同的"=="和"!="。关系运算符的优先级低于算术运算符而高于赋值运算符,结合性为左结合性。

2．关系表达式

由关系运算符将两个表达式连接起来的表达式,称为关系表达式。它的一般格式是:

<表达式><关系运算符><表达式>

例如:a＞b,a＋b＞b＋c 都是合法的关系表达式。其中,表达式可以是任何类型的 C 语言合法的表达式。关系表达式的结果是一个逻辑值,即"真"和"假",在 C 语言中用"1"代表"真",用"0"代表"假"。

在计算关系表达式时,必须考虑其运算符的优先级和结合性,先"＞"、"＜"、"＞＝"和"＜＝",再"＝＝"和"!＝",同级运算符的计算顺序是从左到右,即左结合性,最后经过关系运算后得到关系表达式值为 1 或 0。

【例 5-1】 计算以下关系表达式(假设 x＝3,y＝5,z＝1)。

① x＋z＞y

② y＞z＝＝x＞z

③ y＞x＞z

④ a＝x＋y＝＝x＋z＜y＋x!＝z＋1＞x＋1

计算过程分析:

① 先计算 x＋z,结果为 4;然后计算 4＞y,结果为假。因此,该关系表达式值为 0。

② 先计算 y＞z,结果为真,值为 1;然后计算 x＞z,结果为真,值为 1;最后计算 1＝＝1,结果为真。因此,该关系表达式值为 1。

③ 先计算 y＞x,结果为真,值为 1;然后计算 1＞z,结果为假。因此,该关系表达式值为 0。

④ 运算步骤如下:

第 1 步计算 x＋y,结果为 8,此时表达式变为 a＝8＝＝x＋z＜y＋x!＝z＋1＞x＋1。

第 2 步计算 x＋z,结果为 4,此时表达式变为 a＝8＝＝4＜y＋x!＝z＋1＞x＋1。

第 3 步计算 y＋x,结果为 8,此时表达式变为 a＝8＝＝4＜8!＝z＋1＞x＋1。

第 4 步计算 z＋1,结果为 2,此时表达式变为 a＝8＝＝4＜8!＝2＞x＋1。

第 5 步计算 x＋1,结果为 4,此时表达式变为 a＝8＝＝4＜8!＝2＞4。

第 6 步计算 x＋z＜y＋x,即 4＜8,结果为真,值为 1,此时表达式变为 a＝8＝＝1!＝2＞4。

第 7 步计算 z＋1＞x＋1,即 2＞4,结果为假,值为 0,此时表达式变为 a＝8＝＝1!＝0。

第 8 步计算 x＋y＝＝x＋z＜y＋x,即 8＝＝1,结果为假,值为 0,此时表达式变为 a＝0!＝0。

第 9 步计算 x＋y＝＝x＋z＜y＋x!＝z＋1＞x＋1,即 0!＝0,结果为假,值为 0,此时表达式变为 a＝0。

最后,a＝x＋y＝＝x＋z＜y＋x!＝z＋1＞x＋1 即 a＝0。

因此,变量 a 的值为 0。

5.1.2 逻辑运算符及其表达式

1．逻辑运算符

使用关系运算符可以比较两个数的大小。但是,对于一些比较复杂的问题,只有关系运算符还不够,如表示一个数是否在某个范围内或者同时满足多个条件或者满足若干条件之一等诸如此类的问题。

为了更好地解决上述问题,C 语言提供了逻辑运算符。逻辑运算符共有三种。它们分别是"&&"(与)、"||"(或)和"!"(非),其中"&&"(与)、"||"(或)是双目逻辑运算符,"!"(非)是单目逻辑运算符。

这些逻辑运算符中,优先级由高到低为"!""&&""||"。和其他运算符的优先级相比,从高到低依次为:"!"、算术运算符、关系运算符、"&&"、"||"、赋值运算符。逻辑运算符"&&"和"||"的结合性都为左结合性,"!"的结合性为右结合性。

2. 逻辑表达式

用逻辑运算符将表达式连接起来的表达式,称为逻辑表达式。它的一般格式是:

<表达式>　<逻辑运算符>　<表达式>

例如:a&&b,a+b||b+c 都是合法的逻辑表达式。其中,表达式可以是任何类型的 C 语言合法的表达式。逻辑表达式的值也是一个逻辑值。同时,C 语言在使用一个表达式作为条件使用时,如果这个表达式值为 0 表示"假",为非 0 表示"真"。

在计算逻辑表达式时,需要掌握逻辑运算符的运算规则。逻辑运算符的运算规则如表 5-2 所示(假设 a 和 b 代表任意两个表达式)。

表 5-2　逻辑运算符的运算规则

a	b	!a	a&&b	a‖b
真	真	假	真	真
真	假	假	假	真
假	真	真	假	真
假	假	真	假	假

根据逻辑运算符的运算规则表可知:a&&b,只有当表达式 a 并且表达式 b 都为真时,表达式值才为真,否则一律为假;a‖b,当表达式 a 或者表达式 b 有一个为真时,表达式值为真;!a,a 为真时,表达式值为假,反之表达式值为真。

3. 逻辑表达式的应用

(1) 逻辑表达式的计算。

【例 5-2】　计算以下表达式的值(设 a=2,b=3,c=0)。

① a&&b

② !a+c&&b+c

③ !c+a==b||b<a

计算过程分析:

① a 和 b 都是一个变量且值为非 0,即为真。因此,该逻辑表达式值为 1。

② 先计算!a,值为 0;然后计算!a+c,值为 0。因此,该逻辑表达式值为 0。

③ 运算步骤如下。

第 1 步计算!c,结果为 1,此时表达式变为 1+a==b||b<a。

第 2 步计算 1+a,结果为 3,此时表达式变为 3==b||b<a。

第 3 步计算 b<a,结果为 0,此时表达式变为 3==b||0。

第 4 步计算 3＝＝b,结果为 1,此时表达式变为 1||0。

第 5 步计算 1||0,结果为 1,此时表达式值为 1。

因此,表达式的值为 1。

(2) 逻辑表达式的构造。

【例 5-3】 设有数学表达式 a≥b≥c,将其转换成 C 语言支持的表达式。

分析:

类似以上的数学表达式计算机不支持,会误认为一个关系表达式,因此,必须转换成计算机支持的表达式,在转换的过程中,需要借助关系运算符和逻辑运算符。

数学表达式 a≥b≥c 表示 a 大于或等于 b 且 b 大于或等于 c,因此,转换为 C 语言支持的表达式为 a＞＝b&&b＞＝c。

【例 5-4】 地球绕太阳运行的周期为 365 天 5 小时 48 分 46 秒(合 365.24219 天),即一回归年(Tropical Year)。公历的平年只有 365 天,比回归年短约 0.2422 天,所余下的时间约为每四年累积一天,故在第四年的 2 月末加 1 天,使当年的时间长度变为 366 天,这一年就是闰年。现行公历中每 400 年有 97 个闰年。按照每四年一个闰年计算,平均每年就要多算出 0.0078 天,这样,每 128 年就会多算出 1 天,经过 400 年就会多算出 3 天多。因此,每400 年中要减少 3 个闰年。所以公历规定:年份是整百数时,必须是 400 的倍数才是闰年;不是 400 的倍数的世纪年,即使是 4 的倍数也不是闰年。这就是通常说的:四年一闰,百年不闰,四百年再闰。

假设用 year 表示某一年,要求用逻辑表达式表示以上闰年的条件。

分析过程:

根据以上描述,闰年的条件应符合下面二者之一。

① 能被 4 整除,又能被 400 整除,如 2000 年。

② 能被 4 整除,但不能被 100 整除,如 2008 年。

在 C 语言中表示 a 能被 b 整除,就是指 a 除以 b 的余数等于 0,符合两种条件之一或者满足两种条件,分别用逻辑运算符"||"(或)和"&&"(且)表示。因此,根据分析可以得出判断闰年的逻辑表达式为:

year % 400 == 0||(year % 4 == 0&&year % 100!= 0)

反之,判断非闰年的逻辑表达式为:

!(year % 400 == 0||(year % 4 == 0&&year % 100!= 0))

5.1.3　条件运算符及其表达式

条件运算符(?:)是 C 语言中唯一的三目运算符。条件表达式的一般格式为:

表达式 1?表达式 2:表达式 3

在计算该表达式时,遵守以下规则:先求表达式 1 的值,如果非 0(真),则求表达式 2 的值,且表达式 2 的值作为整个条件表达式的值;否则,表达式 3 的值为整个条件表达式的值。条件运算符的优先级低于关系运算符而高于赋值运算符,且条件运算符的结合性为右结合性。

【例 5-5】 计算以下语句的输出结果。

```
printf(" % d",a>b?b:a);
```

（1）若 a＝3,b＝4,则有 a＞b 为 0,因此,该语句输出 a 的值。输出结果为：3。

（2）若 a＝4,b＝3,则有 a＞b 为 1,因此,该语句输出 b 的值。输出结果为：3。

5.2　选择结构程序设计语句

本节主要讨论以下问题。

（1）实现选择结构程序设计的语句有哪些?

（2）if 语句有哪些形式? 不同形式的 if 语句的功能是什么? 其格式、执行过程如何?在使用过程中应该注意哪些问题?

（3）switch 语句的功能是什么? 其执行过程如何? 在使用过程中应该注意哪些问题?

（4）如何选择 if 语句和 switch 语句?

选择结构是指程序中的语句根据是否符合条件决定执行。其基本特点是：程序的流程由多路分支组成,在程序的执行过程中,根据不同的情况,只有满足条件的分支被选中执行,而其他不满足条件的分支则不执行。

按照分支的条数,选择结构分为单分支选择结构、双分支选择结构及多分支选择结构。C 语言提供了两条实现选择结构的语句,它们分别是 if 语句和 switch 语句。下面将从语句的格式、功能、执行和使用详细介绍实现选择结构的各条语句。

5.2.1　if 语句

视频讲解

C 语言提供了 if 语句,用来判定所给定的条件是否满足,根据判定的结果（真或假）决定是否执行对应的操作。if 语句的使用很灵活,根据功能可以分为 3 种不同的格式,分别用来实现单分支结构、双分支结构和多分支结构。

1. if 语句实现单分支结构

if 语句实现单分支结构的一般使用格式为：

if(表达式)　语句;

其含义是：当表达式值为真时,执行语句,否则执行 if 语句的下一条语句。其中,格式中的表达式称为条件表达式,条件表达式可以是任何类型的表达式,当表达式值为非 0 即为真时,就执行语句。该语句可以由一条或多条语句组成,当由多条语句组成时该语句称为语句块或复合语句。这些语句块或复合语句必须放在一对大括号(｛｝)中。

例如：

```
if (x＞y) printf("％d", x);          /＊如果 x＞y,则输出 x＊/
if (x＞y) {x＋=5;y-=5;}              /＊如果 x＞y,则执行语句块,由两条语句组成＊/
```

if 语句实现单分支结构执行过程的流程图如图 5-1 所示。

【例 5-6】　输入两个整型数据,编写按照从大到小的顺序输出两个整数的程序。

算法分析：

设有两个整型数据 a、b,要求按从大到小的顺序输出。可以看出,该问题的要求是比较这两个数 a 和 b 的大小,根据比较结果确定

图 5-1　单分支 if 语句 N-S 图

输出 a 和 b 的顺序。因此,建立的算法模型为:若 a＞b,则输出的顺序为 a、b,否则输出的顺序为 b、a。

从这种方法的描述中得知,不管是哪种情况都要进行输出操作。若输出顺序只有一种,即 a、b 呢? 也就是说,a 中存放的是大的整数,b 中存放的是小的整数。那么,建立的算法模型为:当 a＜b 时,就需要交换 a 和 b 的值。

根据分析的这两种思路,都可以编写源程序。下面选择根据后者的思路编写源程序。

源程序的编写步骤:

(1) 输入两个整型数据 a、b——用 scanf 函数。

(2) 当 a＜b 时,交换 a 和 b 的值——用 if 语句"if(表达式)　语句;"的格式。其中表达式是 a＜b,语句的操作是实现 a 和 b 的交换。怎么交换两个变量的值呢? 设有两个杯子,一个编号为 a,装有苹果汁,另一个编号为 b,装有草莓汁。很显然,根据要求,要把其中一个杯子倒空才能装另一个杯子中的果汁,因此,需要借助中间杯子 t。有了杯子 t,就可以将杯子 a 中的果汁倒入杯子 t,然后将杯子 b 中的草莓汁倒入杯子 a,最后将杯子 t 中的果汁倒入杯子 b。这样,就实现了两个杯子果汁的互换。借助这种思想,也就可以实现两个数的互换了。用 C 语言中的语句描述如下:

将杯子 a 中的果汁倒出杯子 t⟺t＝a;

将杯子 b 中的草莓汁倒入杯子 a⟺a＝b;

将杯子 t 中的果汁倒入杯子 b⟺b＝t。

(3) 输出两个整型数据 a、b——用 printf 函数。

源程序:

```
1   /* 5-6.c */
2   # include "stdio.h"
3   int main(void)
4   {
5      int a,b,t;
6      scanf("%d%d",&a,&b);             /* 输入两个整型数据 a、b */
7      if(a<b)                          /* 当 a<b 时,交换 a 和 b 的值 */
8      {
9         t=a;
10        a=b;
11        b=t;
12     }
13     printf("a=%d,b=%d\n",a,b);       /* 输出两个整型数据 a、b */
14     return 0;
15  }
```

程序运行结果如下。

20 30↙
a=30,b=20

2. if 语句实现双分支结构

从 if 语句实现单分支结构可以看出,当条件表达式为真时就执行对应操作,否则什么也不做,程序直接执行其他语句。若不管表达式是否为真都要去执行对应的操作,怎么办呢? 这时,可以使用 if 语句的双分支结构形式。孟子在《鱼我所欲也》说道,"鱼,我所欲也,熊掌亦我所欲也；二者不可得兼，舍鱼而取熊掌者也。"鱼和熊掌的故事就是双分支选择结构的执行过程，即鱼和熊掌必须二选一。

if 语句实现双分支结构的一般格式为：

```
if (表达式)
    语句 1;
else
    语句 2;
```

其含义是当表达式值为真（非 0）时，执行语句 1，否则执行语句 2。其中表达式、语句 1 和语句 2 与 if 实现单分支结构中的表达式和语句含义相同。

例如：

```
if (x > y)                      /* 如果 x > y，则输出 x，否则输出 y */
    printf(" % d",x);
else
    printf(" % d",y);
```

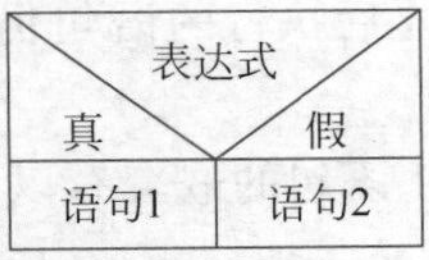

if 语句实现双分支结构执行过程的流程图如图 5-2 所示。

图 5-2 双分支 if 语句 N-S 图

【例 5-7】 编写判断某年是否为闰年的程序。

算法分析：

设要判断的某年用变量 year 来表示，最终的输出结果有两种情况，即是闰年和不是闰年。如果是闰年就输出"是闰年"，否则就输出"不是闰年"。因此，可以用 if 语句实现双分支结构的形式。那么条件表达式就是判断闰年的表达式，如何判断某年是否为闰年呢？判断是否是闰年的条件要符合以下两个条件之一。

① 能被 4 整除，但不能被 100 整除。

② 能被 4 整除，又能被 400 整除。

对于这个条件，可以用逻辑表达式表示为：（year%4 == 0&&year%100! = 0）|| year%400 == 0。

根据以上分析，建立的算法模型为：如果上述逻辑表达式为真则输出"year 是闰年"，否则输出"year 不是闰年"。

源程序的编写步骤：

（1）输入数据 year——用 scanf 函数。

（2）输出 year 是闰年或不是闰年——用 if 语句"if(表达式)语句 1; else 语句 2;"的格式，其中表达式是"(year%4 == 0&&year%100! = 0)||year%400 == 0"，语句 1 的操作输出"year 是闰年"，语句 2 的操作输出"year 不是闰年"。

（3）输出信息——用 printf 函数。

源程序：

```
1   /* 5 - 7.c */
2   # include < stdio.h >
3   int main(void)
4   {
5     int year;
6     scanf(" % d",&year);                              /* 输入要判断的年份 */
7     if (year % 4 == 0&&year % 100!= 0 || year % 400 == 0)   /* 闰年判断 */
8         printf(" % d 是闰年\n",year);                  /* 满足条件输出是闰年 */
```

```
9    else
10       printf("%d 不是闰年\n",year);    /*否则输出不是闰年*/
11   return 0;
12   }
```

程序运行结果如下。

2023 ↙
2023 不是闰年

3. 嵌套的 if 语句实现多分支结构

if 语句实现单分支结构可以根据条件表达式决定是否执行操作,if 语句实现双分支结构可以根据条件表达式决定执行两种操作之一。在这种基本形式中,语句都可以是复合语句。当复合语句中又包含 if 语句时,称为 if 语句的嵌套。if 语句的嵌套就是指条件成立或不成立后执行的语句仍然是一条 if 语句。这样,就需要进行多层判断方能执行其对应的操作。

if 语句的嵌套有以下几种不同的形式,如图 5-3 所示。

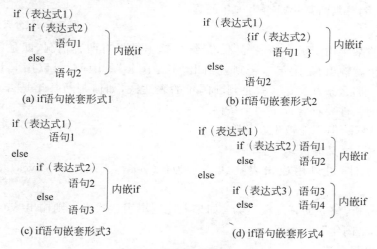

```
if(表达式1)
    if(表达式2)
        语句1;       内嵌if
    else
        语句2;
   (a)if语句嵌套形式1
```

```
if(表达式1)
    {if(表达式2)
        语句1  }    内嵌if
else
    语句2
   (b)if语句嵌套形式2
```

```
if(表达式1)
    语句1
else
    if(表达式2)
        语句2       内嵌if
    else
        语句3
   (c)if语句嵌套形式3
```

```
if(表达式1)
    if(表达式2)语句1
    else       语句2    内嵌if
else
    if(表达式3)语句3
    else       语句4    内嵌if
   (d)if语句嵌套形式4
```

图 5-3　if 语句的嵌套形式

下面就以"if 语句嵌套格式 4"为例,介绍执行过程。if 语句嵌套格式 4 为:

```
if(表达式 1)
    if(表达式 2)
        语句 1;
    else  语句 2;
else
    if(表达式 3)
        语句 3;
    else 语句 4;
```

在该嵌套形式中,当表达式 1 和表达式 2 同时为真时,执行语句 1;当表达式 1 为真,表达式 2 为假时,执行语句 2,其执行过程如图 5-4 所示。

例如,以下又是 if 语句嵌套的另一种形式。

图 5-4　嵌套 if 语句 N-S 图

```
if(score == 100) printf("A");              /* 成绩为 100 分时,输出等级 A */
   else if(score >= 90) printf("B");        /* 成绩为 90～99 分时,输出等级 B */
     else if(score >= 80) printf("C");      /* 成绩为 80～89 分时,输出等级 C */
        else if(score >= 70) printf("D");   /* 成绩为 70～79 分时,输出等级 D */
          else if(score >= 60) printf("E"); /* 成绩为 60～69 分时,输出等级 E */
               else printf("F");            /* 成绩为 60 分以下时,输出等级 F */
```

在使用 if 语句的嵌套结构时,要注意 else 与 if 的配对。C 语言规定,else 总是与离它最近且尚未配对的 if 配对。因此,在写 if 嵌套语句时最好把嵌套的 if 语句用"{ }"括起来,以免出现 if、else 匹配出错及阅读困难的现象,并将程序源代码排成锯齿状,形成明显的结构层次,如图 5-5 所示。

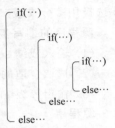

图 5-5　if 语句配对

【例 5-8】　输入一个百分制成绩,输出其等级。等级划分如下:

A(90～100 分)、B(80～89 分)、C(70～79 分)、D(60～69 分)和 E(60 分以下)。

算法分析:

设百分制成绩用变量 score(0 <= score <= 100)表示,等级用变量 grade 表示,最终输出变量 grade 的值。变量 grade 的值是'A'、'B'、'C'、'D'或'E',到底是哪个值,取决于变量 score 符合哪种情况。从这里可以看出,情况有多种,因此,可以建立以下选择结构的多种不同的算法模型。

(1) 用 if 语句的单分支结构形式。依次列出变量 score 的各种情况,得出对应的 grade 的值,代码段如下。

```
if(score >= 90&&score <= 100) grade = 'A';   /* 成绩为 90～100 分时,grade 为 A */
if(score < 90&&score >= 80) grade = 'B';      /* 成绩为 80～89 分时,grade 为 B */
if(score < 80&&score >= 70) grade = 'C';      /* 成绩为 70～79 分时,grade 为 C */
if(score < 70&&score >= 60) grade = 'D';      /* 成绩为 60～69 分时,grade 为 D */
if(score < 60)    grade = 'E';                /* 成绩为 60 分以下时,grade 为 E */
```

(2) 用 if 语句的嵌套形式 3。首先判断变量 score 是否为 90～100 分,符合则得出等级('A');否则,判断变量 score 是否为 80～89 分,符合则得出等级('B');否则,判断变量 score 是否为 70～79 分,符合则得出等级('C');否则,判断变量 score 是否为 60～69 分,符合则得出等级('D');否则,等级就是('E'),代码段如下。

```
if(score >= 90&&score <= 100)     grade = 'A';   /* 成绩为 90～100 分时,grade 为 A */
   else if(score >= 80)     grade = 'B';          /* 成绩为 80～89 分时,grade 为 B */
     else if(score >= 70)    grade = 'C';         /* 成绩为 70～79 分时,grade 为 C */
        else if(score >= 60) grade = 'D';         /* 成绩为 60～69 分时,grade 为 D */
          else   grade = 'E';                     /* 成绩为 60 分以下时,grade 为 E */
```

(3) 用 if 语句嵌套形式 4。首先判断变量 score 是否为 80～100 分,符合则判断变量 score 是否为 90～100 分,符合则得出等级('A'),否则得出等级('B');均不符合则判断变量 score 是否为 70～79 分,符合得出等级('C');否则判断变量 score 是否为 60～69 分,符合则得出等级('D');否则等级就是('E'),代码段如下。

```
if(score >= 80&&score <= 100)
     if(score >= 90)    grade = 'A';              /* 成绩为 90～100 分时,grade 为 B */
          else grade = 'B';                       /* 成绩为 80～89 分时,grade 为 B */
   else   if(score >= 70)   grade = 'C';          /* 成绩为 70～79 分时,grade 为 C */
```

```
        else   if(score >= 60) grade = 'D';          /* 成绩为 60～69 分时,grade 为 D */
            else   grade = 'E';                       /* 成绩为 60 分以下时,grade 为 E */
```

其实,除了以上 3 种不同的方法外,可以根据方法(2)和方法(3)派生出其他类似的方法。不管用什么方法,尤其是使用 if 语句嵌套格式时,一定要注意条件的准确表示。实质上,二分支和多分支都可以转换成多个单分支。有时为了方便或减少书写条件时的重复,往往选择用多分支或二分支。

源程序的编写步骤:

(1) 输入成绩 score——用 scanf 函数。

(2) 选取合适的方法进行成绩判断,得到对应的等级,代码段见算法分析。

(3) 输出等级 grade——用 printf 函数或 putchar 函数。

源程序:

```
1   /* 5 - 8.c */
2   # include < stdio. h>
3   int main(void)
4   {
5    int score;
6    char grade;
7    scanf(" % d",&score);                     /* 输入成绩 score */
8    if(score >= 90&&score <= 100)grade = 'A';   /* 用方法(2)进行成绩判断,得到对应等级 */
9      else if(score >= 80) grade = 'B';
10       else if(score >= 70) grade = 'C';
11         else if(score >= 60) grade = 'D';
12           else grade = 'E';
13    printf(" % c\n",grade);                    /* 输出等级 grade */
14    return 0;
15   }
```

程序运行结果如下。

```
80↙
B
```

视频讲解

5.2.2　switch 语句

在例 5-8 中,可以发现条件中蕴含了一个规律,如等级 'A' 的分数段是 90～100,除 100之外,其他分数的最高位都为 9；等级 'B' 的分数段是 80～89,分数的最高位都为 8；等级 'C'的分数段是 70～79,分数的最高位都为 7；等级 'D' 的分数段是 60～69,分数的最高位都为6；等级 'E' 的分数段是 60 分以下,分数的最高位可以是 5、4、3、2、1 和 0。像这种分支结构中,若条件比较多且蕴含了一定的规律,用 if 语句的多分支结构可以完成,但嵌套的层数较多,程序显得冗长且可读性差。因此,对于多分支结构除了用 if 语句外,C 语言还提供了另一条语句——switch 语句。switch 语句又称为开关语句。

switch 语句用来实现多分支结构,它在使用时的一般格式为:

```
switch(表达式)
{
    case   值 1:语句组 1; break;
    case   值 2:语句组 2; break;
        …
```

```
    case   值 n:语句组 n; break;
    default:语句组;
}
```

其执行过程如图 5-6 所示。

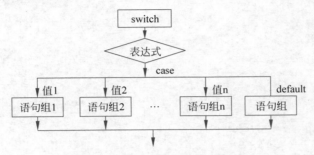

图 5-6　switch 语句的执行过程

　　首先计算表达式的值,然后用此值与各个 case 后面的值进行比较,若相等则执行该 case 后面的语句组;若与 case 后面的值都不相等,则执行 default 后面的语句组。

　　实际上,正确理解 switch 语句的执行,应该找到 switch 语句的入口和出口。通常情况下,当表达式与 case 后的值相等的地方称为 switch 语句的入口,否则执行 default 后的语句;如遇 break 语句,则跳出 switch 语句,即为出口,否则将依次执行后面的语句,直至完全执行完结束。

　　【例 5-9】　输入一个百分制成绩,输出其等级。等级划分及条件满足如下:

　　A(90～100)、B(80～89)、C(70～79)、D(60～69)和 E(60 以下)。

算法分析:

　　前面已经分析过,设百分制成绩用变量 score(0＜＝score＜＝100)表示,等级用变量 grade 表示,最终输出变量 grade 的值。变量 grade 的值是'A'、'B'、'C'、'D'或'E',到底是哪个值,取决于变量 score 符合哪种情况。从这里可以看出,情况有多种,本题用 switch 语句来实现多分支结构。

　　switch 语句中 case 后面的值就是每一种情况的反映,也就是分数的最高位。要得到分数的最高位可以用表达式 score/10 得到。因此,用 switch 语句实现此分支结构的算法模型为:

```
switch(score/10)                    /* 开关语句 switch */
{
    case 10:grade = 'A';break;      /* score/10 == 10 时,等级(grade)为'A' */
    case 9:grade = 'A';break;       /* score/10 == 9 时,等级(grade)为'A' */
    case 8:grade = 'B';break;       /* score/10 == 8 时,等级(grade)为'B' */
    case 7:grade = 'C';break;       /* score/10 == 7 时,等级(grade)为'C' */
    case 6:grade = 'D';break;       /* score/10 == 6 时,等级(grade)为'D' */
    default:grade = 'E';            /* score/10 为其他值时,等级(grade)为'E' */
}
```

源程序的编写步骤:

　　(1) 输入成绩 score——用 scanf 函数。

　　(2) 用 switch 实现成绩判断,得出对应等级。代码段见算法分析。

　　(3) 输出等级 grade——用 printf 函数或 putchar 函数。

源程序:

```
1  /* 5 - 9.c */
2  # include < stdio.h >
3  int main(void)
4  {
5    int score;
6    char grade;
7    scanf("%d",&score);                    /* 输入成绩 */
8    if(score > = 0 && score < = 100)
9    {
10     switch(score/10)                     /* 开关语句 switch */
11     {
12       case 10:grade = 'A';break;
13       case 9:grade = 'A';break;
14       case 8:grade = 'B';break;
15       case 7:grade = 'C';break;
16       case 6:grade = 'D';break;
17       default:grade = 'E';
18     }
19     printf("%c\n",grade);                /* 输出等级 */
20   }
21     else printf("成绩输入有误!\n");
22   return 0;
23 }
```

程序运行结果如下。

92↙
A

在使用 switch 语句时,要注意以下几点。

(1) 每个 case 后的值为常量,该值的类型应与 switch 后面圆括号内表达式的类型一致,表达式的值只能是整型、字符型或枚举型。

(2) 关键字 case 与常量中间至少有一个空格,常量后有一个冒号。

(3) 每个"case 常量"后面可以跟任意数量的语句,无须用大括号标识这些语句。

(4) 每个 case 后面的值必须互不相同。

(5) case 和 default 的位置是任意的,default 子句可以省略。

(6) case 值只起语句标号作用,不进行条件判断,在执行完某个 case 后面的语句后,将自动执行该语句后面的语句。因此,在执行一个 case 分支后,要使流程跳出 switch 结构,即终止 switch 语句的执行,可以在语句组后面加上一条 break 语句。

(7) 当若干 case 后执行的语句相同时,可以将这若干 case 连续写在一起,保留最后一个 case 后执行的语句。此时,case 后面执行的语句被省略时,冒号不能省略。

例如:

```
switch(s)
{
    case 10:
    case 9:grade = 'A';break;
    …
}
```

视频讲解

5.3　选择结构程序设计的典型应用

本节主要讨论以下问题。

（1）选择结构程序设计的算法分析如何进行？

（2）如何编写选择结构程序？

选择结构的程序执行是按照条件的真假选择执行，实现选择结构的语句有 if 语句和 switch 语句等，能够实现单分支结构、双分支结构和多分支结构。一般来说，只要涉及条件处理问题就需要使用选择结构。下面主要通过数的最值、方程根、奖金和运算器等问题介绍如何进行选择结构程序设计。

5.3.1　数的最值问题

数的最值问题是计算机程序设计中经常会遇到的问题，如求两个整数中的最大值或最小值，求 3 个整数中的最大值或最小值以及求 n 个整数中的最大值或最小值。当然，数不仅仅可以是整数，也可以是其他类型数据，如若干字符串、结构体类型的数据等。

1. 问题描述

求 3 个整数中的最大值。

2. 算法分析

根据问题的描述可以得知，此题中涉及 4 个数据，即 3 个整数和最大值。设 3 个整数分别用变量 a、b、c 表示，最大值用变量 max 表示。求最大值 max 的算法模型如下。

首先，置 max 初值为 a。也就是说，当只有一个数据 a 时，最大值 max 就是 a。

然后，将 b 与 max 进行比较。若 b＞max，则 max 的值为 b。至此，得到两个数 a 和 b 的最大值。

最后，将 c 与 max 进行比较。若 c＞max，则 max 的值为 c。至此，得到 3 个数 a、b 和 c 的最大值。

3. 源程序的编写步骤

（1）输入 3 个整数 a、b、c——用 scanf 函数。

（2）分别用 if 语句的单分支结构实现 b 与 max、c 与 max 的比较。

（3）输出最大值 max——用 printf 函数。

4. 源程序

```
1   /* 数的最值问题.c */
2   #include < stdio. h>
3   int main(void)
4   {
5       int a,b,c,max;
6       scanf(" % d % d % d",&a,&b,&c);
7       max = a;
8       if (max < b) max = b;
9       if (max < c) max = c;
10      printf(" % d\n",max);
11      return 0;
12  }
```

程序运行结果如下。

```
35 20 60 ↙
60
```

【举一反三】

(1) 求 3 个整数中的最小值。要求用多种方法完成。

(2) 求 4 个整数中的最小值。要求用三条 if-else 语句完成。

(3) 将 4 个整数按照从小到大的顺序输出。

5.3.2　方程根问题

1. 问题描述

设方程为 $ax^2+bx+c=0$,其中 a、b 和 c 为方程的系数。要求输入该方程的 3 个系数并计算输出该方程的根。

2. 算法分析

根据问题的描述,了解该问题中涉及的数据主要有 3 个系数,分别用变量 a、b 和 c 表示,一个判别式用变量 beta 表示,两个根用变量 x1 和 x2 表示。方程的根是哪一种情况,取决于系数 a 和 b 以及根的判别式。若是一元二次方程,则根有 3 种情况:两个相等实根、两个不相等实根和两个虚根。若不是一元二次方程,则根的情况又由系数 b 来确定,若 b≠0则有一个根,否则无解。

根据以上分析,建立的算法模型如下。

根据输入的系数 a 是否为 0 来确定是否为一元二次方程。

(1) 若是一元二次方程,则根据 beta 与 0 的关系确定方程根的情况,共有 3 种情况,它们分别是:当 beta=0 时,有两个相等实根,这两个实根为 x1=x2=−b/2a;当 beta>0 时,有两个不相等实根,这两个实根分别是为 $x1=\dfrac{-b+\sqrt{b^2-4ac}}{2a}$,$x2=\dfrac{-b-\sqrt{b^2-4ac}}{2a}$;当 beta<0 时,有两个不相等的虚根,这两个虚根分别是为 $x1=\dfrac{-b+\sqrt{|b^2-4ac|}\,i}{2a}$,$x2=\dfrac{-b-\sqrt{|b^2-4ac|}\,i}{2a}$。通过此分析,实际上也可以分为两种情况,beta≥0 和 beta<0。第一种情况的根是实根,直接求出和输出;第二种情况的根是虚根,虚根由实部和虚部两部分组成。因此,在求虚根时,要分别求出实部和虚部,实部用 m 表示,$m=\dfrac{-b}{2a}$,虚部用 n 表示,$n=\dfrac{\sqrt{|b^2-4ac|}}{2a}$,这两个虚根用 x1 和 x2 表示,分别是 x1=m+ni,x2=m−ni。在输出虚根时要分别输出实部和虚部,这两部分之间需要用符号"+"或"−"连接,且虚部后面带一个字母 i。

(2) 若不是一元二次方程,方程根的情况又有两种:若 b≠0 则有一个根,否则无解。

3. 源程序的编写步骤

(1) 输入 3 个系数 a、b、c——用 scanf 函数。

(2) a!=0 时,该方程为一元二次方程,求根的判别式 beta,beta=b^2-4ac,其根的情况如下所述。

① 求实根并输出。代码为：

```
if(beta > = 0)
  if(beta > 0)
  {
   x1 = ( - b + sqrt(beta))/(2 * a);
   x2 = ( - b - sqrt(beta))/(2 * a);
   printf("x1 = % .2f,x2 = % .2f\n",x1,x2);
  }
 else
 {
   x = - b/(2 * a);
   printf("x1 = x2 = % .2f\n",x2);
 }
```

② 求虚根并输出。代码为：

```
if(beta < 0)
{
  m = - b/(2 * a);
  n = sqrt(fabs(beta))/(2 * a);
  printf("x1 = % .2f + % .2fi,x2 = % .2f - % .2fi\n",m,n,m,n);
}
```

（3）当 a＝＝0 时,该方程为一元一次方程,其根的情况如下所述。

```
if(b!= 0) printf(" % .2f\n", - c/b);
     else   printf("无解\n");
```

4. 源程序

```
1  /* 方程根问题.c */
2  # include < stdio. h >
3  # include < math. h >
4  int main()
5  {
6   int a,b,c;
7   float beta,x1,x2,m,n;
8   scanf(" % d % d % d",&a,&b,&c);        /* 输入 3 个系数 a、b、c */
9   beta = b * b - 4 * a * c;              /* 求根的判别式 beta */
10  if(a!= 0)                              /* a!= 0, 一元二次方程 */
11    if(beta > = 0)                       /* beta > = 0 */
12      if(beta > 0)                       /* beta > 0,有两个不等的实根 x1、x2 */
13      {
14       x1 = ( - b + sqrt(beta))/(2 * a);
15       x2 = ( - b - sqrt(beta))/(2 * a);
16       printf("x1 = % .2f,x2 = % .2f\n",x1,x2);
17      }
18      else                               /* beta = 0,有两个相等的实根 x1、x2 */
19        {
20         x1 = x2 = - b/(2 * a);
21         printf("x1 = x2 = % .2f\n",x2);
22        }
23    else                                 /* beta < 0,有两个虚根 x1、x2 */
24    {
25       m = - b/(2 * a);
26       n = sqrt(fabs(beta))/(2 * a);
```

```
27          printf("x1 = % .2f + % .2fi,x2 = % .2f - % .2fi\n",m, n,m,n);
28      }
29  else            /* a==0，一元一次方程 */
30      if(b!= 0) printf(" % .2f\n", -(float)c/b);
31          else printf("无解\n");
32  return 0;
33  }
```

程序在不同情况下的运行结果如下(共执行 5 次)。

```
3 4 5↙
x1 = 0.00 + 1.11i,x2 = 0.00 - 1.11i
5 7 2↙
x1 = -0.40,x2 = -1.00
2 8 8↙
x1 = x2 = -2.00
0 0 2↙
无解
0 1 3↙
-3.00
```

【举一反三】

(1) 输入三条线段的长度,判断是否能组成一个三角形,如能则求该三角形的面积。

(2) 输入三条线段的长度,判定它们能否构成一个三角形。如果能构成三角形,则打印它们所构成三角形的名称,包括等边、等腰、直角或任意三角形。

5.3.3　奖金问题

1. 问题描述

某车间按工人加工零件的数量发放奖金,奖金分为 5 个等级:每月加工零件数 $n < 1000$ 者奖金为 100 元;$1000 \leqslant n < 1100$ 者奖金为 300 元;$1100 \leqslant n < 1200$ 者奖金为 500 元;$1200 \leqslant n < 1300$ 者奖金为 700 元;$n \geqslant 1300$ 者奖金为 900 元,如表 5-3 所示。从键盘输入 2 人加工零件数量,显示应发奖金数。

表 5-3　问题描述列表

加工零件数 n	奖金/元
$n < 1000$	100
$1000 \leqslant n < 1100$	300
$1100 \leqslant n < 1200$	500
$1200 \leqslant n < 1300$	700
$n \geqslant 1300$	900

2. 算法分析

根据问题描述,该问题中涉及的数据主要有:加工零件数用变量 n 表示,奖金数用变量 p 表示,问题程序的实现需要使用选择结构语句。若用 if 语句,就需要把条件表达式用关系运算符或逻辑运算符表达出来,但通过观察条件发现,其蕴含着一定的规律。因此,像这种选择结构问题的实现往往使用 switch 语句。

为了使用 switch 语句必须将加工零件数 n 与奖金的关系转换成某些整数与奖金的关

系。分析本题可知,加工零件数都是 100 的整数倍(1000、1100、1200…),因此,将加工零件数 n 整除 100,即缩小为原来的百分之一,则:

n<1000	对应 0、1、2、3、4、5、6、7、8、9
1000≤n<1100	对应 10
1100≤n<1200	对应 11
1200≤n<13000	对应 12
1300≤n	对应 13、14、15…

根据以上分析,建立的算法模型如下:

```
switch(n/100)                              /*开关语句 switch*/
{
 case 0: case 1: case 2: case 3: case 4: case 5:
 case 6: case 7: case 8: case 9: p=100;break;   /*当 n<1000 时,奖金 p=100*/
 case 10: p=300;break;                          /*当 1000≤n<1100 时,奖金 p=300*/
 case 11: p=500;break;                          /*当 1100≤n<1200 时,奖金 p=500*/
 case 12: p=700;break;                          /*当 1200≤n<13000 时,奖金 p=700*/
 default: p=900;                                /*当 1300≤n 时,奖金 p=900*/
 }
```

3. 源程序的编写步骤

(1) 输入工人加工零件的数量 n——用 scanf 函数。

(2) 将加工零件数 n 除以 100,得到一个值为 t,t=n/100。

(3) 根据算法分析的规则,用 switch 语句,根据 t 值确定工人得到的资金数 p,代码段如下:

```
switch(t)                                  /*开关语句 switch*/
{
 case 0:
 case 1:
 case 2:
 case 3:
 case 4:
 case 5:
 case 6:
 case 7:
 case 8:
 case 9: p=100;break;                       /*当 t<10 时,奖金 p=100*/
 case 10: p=300;break;                      /*当 t=10 时,奖金 p=300*/
 case 11: p=500;break;                      /*当 t=11 时,奖金 p=500*/
 case 12: p=700;break;                      /*当 t=12 时,奖金 p=700*/
 default: p=900;                            /*当 t>=13 时,奖金 p=900*/
 }
```

(4) 输出资金 p——用 printf 函数。

4. 源程序

```
1 /*奖金问题.c*/
2 #include<stdio.h>
3 int main(void)
4 {
5    int n,p,t;
6    scanf("%d",&n);                /*输入加工零件数量*/
7    if(n>=0)
```

```
8    {
9        t = n/100;                         /* 将数量缩小为原来的百分之一 */
10       switch(t)                          /* 开关语句 switch */
11       {
12         case 0:
13         case 1:
14         case 2:
15         case 3:
16         case 4:
17         case 5:
18         case 6:
19         case 7:
20         case 8:
21         case 9: p = 100;break;           /* 当 t < 10 时,奖金 p = 100 */
22         case 10: p = 300;break;          /* 当 t = 10 时,奖金 p = 300 */
23         case 11: p = 500;break;          /* 当 t = 11 时,奖金 p = 500 */
24         case 12: p = 700;break;          /* 当 t = 12 时,奖金 p = 700 */
25         default: p = 900;                /* 当 t >= 13 时,奖金 p = 900 */
26       }
27       printf("应发奖金:%d\n",p);          /* 输出奖金 */
28    }
29       else printf("输入有误!\n");
30    return 0;
31 }
```

程序在不同情况下的运行结果如下(共执行 5 次)。

```
5000↙
应发奖金:900
1050↙
应发奖金:300
1105↙
应发奖金:500
1210↙
应发奖金:700
700↙
应发奖金:100
```

【举一反三】

(1) 编写一个程序,输入年份和月份,判断该年是否为闰年,并根据给出的月份判断是什么季节。

(2) 选择输入长方形、圆形以及三角形中的一种,并输入长方形的长宽或圆形的半径或三角形的三条边长,输出其面积。

5.3.4　运算器问题

1. 问题描述

从键盘上输入任意两个数和一个运算符(+、-、*、/),计算其运算的结果并输出。

2. 算法分析

根据问题描述,该问题中涉及的数据主要有:两个操作数用变量 a 和 b 表示,运算符用变量 op 表示,运算结果用变量 result 表示。从问题的描述可以看出,该问题需要根据输入的不同运算符来决定计算结果,因此程序中考虑使用选择结构的 switch 语句来实现这个过程,不同的 case 中对应不同的运算符来进行计算。

根据以上分析,建立的算法模型如下:

```
switch ( op )
 {
  case  '+':   result = a + b;   break;
  case  '-':   result = a - b;   break;
  case  '*':   result = a * b;   break;
  case  '/':   result = a / b;   break;
  default:  printf ("illegal arithmetic lable. \n");
 }
```

其中,在除法运算中,为了保证除数为 0 时不出现错误结果,还要作进一步判断。

另外,如果需要计算器可以重复被使用,则可以定义一个字符变量作为是否结束使用计算器的标志变量,此时需要使用循环结构来实现这个过程。

3. 源程序的编写步骤

(1) 输入两个操作数 a、b 和运算符 op——用 scanf 函数。

(2) 根据运算符 op 进行相应的运算,在进行除法运算时,判别除数是否为 0,若为 0,运算非法,给出相关提示信息。若运算符号不是 +、-、*、/ 则同样是非法的,也给出相应提示信息。此问题实现时,用 tag 作为标志位,判断是否合法。tag=0 时为合法,tag=1 时为非法。代码段如下:

```
switch ( ch )
 {
  case  '+':  result = a + b;   break;
  case  '-':   result = a - b;   break;
  case  '*':  result = a * b;   break;
  case  '/':     if (!b)
                   {
                      printf ("divisor is zero!\n");
                      tag = 1;
                   }
                 else
                    result = a / b;
                 break;
 default:  printf ("illegal arithmetic lable. \n");
         tag = 1;
}
```

(3) 合法情况时,输出运算结果 result,用 if 语句和 printf 函数。

```
if (!tag)
   printf (" %.2f\n", result);
```

4. 源程序

```
1  / * 运算器问题.c * /
2  # include < stdio. h >
3  int main ( )
4  {
5    float a, b;
6    int tag = 0;
7    char op;
8    float result;
```

```
9     scanf (" % f % f", &a, &b);
10    getchar();
11    scanf (" % c", &op);
12    switch ( op )
13    {
14     case '+': result = a + b; break;
15     case '-': result = a - b; break;
16     case '*': result = a * b; break;
17     case '/': if (!b)
18                {
19                   printf ("divisor is zero!\n");
20                   tag = 1;
21                }
22              else
23                 result = a / b;
24              break;
25    default:  printf ("illegal arithmetic lable.\n");
26              tag = 1;
27    }
28    if (!tag)
29       printf (" % .2f\n",result);
30    return 0;
31 }
```

程序在不同情况下的运行结果如下(共执行 6 次)。

```
6.5 7.8↙
-↙
-1.30
6.5 7↙
+↙
13.50
7 8↙
*↙
56.00
7 0↙
/↙
divisor is zero!
6.89 9↙
/↙
0.77
3.5 2.9↙
)↙
illegal arithmetic lable.
```

【举一反三】

有一个函数,定义如下:

$$f(x)=\begin{cases} x^2+x-6 & x<0, x\neq-3 \\ x^2-5x+6 & 0\leqslant x<10, x\neq2, x\neq3 \\ x^2-x-1 & 其他 \end{cases}$$

编写一个程序,输入 x,输出 y。要求分别用 if 和 switch 语句完成。

5.4　本章小结

5.4.1　知识梳理

C 语言程序的执行部分是由语句组成的。程序的功能也是由执行语句实现的。C 语言中的语句分为表达式语句、函数调用语句、复合语句、空语句及控制语句五类。

关系表达式和逻辑表达式是两种重要的表达式，主要用于条件执行的判断和循环执行的判断。

C 语言提供了多种形式的条件语句以构成选择结构：if 语句主要用于单分支选择；if-else 语句主要用于双分支选择；if-else-if 语句和 switch 语句用于多分支选择。

任何一种选择结构都可以用 if 语句来实现，但并非所有的 if 语句都有等价的 switch 语句。switch 语句只能用来实现以相等关系作为判断条件的选择结构。

在调试包含选择结构的程序时，为了保证程序的完备性，必须保证选择结构的各个分支情况都要能正确执行。

本章知识导图如图 5-7 所示。

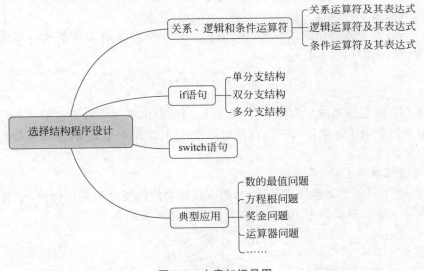

图 5-7　本章知识导图

5.4.2　常见上机问题及解决方法

1. 在关系表达式中误用"＝"来代替"＝＝"

可能由于代数中"＝"表示相等关系，或者在输入时粗心所致，很多程序员使用"＝"号来代替"＝＝"运算符，特别是在 if、while、for 语句中更是常见。例如：

```
if(i = 2)  printf("i is 2");
k = 1;
while(!(k = 10))
{
```

```
        printf("%d",k);
        k++;
        }
```

2. case 语句漏掉 break

初学者在使用 switch 语句时经常会忘记在 case 语句后面增加一条 break 语句。由于没有 break 语句,switch 语句执行后与预想的结果有很大的不同。例如:

```
#include"stdio.h"
int main()
{
    char c;
    c = getch();
    switch(c)
    {
      case 'a': printf("A");
      case 'b': printf("B");
      default: printf("OK");
    }
    return 0;
}
```

上面的程序运行时,由于 switch 语句中没有 break 语句,因而如果输入 'a',会输出 ABOK;如果输入 'b',会输出 BOK,与程序员的设计意图不符。

3. if 语句后多了";"

由于 C 语言的每条语句都以";"结尾,因此有些初学者在输入 if 语句时不经意间也会在 if 语句的()后面增加一个分号,例如:

```
if(k>10);                                    /*多了一个;*/
printf("k>10");
```

程序员本来的意图是当 k 大于 10 时输出 k>10,但由于 if()后面多了一个分号,这时,程序没有错误但表示满足条件时不执行任何操作,运行结果产生异常,表示不管是否满足条件都会输出 k>10。

4. 复合语句漏掉了"{ }"

如果 if、while、for 语句包含多条语句,那么就需要使用复合语句。例如,下面的 if 语句的功能是如果变量 k 的值大于 10,则输出 k 的值并将 k 值减 5。

```
scanf("%d",&k);
if(k>10)
{
  printf("%d",k);
  k -= 5;
}
```

如果 if 语句漏掉了"{}",则程序段的功能便不同了。

```
scanf("%d",&k);
if(k>10)
    printf("%d",k);
k -= 5;
```

上面的程序段中,无论 k 的值是多少,k 的值都会被减 5。

5. 表达式中"()"不配对,复合语句中"{ }"不配对

"()"或"{}"的不配对有时很隐蔽,有时引起的编译错误很奇怪。例如:

```
while((c = getch()!= 27)                        /*漏掉了)*/
    putchar(c);
while((c = getch())!= 27)
{
    c += 26;
    printf("%c",c);
/*漏掉了}*/
```

6. case 后面跟着变量表达式

switch 语句中 case 后面必须是常量表达式,不能是包含有变量的表达式。下面的用法是错误的。

```
char c1,c2;
scanf("%c,%c",&c1,&c2);
switch(c2)
{
 case c1 - 1:                                   /*case 后面跟着变量表达式*/
     printf("c2 = c1 - 1");
     break;
 case c1:                                       /*case 后面跟着变量表达式*/
     printf("c2 = c1");
     break;
case c1 + 1:                                    /*case 后面跟着变量表达式*/
     printf("c2 = c1 + 1");
     break;
}
```

上面程序段的意图是判断输入的两个字符是否相邻或相等,因此不能直接使用 switch 语句,可以使用 if-else 语句,或者利用 switch 语句判断 c2-c1 表达式的值。

7. 两个关系表达式连用

代数中可以这样来表达一种关系:$10<x<100$。但这种表达在 C 语言中便失去了原来的意义。C 语言中两个关系表达式不能连用,只能用"&&"进行连接。即表达 $10<x<100$ 的关系,只能这样来表达:$10<x$&&$x<100$。

但 $10<x<100$ 这个表达式并没有语法错误,编译时并不会出现错误。但含义已经变了,$10<x$ 的值是 1 或 0,再比较 1 或 0 与 100 的大小。

8. 将"= ="、"&&"、"||"误输入为"="、"&"、"|"

如果要比较 a 和 b 是否相等,应该使用关系表达式 a==b,而不能使用 a=b。a=b 表示将 b 的值赋值给 a。

表示 a>b 并且 c>d,应该使用逻辑表达式 a>b&&c>d,而不能使用 a>b&c>d。

表达式 a>b&c>d 的值是这样计算的:先计算 a>b 的值,然后计算 c>d 的值,最后将两个值进行按位与操作。

要表示 a>b 或者 c>d,应使用逻辑表达式 a>b||c>d,而不能使用 a>b|c>d。

表达式 a>b||c>d 的值是这样计算的:先计算 a>b 的值,然后计算 c>d 的值,最后将两个值进行按位或操作。

9. 用!>= 表示不大于或等于

在 C 语言中"!"表示逻辑非,它是单目运算符,即"!"后面只能跟一个表达式。例如,!(a>b)等价于 a<=b,而!0 的值是真,!3 的值是假。

因此,不能这样来表达 a 不大于或等于 b：a！＞＝b。因为！后面没有跟表达式。a 不大于或等于 b 可以这样表示：！(a＞＝b)。

10. "＝＝""！＝""＜＝""＞＝"运算符中多了空格

C 语言中"＝＝""！＝""＜＝""＞＝"运算符由两部分组成的,是一个整体,输入时中间不能有空格,否则就会出现编译错误。例如,这些表达式是非法的：A＝ ＝B,A！ ＝B,A＞ ＝B。

🔑 扩展阅读：程序调试方法和技巧

从这一章开始,编写的程序越来越复杂了,如何保证程序能正确地解决问题呢? 当然首先要保证程序正确,然后就要通过测试问题的各种情况以保证能解决问题。经过这两方面的验证,才是符合问题要求的正确程序。

1. 调试程序技巧

程序编写完成后就要通过编译程序验证是否正确。判断一个程序是否正确可以从两个方面进行：一是看程序是否能够得到结果；二是看程序运行后的结果是否符合用户要求。若一个程序能够正常运行且能够得到用户要求的结果,可以说这个程序基本上完成了某项要求的功能,否则就需要对程序进行调试和修改。通过调试,找到程序中出现错误的地方,进行修改。如此反复,直至程序完全正确为止。

程序调试主要有两种方法,即静态调试和动态调试。程序的静态调试就是在程序编写完以后,由人工"代替"或"模拟"计算机,对程序进行仔细检查,主要检查程序中的语法规则和逻辑结构的正确性。实践表明,有很大一部分错误可以通过静态检查来发现。通过静态调试,可以大大缩短上机调试的时间,提高上机的效率。程序的动态调试就是实际上机调试,它贯穿在编译、连接和运行的整个过程中。根据程序编译、连接和运行时计算机给出的错误信息进行程序调试,这是程序调试中最常用的方法,也是最初步的动态调试。在此基础上,通过"分段隔离""设置断点""跟踪打印"进行程序的调试。实践表明,对于查找某些类型的错误来说,静态调试比动态调试更有效,对于其他类型的错误来说则刚好相反。因此静态调试和动态调试互相补充、相辅相成,缺少其中任何一种方法都会使查找错误的效率降低。

1) 静态调试法

(1) 对程序语法规则进行检查。

① 语句正确性检查。保证程序中每条语句的正确性是编写程序的基本要求。由于程序中包含大量的语句,书写过程中由于疏忽或笔误,语句写错在所难免。对程序语句的检查应注意以下几点。

- 检查每条语句的书写是否有字符遗漏,包括必要的空格符是否都有。
- 检查形体相近的字符是否书写正确。例如字母 o 和数字 0,书写时要有明显的分别。
- 检查函数调用时形参和实参的类型、个数是否相同。

② 语法正确性检查。每种计算机语言都有自己的语法规则,书写程序时必须遵守一定的语法规则,否则编译时程序将给出错误信息。

- 语句的配对检查。许多语句都配对出现,不能只写半条语句。另外,语句有多重括号时,每个括号也都应成对出现,不能缺左少右。

- 注意检查语句顺序。有些语句不仅句法本身要正确,而且语句在程序中的位置也必须正确。例如,变量定义要放在所有可执行语句之前。

(2) 检查程序的逻辑结构。

① 检查程序中各变量的初值和初值的位置是否正确。我们经常遇到的"累加"和"累乘",其初值和位置都非常重要。用于累加的变量应取 0 初值或给定的初值,用于累乘的变量应赋初值 1 或给定的值。因为累加或累乘都通过循环结构来实现,因此这些变量赋初值语句应在循环体之外。对于多重循环结构,内循环体中的变量赋初值语句应在内循环之外;外循环体中的变量赋初值语句应在外循环之外。如果赋初值的位置放错了,那么将得不到预想的结果。

② 检查程序中分支结构是否正确。程序中的分支结构都是根据给定的条件来决定执行不同的路径,因此在设置各条路径的条件时一定要谨慎。在设置"大于"和"小于"这些条件时,一定要仔细考虑是否应该包括"等于"这个条件,更不能把条件写反。尤其要注意的是,实型数据在运算过程中会产生误差,如果用"等于"或"不等于"对实数的运算结果进行比较,则会因为误差而产生误判断,路径选择也就错了。因此在遇到要将判断实数 a 与 b 相等与否作为条件来选择路径时,应该把条件写成 if(fabs(a−b)<=1e−6),而不应该写成 if(a==b)。要特别注意条件语句嵌套时,if 和 else 的配对关系。

③ 检查程序中循环结构的循环次数和循环嵌套的正确性。C 语言中可用 for 循环、while 循环、do-while 循环。在给定循环条件时,不仅要考虑循环变量的初始条件,还要考虑循环变量的变化规律、循环变量变化的时间,任何一条变化都会引起循环次数的变化。

④ 检查表达式的合理与否。程序中不仅要保证表达式的正确性,而且还要保证表达式的合理性。尤其要注意表达式运算中的溢出问题,运算数值可能超出整数范围就不应该采用整型运算,否则必然导致运算结果的错误。两个相近的数不能相减,以免产生"下溢"。更要避免在一个分式的分母运算中发生"下溢",因为编译系统常把下溢做零处理。因此分母中出现下溢时要产生"被零除"的错误。由于表达式不合理而引起的程序运行错误往往很难查找,会增加程序调试的难度。因此,认真检查表达式的合理性,可以减少程序运行的错误,提高程序的动态调试效率。

2) 动态调试法

在静态调试中可以发现和改正很多错误,但由于静态调试的特点,一些比较隐蔽的错误还不能检查出来。只有上机进行动态调试,才能够找到这些错误并改正它们。

(1) 编译过程中的调试。

编译过程除了将源程序翻译成目标程序外,还要对源程序进行语法检查。如果发现源程序有语法错误,系统将显示错误信息。用户可以根据这些提示信息查找出错误性质,并在程序中对出错之处进行相应的修改。有时我们会发现编译时有几行的错误信息都是一样的,检查这些行本身时并没有发现错误,这时要仔细检查与这些行有关的名字、表达式是否有问题。例如,因为程序中的数组说明语句有错,这时那些与该数组有关的程序行都会被编译系统检查出错。这种情况下,用户只要仔细分析一下,修改了数组说明语句的错误,许多错误就没有了。对于编译阶段的调试,要充分利用给出的错误信息,对它们进行仔细地分析判断。只要不断积累并总结经验,使程序通过编译是不难做到的。

(2) 连接过程的调试。

编译通过后要进行连接。连接的过程也有查错的功能,它将指出外部调用、函数之间的联系及存储区设置等方面的错误。如果连接时有这类错误,编译系统也会给出错误信息,用户要对这些信息仔细判断,从而找出程序中的问题并改正。连接时较常见的错误有以下几类。

① 某个外部调用有错。通常系统明确提示了外部调用的名字,只要仔细检查各模块中与该名有关的语句,就不难发现错误。

② 找不到某个库函数或某个库文件。这类错误是由于库函数名写错、疏忽了某个库文件的连接等引起。

③ 某些模块的参数超过系统的限制。如模块的大小、库文件的个数超出要求等。

引起连接错误的原因很多,而且很隐蔽,给出的错误信息也不如编译时给出的直接、具体。因此,连接时的错误要比编译错误更难查找,需要仔细分析判断,而且对系统的限制和要求要有所了解。

(3) 运行过程中的调试。

运行过程中的调试是动态调试的最后一个阶段。这一阶段的错误大体可分为以下两类。

① 运行程序时给出出错信息。运行时出错多与数据的输入、输出格式有关,以及与文件的操作有关。如果给出的数据格式有错,这时要对有关的输入输出数据格式进行检查,一般较容易发现错误。如果程序中的输入输出函数较多,则可以在中间插入调试语句,采取分段隔离的方法,很快就可以确定错误的位置了。如果文件操作有误,也可以针对程序中的有关文件的操作采取类似的方法进行检查。

② 运行结果不正常或不正确。这种错误可能与数据的输出格式或算法有关。

2. 调试分支程序技巧

(1) 验证分支结构程序的正确性,在调试程序时必须保证使条件为真和条件为假时的数据都要被输入一次,包括边界条件。

(2) 在 if 语句的定义格式中,不管在哪种情况中,要执行的语句末尾都有一个分号。C 语言规定,每一条语句都以分号结束,不能省略。这一点与其他高级语言有所区别。

习题 5

1. 选择题

(1) 有以下程序:

```c
#include"stdio.h"
int main(void)
{
    int a = 3,b = 4,c = 5,d = 2;
    if(a > b)
      if(b > c)
            printf(" % d",d++ + 1);
        else
            printf(" % d",++d + 1);
    printf(" % d\n",d);
```

```
return 0;
}
```

程序运行后的输出结果是(　　)。

　　A. 2　　　　　　　B. 3　　　　　　　C. 43　　　　　　　D. 44

(2)

```
# include "stdio. h"
int main()
{
  int x,y;
  scanf(" % d",&x);
  y = 0;
  if (x > = 0)
    {if (x > 0) y = 1;}
  else y = - 1;
  printf (" % d",y);
  return 0;}
```

当从键盘输入 32 时,程序的输出结果为(　　)。

　　A. 0　　　　　　　B. −1　　　　　　　C. 1　　　　　　　D. 不确定值

(3) 下列条件语句中,功能与其他语句不同的是(　　)。

　　A. if(a) printf("%d\n",x); else printf("%d\n",y);

　　B. if(a==0) printf("%d\n",y); else printf("%d\n",x);

　　C. if (a! =0) printf("%d\n",x); else printf("%d\n",y);

　　D. if(a==0) printf("%d\n",x); else printf("%d\n",y);

(4) 以下程序段中与语句"k=a>b? (b>c?1:0):0;"功能等价的是(　　)。

　　A. if((a>b) &&(b>c)) k = 1　　　　B. if((a>b) ||(b>c)) k = 1;
　　　　else k = 0;　　　　　　　　　　　　　　else k = 0;

　　C. if(a< = b) k = 0;　　　　　　　　D. if(a>b) k = 1;
　　　　else if(b< = c) k = 1;　　　　　　　else if(b>c) k = 1;
　　　　　　　　　　　　　　　　　　　　　　　　else k = 0;

(5) 有定义语句"int a=1,b=2,c=3,x;",则以下选项中各程序段执行后,x 的值不为
3 的是(　　)。

　　A. if (c<a) x = 1;　　　　　　　　B. if(a<3) x = 3;
　　　　　else if (b<a) x = 2;　　　　　　　　else if (a<2) x = 2;
　　　　　　　else x = 3;　　　　　　　　　　　　　else x = 1;

　　C. if (a<3) x = 3;　　　　　　　　D. if(a<b) x = b;
　　　　if (a<2) x = 2;　　　　　　　　　if (b<c) x = c;
　　　　if (a<1) x = 1;　　　　　　　　　if (c<a) x = a;

(6) 有以下程序:

```
# include"stdio. h"
int main(void)
{  int i = 1,j = 1,k = 2;
   if((j++ || k++)&&i++) printf(" % d, % d, % d\n",i,j,k);
   return 0;
}
```

执行后输出的结果是(　　)。

　　A. 1,1,2　　　　B. 2,2,1　　　　C. 2,2,2　　　　D. 2,2,3

(7) 已有定义"int x＝3,y＝4,z＝5;",则表达式"!(x＋y)＋z－1 && y＋z/2"的值是
(　　)。

　　A. 6　　　　　　　B. 0　　　　　　　C. 2　　　　　　　D. 1

(8) 有以下程序:

```
# include"stdio. h"
int main(void)
{   int a = 15,b = 21,m = 0;
    switch(a % 3)
    { case 0:m++;break;
      case 1:m++;
    switch(b % 2)
      { default:m++;
        case 0:m++;break;
      }
    }
    printf(" % d\n",m);
    return 0;
}
```

程序运行后的输出结果是(　　)。

　　A. 1　　　　　　　B. 2　　　　　　　C. 3　　　　　　　D. 4

(9) 设 a、b、c、d、m、n 均为 int 型变量,且 a＝5、b＝6、c＝7、d＝8、m＝2、n＝2,则逻辑表达式(m＝a＞b)&&(n＝c＞d)运算后,n 的值位为(　　)。

　　A. 0　　　　　　　B. 1　　　　　　　C. 2　　　　　　　D. 3

(10) 能正确表示逻辑关系"a≥10 或 a≤0"的 C 语言表达式是(　　)。

　　A. a＞＝10 or a＜＝0　　　　　　　B. a＞＝0|a＜＝10

　　C. a＞＝10 && a＜＝0　　　　　　　D. a＞＝10 ‖ a＜＝0

(11) 两次运行下面的程序,如果从键盘上分别输入 6 和 4,则输出结果是(　　)。

```
# include < stdio. h>
int  main()
{
   int x;
   scanf(" % d",&x);
   if(x++> 5) printf(" % d",x);
    else printf(" % d\n",x-- );
   return 0;
}
```

　　A. 7 5　　　　　B. 6 3　　　　　C. 7 4　　　　　D. 6 4

(12) 以下程序的输出结果是(　　)。

```
# include < stdio. h>
int main()
{   int a = - 1,b = 4,k;
    k = (++a < 0)&&(b-- < = 0);
    printf(" % d % d % d\n",k,a,b);
    return 0;
}
```

　　A. 104　　　　　　B. 003　　　　　　C. 103　　　　　　D. 004

（13）能正确表示 a≥10 并且 a≤0 的关系表达式是（　　）。

　　　A. a>=10 or a<=0　　　　　　　B. a>=10 | a<=0

　　　C. a>=10 && a<=0　　　　　　　D. a>=10 || a<=0

（14）假定所有变量均已正确说明，下列程序段运行后 x 的值是（　　）。

```
a = b = c = 0;x = 35;
if(!a)x -- ;
  else if(b);
if(c)x = 3;
  else x = 4;
```

　　　A. 34　　　　　　B. 4　　　　　　C. 35　　　　　　D. 3

（15）数学表达式 X≤Y≤Z 所对应的 C 语言表达式为（　　）。

　　　A. (X<=Y)&&(Y<=Z)　　　　　B. (X<=Y)and(Y<=Z)

　　　C. (X<=Y<=Z)　　　　　　　　D. (X<=Y)&(Y<=Z)

（16）如下程序的输出结果为（　　）。

```
# include < stdio. h>
int main()
{ int a,b,c = 246;
  a = c/100 % 9;
  b = ( -1)&&( -1);
  printf(" % d, % d\n",a,b);
  return 0;
}
```

　　　A. 2,1　　　　　B. 3,2　　　　　C. 4,3　　　　　D. 2,-1

（17）以下程序的输出结果是（　　）。

```
# include < stdio. h>
int main()
{ int a = - 1,b = 1,k;
   if( (++a < 0)&&!(b -- <= 0))
       printf(" % d % d\n",a,b);
    else
       printf(" % d % d\n",b,a);
   return 0;
}
```

　　　A. -1 1　　　　B. 0 1　　　　C. 1 0　　　　D. 0 0

（18）下列关于 switch 语句和 break 语句的结论中，正确的是（　　）。

　　　A. break 语句是 switch 语句中的一部分

　　　B. 在 switch 语句中必须使用 break 语句

　　　C. 在 switch 语句中可根据需要使用或不使用 break 语句

　　　D. break 语句只能用于 switch 语句中

（19）为避免在嵌套的条件语句 if-else 中产生二义性，C 语言规定：else 子句总是与（　　）相配对。

　　　A. 缩排位相同的 if　　　　　　B. 其之前最近的 if

　　　C. 其之后最近的 if　　　　　　D. 同一行上的 if

(20) 有说明语句"int a＝1,b＝0;",则执行下列语句后,输出为(　　　　)。

```
switch(a)
{   case 1:
        switch(b)
        {
         case 0: printf(" ** 0 ** ");break;
         case 1: printf(" ** 1 ** ");break;
         }
     case 2: printf(" ** 2 ** "); break; }
```

A. ** 0 **
B. ** 0 **** 2 **
C. ** 0 **** 1 **** 2 **
D. 有语法错误

2. 阅读程序题,写出以下程序的执行结果。

(1)

```
# include "stdio. h"
int main()
{
    int   score;
    score = 6;
    switch(score)
    {      case    1:     printf("Monday!");
           case    2:     printf("Tuesday!");
           case    3:     printf("Wednesday!");
           case    4:     printf("Thursday!");
           case    5:     printf("Friday!");
           case    6:     printf("Saturday!");
           case    7:     printf("Sunday!");
           default    :      printf("data error!");
    }
    return 0;
}
```

(2)

```
# include"stdio. h"
int main()
{
    int    m = 5;
    if(m++> 5)   printf(" % d\n",m);
         else   printf(" % d\n",m- - );
    return 0;
}
```

(3)

```
# include"stdio. h"
int main()
{    int     x = 1,a = 0,b = 0;
     switch(x){
       case 0:    b++;
       case 1:    a++
       case 2:    a++;b++
       }
     printf("a = % d,b = % d\n",a,b);
     return 0;
}
```

(4) 输入值分别为 90、80、70、60、50。

```c
# include < stdio. h >
int main( )
{
    int score, s;
    char grade;
    printf("please input score(0 - 100)\n");
    scanf(" % d", &score);
    s = score/10;
    switch(s)
    {
        case 10 :
        case 9 : grade = 'A';
        case 8 : grade = 'B'; break;
        case 7 : grade = 'C'; break;
        case 6 : grade = 'C';
        default : grade = 'D'; break;
    }
    printf(" % c", grade);
    return 0;
}
```

(5) 输入值分别为 'm', 'n', 'k'。

```c
# include < stdio. h >
int   main( )
{   char ch;
    printf("Enter   ch:   ");
    scanf(" % c", &ch);
    switch(ch)
    {
        case 'm' : printf("Good morning !\n");          break;
        case 'n' : printf("Good night!\n ");            break;
        default : printf("I can not understand!\n"); break;
    }
    printf("All right!\n");
    return   0;
}
```

(6)

```c
# include < stdio. h >
int   main( )
{
    int a, b;
    a = b = 5;
    if(a == 1)
     if(b == 5)
       {a += b;
        printf("a = % d\n ", a);
       }
      else
       {a -= b;
        printf("a = % d\n", a);
       }
    printf("a + b = % d", a + b);
    return 0;
}
```

3. 程序设计题

(1) **求最小值**。输入两个整型数据,输出最小数。

(2) **数的排序**。输入 3 个整数 x、y、z,把这 3 个数由小到大输出。

(3) **天数统计**。输入某年某月某日,判断这一天是这一年的第几天。

(4) **奖金计算**。企业发放的奖金根据利润提成。利润(i)低于或等于 10 万元时,奖金可提 10%;利润高于 10 万元、低于 20 万元时,低于 10 万元的部分按 10%提成,高于 10 万元的部分,可提成 7.5%;利润在 20 万到 40 万元之间时,高于 20 万元的部分,可提成 5%;利润在 40 万到 60 万元之间时,高于 40 万元的部分,可提成 3%;利润在 60 万到 100 万元之间时,高于 60 万元的部分,可提成 1.5%;利润高于 100 万元时,超过 100 万元的部分按 1%提成。从键盘输入当月利润 i,求应发放奖金总数。

(5) **函数值的计算**。分段函数值如下,输入 x 的值,输出 y 的值。

$$y = \begin{cases} 0 & (x<0) \\ x & (0 \leqslant x < 5) \\ 5 & (5 \leqslant x \leqslant 10) \\ 2x-5 & (x>10) \end{cases}$$

(6) **计算器**。输入两个整型数据和一个运算符,根据输入的运算符求这两个数的运算结果。如输入"+",则求这两个数的和。

(7) **解方程**。编写程序,解一元一次方程 ax+b=0。

(8) **闰年判断**。编写程序,判断 2000 年、2008 年、2100 年是否为闰年。

(9) **整数位数统计与拆分**。有一个不多于 5 位的正整数,求它的位数和每位数字。

(10) **数字转换成英文名称**。编写程序,将输入的数字(0~6)转换成对应的星期英文名称输出。

第6章

循环结构程序设计

CHAPTER **6**

◇ **学习导读**

在生活中经常需要有规律性地去重复某些操作。如：早饭、午饭和晚饭一日三餐，每天都是按照这样的顺序循环。又如太阳东升西落，每天早上从东边升起，晚上从西边落下，每天都循环着。这些都属于一种循环现象，存在着时间上的周期性规律，每一天都周而复始地出现着。这样的例子还有很多，如春夏秋冬四季的变换等，每周从周一到周日和钟表中秒针、分针和时针的旋转轨迹等都是一种循环现象。这就是周而复始的循环之道。

这种有规律性地去重复某些操作在计算机程序中就体现为某些语句的重复执行，称为循环结构。循环结构是结构化程序设计所采用的 3 种基本控制结构之一。计算机可以不知疲倦地重复执行循环结构，从而完成大量的工作。循环结构和已经学过的选择结构一样，几乎使用在所有的 C 语言程序中。

本章介绍 C 语言循环结构程序设计的方法，以及 C 语言提供的实现循环结构的 3 条语句的使用方法，并通过程序实例介绍循环结构以及编写循环结构程序的方法。

◇ **内容导学**

（1）循环结构的含义。

（2）3 种循环语句的使用方法。

（3）break 和 continue 语句的功能和使用方法。

（4）不同循环结构的选择及转换方法。

（5）多重循环结构的设计方法。

（6）编写循环结构问题的程序。

◇ **育人目标**

《论语》的"温故而知新，可以为师矣"意为：在温习旧知识时，能有新体会、新发现,就可以当老师——学习是一个不断迭代发现的过程。

"好好学习,天天向上",其本质也是一种循环现象。可是,能坚持下来的人不多,正所谓:成功路上并不拥挤,因为坚持的人不多。这到底是为什么呢？在实际操作中总会让人疑惑,我每天努力少一点点,难道真的存在差距吗？那么,就先让计算机算一下吧！$0.99^{365}=0.03,1.01^{365}=37.78,0.99$ 和 1.01 就差那么一点点,但如果经过 365 天,结果却大相径庭。可见,每天进步一点点,日积月累,定能量变产生质变。

🔑 6.1　循环结构程序设计语句

本节主要讨论以下问题。

(1) 循环控制方式有哪几种？在 C 语言中如何实现这样的循环控制？

(2) for 语句有哪些形式？其功能、格式、执行过程如何？在使用过程中应该注意哪些问题？

(3) while 语句的功能、格式、执行过程如何？在使用过程中应该注意哪些问题？

(4) do-while 语句的功能、格式、执行过程如何？在使用过程中应该注意哪些问题？

结构化程序设计的基本结构有顺序结构、选择结构和循环结构。顺序结构是指程序中的语句依次执行,选择结构是指程序中的语句根据是否符合条件来决定是否执行。在使用程序解决问题时,有时仅有顺序结构和选择结构还不能够解决问题。在一些问题中,经常要涉及某个操作要执行多次,这就要用循环结构。循环结构就是用来处理需要重复处理的问题,因此又称重复结构。设计循环结构需要 3 个要素:循环控制变量、循环体和循环条件。其中,循环控制变量包含对循环控制变量的初始化和循环控制变量的变化。重复地执行的这组指令或程序段称为循环体,控制这个循环体重复的次数的变量称为循环控制变量。

若循环被重复执行的次数是事先确定的,即可以通过循环的次数来控制循环,这样的循环称为计数控制的循环或者确定性循环。若循环的次数是未知的,即只能通过给定的循环条件来控制循环,则这样的循环称为条件控制的循环或者不确定循环。C 语言提供了多种循环语句,可以组成各种不同形式的循环结构,实现循环结构的语句有:if-goto 语句、for 语句、while 语句和 do-while 语句,以及 break 语句、continue 语句。下面将从语句的格式、功能、执行和使用等方面详细介绍实现循环结构的各条语句。

6.1.1　for 语句

for 语句是循环控制结构中使用最为广泛的一种循环控制语句,特别适合已知循环次数的情况。它的一般格式如下:

for(表达式 1;表达式 2;表达式 3)
　　　　　　语句;

该语句的功能是:当表达式 2 的值为非零时,重复执行语句。格式中各个参数的含义如下。

- for 语句后面的括号"( )"不能省略。
- 表达式 1:循环控制变量初始化,用于进入循环体前为循环变量赋初值。它决定了

视频讲解

循环的起始条件,仅在循环开始时执行一次。由算术、赋值、逻辑或逗号表达式构成。

- 表达式 2:循环控制表达式,用于控制循环继续而非结束的条件。由关系表达式或逻辑表达式或其他合法表达式构成。
- 表达式 3:修改循环变量的表达式,即每循环一次使得循环变量的值就要更新一次。由算术、赋值、逻辑或逗号表达式构成。
- 表达式之间必须用分号分隔,表达式可以省略但分号不能省略。
- 语句部分称为循环体,若循环体由多条语句构成,则要使用大括号"{ }"构成复合语句。

其执行过程描述为:首先求解表达式 1 的值;然后判断表达式 2 是否为真,若为真,则执行循环体语句;然后求解表达式 3 的值。接下来继续判断表达式 2 是否为真,若为真,则执行循环体语句以及求解表达式 3 的值。不断重复以上过程,直到表达式 2 的值为假,结束执行循环体语句。其执行过程如图 6-1 所示。

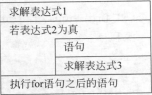

求解表达式1
若表达式2为真
语句
求解表达式3
执行for语句之后的语句

图 6-1　for 语句的 N-S 图

程序设计语言在实现循环结构过程中,一般要有能够结束循环的条件。实质上,一个完整的循环结构都包含 4 部分:循环变量的初始化、循环条件、循环体和循环变量的变化。当循环条件为真时执行循环体,否则退出循环。当循环条件永为真时,则循环永远不会停止,故称无休止循环,也称为永真循环或死循环。

【例 6-1】 求表达式 $1+2+3+4+5+\cdots+100$ 的值。

算法分析:

这是一个加法问题,进行加法的次数为 100 次,每次加的过程如下。

```
int s = 0;
          s = s + 1;
          s = s + 2;
          s = s + 3;
          …
          s = s + 100;
          printf ("s = %d", s);
```

称这类问题为累加问题。可以看出,语句条数过多,如果要求解 1～1000 的累加和呢?但观察发现,加法运算中加数在不断地发生变化,可以统一表达成"s=s+k;"(k 从 1 依次变化到 100),像这种重复去执行一种操作的结构称为循环结构。下面为伪语言算法描述。

```
s1:   sum = 0;k = 1;
s2:   sum = sum + k;
s3:   k++;
s4:   if  k <= 100 then   goto  s2;
s5:   print  sum;
```

通过分析,建立的循环结构模型如下。

(1)初始化部分。建立循环首次执行所必须的条件。即本算法过程中的"sum=0;k=1;"。

(2)循环体部分。需要重复执行的操作。即本算法过程中的"sum=sum+k;"。

(3)循环变量的变化。修改控制循环次数的变量,使之逐渐趋于结束,即本算法过程中的"k++;"。

(4) 循环条件。当满足循环条件时,执行循环,否则结束循环,即本算法过程中的"if k<=100 then goto s2;"中的"k<=100"。

源程序的编写步骤:

根据上述分析过程,本题中涉及的数据有累加的变量 k 和存放累加和的变量 sum。同时,源程序的编写步骤如下。

(1) 定义变量 k、sum 并赋初值。

(2) 使用 for 语句描述该算法过程。

for(k=1;k<=100;k++) sum=sum+k;

(3) 输出 sum,用 printf 函数。

源程序:

```
1   /* 6-1.c */
2   #include<stdio.h>
3   int main( )
4   {
5       int sum, k;
6       sum = 0;
7       for(k=1; k<=100; k++)
8           sum += k;
9       printf("sum = %d\n", sum);
10      return 0;
11  }
```

程序运行结果如下。

sum=5050

【拓展思考】

程序中是求 100 个连续整数的和,如果只需要将这 100 个数中符合条件的数进行相加,如能被 3 整除,如何改进程序?

【例 6-2】 输入 10 名学生"C 语言程序设计"课程的成绩,统计及格学生的人数。

算法分析:

本例中的操作是需要输入 10 名学生的成绩且需要判断是否及格,即一个不断输入并判断的重复过程,且次数确定。因此,使用 for 语句实现此循环结构。

通过描述,该问题涉及的数据有重复次数变量 i,其值从 1 到 10;成绩变量为 score;及格学生的人数统计变量为 num,其初值为 0。用伪语言算法描述其不断输入和判断的过程如下所述。

```
s1:  num = 0;i = 1;
s2:  输入 score;
s3:  若 score >= 60,则 num++;
s4:  i++;
s5:  if  i <= 10 then  goto  s2;
s6:  print  sum;
```

通过分析,建立的循环结构模型是:

表达式 1(循环控制变量的初始值):i=1;
表达式 2(循环条件):i<=10

表达式 3(循环控制变量的变化规律):i++;
语句(循环体):输入 score;若 score>=60,则 num++;

源程序的编写步骤:

(1) 定义变量 k、score、num 并赋初值。

(2) 使用 for 语句描述该算法过程。

```
for(i=1;i<=10;i++)
{
    scanf("%f",&score);
    if(score>=60) num++;
}
```

(3) 输出 num,用 printf 函数。

源程序:

```
1   /* 6-2.c */
2   #include<stdio.h>
3   int main()
4   {
5       float score;
6       int i, num=0;
7       for(i=1;i<=10;i++)
8       {
9           scanf("%f",&score);
10          if(score>=60) num++;
11      }
12      printf("%d\n",num);
13      return 0;
14  }
```

程序运行结果如下。

```
60 50 87 58 69 90 30 57 60 40 ↙
5
```

【拓展思考】

程序中是求 10 个成绩中及格学生的人数,如果条件换成优秀、良好,该如何改进程序?
或者需要在输出人数时把输入的成绩输出呢?

6.1.2 while 语句

while 语句是当型循环控制语句。它的一般格式如下:

```
while(表达式)
    语句;
```

该语句的功能是当表达式为非 0 值时,执行 while 中的语句。格式中各个参数的含义如下。

- while 后面的括号"()"不能省。
- 表达式:循环控制表达式,用于控制循环体语句的执行次数,由关系表达式或逻辑表达式或其他合法表达式构成。
- 语句部分称为循环体,若循环体由多条语句构成,则要使用大括号"{}"构成复合语句。

其执行过程描述为:首先计算表达式的值,当表达式为真(非 0)时,执行循环体内的语

视频讲解

句,然后继续判断表达式是否为真,如果为真,继续执行循环体内的语句,如此循环反复,直到当表达式值为假时结束执行循环体内的语句,如图 6-2 所示。

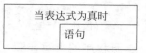

图 6-2　while 语句的 N-S 图

【例 6-3】　求两个正整数的最大公因子。

问题分析:

求两个正整数的最大公因子就是求两个正整数的最大公约数(Greatest Common Divisor,GCD)。求最大公约数有多种方法,常见的有质因数分解法、短除法、欧几里得算法(辗转相除法)、更相减损法和 Stein 等。这里主要介绍欧几里得算法(辗转相除法)。欧几里得(约公元前 330 年—公元前 275 年)是古希腊数学家,被称为"几何之父"。他最著名的著作《几何原本》是欧洲数学的基础,在书中他提出五大公设。该书被广泛认为是历史上最成功的教科书,也写了一些关于透视、圆锥曲线、球面几何学及数论的作品。而刘徽(约 225 年—约 295 年)是有"中国欧几里得"之称的数学家,是魏晋期间伟大的数学家,是中国古典数学理论的奠基人之一。在中国数学史上作出了极大的贡献,他的杰作《九章算术注》和《海岛算经》是中国宝贵的数学遗产。

算法分析:

采用欧几里得算法求最大公因子,其算法思想是设这两个正整数分别是 m 和 n,其算法过程如下。

s1:m 除以 n,余数为 r。

s2:如果 r 等于 0,则 n 是最大公因子,算法结束,否则转到 s3。

s3:把 n 赋给 m,把 r 赋给 n,转到 s1。

从算法描述过程可知,这是一个不断进行除法求余数的过程。因此,这是一个重复执行某种操作的循环结构。但这个操作的次数是不确定的,只知道结束的条件,所以考虑用 while 语句。

通过分析,建立的循环结构模型是:循环条件表达式就是判断余数 r 是否为 0,循环体语句就是一个除法(m 除以 n)且需要不断修改被除数和除数(把 n 赋给 m,把 r 赋给 n)。循环控制变量的初始值是输入 m、n 的值。

源程序的编写步骤:

(1) 定义算法描述过程中用到的变量 m、n 和 r。

(2) 输入两个正整数 m 和 n,用 scanf 函数。

(3) while 语句实现此循环结构如下。

```
while (r != 0)
{
  /*求余数*/
  m = n;
  n = r;
  r = m % n;
}
```

(4) 输出 n。

源程序:

```
1  /*6-3.c*/
2  #include <stdio.h>
```

```
3   int main ( )
4   {
5     int m,n,r;
6     scanf ("%d%d", &m, &n);
7     r = m % n;
8     while (r != 0)
9     {
10      m = n;
11      n = r;
12      r = m % n;
13    }
14    printf ("Their greatest common divisor is %d\n", n);
15    return 0;
16  }
```

程序运行结果如下。

```
108 24 ↙
Their greatest common divisor is 12
```

【例 6-4】　小明和小红是好朋友,最近他们有个想法:小明想每天进步一点点,小红想每天退步一点点,可他们不知道到底能产生什么样的结果。假设给他们一年的期限,进步或退步一点都定为 1%,计算最终结果是多少。

算法分析:

这是一个不断累乘的问题。因此,使用循环结构,用 while 语句实现。变量 s、h 和 l 分别表示天数、小明进步累积结果、小红退步累积结果。

通过分析,建立的循环结构模型为:循环条件是 s≤365,循环体是"h=1.01*h;l=0.99*l;";循环控制变量的初始值为"h=1,s=1,l=1;"。使用 while 循环语句即可。

源程序:

```
1   /*6-4.c*/
2   #include <stdio.h>
3   int main()
4   {   float h,l;
5       int s;
6       s = 1;
7       h = 1.0;
8       l = 1.0;
9       while (s <= 365)
10      {
11        h = 1.01 * h;
12        l = 0.99 * l;
13        s = s + 1;}}
14      printf("每天进步一点点,一年后为:%.2f\n",h);
15      printf("每天退步一点点,一年后为:%.2f\n",l);
16  }
```

程序运行结果如下。

```
每天进步一点点,一年后为:37.78
每天退步一点点,一年后为:0.03
```

结论:从上面程序的运行结果深知"积跬步以致千里",而"积怠惰以致深渊",这就是

"积极"与"懈怠"的截然不同之处。有人在自我生命中,加入了"积极""坚持"的因子,每天努力朝向自己的目标进步一点点,那么,他们的成绩就愈来愈亮眼! 否则,可能就是极普通,甚至倒退。因此,看到以上结果,应该怎么告诉小明和小红呢?

6.1.3　do-while 语句

实现循环结构的语句 do-while 是直到型循环语句。它的一般格式如下:

```
do
{
    语句;
} while(表达式);
```

该语句的功能是执行大括号中的语句,直到表达式值为 0。格式中各个参数的含义如下。

- while 后面的"()"不能省。
- while 末尾的";"不能省。
- 表达式:循环控制表达式,用于控制循环体语句的执行次数,由关系表达式或逻辑表达式或其他合法的表达式构成。
- 语句部分称为循环体,若循环体是由多条语句构成的,则要使用大括号"{}"以构成复合语句。

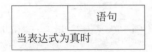

图 6-3　do-while 语句的 N-S 图

其执行过程描述为:首先执行循环体内的语句,然后计算表达式,当表达式为真(非 0)时,再执行循环体内的语句,如此循环反复,直到表达式值为假时结束执行循环体内的语句。执行过程如图 6-3 所示。

设计循环结构,要考虑两个问题:一是循环体,二是循环条件。其中在循环结构中的语句为循环体,表达式就是循环条件,即执行循环体的条件。如循环结束条件是 $s > 1000$,则表达式即循环条件就是 $s \leqslant 1000$。

【例 6-5】　编写程序,计算满足 $1^2 + 2^2 + 3^2 + \cdots + n^2 < 1000$ 的最大 n 值。

算法分析:

这是一个不断累加的问题,因此,使用循环结构,用 do-while 语句实现。变量 s、k 和 n 分别表示累加和、累加数、累加项。

通过分析,建立的循环结构模型为:循环条件是累加和 s 小于 1000,循环体是"k=n*n, s+=k;"以及变量 n 的变化,循环控制变量的初始值是"s=0,n=0;"。

其中表达式是 $s < 1000$(s 为累加和),循环体就是求得累加数(k)后进行累加($s = s + k$)。

源程序的编写步骤:

(1) 定义算法描述过程中用到的变量——s、k 和 n。

(2) 相关变量赋初值,s=0,n=0。

(3) do-while 语句实现此循环结构如下。

```
do
{
    n++;
    k = n * n;
    s = s + k;
} while (s < 1000);
```

（4）输出 n-1。

源程序：

```
1   /* 6 - 5.c */
2   # include < stdio. h >
3   int main()
4   {
5       int n,s,k;
6       n = 0;s = 0;
7       do
8       {
9           n++;
10          k = n * n;
11          s = s + k;
12      } while (s < 1000);
13      printf("n = % d\n",n - 1);
14      return 0;
15  }
```

程序运行结果如下。

n = 13

【例 6-6】　小明在某购物平台看中了一款八千多元的手机，但是因为生活费中没有这笔预算，于是他想使用"某网贷"借款。通过搜索了解到某网贷的规则是这样的：如果贷 10000 元，签订 8 个月的偿还期限，日利率为 8‰。小明很想试试但又不知道最后到底要还多少钱。作为小明的朋友，编程计算 8 个月后需要偿还多少钱。

算法分析：

这是一个不断累乘的问题。因此，使用循环结构，用 do-while 语句实现。变量 capital、month 和 interest 分别表示每月的还款数、月份、月利率。一个月按照 30 天计算，每日利率为 8‰，每月的利率就是 24%。每月的还款数等于当月的本金加上利息。

通过分析，建立的循环结构模型为：循环条件是 month 小于或等于 8，循环体是 "capital * =(1+interest);"以及循环控制变量的变化，循环控制变量的初始值是"capital＝ 10000,interest＝0.24;month＝1;"。

源程序：

```
1   /* 6 - 6.c */
2   # include "stdio. h"
3   int main()
4   {
5       float capital = 10000, interest = 0.24;
6       int month = 1;
7       do
8       {
9           capital * = (1 + interest);
10          month += 1;
11      }while(month < = 8);
12      printf("8 个月后本金加利息共 % .2f 元\n",capital);
13      return 0;
14  }
```

程序运行结果如下。

8 个月后本金加利息共 55895.07 元

结论：本金 1 万元，8 个月后需要偿还 5 万多，从程序的运行结果可以看到网贷猛于虎，要远离网贷陷阱。

6.1.4　goto 语句

goto 语句也称为无条件转移语句，其一般格式如下。

（1）goto 语句标号：

　　…

　　语句标号：…

（2）语句标号：…

　　…

　　goto 语句标号；

goto 语句的功能是使程序跳转到该语句标号所标识的语句去执行。格式中各个参数的含义如下。

语句标号是一个标识符，放在某一语句行的前面，后加冒号(:)。语句标号起标识语句的作用，与 goto 语句配合使用。

一般情况下，goto 语句往往与条件语句配合使用来实现条件转移，构成循环结构。在嵌套循环的情况下，利用 goto 语句可以直接从最内层的循环体跳到最外层的循环体。但在结构化程序设计中一般不主张使用 goto 语句，以免造成程序流程的混乱，使理解和调试程序都产生困难。其与条件语句配合使用的一般格式如下：

语句标号：语句；
…
if (表达式) goto　语句标号；
…

【例 6-7】　求 1～100 的累计和。

根据例 6-1 的算法描述及编写步骤，使用 goto 语句实现的源程序如下。

```
1   /* 6 - 7.c */
2   # include < stdio.h >
3   int main ( )
4   {
5       int i = 1, sum = 0;
6       loop: sum += i++;
7       if (i <= 100)          /* 如果 i 小于或等于 100 */
8           goto loop;          /* 转到标号为 loop 的语句去执行 */
9       printf ("sum = %d\n", sum);
10      return 0;
11  }
```

程序运行结果如下。

sum = 5050

6.1.5　for 语句的其他格式

前面介绍了 for 语句的基本用法,在确定了循环次数的情况下,使用 for 语句结构清晰、简单。其实 for 语句的使用相当灵活,形式变化多样。for 语句的一般格式如下:

```
for(表达式 1;表达式 2;表达式 3)
            语句;
```

在实际使用过程中,可以根据情况使用其他格式。

(1) for 语句的一般格式中的"表达式 1"往往是循环变量和其他变量的初始化部分,可以省略,但其后的分号不能省略。当"表达式 1"省略后,必须在 for 语句之前给循环变量或变量赋初值。例如:

```
for(i = 1;i < = 100;i++)   sum = sum + i;
```

省略 i=1 后,其格式为:

```
i = 1;
for(;i < = 100;i++)   sum = sum + i;
```

执行该 for 语句时,跳过"求解表达式 1"这一步,其他不变。

(2) for 语句的一般格式中的"表达式 2"表示循环条件,可以省略,但其后的分号不能省略。当"表达式 2"省略后,必须在原循环体前使用相应的语句,保证循环能够正常结束。例如:

```
for(i = 1;i < = 100;i++)
    sum = sum + i;
```

省略 i<=100 后,其格式为:

```
for(i = 1;;i++)
{
  if(i > 100) break;
  sum = sum + i;
}
```

执行该 for 语句时,跳过"判断循环条件"这一步直接执行循环体,其他不变。

(3) for 语句的一般格式中的"表达式 3"一般表示循环变量的变化,可以省略。当"表达式 3"省略后,必须在原循环体后加上"表达式 3"语句,保证循环能够正常结束。

例如:

```
for(i = 1;i < = 100;i++)
    sum = sum + i;
```

省略 i++ 后,其格式为:

```
for(i = 1; i < = 100;)
{
  sum = sum + i;
  i++;
}
```

(4) for 语句中可以同时省略"表达式 1"和"表达式 3",只有"表达式 2",即只给出循环条件。例如:

```
i = 1;
for(;i < = 100;)
```

```
{
    sum = sum + i;
    i++;
}
```
等价于
```
i = 1;
while(i < = 100)
{
    sum = sum + i;
    i++;
}
```
在这种情况下,for 语句完全等同于 while 语句。可见 for 语句比 while 语句功能强,除了可以给出循环条件外,还可以赋初值等。

(5) for 语句中可以将 3 个表达式同时省略,例如:
```
for(; ;)语句
```
等价于
```
while(1)语句
```
即不设初值,不判断条件(认为"表达式 2"为真值),循环变量不增值。无终止地执行循环体。

(6) for 语句中"表达式 1"可以是设置循环变量初值的赋值表达式,也可以是与循环变量无关的其他表达式。例如:
```
for (sum = 0;i < = 100;i++)
    sum = sum + i;
```
"表达式 3"也可以是与循环控制无关的任意表达式。

"表达式 1"和"表达式 3"可以是一个简单表达式,也可以是逗号表达式,即包含多个简单表达式,中间用逗号间隔。例如:
```
for(sum = 0,i = 1;i < = 100;i++) sum = sum + i;
```
或
```
for(i = 0,j = 100;i < = j;i++,j -- ) k = i + j;
```
"表达式 1"和"表达式 3"都是逗号表达式,各包含两个赋值表达式,即同时设两个初值,使两个变量变化。

(7)"表达式 2"一般是关系表达式(如 i<=100)或逻辑表达式(如 a<b && x<y),但也可以是数值表达式或字符表达式,只要其值为非零,就执行循环体。例如:
```
for(i = 0;(c = getchar())!= '\n';i += c);
```
该语句的功能是:在"表达式 2"中先从终端接收一个字符赋给 c,然后判断此赋值表达式值是否不等于'\n'(换行符),如果不等于'\n',就执行循环体。此 for 语句的循环体为空语句,把本来要在循环体内处理的内容放在"表达式 3"中。

可见 for 语句的功能很强,可以在表达式中完成本来应在循环体内完成的操作。例如:
```
for(;(c = getchar())!= '\n';)
    printf(" % c",c);
```
该 for 语句中只有"表达式 2",而无"表达式 1"和"表达式 3"。其作用是每读入一个字符后立即输出该字符,直到输入一个"\n"为止。

在使用 for 语句时,可以把循环体和一些与循环控制无关的操作也作为"表达式 1"或"表达式 3"一部分,这样程序短小简洁。但是,若过分地利用这一特点会使 for 语句显得杂乱,可读性降低。因此,最好不要把与循环控制无关的内容放到 for 语句中。

6.2 循环嵌套结构程序设计

本节主要讨论以下问题。

(1) 什么是循环嵌套结构? 怎么进行多重循环程序设计?

(2) break 和 continue 语句的功能分别是什么? 其执行过程如何? 在使用过程中应该注意哪些问题?

(3) 不同循环语句之间的关系如何?

在 6.1 节中介绍了实现循环结构的具体语句的用法,并应用其解决了一些具体问题。通过分析发现,这些问题有一个共同的特点,就是只用其中一条语句就可以实现。我们称这种循环结构为单重循环结构。其实,在一些复杂的问题中,如"输入 10 名学生 10 门课程的成绩,并统计所有学生及格课程的门数或统计每名学生及格课程的门数""求 1! +2! +…+n!""平面图形的输出"等问题,仅有单重循环结构是不够的,需要用到多重循环结构。也就是说,一个循环体内又包含另一个完整的循环结构,称为循环嵌套结构。

6.2.1 循环嵌套结构

视频讲解

循环嵌套结构根据嵌套循环语句的层数,分为二重循环、三重循环和四重循环等。一个循环的外面包围一层循环叫二重循环;一个循环的外面包围两层循环叫三重循环;一个循环的外面包围多层循环叫多重循环。多重循环的使用比较广泛,如图形输出、穷举法等。

3 种循环语句——for、while 和 do-while 循环可以互相嵌套。例如:

```
while(表达式)
{
    语句 1;
    for(表达式 1;表达式 2;表达式 3)
        循环体
    语句 2;
}
```

该二重循环结构的执行过程如图 6-4 所示。

通过图 6-4 可以看出,二重循环的外循环的执行必须要等内循环全部执行完毕后才能进行下一次循环。同时,在使用循环嵌套结构时,应注意以下几个问题。

(1) 在嵌套的各层循环结构中,应使用复合语句,保证逻辑上的正确性,也避免一些内外循环体混淆的现象产生。

(2) 内层和外层循环控制变量的名字不能相同。

(3) 在编写程序时,养成采用缩进格式的习惯,以保证层次的清晰性。

图 6-4 二重循环结构的 N-S 图

(4) 循环结构不能交叉,即在一个循环体内必须完整地包含另一个循环结构。

嵌套循环结构执行时,先由外层循环进入内层循环,并在内层循环终止之后接着执行外层循环,继续由外层循环进入内层循环,当外层循环全部终止时,嵌套循环全部执行结束。嵌套循环结构的循环次数是各层循环次数的积。

例如:有以下二重循环程序段。

```
for(i = 1;i < = 2;i++)
  for(j = 1;j < = 3;j++)
    printf("i = % d j = % d\n",i,j);
```

该程序段是二重循环,其中外层循环的循环次数为 2,内层循环的循环次数为 3,因此该嵌套循环的循环次数为 6。执行过程如表 6-1 所示。

表 6-1　执行过程

外　层　循　环	内　层　循　环	执　行　结　果
	j=1	i=1　j=1
i=1	j=2	i=1　j=2
	j=3	i=1　j=3
	j=1	i=2　j=1
i=2	j=2	i=2　j=2
	j=3	i=2　j=3

【例 6-8】　编程实现以下图形的输出。

```
        *
       ***
      *****
     *******
    *********
```

算法分析:

类似本例的图形输出问题一般使用二重循环来实现。其中外层循环控制行数,内层循环控制每行各字符的输出。编写程序时,最关键的是找出每行各字符的个数和行数之间的关系以及每行的格式规律。

仔细分析需要输出的图形。首先将该图形的每一行左补空格使其左边对齐,这样每行字符包括 3 部分:空格、星符和换行符。前面两部分的输出一般用 for 语句循环实现,for 语句中的循环次数可以通过分析输出字符的个数和所在行数之间的关系来确定,如表 6-2 所示。

表 6-2　一行中的行数、空格数、星符数和换行符之间的关系

行数(i)	空格数(j)	星符数(j)	换　行　符
1	4	1	1
2	3	3	1
3	2	5	1
4	1	7	1
5	0	9	1

从表 6-2 可以看出,每行中的行数 i 与空格数 j 的和等于图形的总行数 5,每行的星符数 j 是连续奇数,每行换行符不变。因此,当行数为 i 时,该行的空格数就为 5−i,星符数为 2i−1。例如,行数 i 为 1 时其空格数 j 为 4,星符数 j 为 1。

通过分析,建立的二重循环结构模型如下:

```
for(i = 1;i < = 5;i++)              /* 外循环结构,i 控制行数 */
  {
   for(j = 1;j < = 5 - i;j++)       /* 内循环结构,j 控制每行空格数的输出 */
     ...
   for(j = 1;j < = 2 * i - 1;j++)   /* 内循环结构,j 控制每行星符数的输出 */
     ...
   printf("\n");                    /* 每行的换行符直接输出 */
  }
```

源程序的编写步骤:

(1) 定义相关变量——行数 i 和列数 j。

(2) 输出 5 行中的各种字符——空格符、星符和换行符'\n'。代码段如下。

```
for(i = 1;i < = 5;i++)              /* 行数为 5 行 */
  {
   for(j = 1;j < = 5 - i;j++)       /* 空格符的输出 */
      printf(" % c",'   ');
   for(j = 1;j < = 2 * i - 1;j++)   /* 星符的输出 */
      printf(" % c",'*');
   printf("\n");                    /* 换行符的输出 */
  }
```

源程序:

```
1   /* 6 - 8.c */
2   # include < stdio.h >
3   int main(void)
4   {
5     int i,j;
6     for(i = 1;i < = 5;i++)
7     {
8      for(j = 1;j < = 5 - i;j++)
9         printf(" % c",' ');
10     for(j = 1;j < = 2 * i - 1;j++)
11        printf(" % c",' * ');
12     printf("\n");
13     }
14     return 0;
15   }
```

程序运行结果如下。

```
    *
   ***
  *****
 *******
*********
```

【拓展思考】

程序是输出由星符组成的等腰三角形形状,如改成输出左对齐的直角三角形形状,该如何改进程序?

【例 6-9】 比赛安排问题。

两支乒乓球队进行比赛,各出 3 人。欢欢队为 X、Y、Z 3 人,乐乐队为 A、B、C 3 人,已经抽签决定了比赛名单。据内部消息透露,X 不和 B 比赛。请编程找出 3 对比赛的名单。

算法分析:

此类问题属于逻辑推理题,需要用穷举法来解决。穷举法就是将每种情况列举出来,然后找出符合条件的解。如在本例中,X 的对手、Y 的对手和 Z 的对手分别穷举出来,都可能是 A、B、C,同时判断是否符合条件 X 不和 B 比赛,每个用一条 for 语句穷举,穷举过程中直接用 if 语句找出符合条件"X 不和 B 比赛"的解。

通过分析,建立的三重循环结构模型如下:

```
for(表达式 11;表达式 12;表达式 13)        /* 表示 X 的对手 */
   for(表达式 21;表达式 22;表达式 23)      /* 表示 Y 的对手 */
      for(表达式 31;表达式 32;表达式 33)   /* 表示 Z 的对手 */
            循环体;
```

源程序的编写步骤:

(1) 定义相关变量——X 的对手用变量 i 表示,Y 的对手用变量 j 表示,Z 的对手用变量 k 表示。

(2) 用三重循环实现穷举过程。

```
for(i = 'A'; i<= 'C'; i++)              /* 表示 X 的对手 */
   for(j = 'A';j<= 'C';j++)             /* 表示 Y 的对手 */
      for(k = 'A';k<= 'C';k++)          /* 表示 Z 的对手 */
         if(i!= 'B' && i!= j && j!= k && i!= k)
            printf("X-- %c  Y-- %c   Z-- %c\n", i, j, k);
```

源程序:

```
1  /* 6-9.c */
2  # include < stdio. h>
3  int main(void)
4  {
5    char i, j, k;
6    for(i = 'A'; i<= 'C'; i++)
7      for(j = 'A';j<= 'C';j++)
8        for(k = 'A';k<= 'C';k++)
9          if(i!= 'B' && i!= j && j!= k && i!= k)
10               printf("X-- %c Y-- %c Z-- %c\n", i, j, k);
11     return 0;
12  }
```

程序运行结果如下。

```
X--A  Y--B  Z--C
X--A  Y--C  Z--B
X--C  Y--A  Z--B
X--C  Y--B  Z--A
```

【拓展思考】

程序如果改成 A 的对手用变量 i 表示,B 的对手用变量 j 表示,以及 C 的对手用变量 k 表示,该如何改进程序?

6.2.2 break 语句与 continue 语句

视频讲解

通过前面循环结构的执行过程得知,循环变量不断变化直到循环条件为假时才会结束循环,而且每次循环条件为真时就要执行循环体中的每条语句。有时,在执行循环体时,需要提前结束循环,或者在满足某种条件下,不执行循环体中的某些语句而重新开始一次新的循环,怎么办呢? C 语言中提供了两条语句完成此功能: break 语句和 continue 语句。

1. break 语句

在学习 switch 语句时,介绍过 break 语句的用法,在 case 子句执行完后,通过 break 语句控制结束 switch 语句的执行。在循环结构中,break 语句的作用是用来从循环体内跳出循环体,即提前结束循环,转而执行循环语句后的第 1 条语句。break 语句不能用于循环语句和 switch 语句之外的任何其他语句中,其执行流程如图 6-5 所示。

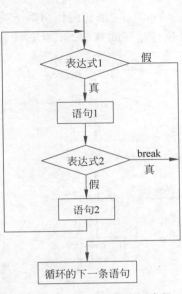

图 6-5 break 语句的执行流程

由图 6-5 可知,break 语句与 if 语句配合使用可以提前结束循环,即当"表达式 2"的值为真时,则退出循环,执行循环的下一条语句,否则执行"语句 2",继续执行下一次循环。参照以下两个程序段了解 break 语句的作用和用法。

程序段 1:

```
for(…)
{
  while(…)
  {
  …
  if(…)break;
  …
  }
  while 循环后的第 1 条语句
}
```

程序段 2:

```
int tag = 0;
for(…)
{
    while(…)
    {
    …
    if(…)
    {
     tag = 1;
     break;
    }
    …
    }
    if(tag)break;
    …
}
    for 循环后的第 1 条语句
```

程序段 1 是一个二重循环,其中 for 为外层循环,while 为内层循环,break 是内层循环的循环体中的一条语句,当 if 后面的表达式值为真时执行 break 语句,退出 while 循环,直接执行 while 循环的第 1 条语句。

程序段 2 也是一个二重循环,break 语句不但出现在内层循环体中,还出现在外层循环体中,若第一个 if 后面的表达式为真时执行第一条 break 语句,退出内层循环 while 语句,直接执行 while 循环的下一条语句"if(tag) break;";若 tag==1,则退出外层循环 for 语句,直接执行 for 循环的第 1 条语句。

2. continue 语句

continue 语句的作用是结束本次循环,即跳过循环体中尚未执行的语句,进行下一次是否执行循环的判定。其执行流程如图 6-6 所示。

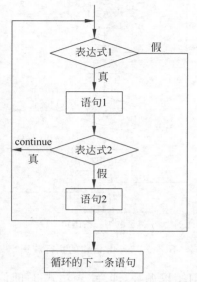

图 6-6　continue 执行流程

由图 6-6 可知,continue 语句与 if 语句配合使用可以提前结束本次循环,即当"表达式 2"的值为真时,"语句 2"不执行,直接继续下一次循环,否则执行"语句 2",继续执行下一次循环。例如有以下程序段:

```
for( … )
{
  while( … )
  {
    …
    if( … )
      continue;
    …
  while 循环后的第 1 条语句
}
```

该程序段是一个二重循环,其中 for 为外层循环,while 为内层循环,continue 是内层循环的循环体中的一条语句,当 if 后面的表达式值为真时执行 continue 语句,直接执行 while 循环的下一次循环。

【例 6-10】 输出整数 100 的所有因子(不包括本身)。

算法分析:

一个整数的因子是能被该整数整除的数。因此,整数 100 的所有因子(不包括本身)有两个明显的特征:一是能被 100 整除,二是因子的范围只能为 1~50。

根据以上分析,输出整数 100 的因子 i,可以用穷举法,程序段 1 为:

```
for(i = 1; i < = 50; i++)
    if(100 % i == 0) printf(" % d",i);
```

也可以将条件"i≤50"改成"i<100",程序段 2 为:

```
for(i = 1; i < 100; i++)
    if(100 % i == 0) printf(" % d",i);
```

若用程序段 2 可以发现,由于因子 i 只能为 1~50,当 i>50 后循环体不执行。也就是说,当 i>50 时就可以退出循环结构,这时就可以使用 break 语句。这样,修改之后的程序段 3 如下。

```
for(i = 1; i < 100; i++)
{
    if(i > 50)break;
    if(100 % i == 0) printf(" % d    ",  i );
}
```

在以上 3 个程序段中,循环中的语句"if(100%i==0) printf("%d",i);"的功能是若 100%i==0 就输出 i,也就是说若 100%i!=0 就只要直接去判断下一个 i 是否符合要求。按照此思路,就可以使用 continue 语句结束本次循环进入下一次循环。这样,程序段 3 修改之后的程序段 4 如下。

```
for(i = 1;i < = 50;i++)
{
    if(100 % i!= 0) continue;
    printf(" % d ", i);
}
```

源程序的编写步骤:

(1) 定义相关变量,因子用变量 i 表示。

(2) 使用算法分析中的程序段 2。

源程序:

```
1   / * 6 - 10.c * /
2   # include"stdio.h"
3   int main()
4   {
5       int i;
6       for(i = 1;i < 100;i++)
7           if(100 % i == 0) printf(" % d ", i);
8       printf("\n");
9       return 0;
10  }
```

程序运行结果如下。

1 2 4 5 10 20 25 50

【拓展思考】

如果改用其他三段程序实现,其结果是否一样? 编程验证。

6.2.3 不同循环语句的选择和比较

C 语言提供了 3 种不同的语句实现循环结构。通过前面的介绍,不管是用哪条语句实现循环结构,都应该在该循环结构中完整地包含循环结构的 4 部分:循环变量的初始化、循环条件、循环体以及循环变量的变化。在涉及使用循环结构编写程序解决问题时,可以选择任何一条循环语句来进行编程。这 3 条语句都可以用来处理同一问题,一般情况下它们可以互相代替。同时,它们又各有特色,有时也不尽相同,具体表现在以下几个方面。

1. 选择循环语句的基本原则

若循环次数在执行循环体之前就已确定,一般用 for 循环;若循环次数是由循环体的执行情况确定,一般用 while 循环或者 do-while 循环。

当循环体至少执行一次时,用 do-while 循环;反之,如果循环体可能一次也不执行,选用 while 循环。

2. 在 while 和 do-while 语句中,while 后面括号内的表达式指定循环条件

为了使循环能正常结束,应在循环体中包含使循环趋于结束的语句。for 语句可以在"表达式 3"中包含使循环趋于结束的操作,甚至可以将循环体中的操作全部放到"表达式 3"前面。因此,for 语句的使用更灵活、功能更强。凡是能用 while 语句完成的,用 for 语句也都能实现。

3. 循环变量初始化的操作

使用 while 和 do-while 语句时,循环变量初始化的操作应放在 while 和 do-while 语句之前完成。而 for 语句可以在"表达式1"中实现循环变量的初始化。

4. 退出循环的方法

一般的 while、do-while 和 for 语句都会设置循环条件,如果循环条件为假则退出循环,不执行循环体。除此之外,还可以在循环体中使用 break 语句跳出循环,如果要结束本次循环,可以使用 continue 语句。

5. while 和 do-while 语句的比较

在一般情况下,用 while 语句和用 do-while 语句处理同一问题时,若二者的循环体部分相同,它们的结果也一样。但是如果 while 后面的表达式一开始就为假(0),则两种循环的执行结果是不同的。因此,在一般情况下,这两种循环结构是可以相互转换。

【例 6-11】 while 和 do-while 循环语句的比较。

程序一:

```c
# include < stdio.h >
int main ( )
{
    int sum = 0,i;
    scanf(" % d",&i);
    while (i < = 10)
    {sum = sum + i;
     i++;
    }
    printf("sum = % d\n",sum);
}
```

程序二

```c
# include < stdio.h >
int main( )
{
    int sum = 0,i;
    scanf(" % d",&i);
    do
      { sum = sum + i;
        i++;
      }while (i < = 10);
    printf("sum = % d\n",sum);
}
```

程序分析:

以上两个程序在执行循环体之前都要输入 i 的值。

(1) 当输入 i 的值(如 20)大于 10 时,程序一中不满足循环条件就不执行循环体,因此输出结果是 sum=0;程序二第 1 次执行循环结构时不需要判断循环条件,直接执行循环体,执行完循环体后再进行循环条件的判断,因此程序二执行了一次循环体,输出结果是 sum=20。

(2) 当输入 i 的值(如 5)小于或等于 10 时,程序一和程序二的执行过程相同,最终输出 sum 的结果也是相同的。

视频讲解

6.3　循环结构程序设计的典型应用

本节主要讨论以下问题。

(1) 循环结构程序设计的算法分析如何进行?

(2) 如何编写循环结构程序?

实现循环结构的常用语句有 for 语句、while 语句和 do-while 语句,循环结构程序设计有单重循环结构和多重循环结构。同时,在实现循环结构的过程中,使用 break 语句或 continue 语句结束循环或结束本次循环,让循环结构的执行变得更加灵活。至目前为止,对程序的 3 种基本控制结构都进行了详细的介绍,3 种结构的强强联手,将能解决更为复杂的问题。下面主要通过累加或累乘、数的判断、经典数学问题以及输出图形和运算器等问题介绍循环结构程序设计的典型应用。

6.3.1　累加或累乘问题

1. 问题描述

求以下数列的前 10 项之和。

$1/2,3/1,4/3,7/4,11/7,\cdots$

2. 算法分析

这是一个累加求和问题。累加(累乘)问题是指若干蕴含着某种规律的数列求和(求积)。一般来说,编写解决这种问题的程序是通过使用循环结构实现。

累加求和的基本操作加法的通式为 s=s+temp,其中 s 的初值为 0,用于存入每次累加的结果,temp 代表每次累加的数列中的项。每项可以表示成一般的通项,即 temp=sign*(float)a/b。sign 表示项的符号,a 表示项的分子,b 表示项的分母,它们的初值由数列中的第 1 项决定。在这个式子中,用了强制类型转换,这里假设 a 和 b 都是整型,(float)也可以根据实际情况决定是否需要使用。然后,观察数列的特点,找出当前累加项中的分子和分母分别与之前累加项中的分子和分母之间的关系。各个变量的初值放在循环体外面,反映各个变量规律的通式作为循环体,可以使用循环语句 for、while 或 do-while 中的任一条语句来实现。

解决累乘问题与累加问题相似,不同的就是将通式 s=s+temp 改成 s=s*temp,其中 s 的初值为 1,其他基本一致。

因此,累加或累乘问题的程序框架用 for 语句可以表示成以下形式:

```
for(初始化变量;循环条件;循环变量的变化)
{
    temp = sign * (float)a/b;
    s = s + temp;
    a 的变化规律;
    b 的变化规律;
}
```

从该问题的描述可知,该问题中涉及的数据有存放累加和的变量 s、表示累加项的变量 temp、项的符号变量 sign、项的分子变量 a、项的分母变量 b、循环变量 i。从题目描述还可以知道:这个累加的数列中蕴含的规律是当前项的分子 a 是已累加项的分子 a 与分母 b 之和,即 a=a+b;当前项的分母 b 是已累加项的分子 a,即 b=a。当前项分母中的 a 是已累加项的 a,而这个 a 在求当前项的分子时已发生了变化,因此需要在求当前项的分子 a 时将已累加项的分子 a 先转存至一个变量(如 t)中。

根据上面的算法描述,其累加的循环结构用代码段实现如下。

```
s = 0;a = 1;b = 2;            /* 累加结构中变量的初始化 */
for(i = 1;i <= 10;i++)        /* 数列共有 10 项 */
  {
    temp = (float)a/b;        /* 累加当前项 */
    s = s + temp;             /* 累加通项 */
    t = a;                    /* 已累加项的分子 a 转存至变量 t */
```

```
        a = a + b;                    / * 当前累加项的分子 * /
        b = t;                        / * 当前累加项的分母 * /
}
```

3. 源程序的编写步骤

(1) 定义变量:"int a,b,i,t;float s,temp;"。

(2) 变量的初始化:"s＝0;a＝1;b＝2;"。

(3) 实现数列中 10 个数累加的循环结构,见算法分析中的代码段。

(4) 输出累加结果 s:调用 printf 函数。

4. 源程序

```
1   / * 累加或累乘问题.c * /
2   # include"stdio.h"
3   int main()
4   {
5       int a,b,i,t;
6       float s = 0,temp;
7       a = 1;b = 2;
8       for(i = 1;i < = 10;i++)
9       {
10          temp = (float)a/b;
11          s = s + temp;
12          t = a;
13          a = a + b;
14          b = t;
15      }
16      printf(" % .2f\n",s);
17      return 0;
18  }
```

程序运行结果如下。

16.26

【举一反三】

(1) 输入一个整数 n,求 1,2,3,…,n 的连续整数和。

(2) 输入一个整数 n,求 1,2,3,…,n 的连续整数乘积。

(3) 求序列 2/3,4/5,6/7,8/9,…的前 n 项之和。

6.3.2　数的判断问题

1. 问题描述

输出 1000 之内的素数。

2. 算法分析

这是一类在某个范围内找出符合一定特定条件的数的问题。如输出一个范围内所有能够整除某个数的数,输出一个范围内每个数的因子,找出某个范围内的所有水仙花数,找出某个范围内的孪生素数对,验证哥德巴赫猜想,找出某个范围内的完全数,判断一个数是否为回文数等。对于这类问题,首先要理解数学中的一些基本概念,然后将其转换为程序设计的基本思路,最后用 C 语言将基本思路描述出来转换为程序。

本问题是找出一个范围内所有的素数。素数是指除了能被 1 和它本身整除外,不能被其他任何整数整除的数。例如,17 就是一个素数,除了 1 和 17 之外,它不能被 2~16 的任何整数整除。

根据素数的这个定义,可得到判断素数的方法:设 m 是要判断是否为素数的数,把 m 作为被除数,把 i=2~m−1 依次作为除数,判断被除数 m 与除数 i 相除的结果。若每一个 i 都不能被 m 整除,即余数都不为 0,则说明 m 是素数;反之只要有一个 i 能被 m 除尽(余数为 0),则说明 m 存在一个 1 和它本身以外的另一个因子,因此它就不是素数。

最后,把这个程序设计的思路用 C 语言描述出来。从问题的算法描述可知,该问题中涉及的数据有:判断的数用变量 m 表示(m 的范围是 1000 以内),除数用变量 i 表示(i 的范围是 2~m−1)。判断一个数 m 是否为素数的代码段如下。

```
for (i = 2; i <= m-1;i++) if(m%i == 0)  break;      /* 找到一个能被 m 整除的数就结束 */
if(i > m-1)   printf(" %d 是一个素数\n", m);          /* 正常退出循环,m 是素数 */
    else   printf(" %d 不是一个素数\n", m);          /* 非正常退出循环,m 不是素数 */
```

在该 for 语句中,有两种退出循环的条件,一种是找到了一个能够整除 m 的数,这种称为非正常结束循环,即 i<=m−1,此时 m 不是素数;另一种是一直都没找到能够整除 m 的数,这种称为正常结束循环,也就是说不满足循环条件,即 i>m−1,此时 m 是素数。

若 m 的范围是 1000 以内,是素数就输出 m,这时代码段如下:

```
for(m = 3; m <= 1000; m += 2)
{
    for (i = 2;i <= m-1;i++)
        if(m % i == 0)  break;
    if(i > m-1)  printf(" %4d", m);
}
```

事实上,用数学的方法可以证明:只需用 2~$\sqrt{m}$(取整数)的数去除 m,即可得到正确的判定结果。

3. 源程序的编写步骤

(1) 定义算法描述中用到的变量:"int m,i;"。

(2) 输出 1000 以内的素数,代码段见算法分析。

4. 源程序

```
1   /* 数的判断问题.c */
2   # include"stdio.h"
3   int main()
4   {   int m,i;
5       m = 2;
6       printf(" %d",m);
7       for(m = 3; m < 1000; m += 2)
8       {
9       for (i = 2;i <= m-1;i++)
10        if(m % i == 0) break;
11      if(i > m-1) printf(" %4d", m);
12      }
13      printf("\n");
14      return 0;
15  }
```

程序运行结果如下。

【举一反三】

(1) 输出 1000 之内的完数。如 6 就是一个完数,它的因子有 1、2、3、6,除去它本身 6 外,其余 3 个数相加,1+2+3=6;28 也是一个完数,它的因子有 1、2、4、7、14、28,除去它本身 28 外,其余 5 个数相加,1+2+4+7+14=28。也就是说,除本身外的因子和等于本身的数称为完数。

(2) 输出 500 以内能被 5 和 3 整除的数。

(3) 判断一个五位整数是否为回文数。12321 是一个回文数,即个位与万位相同,十位与千位相同。

6.3.3　经典数学问题

1. 问题描述

有一对兔子,出生后第 3 个月起每个月都生一对兔子。小兔子长到第 3 个月后每个月又生一对兔子。假设所有兔子都不死,问 40 个月中各个月的兔子总数为多少?

2. 算法分析

这一类问题是数学中的经典问题。除此之外,还有求两个整数的最大公约数、百钱买百鸡、人口增长预测、国王的小麦或者汉诺塔等。这些问题在数学中有时用手工计算费时费力,但若编写程序来求解,则显得简单、准确。对于这类问题,在使用计算机解决时,采用的方法往往是找出其中蕴含的规律或建立数学模型。

例如国王的小麦:相传古代印度国王舍罕要褒赏他聪明能干的宰相达依尔(国际象棋的发明者),国王问他要什么? 达依尔回答说:"国王只要在国际象棋的棋盘第 1 个格子中放 1 粒麦子,第 2 个格子中放 2 粒麦子,第 3 个格子中放 4 粒麦子,以后按此比例每一格加一倍,一直放到第 64 个格子(国际象棋的棋盘有 8×8=64 格),我感恩不尽,其他什么都不要了。"国王想,这有多少! 还不容易! 让人扛来一袋小麦,但不到一会儿全用没了,再来一袋很快又用完了。结果全印度的粮食全部用完还不够。国王纳闷,为何怎样也算不清这笔账。

通过这个问题的描述,最终麦子的总粒数是 $1+2+2^2+2^3+\cdots+2^{63}$,这又转换为累加和累乘问题。根据前面介绍的思想,可以求出最终麦子的总粒数并折算成麦子的重量,从而解决国王的疑惑。

根据本问题的描述,各个月的兔子总数如表 6-3 所示。从表中可以看出,每个月的兔子总数依次为:1,1,2,3,5,8,13,…。蕴含的规律是从第 3 个月开始,每个月的兔子总数都是前两个月的兔子总数之和。这就是著名的斐波那契(Fibonacci)数列。

表 6-3　各个月的兔子总数

第 几 个 月	小 兔 子 数	中 兔 子 数	老 兔 子 数	兔 子 总 数
1	1	0	0	1
2	0	1	0	1
3	1	0	1	2
4	1	1	1	3
5	2	1	2	5
6	3	2	3	8
7	5	3	5	13
...	...	...	...	...

该问题转换为求数列 1,1,2,3,5,8,13,…的前 40 项。设 f1=1,f2=1,f3=f1+f2,f4=f3+f1,以此类推。很显然,不可能去定义 40 个这样的变量表示每个月的兔子总数。但是,发现这个问题中每次要求的项都是之前求出来的两项之和,蕴含着很强的规律性且个数确定。因此,用循环结构的 for 语句实现,每执行一次循环体就得到一个月的兔子总数,这样的循环次数为 38 次;如果每执行一次循环体就得到两个月的兔子总数,这样的循环次数为 20 次。

(1) 从前面的算法分析中可知,在每次循环结束后求出一个月的兔子总数,当前要求的月的兔子总数用变量 f 表示,已求出的前两个月的兔子总数分别用变量 f1 和 f2 表示,且初值都为 1,f=f1+f2。因此,此种情况算法模型用代码段描述如下。

```
f1 = 1; f2 = 1;
printf(" % ld    % ld", f1, f2);        /* 兔子数以长整型数输出 */
for(i = 3; i < = 40; i++)
{
    f = f1 + f2;
    printf(" % ld   ", f);              /* 兔子数以长整型数输出 */
    f1 = f2;
    f2 = f;
}
```

(2) 从前面的算法分析可知,在每次循环结束后求出两个月的兔子总数,当前要求的两个月和已知的两个月的兔子总数用变量 f1 和 f2 表示。很显然,f1 和 f2 的初值都为 1,以后的每两个月 f1=f1+f2,f2=f1+f2。因此,此种情况算法模型用代码段描述如下。

```
f1 = 1; f2 = 1;
for(i = 1; i < = 20; i++)
{
    printf(" % 12ld % 12ld ", f1, f2);   /* 兔子数以长整型数输出且占 12 列 */
    if(i % 2 == 0) printf("\n");         /* 每行输出 4 个 */
    f1 = f1 + f2;
    f2 = f2 + f1;
}
```

3. 源程序的编写步骤

下面以第 2 种方法为例,介绍其源程序的编写步骤。

(1) 定义两个变量 f1、f2 且其值增长较快,因此定义此变量为长整型:"long int f1,f2;"。

(2) 初始化变量 f1,f2:"f1=1;f2=1;"。

(3) 输出并求出每个月的兔子数,代码段见算法分析。

4．源程序

```
1   /*经典数学问题.c*/
2   #include<stdio.h>
3   int main()
4   {
5       long int f1,f2;
6       int i;
7       f1=1;f2=1;
8       for(i=1; i<=20; i++)
9       {
10          printf("%12ld %12ld ",f1,f2);
11          if(i%2==0) printf("\n");
12          f1=f1+f2;
13          f2=f2+f1;
14      }
15      return 0;
16  }
```

程序的运行结果如下。

```
       1            1            2            3
       5            8           13           21
      34           55           89          144
     233          377          610          987
    1597         2584         4181         6765
   10946        17711        28657        46368
   75025       121393       196418       317811
  514229       832040      1346269      2178309
 3524578      5702887      9227465     14930352
24157817     39088169     63245986    102334155
```

【举一反三】

(1) 验证哥德巴赫猜想：任一充分大的偶数，可以用两个素数之和表示。例如：$4=2+2$，$6=3+3$，$98=19+79$。

(2) 人口增长预测。据 2005 年年末统计，我国人口为 130 756 万人，如果人口的年增长率为 1%，计算到哪一年中国总人口超过 15 亿。

6.3.4 图形输出问题

1．问题描述

利用字母可以组成一些美丽的图形，如：

ABCDEFG

BABCDEF

CBABCDE

DCBABCD

EDCBABC

这是一个 5 行 7 列的图形，要求找出这个图形的规律，并输出一个 m 行 n 列的图形。

2．算法分析

此类问题称为图形输出问题。图形的结构可以是直角三角形、平行四边形、长方形、等腰三角形、菱形等,如图 6-7 所示。

```
1                                                    1                        *
1  1                                               1 2 1                     * * *
1  2  1                                          1 2 3 2 1                  * * * * *
1  3  3  1                                     1 2 3 4 3 2 1              * * * * * * *
1  4  6  4  1                               1 2 3 4 5 4 3 2 1              * * * * *
1  5  10  10  5  1                        1 2 3 4 5 6 5 4 3 2 1            * * *
1  6  15  20  15  6  1                  1 2 3 4 5 6 7 6 5 4 3 2 1            *
1  7  21  35  21  7  1
1  8  28  26  70  56  28  8  1
1  9  36  84  126  126  84  36  9  1
    (a) 直角三角形                            (b) 等腰三角形                      (c) 菱形
```

图 6-7 不同的图形结构

图形输出问题一般使用循环嵌套结构实现,且采用二重循环嵌套结构。其中外层循环控制图形的行数,内层循环用来控制每行元素的输出。每行元素如何输出取决于图形的结构。像对称图形元素的输出是把每行分成两部分,图形元素输出后左对齐,若左边不对齐的图形采用空格补齐。内层循环的总循环次数实际上就是每行元素与补的空格数的个数。在程序实现时,尽可能找到内层循环控制次数与外层循环的循环变量之间的关系。下面以图 6-7(b)中的等腰三角形图形为例,介绍其嵌套结构的实现。

在该等腰三角形图形中,共有 6 行,其特点是对称图形,但不是左对齐,所以需要补上空格,分两部分分别输出。根据此分析过程,每行元素输出就包括 3 部分,即空格元素的输出、图中左半部分的元素输出以及图中右半部分的元素输出。对于第 i 行,空格数有 6−i 个,左半部分的元素个数有 i−1 个,右半部分的元素个数有 i 个。因此,用 C 语言实现的代码段如下。

```
for(i = 1; i < = 6; i++)             / * 行数为 6 行 * /
{
  for(k = 1; k < = 6 - i; k++)        / * 每行空格的输出 * /
      printf(" ");
  for(k = 1; k < = i - 1; k++)        / * 图形中左半部分元素的输出 * /
      printf(" % d",k);
  for(k = i; k > = 1; k -- )          / * 图形中右半部分元素的输出 * /
      printf(" % d",k);
  printf("\n");                       / * 行结束符 * /
}
```

本问题是输出一个左对齐的长方形图形,图形中的元素由字母组成,且字母是连续的。需要用到的基本数据有行数 m、列数 n,以及循环控制变量 i(外循环控制变量)、内循环控制变量 k。每行输出的元素由两部分组成,以主对角线为分界线。如表 6-4 所示,找出每行输出的元素与行数及列数之间的关系(以 5 行 7 列的图形为例)。

表 6-4 每行输出的元素与行数及列数之间的关系

行数(i)	列数	左部分元素个数(k)	右部分元素个数(k)	结　　论
1	7	0()	7(ABCDEFG)	对于第 i 行,左部分元素的个数为 i−1 个,
2	7	1(B)	6(ABCDEF)	总的列数为 7,因此右部分元素个数为 7−
3	7	2(CB)	5(ABCDE)	(i−1),即 8−i。
4	7	3(DCB)	4(ABCD)	每行输出的字母对于左部分而言,是依次
5	7	4(EDCB)	3(ABC)	减 1;对于右部分而言,是依次增 1

通过表 6-4 的分析,按照图形输出的算法分析,实现这个字母图形输出的循环嵌套结构的算法模型用代码段描述如下。

```
ch1 = ch2 = 'A';
for(i = 1;i <= m;i++)              /* 行数为 m 行 */
{
  for(k = 1;k <= i - 1;k++)        /* 图形中左部分(i-1)个元素的输出 */
      printf(" % c",ch1 -- );
  for(k = 1;k <= n - i + 1;k++)    /* 图形中右部分 n - (i - 1)个元素的输出 */
      printf(" % c",ch2 ++);
  printf("\n");                     /* 行结束符 */
  ch2 = 'A';ch1 = ch2 + i;
}
```

3. 源程序的编写步骤

(1) 定义字符变量 ch1、ch2 分别存放每行输出元素的第 1 个值,循环控制变量 i、k 以及行数 m、列数 n。

(2) 输入行数 m 和列数 n——调用 scanf 函数。

(3) 字符变量 ch1、ch2 的初始化:ch1＝ch2＝'A'。

(4) 实现图形输出的循环嵌套结构的代码段:见算法分析代码段。

4. 源程序

```
1    / * 图形输出问题.c * /
2    # include"stdio.h"
3    int main()
4    {
5        int n,m,i,j,k;
6        char ch1,ch2;
7        scanf(" % d % d",&m,&n);
8        ch1 = ch2 = 'A';
9        for(i = 1;i <= m;i++)
10       {
11       for(k = 1;k <= i - 1;k++)
12         printf(" % c",ch1 -- );
13       for(k = 1;k <= n - i + 1;k++)
14         printf(" % c",ch2++);
15       printf("\n");
16       ch2 = 'A';ch1 = ch2 + i;
17       }
18       return 0;
19   }
```

程序运行结果如下。

```
5 7↙
ABCDEFG
BABCDEF
CBABCDE
DCBABCD
EDCBABC
```

【举一反三】

编写输出以下 3 种图形的程序。

```
1                                                                              *
1  1                                        1                                * * *
1  2   1                                  1 2 1                            * * * * *
1  3   3   1                            1 2 3 2 1                        * * * * * * *
1  4   6   4   1                      1 2 3 4 3 2 1                        * * * * *
1  5  10  10   5   1                1 2 3 4 5 4 3 2 1                        * * *
1  6  15  20  15   6   1          1 2 3 4 5 6 5 4 3 2 1                        *
1  7  21  35  35  21   7   1    1 2 3 4 5 6 5 4 3 2 1
1  8  28  26  70  56  28   8   1  1 2 3 4 5 6 5 4 3 2 1
1  9  36  84 126 126  84  36   9   1  1 2 3 4 5 6 5 4 3 2 1
```

6.3.5　运算器问题

1. 问题描述

从键盘上不断输入任意两个数和一个运算符(＋、－、＊、/),计算其运算的结果并输出,直到输入其他符号结束。

2. 算法分析

根据问题描述,该问题中涉及的数据主要有:两个操作数用变量 a 和 b 表示,运算符用变量 op 表示,运算结果用变量 result 表示。从问题的描述可以看出,该问题需要根据输入的不同运算符来决定计算结果,因此程序中考虑使用选择结构的 switch 语句来实现这个过程,不同的 case 中对应不同的运算符来进行计算。

根据以上分析,建立的算法模型如下:

```
switch ( op )
 {
 case '+':  result = a + b;   break;
 case '-':  result = a - b;   break;
 case '*':  result = a * b;   break;
 case '/':  result = a / b;   break;
 default:  结束;
 }
```

其中,在除法运算中,为了保证除数为 0 时不出现错误结果,还要进行进一步判断。

3. 源程序的编写步骤

(1) 输入两个操作数 a、b 和运算符 op:用 scanf 函数。

(2) 根据运算符 op 来进行相应的运算,在进行除法运算时,应判别除数是否为 0,若为 0,运算非法,给出相关提示信息。若运算符号不是＋、－、＊、/则结束运算,用 tag 作为循环条件,判断是否结束循环。tag＝0 时结束循环,tag＝1 时继续进行下一次运算。代码段如下:

```
while(tag)
 {
  scanf ("%f%f", &a, &b);
  getchar();
  scanf ("%c", &op);
  switch ( ch )
  {
   case '+':  result = a + b;   break;
   case '-':  result = a - b;   break;
   case '*':  result = a * b;   break;
   case '/':  if (!b)
               {
                  printf ("divisor is zero!\n");
                  tag = 1;
```

```
                    }
                else
                    result = a / b;
                break;
 default:   tag = 0;
}
if(tag)printf ("%.2f\n", result);
}
```

4. 源程序

```
1   /* 运算器问题.c */
2   #include <stdio.h>
3   int main ( )
4   {
5     float a, b;
6     int tag = 1;
7     char op;
8     float result;
9     while(tag)
10    {
11     scanf ("%f%f", &a, &b);
12     getchar();
13     scanf ("%c", &op);
14     switch ( op )
15     {
16      case '+': result = a + b; break;
17      case '-': result = a - b; break;
18      case '*': result = a * b; break;
19      case '/': if (!b)
20                   printf ("divisor is zero!\n");
21                else
22                    result = a / b;
23                break;
24      default:   tag = 0;
25     }
26     if (tag&&b)
27       printf ("%.2f\n",result);
28    }
29    printf ("exit!\n");
30    return 0;
31   }
```

程序运行结果如下。

```
6.5 7.8 ↙
 - ↙
 - 1.30
6.5 0 ↙
/ ↙
divisor is zero!
6.5 7.8 ↙
 = ↙
exit!
```

【举一反三】

把第 5 章中的其他典型应用将基本功能作为循环体,其他部分根据需要增加,改用循环结构实现。

6.4　本章小结

6.4.1　知识梳理

本章讨论了循环结构程序设计的方法,介绍了 C 语言中实现循环控制结构的 3 条语句:while 语句、do-while 语句及 for 语句。其中涉及的关键字有:while、do、for、goto、break、continue。

C 语言提供了 3 种循环语句,它们分别是:

(1) for 语句主要适用于循环次数确定的循环结构。

(2) while 或 do-while 语句用于循环次数及控制条件要在循环过程中才能确定的循环结构。

这 3 条循环语句可以相互嵌套组成多重循环,循环之间可以并列可以相互转换,但不能交叉。同时,可用转移语句把流程转出循环体外,但不能从外面转向循环体内。

在循环过程中尽量避免出现死循环,即保证循环控制变量的值在运行过程中可以得到修改,修改后的值逐步变为假,从而在执行一定次数后结束循环。

在循环结构实现中,可以使用 break 和 continue 语句控制循环流程。其中,break 语句用于退出 switch 或当前层循环结构,continue 语句用于结束本次循环,继续执行下一次循环。本章知识导图如图 6-8 所示。

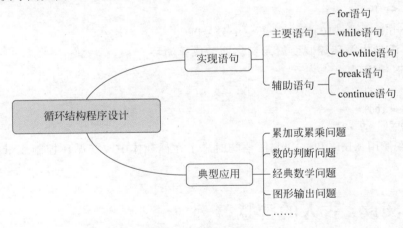

图 6-8　本章知识导图

6.4.2　常见上机问题及解决方法

1. 循环语句中未规定循环结束条件而造成死循环

例如以下两个程序段。

(1) 程序段一。

```
for(a = 0;;a ++)
    printf(" % d",a);
```

原因：for 语句的()中间的表达式为空，表示永真。

（2）程序段二。

```
while(1)
{
  c = getch();
  printf(" % c",c);
}
```

原因：while 后面的表达式为 1 表示循环条件为永真，循环体中也没有退出循环结构相关的语句。

2．用","代替 for 语句中的";"

例如以下程序段：

```
for(a = 0,a > 10,a ++)   printf(" % d",a);
```

原因：for 语句中的 3 个表达式需要用分号分隔，而不能用逗号分隔。但是，第 1 个表达式和第 3 个表达式可以是逗号表达式。以上的 for 语句应该改成：

```
for(a = 0;a > 10;a ++)    printf(" % d",a);
```

3．do-while 语句漏掉";"

例如，以下的 do-while 语句是非法的。

```
do{
    a ++;
    printf(" % d",a);
}while(a < = 10)
```

原因：while(a<＝10)后面漏了一个分号";"。

4．循环语句中循环控制变量无变化而造成死循环

例如以下程序段：

```
a = 1;
while(a < = 100)
    printf(" % d",a);
```

原因：在使用 while 和 do-while 语句时忘了在循环体中改变循环控制变量的值而造成死循环。

🔑 扩展阅读：古人的智慧

中国传统文化中的数学思想与方法，是中华灿烂文化的重要组成部分，是人类文明史中的瑰宝。其中代表作有人类科学史上应用数学的《九章算术》、天文学著作《周髀算经》、测量学著作《海岛算经》等。在计算机科学飞速发展的今天，我们需要感悟先人为人类文明作出的独特贡献，并不断提高自己独辟蹊径、开拓创新的能力。下面介绍两位数学家祖冲之和刘徽。

1．祖冲之

祖冲之（429—500 年），字文远，生于丹阳郡建康县（今江苏南京），籍贯范阳郡遒县（今河北省涞水县），南北朝时期杰出的数学家、天文学家。

祖冲之一生钻研自然科学，其主要贡献在数学、天文历法和机械制造三方面。由他撰写

的《大明历》是当时最科学、最进步的历法，对后世的天文研究提供了正确的方法。其主要著作有《安边论》《缀术》《述异记》《历议》等。下面主要讲讲祖冲之与圆周率的故事。

当时，刘徽使用割圆术计算圆周率，割圆术是基于圆的内接正多边形，用正多边形的面积来逼近圆的面积。分割越多，内接正多边形和圆之间的面积越来越小，两者越来接近。无限分割之后，内接正多边形和圆将会合二为一。该过程中引入了极限和无穷小分割的思想。刘徽算到了正 3072 边形，结果得到的圆周率为 3.1416。

祖冲之在刘徽割圆术的基础上，算到了正 24576 边形，并根据刘徽圆周率不等式，确定了圆周率的下限（纳数）为 3.1415926，上限（盈数）为 3.1415927，相当于精确到小数点后第 7 位，简化成 3.1415926，祖冲之因此入选世界纪录协会世界第一位将圆周率值计算到小数点后第 7 位的科学家。祖冲之还给出圆周率（π）的两个分数形式：22/7（约率）和 355/113（密率），其中密率精确到小数点后第 7 位。祖冲之对圆周率数值的精确推算值，对于中国乃至世界是一个重大贡献，后人将"这个精确推算值"用他的名字命名为"祖冲之圆周率"，简称"祖率"。

公元 480 年，在没有计算机和算盘的帮助下，祖冲之用算筹来计算乘方和开方，这需要巨大的毅力和艰苦卓绝的付出。在祖冲之的努力下，此后 800 年里，没有人能够算出比这精度更高的圆周率。

祖冲之认为自秦汉以至魏晋的数百年中研究圆周率成绩最大的学者是刘徽，但并未达到精确的程度，于是他进一步精益钻研，去探求更精确的数值。

根据《隋书·律历志》关于圆周率（π）的记载："宋末，南徐州从事史祖冲之，更开密法，以圆径一亿为一丈，圆周盈数三丈一尺四寸一分五厘九毫二秒七忽，纳数三丈一尺四寸一分五厘九毫二秒六忽，正数在盈纳二限之间。密率，圆径一百一十三，圆周三百五十五。约率，圆径七，周二十二。"祖冲之把一丈化为一亿忽，以此为直径求圆周率。

祖冲之在圆周率方面的研究，有着积极的现实意义，他的研究适应了当时生产实践的需要。他亲自研究度量衡，并用最新的圆周率成果修正古代的量器容积的计算。古代有一种量器叫作"釜"，一般一尺深，外形呈圆柱状，祖冲之利用他的圆周率研究，求出了精确的数值。他还重新计算了汉朝刘歆所造的"律嘉量"，利用"祖率"校正了数值。以后，人们制造量器时就采用了祖冲之的"祖率"数值。

圆周率的应用很广泛，尤其是在天文、历法方面，凡牵涉到圆的一切问题，都要使用圆周率来推算。如何正确地推求圆周率的数值，是世界数学史上的一个重要课题。中国古代数学家们对这个问题十分重视，研究也很早。在《周髀算经》和《九章算术》中就提出径一周三的古率，定圆周率为三，即圆周长是直径长的三倍。此后，经过历代数学家的相继探索，推算出的圆周率数值日益精确。直到 16 世纪，阿拉伯数学家阿尔·卡西才打破了这一纪录。

2. 刘徽

刘徽（约 225—约 295 年），汉族，山东滨州邹平市人，魏晋时期伟大的数学家，中国古典数学理论的奠基人之一。在中国数学史上作出了极大的贡献，他的杰作《九章算术注》和《海岛算经》是中国宝贵的数学遗产。

其代表作《九章算术注》是对《九章算术》一书的注解。《九章算术》是中国流传至今最古老的数学著作之一，它成书于西汉时期。这部书的完成经过了一段历史过程，书中所收集的各种数学问题，有些是秦以前流传的问题，长期以来经过多人删补、修订，最后由西汉时期的数学家整理完成。现今流传的定本的内容在东汉之前已经形成。

《九章算术》是中国最重要的一部经典数学著作,它的完成奠定了中国古代数学发展的基础,在中国数学史上占有极为重要的地位。现传本《九章算术》共收集了246个应用问题和各种问题的解法,分别隶属于方田、粟米、衰分、少广、商功、均输、盈不足、方程、勾股九章。

归纳起来,刘徽的数学成就大致为两方面。一是整理中国古代数学体系并奠定了它的理论基础,这方面集中表达在《九章算术注》中。它实已形成为一个比较完整的理论体系。(1)数系理论:①用数的同类与异类阐述了通分、约分、四则运算,以及繁分数化简等的运算法则;在开方术的注释中,他从开方不尽的意义出发,论述了无理方根的存在,并引进了新数,创造了用十进分数无限逼近无理根的方法。②在筹式演算理论方面,先给率以比较明确的定义,又以遍乘、通约、齐同3种基本运算为基础,建立了数与式运算的统一的理论基础,他还用"率"来定义中国古代数学中的"方程",即现代数学中线性方程组的增广矩阵。③在勾股理论方面逐一论证了有关勾股定理与解勾股形的计算原理,建立了相似勾股形理论,发展了勾股测量术,通过对"勾中容横"与"股中容直"之类的典型图形的论析,形成了中国特色的相似理论。(2)面积与体积理论,用出入相补、以盈补虚的原理及"割圆术"的极限方法提出了刘徽原理,并解决了多种几何形和几何体的面积、体积计算问题。这些方面的理论价值仍闪烁着余晖。二是在继承的基础上提出了自己的创见。这方面主要体现为以下几项有代表性的创见:①割圆术与圆周率。②刘徽原理,包括"牟合方盖"说、重差术。

刘徽在割圆术中提出的"割之弥细,所失弥少,割之又割以至于不可割,则与圆合体而无所失矣",这可视为中国古代极限观念的佳作。《海岛算经》一书中,刘徽精心选编了九个测量问题,这些题目的创造性、复杂性和代表性,都在当时为西方所瞩目。刘徽思维敏捷,方法灵活,既提倡推理又主张直观。他是我国最早明确主张用逻辑推理的方式来论证数学命题的人。刘徽提出的计算圆周率的科学方法,奠定了此后千余年来中国圆周率计算在世界上的领先地位。

《九章算术》还提到:可半者半之,不可半者,副置分母、子之数,以少减多,更相减损,求其等也。以等数约之。其实,这就是常用的"更相减损术"方法,可以用来求两个数的最大公约数。它原本是为约分而设计的,但它适用于任何需要求最大公约数的场合。

刘徽的工作,不仅对中国古代数学发展产生了深远影响,而且在世界数学史上也确立了崇高的历史地位。鉴于刘徽的巨大贡献,所以不少书上把他称作"中国数学史上的牛顿"。

🔍 习题 6

1. 选择题

(1) 若 i、j 已定义为 int 类型,则以下程序段中内循环体总的执行次数是(　　)。

```c
for( i = 5; 1; i − −)
    for(j = 0; j<4; j++)
        { … }
```

　　A. 20　　　　　　　　B. 24　　　　　　　　C. 25　　　　　　　　D. 30

(2) 以下程序的输出结果是(　　)。

```c
#include "stdio.h"
```

```
int main()
{
    int k = 4,n = 0;
    for(; n<k; )
    {
        n++;
        if(n % 3! = 0) continue;
        k--;
    }
    printf("%d,%d  \n",k,n);
    return 0;
}
```

　　A. 1,1　　　　　　　B. 2,2　　　　　　　C. 3,3　　　　　　　D. 4,4

（3）有以下程序：

```
# include "stdio.h"
int main(void)
{
    int s = 0,a = 1,n;
    scanf("%d",&n);
    do
    {   s += 1;
        a = a - 2;
    }  while(a! = n);
    printf("%d\n",s);
    return 0;
}
```

若要使程序的输出值为 2，则应该从键盘给 n 输入的值是（　　　）。

　　A. −1　　　　　　　B. −3　　　　　　　C. −5　　　　　　　D. 0

（4）有以下程序：

```
# include "stdio.h"
int main( )
{
  int i;
  for(i = 0;i < 3;i++)
    switch(i)
    {case 1: printf("%d,i");
     case 2: printf("%d",i);
     default: printf("%d",i);
    }
    return 0;
}
```

执行后输出结果是（　　　）。

　　A. 011122　　　　　B. 012　　　　　　C. 012020　　　　　D. 120

（5）有以下程序：

```
# include "stdio.h"
int main(void)
{
    int i = 0,s = 0;
    do
    {
```

```
    if(i % 2){i++;continue;}
    i++;
    s += i;
    }while(i < 7);
    printf(" % d\n",s);
    return 0;
}
```

执行后输出结果是(　　　)。

    A. 16　　　　　　　　　B. 12　　　　　　　C. 28　　　　　　　　D. 21

(6) t 为 int 类型,进入下面的循环之前,t 的值为 0。

```
while(t = 1)
{      …   }
```

则以下叙述中正确的是(　　　)。

    A. 循环控制表达式值为 0　　　　　　　　B. 循环控制表达式值为 1

    C. 循环控制表达式不合法　　　　　　　　D. 以上说法都不对

(7) 以下程序的输出结果是(　　　)。

```
# include "stdio. h"
int main( )
{
  int a, b;
  for(a = 1, b = 1; a < = 100; a++)
  {
    if(b > = 10)  break;
    if (b % 3 == 1)   { b += 3; continue; }
  }
  printf(" % d\n",a);
  return 0;
}
```

    A. 101　　　　　　　　B. 6　　　　　　　　C. 5　　　　　　　　D. 4

(8) 以下程序执行后 sum 的值是(　　　)。

```
# include "stdio. h"
int main( )
{
  int  i ,  sum;
  for(i = 1;i < 6;i++) sum += i;
  printf(" % d\n",sum);
  return 0;
}
```

    A. 15　　　　　　　　B. 14　　　　　　　C. 不确定　　　　　　D. 0

(9) 有如下程序:

```
# include "stdio. h"
int main( )
{
  int  x = 23;
  do
  {
   printf(" % d",x -- );
```

```
    }while(!x);
    return 0;
}
```

该程序的执行结果是(　　　)。

　　　A. 321　　　　　　　　　　　　B. 23

　　　C. 不输出任何内容　　　　　　 D. 陷入死循环

(10) 以下叙述正确的是(　　　)。

　　　A. do-while 语句构成的循环不能用其他语句构成的循环来代替

　　　B. do-while 语句构成的循环只能用 break 语句退出

　　　C. 用 do-while 语句构成的循环,在 while 后的表达式为非零时结束循环

　　　D. 用 do-while 语句构成的循环,在 while 后的表达式为零时结束循环

2. 写出下列程序的运行结果。

(1)

```
# include "stdio.h"
int main()
{    int x, y;
     for(x = 0,y = 0; x + y <= 50; x++,y++)
     { printf(" % 3d ", x + y );
       if (x % 5 == 0)      printf("\n");
       }
       return 0;
 }
```

(2)

```
# include "stdio.h"
int main()
{
     int i, m = 0,n = 0,k = 0;
     for(i = 9; i <= 11; i++)
      switch(i/10)
       { case 0: m++;n++;break;
           case 1: n++; break;
           default: k++; n++;
          }
      printf(" % d, % d, % d\n", m,n,k);
      return 0;
}
```

(3)

```
# include "stdio.h"
int main()
{
    int i;
    for(i = 1; i < 5; i++)
     {  if(i % 2) printf(" * ");
            else   continue;
         printf(" # ");
      }
 printf(" $ \n");
 return 0;
}
```

（4）

```
# include "stdio.h"
int   main()
{ int i, j, x = 0;
  for(i = 0; i < 2; i++)
    { x++;
      for(j = 0; j <= 3; j++)
        {  if(j % 2) continue;
            x++;
          }
      x++;
      }
    printf("x = % d \n", x);
    return 0;
}
```

（5）

```
for( i = 4; i >= 0; i-- )
    {
        for (j = 1; j <= i; j++) putchar('#');
        for(j = 1; j <= 4 - i; j++) putchar('*');
         putchar('\n');
    }
```

3. 程序设计题

（1）**统计正数的个数**。求输入的 10 个整数中正数的个数及其平均值。

（2）**将小写字母转换成大写字母**。将输入的小写字母转换成大写字母,直到输入非小写字母字符。

（3）**数的累加**。求 100 以内能被 3 整除的数的和。

（4）**字符统计**。输入一行字符,统计并输出数字字符和空格的个数。

（5）**数的阶乘**。输出 5! 的值。

（6）**连续数的阶乘的累加**。编程求 1!＋2!＋…＋10! 的值。

（7）**逆序数**。将一个 4 位整数逆序输出(如输入 2457,输出 7542)。

（8）**水仙花数**。水仙花数又被称为超完全数字不变数、自恋数、自幂数、阿姆斯壮数或阿姆斯特朗数,水仙花数是指一个 3 位数,它的每位上的数字的 3 次幂之和等于它本身。求所有的水仙花数。

（9）**条件数**。求出 200～300 所有满足 3 个数字之积为 42、3 个数字之和为 12 的整数。

（10）**最大值和最小值**。输入 10 个整数,分别输出它们中的最大值和最小值。

（11）**数的累加**。求 a＋aa＋aaa＋…＋aa…a(共 n 个 a),其中 a 和 n 要求从键盘输入。

（12）**圆周率计算**。祖冲之一生钻研自然科学,他在刘徽开创的探索圆周率的精确方法基础上,首次将圆周率精算到小数点后第 7 位。直到 16 世纪,阿拉伯数学家阿尔·卡西才打破了这一纪录。下面利用以下公式求 π 的近似值,要求累加到最后一项绝对值小于 10^{-6} 为止。

$$\frac{\pi}{4} \approx 1 - \frac{1}{3} + \frac{1}{5} - \frac{1}{7} + \cdots$$

（13）**搬砖问题**。36 块砖由 36 个人搬,男人一次搬 4 块砖,女人一次搬 3 块砖,两个小孩抬一块砖,问男、女、小孩各多少人,刚好可一次搬完砖?

（14）**情侣配对问题**。3 对情侣参加宴会，3 个男生为 X、Y、Z，3 个女生 A、B、C。有人想知道到底谁和谁是一对，于是提问，得到以下答案：X 说他和 B 不是一对；Y 说他既不和 A 是一对，也不和 C 是一对。编程找出 3 对情侣名单。

（15）**九九乘法表**。九九乘法表是中国对世界贡献很大的发明。在春秋战国时代的中国人发明了十进制位，之后还发明了九九乘法表。虽然九九乘法表的最初创始人还难以考证，但是在诸子百家的《荀子》《管子》《淮南子》等古籍中，都能找到"三九二十七""六八四十八""四八三十二"等口诀。九九乘法表后来东传入高丽、日本，经过丝绸之路西传印度、波斯，继而流行全世界。九九乘法表，又称九九歌、九因歌，是中国古代筹算中进行乘法、除法、开方等运算中的基本计算规则，沿用到今日，已有两千多年。编程输出如下所示的乘法表。

$$1 \times 1 = 1 \quad 1 \times 2 = 2 \quad 1 \times 3 = 3 \quad \cdots \quad 1 \times 9 = 9$$
$$2 \times 1 = 2 \quad 2 \times 2 = 4 \quad 2 \times 3 = 6 \quad \cdots \quad 2 \times 9 = 18$$
$$\cdots$$
$$9 \times 1 = 9 \quad 9 \times 2 = 18 \quad 9 \times 3 = 27 \quad \cdots \quad 9 \times 9 = 81$$

（16）**图形输出 V1**。编程实现以下图形的输出。

```
******
******
******
******
```

（17）**图形输出 V2**。编程实现以下图形的输出。

```
ABCDEF
BCDEF
CDEF
DEF
EF
F
```

（18）**电文加密**。为使电文保密，往往按一定规律将其转换成密码，收报人再按约定的规律将其译回原文。如可以按以下规律将电文变成密码：字母 A 变成字母 E，a 变成 e，即变成其后的第 4 个字母，W 变成 A，X 变成 B，Y 变成 C，Z 变成 D。编程实现将电文加密。

（19）**条件数**。一个正整数与 3 的和是 5 的倍数，与 3 的差是 6 的倍数，求出符合此条件的最小正整数。

（20）**小猴吃桃**。小猴有桃若干，第 1 天吃掉一半多一个；第 2 天吃掉剩下桃子的一半多一个；以后每天都吃掉尚存桃子的一半多一个，到第 7 天只剩一个，问小猴原有桃多少个？

（21）**百钱买百鸡**。我国古代数学家张丘建在其所写的《算经》一书中提出过著名的"百鸡百钱"问题：鸡翁一值钱五，鸡母一值钱三，鸡雏三值钱一。用 100 钱买鸡 100 只，问公鸡、母鸡、小鸡各多少只（至少各买一只）？

（22）**贪财的富翁**。一个百万富翁遇到一个陌生人，陌生人找他谈一个换钱的计划，该计划如下：我每天给你十万元，而你第一天只需给我一分钱，第二天我仍给你十万元，你给我两分钱，第三天我仍给你十万元，你给我四分钱，……，你每天给我的钱是前一天的两倍，直到满一个月（30 天），百万富翁很高兴，欣然接受了这个契约。编写程序，通过计算说明，这个换钱计划对百万富翁是否是个划算的交易。

第 7 章

数　　组

CHAPTER **7**

◇ **学习导读**

到目前为止,本书已经讨论了 C 语言程序设计中基本数据类型的使用方法。在一个程序中,经常定义若干基本数据类型的变量,这些变量在内存中各自占用独立的内存单元,变量之间无任何制约性与关联性。但在解决实际问题的过程中,常常需要处理同一类型的大批数据,若依次定义单个变量,会非常烦琐。C 语言提供了一种构造数据类型——数组,来解决定义同类型的一组数据的处理问题。

数组是一组同类型数据的有序集合。其中每个数据称为数组元素,这些数组元素的数据类型称为数组的基类型,且这些数组元素按顺序存入一片连续的存储单元中,读取方便。这片连续的存储单元有个名字,这个名字就是数组名。如存储 10 名学生期末考试的平均分,就不需要定义 10 个独立的变量,可以定义一个数组。本章中,将介绍一维数组、二维数组以及特殊基类型的字符数组的定义和使用方法。

◇ **内容导学**

(1) 一维数组的定义、引用以及初始化。

(2) 二维数组的定义、引用以及初始化。

(3) 字符数组的定义、引用和赋值。

(4) 字符串处理函数的用法。

(5) 数组在编程过程中的应用。

(6) 编写含数组结构数据的程序。

◇ **育人目标**

《论语》的"道不同,不相为谋。"意为:意见或志趣不同的人就无法共事,只跟志同道合的人一起做事。——团结就是力量。

物以类聚、人以群分,只有同等能量的人才能相互识别,只有同等能量的人才会相互欣赏,只有同等能量的人才能成为知己。班级中每名学生都是班集体的一份子,只有每个人都努力发光发热,班集体才会像个小宇宙,爆发出大能量。一个集体的成功,离不开许多人的奉献。个人必须做到与班集体同进退,共荣辱,这样才是一个成功的班集体。

7.1　一维数组

本节主要讨论以下问题。

（1）如何定义一维数组？

（2）一维数组在内存中是如何存储的？

（3）如何引用一维数组中的任一元素？

（4）怎样对一维数组中的元素进行初始化？

数组,顾名思义就是一组数据,这一组数据具有相同的数据类型。根据数组定义的维数,有一维数组、二维数组和多维数组。例如:求 10 个整数或 10 个城市名中的最大值、M×N 矩阵运算等。如何将这些数据定义成一个数组? 定义成一个数组后,如何存储、引用、赋值或使用呢? 下面将介绍一维数组的定义、引用、初始化和存储、赋值以及使用。

7.1.1　一维数组的定义和引用

1. 一维数组的定义

一维数组的定义格式如下:

类型标识符　数组名[整型常量表达式];

（1）类型标识符:表示该数组的基类型,即数组元素的数据类型。

（2）数组名:表示数组的名字,其命名规则和变量名相同,遵守标识符命名规则。它表示数组在内存的起始地址,也是数组第 1 个元素(1 代表逻辑序号)在内存中的地址,是一个地址常量。

（3）整型常量表达式:表示数组的长度,即数组最大能够容纳数组元素的个数,是一个固定的值。数组长度不能是变量或变量表达式,其放在一对中括号"[]"中,"[]"是数组的标志,也是一个运算符。

（4）用分号结尾。

例如:

```
int total[10];      /* 定义了有 10 个数据元素的 int 型数组 total */
float score[50];    /* 定义了有 50 个数据元素的 float 型数组 score */
char  word[5 * 3];  /* 定义了有 15 个数据元素的 char 型数组 word */
```

数组定义后,系统将给其分配一定大小的内存单元,其所占内存单元的大小与数组元素的类型和数组的长度有关。

数组所占内存单元的字节数 = 数组大小 × sizeof(数组元素类型)

例如:

```
int a[20];
```

数组 a 所占内存单元的大小为 $20 \times sizeof(int) = 20 \times 4 = 80$(字节)。

2. 一维数组的引用

C 语言规定,数组是一种数据单元的序列,如何区分聚合在一起的这些具有相同类型的数据呢? 就像对教室进行编号一样,数组中的每个元素也有一个编号,这个编号就是数组元素的下标。通过下标引用数组中的各个数据单元。引用数组元素的格式如下:

数组名[下标]

其中,下标可以是整型常量、整型变量或整型表达式。C语言规定,下标的最小值是 0,表示第一个元素的下标,最大值是数组的长度减 1,代表最后一个元素的下标。如 int a[5],它所包含的数组元素分别为 a[0]、a[1]、a[2]、a[3]、a[4]。每个数组元素的地址通过地址运算符"&"获得。如 int a[5],它所包含的数组元素的地址分别为 &a[0]、&a[1]、&a[2]、&a[3]、&a[4]。

C 编译器不对数组越界进行检查,因此引用数组元素要注意下标范围,否则就可能得到错误的结果。

数组定义后,系统将为数组中的各个元素分配一段连续的存储单元,依次存储数组中的第 0 个元素、第 1 个元素,直到数组中的最后一个元素。

例如,"int a[10];",则系统为该数组 a 分配 10 个 int 型的内存块,每个内存块占 2 字节(假设每个 int 数据占 2 字节),设数组 a 所占内存单元的首地址为 3000,则数组 a 在内存中的存放形式如图 7-1 所示。

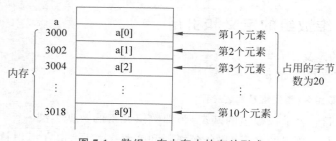

图 7-1　数组 a 在内存中的存放形式

7.1.2　一维数组的初始化

数组与简单变量一样,可以在定义时给各元素指定初始值,称为对数组的初始化。一维数组初始化的一般格式如下:

类型说明符　数组名[常量表达式] = {初值列表};

(1)"="后面的表达式列表一定要用"{ }"括起来,被括起来的表达式列表称为初值列表,表达式之间用","分隔。如 int a[4]={1,2,3,4}。

(2)初值列表中提供的初值个数不能大于数组定义的长度。如 int a[4]={1,2,3,4,5} 的定义是不对的。

(3)初值列表与数组元素中从左到右相匹配。如 int a[4]={1,2,3,4}的定义中各数组元素的值依次为 a[0]=1,a[1]=2,a[2]=3,a[3]=4。

具体来说,指定初始值有以下几种形式。

(1)在定义数组时,可以对全部数组元素初始化。

例如:

```
int total[5] = {43,45,53,60,70};
```

编译后,数组元素的值分别为 total[0]=43,total[1]=45,total[2]=53,total[3]=60,total[4]=70。

(2)在定义数组时,可以对数组的部分元素赋初值。也就是说,初值列表中提供的初值个数小于数组定义的长度,即仅对数组的部分元素进行初始化,未被初始化的元素将被编译器自动初始化为 0。

例如：

```
float price[10] = {30.2,22.5,14.3};
```

定义后，只对前 3 个元素赋初值，price[0]＝30.2，price[1]＝22.5，price[2]＝14.3。其他元素的值自动设为 0。

（3）初值列表给出一维数组全部元素的初值时，可以省略对一维数组长度的声明。

例如：

```
int total[ ] = {43,45,53,60,70};
```

等价于

```
int total[5] = {43,45,53,60,70};
```

（4）在定义数组时，可以对数组的所有元素赋初值 0。

例如：

```
int a[100] = {0};
```

【例 7-1】 输入 10 个数，将它们逆序输出。

算法分析：

将 10 个数据定义成一维数组 a[10]。逆序输出就是先输出最后一个元素（第 10 个元素 a[9]），再输出倒数第 2 个元素（第 9 个元素 a[8]），以此类推，最后输出该数组中的第 1 个元素 a[0]。

因此，输入的顺序是 a[0],a[1],a[2],…,a[8],a[9]；输出的顺序是 a[9],a[8],a[7],…,a[1],a[0]。

源程序的编写步骤：

（1）定义具有 10 个元素的一维数组及其他变量。

```
int i,a[10];
```

（2）用循环语句实现 10 个数组元素的输入。

```
for(i = 0;i < 10;i++)
  scanf(" % d",&a[i]);
```

（3）用循环语句逆序实现 10 个数组元素的输出。

```
for(i = 9;i > = 0;i -- )
  printf(" % d ",a[i]);
```

源程序：

```
1   /* 7 - 1.c */
2   # include "stdio.h"
3   int main()
4   {
5       int i,a[10];
6       for(i = 0;i < 10;i++)
7           scanf(" % d",&a[i]);
8       for(i = 9;i > = 0;i -- )
9           printf(" % d ",a[i]);
10      printf("\n");
```

```
11    return 0;
12  }
```

程序运行结果如下。

```
10 20 30 40 50 60 70 80 90 80 ✓
80 90 80 70 60 50 40 30 20 10
```

【拓展思考】

假设将第 9 行改成 for(i=0;i<=9;i++),循环体如何进行改进?

【例 7-2】 将整型数组中的 10 个元素从小到大排序输出。

算法分析:

计算机解决排序问题,提供了很多方法,这里介绍冒泡排序。冒泡排序属于交换排序的一种,其基本思想是指将一个由 n 个数据组成的待排序序列经过多趟冒泡排序,使得整个数据序列成为有序序列。每趟冒泡排序是相邻的两个数两两进行比较,如果逆序则交换,每趟结束后可以确定待排序列中的一个最大元素。算法步骤如下。

(1)在未排序的 n 个数(a[0]~a[n−1])中,从 a[0]起,依次比较相邻的两个数,若邻接元素不符合次序要求,则对它们进行交换。本次操作后,数组中的最大元素"冒泡"到 a[n−1]。

(2)在剩下未排序的 n−1 个数(a[0]~a[n−2])中,从 a[0]起,依次比较相邻的两个数,若邻接元素不符合次序要求,则对它们进行交换。本次操作后,a[0] ~ a[n−2]中的最大元素"冒泡"到 a[n−2]。

......

(3)在剩下未排序的 2 个数(a[0]~a[1])中,比较这两个数,若不符合次序要求,则对它们进行交换。本次操作后,a[0]~a[1]中的最大元素"冒泡"到 a[1]。

(4)最后只剩下一个元素了,不需要进行比较了。

根据以上分析,冒泡排序的本质操作是比较和交换。若待排序列中有 n 个元素,则最多只需要经过 n−1 趟冒泡就可以完成排序,最少只需要一趟即可。每趟冒泡总是在待排数据序列中比较相邻两个元素的值,如相邻元素的值与待排顺序不一致,则交换这两个相邻元素的值。例如从小到大排序,如果前一个数比后一个数大,则为逆序,与排序顺序不一致,所以要交换这两个相邻元素的值。

例如,有初始序列为[25 52 14 8 69 36],用冒泡排序方法将此数列变成一个有序序列,过程如图 7-2 所示。

```
初态:         [25  52  14   8  69  36]
第1趟冒泡后的状态: [25  14   8  52  36] [69]
第2趟冒泡后的状态: [14   8  25  36] [52  69]
第3趟冒泡后的状态: [8   14  25] [36  52  69]
第4趟冒泡后的状态: [8   14] [25  36  52  69]
第5趟冒泡后的状态: [8] [14  25  36  52  69]
```

因此,对于第 i 趟(i=8~0),待排序序列元素下标为 j(j=0~i),建立的算法模型如下:

图 7-2   冒泡排序实例过程

```
for(j = 0; j <= i; j++)           /* 第 i 趟冒泡 */
   if(a[j]> a[j+1])               /* 相邻两个数两两比较,逆序则交换 */
   {  temp = a[j];a[j]= a[j+1];a[j+1] = temp;  }   /* 交换 */
```

源程序的编写步骤:

(1)定义 10 个元素的一维数组及其他变量。

```
int a[10], i,j;
int temp;
```

（2）用循环语句实现 10 个数组元素的输入。

```
for(i = 0; i < 10; i++)
    scanf(" % d", &a[i]);
```

（3）采用冒泡排序，对数组中的元素进行排序。

```
for(i = 8;i > = 0;i -- )           /* 外循环为冒泡的趟数 */
    for(j = 0;j < = i;j++)          /* 每趟的操作过程 */
        if(a[j]> a[j + 1])          /* 相邻两个数依次进行比较,较小的数放在前面 */
    {   temp = a[j];  a[j] = a[j + 1];  a[j + 1] = temp;  }     /* 逆序,交换相邻元素的值 */
```

（4）将排序后的数组打印输出。

```
for(i = 0; i < 10; i++) printf(" % d ", a[i]);
```

源程序：

```
1    / * 7 - 2.c * /
2    # include < stdio. h >
3    void main(void)
4    {
5        int a[10], i,j;
6        int temp;
7        for(i = 0; i < 10; i++)
8            scanf(" % d", &a[i]);
9        for(i = 8;i > = 0;i -- )
10           for(j = 0;j < = i;j++)
11               if(a[j]> a[j + 1])
12                   {temp = a[j]; a[j] = a[j + 1]; a[j + 1] = temp; }
13       for(i = 0; i < 10; i++)
14           printf(" % d ", a[i]);
15       printf("\n");
16       return 0;
17   }
```

程序运行结果如下。

```
10 20 40 26 63 95 84 78 9 88 ↙
9 10 20 26 40 63 78 84 88 95
```

【拓展思考】

假设有 10 个数，本来使用冒泡排序需要 9 趟，如果经过第 4 趟之后全部数据已变成了有序序列，这样就不需要进行后面的趟数了，程序如何进行改进？

7.2 二维数组

视频讲解

本节主要讨论以下问题。

（1）如何定义二维数组？在内存中如何存储二维数组？

（2）如何理解二维数组和一维数组的关系？

（3）如何引用二维数组中的任一元素？

（4）怎样对二维数组中的元素进行初始化？

一维数组好比盖平房，二维数组好比盖一栋楼房，而三维数组好比盖多栋楼房，C 语言允许构造多维数组。对于多维数组,如何准确定位每个数组元素,即用二维数组中每个元素的编号、多维数组元素的多个下标,以标识它在数组中的位置,称这些标识元素的位置为多下标变量形式。下面将介绍二维数组的定义、引用、初始化和存储、赋值以及使用。

7.2.1　二维数组的定义和引用

1.二维数组的定义

二维数组定义的一般格式如下:

类型说明符　　数组名[整型常量表达式1][整型常量表达式2];

二维数组的定义,除了增加一个[整型常量表达式]外,其他都与一维数组一样。例如:

```
int  a[2][3];
```

定义了二维数组后,可以把此二维数组想象成一栋二层小楼,其中第一维的大小表示该

a[0] [0]	a[0] [1]	a[0] [2]
a[1] [0]	a[1] [1]	a[1] [2]

图 7-3　整型数组 a[2][3]的
矩阵排列方式

小楼的层数,共两层,第二维的大小表示每层有 3 个房间。因此,该楼房的每个房间都一个编号:层数和房号。也可以把此二维数组想象成一个矩阵,其中第一维的大小表示矩阵的行数,第二维的大小表示矩阵的列数。因此,整型数组 a[2][3]的矩阵排列方式如图 7-3 所示。

C 语言把二维数组看成一个特殊的一维数组,它的数组元素又是一个一维数组。如定义的二维数组 a[2][3],可以看作有两个数组元素 a[0]和 a[1],每个数组元素又是一个包含 3 个整型元素的一维数组,如图 7-4 所示。

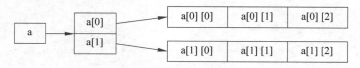

图 7-4　二维数组与一维数组的关系

在内存中,二维数组在物理上采用行优先的顺序存储方式。如二维数组 a[2][3]行优先的顺序存储方式如图 7-5 所示。

2.二维数组元素的引用

二维数组元素的引用格式如下:

数组名[下标 1][下标 2]

其中,格式中的"下标 1"和"下标 2"分别称为行下标和列下标,其取值范围从 0 开始,分别到行数减 1 和列数减 1 为止。

二维数组的操作一般可以用二重循环来完成,分别定义一个行下标和列下标的变量。引用元素之后,加上"&"地址符表示取该元素的地址。如定义 int a[3][4],则有数组元素 a[1][3],这个数组元素的地址为 & a[1][3]。

0	a[0] [0]	a[0]
1	a[0] [1]	
2	a[0] [2]	
3	a[1] [0]	a[1]
4	a[1] [1]	
5	a[1] [2]	

图 7-5　二维数组 a[2][3]行优
先的顺序存储方式

7.2.2　二维数组的初始化

定义时,可以给二维数组进行赋值,称为二维数组的初始化。二维数组的初始化可以用以下方法实现。

1．按行赋初值

在定义二维数组时，分行给二维数组的元素进行赋值，分行赋初值的一般格式如下：

存储类型符　数据类型　数组变量名[行常量表达式][列常量表达式] =
{{第 0 行初值表},{第 1 行初值表},…,{最后 1 行初值表}};

从格式中可以看出，将每行的元素用"{}"括起来，每行用","隔开。在使用按行赋初值时，行数可以省略。每行的初值表中至少要包含一个初值。

例如：

`int a[2][3] = {{1,2,3},{4,5,6}};`

赋初值之后，该二维数组中各个元素的值如表 7-1 所示。

表 7-1　二维数组中各个元素的值（1）

a[0][0]	a[0][1]	a[0][2]	a[1][0]	a[1][1]	a[1][2]
1	2	3	4	5	6

例如：

`int a[2][3] = {{1,2},{4}};`

赋初值之后，该二维数组中各个元素的值如表 7-2 所示。

表 7-2　二维数组中各个元素的值（2）

a[0][0]	a[0][1]	a[0][2]	a[1][0]	a[1][1]	a[1][2]
1	2	0	4	0	0

例如：

`int a[][3] = {{1,2},{4}};`

赋初值之后，编译系统会根据后面初值的行数，决定所定义的二维数组的行数。要注意的是第 2 维的长度不可省略。

2．按元素在内存中的排列顺序赋初值

（1）将所有数据放在一对大括号内，按数据排列的顺序对各元素赋初值，其一般格式如下：

存储类型符　数据类型　数组变量名[行常量表达式][列常量表达式] = {初值表};

例如：

`int a[2][3] = {1,2,3,4,5,6};`

赋初值之后，该二维数组中各个元素的值如表 7-3 所示。

表 7-3　二维数组中各个元素的值（3）

a[0][0]	a[0][1]	a[0][2]	a[1][0]	a[1][1]	a[1][2]
1	2	3	4	5	6

（2）对二维数组中的部分元素赋初值，其他元素的值自动为 0。

例如：

`int a[2][3] = {1,2,3};`

赋初值之后，该二维数组中各个元素的值如表 7-4 所示。

表 7-4　二维数组中各个元素的值(4)

a[0][0]	a[0][1]	a[0][2]	a[1][0]	a[1][1]	a[1][2]
1	2	3	0	0	0

(3) 全部元素赋初值时,仅第一维的长度声明可以省略,第二维的长度声明不能省略。系统会自动按照初始化列表中提供的初值个数确定二维数组第一维的长度,即根据第二维的长度将初值表的元素进行分组,最后的组数就是第一维的长度。

例如:

```c
int a[][3] = {1,2,3,4,5,6};
```

【例 7-3】　求五阶方阵主对角线上元素的和、上三角元素的和及下三角元素的和。

算法分析:

行数和列数相同的矩阵为方阵。行下标和列下标相等的元素为主对角线上的元素。主对角线以上的所有元素为上三角元素,主对角线以下的所有元素为下三角元素。

五阶方阵所对应的二维数组如图 7-6 所示。

定义行下标和列下标分别为 i 和 j,因此二维数组中的元素 a[i][j] 的下标有以下 3 种情况。

(1) 当 $i==j$ 时,为主对角线上的元素,它们为 a_{00}、a_{11}、a_{22}、a_{33}、a_{44}。将符合此条件的元素累加至变量 sum1。

(2) 当 $i<j<5$ 时,为上三角元素。将符合此条件的元素累加至变量 sum2。

(3) 当 $0\leqslant j<i$ 时,为下三角元素。将符合此条件的元素累加至变量 sum3。

根据以上分析,其算法模型用 N-S 图描述,如图 7-7 所示。

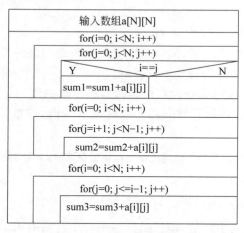

图 7-7　N-S 图描述

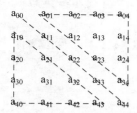

图 7-6　五阶方阵所对应的二维数组

源程序的编写步骤:

(1) 定义并初始化算法描述中的变量。

```c
int a[N][N], i, j, sum1 = 0, sum2 = 0, sum3 = 0;
```

(2) 输入方阵 a 中的元素。

```c
for(i = 0; i < N; i++)
    for(j = 0; j < N; j++)
        scanf(" % d",&a[i][j]);
```

（3）求主对角线上元素的和 sum1。

```
for(i = 0;i < N;i++)
    for(j = 0;j < N;j++)
        if(i == j)sum1 = sum1 + a[i][j];
```

（4）求上三角元素的和 sum2。

```
for(i = 0;i < N;i++)
    for(j = i + 1;j <= N - 1;j++)
        sum2 = sum2 + a[i][j];
```

（5）求下三角元素的和 sum3。

```
for(i = 0;i < N;i++)
    for(j = 0;j <= i - 1;j++)
        sum3 = sum3 + a[i][j];
```

（6）输出求得的结果 sum1、sum2 和 sum3。

```
printf(" % d\n % d\n % d\n ",sum1,sum2,sum3);
```

源程序：

```
1   /* 7 - 3.c */
2   # include "stdio.h"
3   # define N 5
4   int main()
5   { int a[N][N],i,j,sum1 = 0,sum2 = 0,sum3 = 0;
6       for(i = 0;i < N;i++)
7         for(j = 0;j < N;j++)
8           scanf(" % d",&a[i][j]);
9       for(i = 0;i < N;i++)
10        for(j = 0;j < N;j++)
11          if(i == j)sum1 = sum1 + a[i][j];
12      for(i = 0;i < N;i++)
13        for(j = i + 1;j <= N - 1;j++)
14          sum2 = sum2 + a[i][j];
15      for(i = 0;i < N;i++)
16        for(j = 0;j <= i - 1;j++)
17          sum3 = sum3 + a[i][j];
18      printf(" % d\n % d\n % d\n ",sum1,sum2,sum3);
19      return 0;
20  }
```

程序运行结果如下。

```
10 20 30 20 40 ↙
50 60 30 20 40 ↙
80 70 90 60 50 ↙
50 40 10 20 20 ↙
60 80 70 90 30 ↙
210
330
680
```

【拓展思考】

程序中求主对角线上元素的和、上三角元素的和及下三角元素的和分别用了一个二重循环结构,如果只用一个二重循环结构来完成,程序如何改进?

【例 7-4】　求两个 4×3 的矩阵 a、b 相加和相减。

算法分析:

设这两个矩阵分别定义为"int a[4][3],b[4][3]",相加得到的矩阵定义为"int c[4][3]",相减得到的矩阵定义为"int d[4][3]"。

根据矩阵相加减的运算规则可知,建立的算法模型如下:

对于矩阵 c 和 d 中的第 i 行(i=0~3)第 j 列(j=0~2)的元素 c[i][j]、d[i][j]有:
c[i][j]=a[i][j]+b[i][j],d[i][j]=a[i][j]-b[i][j]。

源程序的编写步骤:

(1) 定义算法分析过程中的变量及相关变量。

```
int a[M][N],b[M][N],c[M][N],d[M][N],i,j;
```

(2) 输入两个 4×3 的矩阵 a 和 b。

```
printf("输入一个矩阵 a:\n");
for(i = 0; i < M; i++)
    for(j = 0; j < N; j++)
        scanf(" % d",&a[i][j]);
printf("输入一个矩阵 b:\n");
for(i = 0; i < M; i++)
    for(j = 0; j < N; j++)
        scanf(" % d",&b[i][j]);
```

(3) 计算矩阵 c 和 d。

```
for(i = 0; i < M; i++)
    for(j = 0; j < N; j++)
    {
        c[i][j] = a[i][j] + b[i][j];
        d[i][j] = a[i][j] - b[i][j];
    }
```

(4) 输出矩阵相加和相减的结果 c 和 d。

```
printf("两矩阵相加的结果为:\n");
for(i = 0; i < M; i++)
    {for(j = 0; j < N; j++)
        printf(" % 2d    ",c[i][j]);
     printf("\n"); }
    }
 printf("两矩阵相减的结果为:\n");
 for(i = 0; i < M; i++)
    {for(j = 0; j < N; j++)
        printf(" % 2d    ",d[i][j]);
     printf("\n"); }
```

源程序:

```
1  /* 7 - 4.c */
2  # include "stdio.h"
3  # define M 4
4  # define N 3
5  int main()
6  { int a[M][N],b[M][N],c[M][N],d[M][N],i,j;
7     printf("输入一个矩阵 a:\n");
```

```
8    for(i = 0;i < M;i++)
9     for(j = 0;j < N;j++)
10      scanf("%d",&a[i][j]);
11    printf("输入一个矩阵 b:\n");
12    for(i = 0;i < M;i++)
13     for(j = 0;j < N;j++)
14      scanf("%d",&b[i][j]);
15    for(i = 0;i < M;i++)
16      for(j = 0;j < N;j++)
17      {
18       c[i][j] = a[i][j] + b[i][j];
19       d[i][j] = a[i][j] - b[i][j];
20      }
21    printf("两矩阵相加的结果为:\n");
22    for(i = 0;i < M;i++)
23      {for(j = 0;j < N;j++)
24         printf("%2d ",c[i][j]);
25         printf("\n");}
26    printf("两矩阵相减的结果为:\n");
27    for(i = 0;i < M;i++)
28      {for(j = 0;j < N;j++)
29         printf("%2d ",d[i][j]);
30       printf("\n");}
31    return 0;
32  }
```

程序运行结果如下。

```
输入一个矩阵 a:
10 20 30 ↙
50 40 60 ↙
70 80 90 ↙
20 50 80 ↙
输入一个矩阵 b:
20 12 30 ↙
50 40 60 ↙
70 80 50 ↙
90 60 30 ↙
两矩阵相加的结果为:
30 32 60
100 80 120
140 160 140
110 110 110
两矩阵相减的结果为:
-10 0 0
0 0 0
0 0 40
-70 -10 50
```

【拓展思考】

如果要实现两矩阵相乘,则这两个矩阵的行和列需要满足什么条件? 如何进行算法设计?

【例 7-5】 输入 5 名学生 4 门课程的成绩,分别求每名学生的平均成绩和每门课程的平均成绩。

算法分析:

根据问题的描述,定义二维数组 a[6][5]表示学生的最终信息,其中二维数组的行数为学生人数+1,列数为课程门数+1,增加的一行一列分别用来存放每名学生的平均成绩和每门课程的平均成绩。同时,用二重循环实现学生的每门课程成绩的输入。然后,统计每名学生的总成绩,总成绩除以该学生的课程数就得到每名学生的平均成绩。最后,统计每门课程的总成绩,总成绩除以学生人数就得到每门课程的平均成绩。

基于以上分析,该二维数组的结构如表 7-5 所示。此表中斜体表示的数据需要通过运算得到。

表 7-5　二维数组的结构

学　　生	课程 1	课程 2	课程 3	课程 4	每名学生的平均成绩
学生 1	a[0][0]	a[0][1]	a[0][2]	a[0][3]	*a[0][4]*
学生 2	a[1][0]	a[1][1]	a[1][2]	a[1][3]	*a[1][4]*
学生 3	a[2][0]	a[2][1]	a[2][2]	a[2][3]	*a[2][4]*
学生 4	a[3][0]	a[3][1]	a[3][2]	a[3][3]	*a[3][4]*
学生 5	a[4][0]	a[4][1]	a[4][2]	a[4][3]	*a[4][4]*
每门课程的平均成绩	*a[5][0]*	*a[5][1]*	*a[5][2]*	*a[5][3]*	

源程序的编写步骤:

(1) 定义二维数组 a 及相关的变量并初始化二维数组 a。

```
int i, j;
float a[6][5] = {0};
```

(2) 输入每名学生的每门课程的成绩。外循环控制行数(学生人数),内循环控制列数(课程门数)。

```
for (i = 0; i < 5; i++)
    for (j = 0; j < 4; j++)
    scanf (" % f", &a[i][j]);          /* 输入第 i 名学生的第 j 门课的成绩 */
```

(3) 统计每名学生的总成绩,并求平均成绩。

```
for (i = 0; i < 5; i++)
 {
    for (j = 0; j < 4; j++)            /* 求第 i 名学生 4 门课程的总成绩 */
      a[i][4] += a[i][j];
    a[i][4] /= 4;                      /* 求第 i 名学生的平均成绩 */
 }
```

(4) 统计每门课程的总成绩,并求平均成绩。

```
for (i = 0; i < 4; i++)
  {
    for (j = 0; j < 5; j++)           /* 求 5 名学生第 i 门课的总成绩 */
      a[5][i] += a[j][i];
    a[5][i] /= 5;                     /* 求第 i 门课的平均成绩 */
}
```

(5) 输出每名学生的成绩及平均成绩。

```
for (i = 0; i < 5; i++)              /* 输出每名学生的成绩及平均成绩 */
  {
    for (j = 0; j < 5; j++)
```

```
        printf (" % 6.1f\t", a[i][j]);
    printf ("\n");
  }
```

（6）输出每门课程的平均成绩。

```
for (j = 0; j < 4; j++)                    / * 输出每门课程的平均成绩 * /
  printf (" % 6.1f\t", a[5][j]);
printf ("\n");
```

源程序：

```
1   / * 7 - 5.c * /
2   # include "stdio. h"
3   int main ( )
4   {
5      int i, j;
6      float a[6][5] = {0};
7      for (i = 0; i < 5; i++)
8         for (j = 0; j < 4; j++)
9            scanf (" % f", &a[i][j]);
10     for (i = 0; i < 5; i++)
11     {
12        for (j = 0; j < 4; j++)
13           a[i][4] += a[i][j];
14        a[i][4] / = 4;
15     }
16     for (i = 0; i < 4; i++)
17     {
18        for (j = 0; j < 5; j++)
19           a[5][i] += a[j][i];
20        a[5][i] / = 5;
21     }
22     for (i = 0; i < 5; i++)
23     {
24        for (j = 0; j < 5; j++)
25           printf (" % 6.1f\t", a[i][j]);
26        printf ("\n");
27     }
28     for (j = 0; j < 4; j++)
29        printf (" % 6.1f\t", a[5][j]);
30     printf ("\n");
31     return 0;
32  }
```

程序运行结果如下。

```
75 85 95 69 ↙
50 65 69 85 ↙
78 87 95 86 ↙
85 74 64 60 ↙
85 78 98 69 ↙
    75.0      85.0      95.0      69.0      81.0
    50.0      65.0      69.0      85.0      67.3
    78.0      87.0      95.0      86.0      86.5
    85.0      74.0      64.0      60.0      70.8
    85.0      78.0      98.0      69.0      82.5
    74.6      77.8      84.2      73.8
```

【拓展思考】

从输出结果可以看出,最右下角是空白的,如果需要得到这个结果,程序如何改进?

视频讲解

🔍 7.3　字符串与字符数组

本节主要讨论以下问题。

(1)字符数组的作用是什么?如何定义字符数组?在内存中如何存储字符数组?

(2)如何理解字符数组和其他数组的关系?

(3)如何引用字符数组中的任一元素?

(4)怎样对字符数组中的元素进行初始化?

(5)本质上字符数组在更多场合中用来表示字符串,针对字符串的处理与其他数据的处理有哪些优势?常用的字符串处理函数有哪些?

字符串,顾名思义就是一串字符,如同羊肉串,C语言里怎么来描述这个特殊的"羊肉串"呢?字符串常量是用一对双引号引起来的一组字符,无论双引号内是否包含字符,包含多少字符,都代表一个字符串。如'a'是字符常量,而"a"是字符串常量,在内存中保存一个字符常量只需1字节,而由于空字符'\0'为字符串的结束标记,所以字符串的长度要比双引号内字符的个数多1。用来存放字符型数据的数组称为字符数组。字符数组中每个元素存放一个字符。因此,字符数组的基类型为char类型。在实际使用过程中,由于C语言没有提供字符串类型,所以用字符数组来存放字符串。对于长度为n的字符串,分配长度为n+1的字符数组来保存,且这个数组的最后一个字符就是字符串结束标记'\0'。

7.3.1　字符数组的定义和引用

1. 字符数组的定义

字符数组就是存放字符的数组,其中每个数组元素是一个字符。字符数组的定义与一维数组一样,其一般格式如下:

char　　 数组名[整型常量表达式];

例如:

char c[5];

其中,数组c中有5个字符元素,分别是c[0]、c[1]、c[2]、c[3]和c[4]。

2. 字符数组的引用

字符数组中的元素引用方式与一维数组元素引用的方式一样。

7.3.2　字符数组的赋值

在定义字符数组时进行初始化。例如,char str1[10]={'s','t','u','d','e','n','t'},也可以直接将字符串"student"存放在字符数组str2中,如"char str2[10]="student";"。它们在内存中的存储形式如图7-8所示。

如果直接将字符串赋给字符数组,在存储字符串时末尾自动加上字符串的结束标志'\0'。将一个个字符赋给字符数组时,可以将全部元素赋值,也可以将部分元素赋值。当给全部元

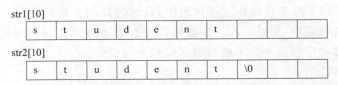

图 7-8　字符数组在内存中的存储形式

素赋值时,字符数组的长度可以省略;只给字符数组的部分元素赋值时,其他未赋值元素的值为'\0'。

例如:

```
char  str[5] = { 'a', 'b', 'c', 'd', '\0'};        /* 全部元素赋值 */
char  str[] = {'a', 'b', 'c', 'd', '\0' };          /* 全部元素赋值,长度可以省略 */
char  str[5] = { 'a', 'b', 'c'};                    /* 部分元素赋值,未赋值元素的值为'\0' */
```

在 C 语言中没有字符串变量,字符数组主要用来存放字符串,字符串由零个或多个字符组成,由一对双引号引起来,字符串的结束标记为'\0'。

7.3.3　常用字符串处理函数

计算机所处理的信息有相当一部分是非数值型的数据,如姓名、地址等字符型数据或字符串。在 C 语言中不能直接使用赋值运算符进行字符串的复制操作,也不能直接使用关系运算符进行字符串的比较操作。C 语言提供了大量的字符串操作函数,如字符串的复制、连接、比较和计算长度等。

1. 字符串的输入

字符串的输入可以采用逐个字符的输入方法来实现,也可以采用整个字符串的输入方法来实现。下面介绍整个字符串的输入方法。

最常用的输入字符串的函数有两个:scanf 函数和 gets 函数。这两个函数的头文件都是"stdio. h"。

(1) scanf 函数。在整个字符串的输入过程中使用"%s"格式控制符,并且与此格式控制符相对应的地址参数为字符数组名,读取输入字符并保存到字符数组中,直到遇到空格符或回车符时结束输入操作,并在字符串后自动加上'\0'。输入字符的个数不能超过字符数组的长度。

例如:

```
char str[5];
scanf("%s",str);
```

利用 scanf 函数可以连续输入多个字符串,不同字符串之间用空格分隔。

例如:

```
char str1[10],str2[20],str3[30],str4[40];
scanf("%s%s%s%s",str1,str2,str3,str4);
```

当输入 I am very happy 时,这 4 个字符数组中的字符串分别为"I"、"am"、"very"、"happy"。

(2) gets 函数。gets 函数的调用格式如下:

gets(字符数组名);

功能:将输入的字符串存放到字符数组中,直到遇到回车符时返回。回车符不会作为有效字符存入字符数组中,而是转换为字符串结束标志来存储。gets 函数能接收包含空格字符的字符串。输入字符的个数不能超过字符数组的长度。

2. 字符串的输出

字符串的输出可以采用逐个字符的输出来实现,也可以采用整个字符串的输出来实现。下面介绍整个字符串的输出方法。

最常用的输出字符串的函数有两个:printf 函数和 puts 函数。这两个函数的头文件都是"stdio. h"。

(1) printf 函数。在整个字符串的输出过程中使用"%s"格式控制符,并且与此格式控制符相对应的地址参数为字符数组名,直到遇到字符串的结束标志'\0'才结束输出操作。

例如:

```
char str1[] = "Hello world",str2 = "Hello\0world";
printf(" % s",str1);               /* 输出结果为 Hello world */
printf(" % s",str2);               /* 输出结果为 Hello */
```

(2) puts 函数。puts 函数调用的一般格式如下:

puts(字符数组名或字符串常量);

功能:将字符串中的所有字符输出到显示器上。输出时将字符串结束标志'\0'转换成换行符'\n'。

例如:

```
char str1[] = "Hello world";
puts(str1);                        /* 输出结果为 Hello world */
```

3. 求字符串的长度

求字符串长度的函数为 strlen,所在的头文件为"string. h",此函数是有参数、有返回值的函数,其调用格式如下:

strlen(字符数组名或字符串常量);

功能:返回字符串中包含的字符个数(不包括"\0")。

例如:

```
char str1[10] = {"CHINA"},str2[] = "123\012";
printf(" % d",strlen(str1));      /* 输出结果为 5 */
printf(" % d",strlen(str2));       /* 输出结果为 4,其中 '\012' 是一个转义字符 */
```

4. 字符串复制的函数

字符串的复制不能使用赋值运算符"=",而必须使用 strcpy、strnpy 或 memcpy 函数。下面主要介绍 strcpy 函数,其他函数参见附录 E。这些函数都在头文件"string. h"中。

strcpy 函数的调用格式为:

strcpy(字符数组,字符串)

功能:将字符串的内容包括字符串结束标志'\0'复制到字符数组中。第 1 个参数必须是字符数组名,第 2 个参数可以是一个包含字符串的字符数组,也可以是一个字符串常量。为了能容纳字符串,字符数组的长度至少要大于字符串的长度。

例如:

```
char str1[10],str2[] = "abcde";
strcpy(str1,str2);              /*将字符数组 str2 的内容复制到字符数组 str1 中*/
```

5. 字符串比较函数

两个字符串大小的比较，不能使用关系运算符来进行，必须使用 strcmp、stricmp、strncmp、strnicmp 等库函数来完成。下面主要介绍 strcmp 函数，其他函数参见附录 E。这些函数都在头文件"string.h"中。

strcmp 函数的调用格式如下：

strcmp(字符数组 1,字符数组 2)

功能：比较两个字符串的大小。当"字符数组 1"等于"字符数组 2"时，函数的返回值为 0；当"字符数组 1"小于"字符数组 2"时，函数的返回值为负整数；当"字符数组 1"大于"字符数组 2"时，函数的返回值为正整数。

字符串比较的规则是将两个字符串从左向右逐个字符比较其 ASCII 码值的大小，直到遇到不同的字符或'\0'为止。如果全部字符都相同，则两个字符串相等。如果出现不相同的字符，则以第 1 个不相同的字符的比较结果作为判断两个字符数组的大小的标准。

例如：

```
char str1[] = "this",str2[] = "that";
```

则 strcmp(str1,str2)的返回值大于 0。因为字符'i'大于字符'a'，其返回值为这两个字符的 ASCII 码值的差值。

6. 字符串连接的函数

如果想将两个字符串连接起来，得到一个新的字符串，则可以调用 strcat 函数，其函数在头文件"string.h"中。

调用 strcat 函数的格式如下：

strcat(字符数组 1,字符数组 2)

功能：将字符数组中的"字符串 2"连接到"字符串 1"后面，从"字符串 1"原来的'\0'(字符串结束标志)处开始连接，为了能容纳连接后的字符串，"字符数组 1"的长度必须要足够大。

例如：

```
char str1[10] = "abc",str2[5] = "defg";
strcat(str1,str2);              /*str1 的结果变为"abcdefg"*/
```

图 7-9 所示为连接过程。

连接前：

str1[10]

a	b	c	\0						

str2[5]

d	e	f	g	\0

连接后：

str1[10]

a	b	c	d	e	f	g	\0		

图 7-9　连接过程

7.4　数组的典型应用

本节主要讨论以下问题。

(1) 如何使用数组处理更复杂的问题?

(2) 数组在使用过程中应该注意哪些问题?

将具有相同数据类型的一组数据定义为数组。定义为数组之后,这些数据就存储在一段连续的存储单元中,读写数据就变得有规律可循,让数据的处理变得更加灵活方便。下面主要通过最大值和最小值、杨辉三角形、矩阵运算和字符串处理等问题介绍如何使用数组解决问题。

7.4.1　最大值和最小值问题

1. 问题描述

通过键盘输入一组整数,找出其中的最大值和最小值。

2. 算法分析

一组数据用数组这种构造数据类型表示,通过循环语句输入整数,把它们放在定义的数组 a 中。用求最大值 max 和求最小值 min 的方法,进行求解。

根据以上分析,建立求一组整数 a[SIZE] 的最大值和最小值的算法模型如下。

(1) 将数组中第 1 个元素默认为最大值和最小值,把它们分别存放在存放最大值的变量 max 和存放最小值的变量 min 中,即 max=min=a[0]。

(2) 依次与数组中的其他元素 a[i](i=1～SIZE−1)进行比较,适时更改 max 和 min 变量的值。

```
for(i = 1; i < SIZE; i++)
    {
        if(a[i]> max) max = a[i];
        if(a[i]< min) min = a[i];
    }
```

3. 源程序的编写步骤

(1) 定义程序中用到的相关变量。

```
#define SIZE 10
int a[SIZE], i, max, min;
```

(2) 求数组 a 的最大值 max 和最小值 min 的过程如下。

```
for(i = 1; i < SIZE; i++)
    {
        if(a[i]> max) max = a[i];
        if(a[i]< min) min = a[i];
    }
```

(3) 用 printf 函数输出最大值 max 和最小值 min。

4. 源程序

```
1   /* 最大值和最小值问题.c */
2   #include "stdio.h"
```

```
3   #define SIZE 10
4   int main()
5   {
6     int a[SIZE],i,max,min;
7     for(i = 0;i < SIZE;i++)
8         scanf(" % d",&a[i]);
9     max = min = a[0];
10    for(i = 1;i < SIZE;i++)
11    {
12        if(a[i]> max) max = a[i];
13        if(a[i]< min) min = a[i];}
14    printf("最大值是:% d\n",max);
15    printf("最小值是:% d\n",min);
16    return 0;
17  }
```

程序运行结果如下。

```
20 10 54 25 63 85 47 59 96 84 ↙
最大值是:96
最小值是:10
```

【举一反三】

（1）输出 10 个整数中的最大值和最小值互换后的序列。

（2）将 3×4 的矩阵中每行、每列中的最大元素分别放在该行和该列的末尾，形成一个 4×5 的矩阵，并输出 4×5 的矩阵。

7.4.2　杨辉三角形问题

1. 问题描述

杨辉三角形，又称贾宪三角形、帕斯卡三角形，是二项式系数在三角形中的一种几何排列。在中国南宋数学家杨辉于 1261 年所著的《详解九章算法》一书中出现，用如图 7-10 所示的三角形解释二项和的乘方规律，即二项式定理。在欧洲，帕斯卡（1623—1662 年）在 1654 年发现这一规律，所以该杨辉三角形又叫作帕斯卡三角形。帕斯卡的发现比杨辉要迟 393 年。其实，中国古代数学家在数学的许多重要领域中处于遥遥领先的地位。中国古代数学史曾经有自己光辉灿烂的篇章，而杨辉三角形的发现就是十分精彩的一页。

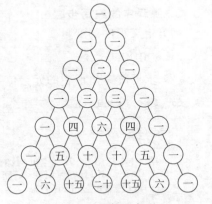

图 7-10　杨辉三角形

例如，在杨辉三角形中，第 3 行的 3 个数恰好对应着两数和的平方的展开式的每一项的系数，即 $(a+b)^2 = a^2 + 2ab + b^2$，第 4 行的 4 个数恰好依次对应两数和的立方的展开式的每一项的系数，即 $(a+b)^3 = a^3 + 3a^2b + 3ab^2 + b^3$，以此类推。

下面给出行数为 5 的左对齐的杨辉三角形。

```
1
1    1
1    2    1
1    3    3    1
1    4    6    4    1
```

2. 算法分析

观察杨辉三角形,发现有以下特点:第1列和主三角线上的数为1,其余的数字为上一行所对应的数字和它前一个数字相加的和。对应的每个元素需要已知所在行和所在列才可以确定,因此,采用二维数组来存放该三角形中的数据。

根据以上分析,建立的算法模型如下。

定义一个二维数组 a[M][M],第 i 行第 j 列的元素为 a[i][j](i=0~M−1,j=0~M−1)。当 j==0 时,a[i][j]所存放的元素为1;当 i==j 时,a[i][j]所存放的元素也为1,其他的元素满足 a[i][j]=a[i−1][j−1]+a[i−1][j]。其算法 N-S 图如图 7-11 所示。

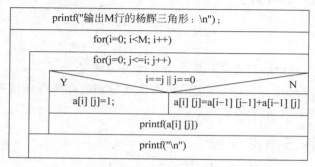

图 7-11 杨辉三角形的算法 N-S 图

3. 源程序的编写步骤

(1)定义程序的变量。

```
int a[M][M], i , j ;
```

(2)求杨辉三角形中的元素值并输出。

```
for(i = 0;i < M;i++)
 {
   for(j = 0;j < = i;j++)
  {
   if(i == j||j == 0)    a[i][j] = 1;
     else   a[i][j] = a[i − 1][j] + a[i − 1][j − 1];
   printf(" % d ",a[i][j]);
  }
 printf("\n");
}
```

4. 源程序

```
1  / * 杨辉三角形问题.c * /
2  # include < stdio. h >
3  # define M 5
```

```
4   int main(void)
5   {
6      int a[M][M], i , j ;
7      for(i = 0;i < M;i++)
8      for(j = 0;j <= i;j++)
9        if(i == j||j == 0)
10           a[i][j] = 1;
11         else
12           a[i][j] = a[i-1][j] + a[i-1][j-1];
13     for(i = 0;i < M;i++)
14       { for(j = 0;j <= i;j++)
15         printf(" % d ",a[i][j]);
16        printf("\n");
17       }
18     return 0;
19   }
```

程序运行结果如下。

```
1
1  1
1  2  1
1  3  3  1
1  4  6  4  1
```

【举一反三】

（1）上述过程使用了二维数组进行杨辉三角形的输出，对上述方法进行改进，用一维数组实现如图 7-12 所示的杨辉三角形的输出。

（2）用二维数组实现如图 7-13 所示的杨辉三角形的输出。

```
                                          1
1                                      1     1
1  1                                1     2     1
1  2  1                          1     3     3     1
1  3  3  1                     1     4     6     4     1
1  4  6  4  1               1     5    10    10     5     1
1  5  10 10  5  1          …          …          …
```

图 7-12 杨辉三角形的输出 1   图 7-13 杨辉三角形的输出 2

（3）【"蓝桥杯"省赛试题】针对上述杨辉三角形，如果按照从上到下、从左到右的顺序把所有数排成一列，可以得到如下数列：

1,1,1,1,2,1,1,3,3,1,1,4,6,4,1…

给定一个正整数 N，请输出数列中第一次出现 N 是在第几个数？

【输入格式】

输入一个整数 N。

【输出格式】

输出一个整数代表答案。

【样例输入】

6

【样例输出】

13

7.4.3 矩阵相乘问题

1. 问题描述

令 A 为一个 M×N(M 行 N 列)的矩阵,B 为一个 N×P(N 行 P 列)的矩阵,则 A×B 得到一个 M×P 的矩阵 C。假设 A 中的元素为 a_{mn},B 中的元素为 b_{np},C 中的元素为 c_{mp},则 C 中的元素 $c_{mp}=a_{m1}\times b_{1p}+a_{m2}\times b_{2p}+\cdots+a_{mn}\times b_{np}$。设 A 为 4×2 矩阵,B 为 2×3 矩阵,对它们进行乘法运算。运算过程如图 7-14 所示。

$$\begin{bmatrix} a_{11} & a_{12} \\ a_{21} & a_{22} \\ a_{31} & a_{32} \\ a_{41} & a_{42} \end{bmatrix} \times \begin{bmatrix} b_{11} & b_{12} & b_{13} \\ b_{21} & b_{22} & b_{23} \end{bmatrix} = \begin{bmatrix} c_{11} & c_{12} & c_{13} \\ c_{21} & c_{22} & c_{23} \\ c_{31} & c_{32} & c_{33} \\ c_{41} & c_{42} & c_{43} \end{bmatrix}$$

图 7-14 运算过程

2. 算法分析

采用二维数组来表示矩阵,本问题中需要定义 3 个二维数组,即用 a[M+1][N+1]、b[N+1][P+1]和 c[M+1][P+1]分别表示 A、B、C 矩阵。在实现过程中为了和矩阵中的元素下标保持一致,将数组元素的行标和列标从 1 开始,行标为 1~M、列标为 1~N。

根据以上分析,建立的算法模型的 N-S 图如图 7-15 所示。

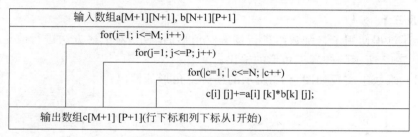

图 7-15 算法模型的 N-S 图

3. 源程序的编写步骤

(1) 定义程序中的变量。

```
int a[M + 1][N + 1],b[N + 1][P + 1],c[M + 1][P + 1];
int i,j,k;
```

(2) 输入矩阵 A 和 B。

```
printf("输入矩阵 A:\n");
for(i = 1;i < = M;i++)
  for(j = 1;j < = N;j++)
    scanf(" % d",&a[i][j]);
printf("输入矩阵 B:\n");
for(i = 1;i < = N;i++)
  for(j = 1;j < = P;j++)
    scanf(" % d",&b[i][j]);
```

(3) 计算矩阵 C。

```
for(i = 1;i < = M;i++)
  for(j = 1;j < = P;j++)
  {
    c[i][j] = 0;
```

```
       for(k = 1;k < = N;k++)
           c[i][j] += a[i][k] * b[k][j];
       }
```

（4）输出矩阵 **C**。

```
printf("输出矩阵 C:\n");
 for(i = 1;i < = M;i++)
   {
    for(j = 1;j < = P;j++)
       printf(" % 3d",c[i][j]);
    printf("\n");
}
```

4. 源程序

```
1   /*矩阵运算问题.c*/
2   # include "stdio.h"
3   # define M 4
4   # define N 2
5   # define P 3
6   int main()
7   {  int a[M + 1][N + 1],b[N + 1][P + 1],c[M + 1][P + 1];
8      int i,j,k;
9      printf("输入矩阵 A:\n");
10     for(i = 1;i < = M;i++)
11       for(j = 1;j < = N;j++)
12         scanf(" % d",&a[i][j]);
13     printf("输入矩阵 B:\n");
14     for(i = 1;i < = N;i++)
15       for(j = 1;j < = P;j++)
16         scanf(" % d",&b[i][j]);
17     for(i = 1;i < = M;i++)
18       for(j = 1;j < = P;j++)
19       {
20          c[i][j] = 0;
21          for(k = 1;k < = N;k++)
22            c[i][j] += a[i][k] * b[k][j];
23       }
24     printf("输出矩阵 C:\n");
25     for(i = 1;i < = M;i++)
26     {
27       for(j = 1;j < = P;j++)
28         printf(" % 3d",c[i][j]);
29       printf("\n");
30     }
31     return 0;
32   }
```

程序运行结果如下。

```
输入矩阵 A:
1 2 3 ↙
4 5 6 ↙
7 8 9 ↙
输入矩阵 B:
1 4 ↙
2 5 ↙
3 6 ↙
```

```
输出矩阵 C:
 13 11 10
 35 23 24
 57 35 38
 79 47 52
```

【举一反三】

（1）实现两个 3×4 的矩阵相加和相减的程序。

（2）自己制定一个规则，将 $1 \sim N^2$ 生成一个 N×N 的矩阵，如螺旋矩阵、蛇形矩阵等。

（3）判断一个矩阵是否为对称矩阵。判断对称矩阵的方法是：对任意 i 和 j，有 a[i][j]＝a[j][i]。

7.4.4　字符串处理问题

1. 问题描述

输入多个字符串，将它们按照从小到大的字典顺序进行排序。

2. 算法分析

采用二维数组来存储多个字符串，定义"char string[N][81];"，每行为一个字符串，可以存储 N 个字符串，定义一个行下标 i，通过字符串输入函数 gets(string[i])输入第 i 个字符串，string[i]为每个字符串的首地址。

采用选择排序，将进行 N－1 趟排序，每趟都是将第 i 个字符串与其后的各个字符串进行比较，当发现比第 i 个字符串还小的字符串时，就将它们进行交换，如第 1 趟中首先将行下标为 0 的字符数组和行下标为 1 的字符数组进行比较，如果前者比后者大，将其进行交换，然后将行下标为 0 的字符数组和行下标为 2 的字符数组进行比较，以此类推，第 1 趟进行 N－1 次比较。同理第 2 趟进行 N－2 次比较，第 3 趟进行 N－3 趟比较，……，最后一趟进行了 1 次比较。特别注意的是，涉及字符串的操作直接使用字符串操作函数。如两个字符串的交换、两个字符串的比较等。

根据以上分析，其算法模型用 N-S 图描述如图 7-16 所示。

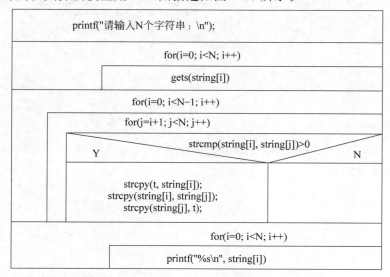

图 7-16　N-S 图描述

3. 源程序的编写步骤

（1）定义变量。

```
char string[N][81],t[81];
int i,j;
```

（2）用 gets 函数完成 N 个字符串的输入。

```
for(i = 0;i < N;i++)
      gets(string[i]);
```

（3）用选择排序实现 N 个字符串的排序。

```
for(i = 0;i < N - 1;i++)
    for(j = i + 1;j < N;j++)
      if(strcmp(string[i],string[j])> 0)
      {
      strcpy(t,string[i]);
      strcpy(string[i],string[j]);
      strcpy(string[j],t);
      }
```

（4）输出排序后的 N 个字符串。

```
for(i = 0;i < N;i++)
    printf(" % s\n",string[i]);
```

4. 源程序

```
1   /* 字符串处理问题.c */
2   # include "stdio. h"
3   # include "string. h"
4   # define N 5
5   int main()
6   {   char string[N][81],t[81];
7       int i,j;
8       for(i = 0;i < N;i++)
9         gets(string[i]);
10      for(i = 0;i < W - 1;i++)
11      for(j = i + 1;j < N;j++)
12        if(strcmp(string[i],string[j])> 0)
13          {
14          strcpy(t,string[i]);
15          strcpy(string[i],string[j]);
16          strcpy(string[j],t);
17          }
18      for(i = 0;i < N;i++)
19        printf(" % s\n",string[i]);
20      return 0;
21  }
```

程序运行结果如下。

Dog ↙
Duck ↙

```
Cat ↙
Chick ↙
Hen ↙
Cat
Chick
Dog
Duck
Hen
```

【举一反三】

（1）输入多种水果的名称，将它们按照从大到小的字典顺序进行排序。

（2）输入多个好朋友的名称，将它们按照逆字典顺序进行排序。

（3）【"蓝桥杯"省赛试题】编程实现字符串的输入输出处理。

【输入格式】

第一行是一个正整数 N，最大为 100。之后是多行字符串（行数大于 N），每一行字符串可能含有空格，字符数不超过 1000。

【输出格式】

先将输入中的前 N 行字符串（可能含有空格）原样输出，再将余下的字符串（含有空格）以空格或回车分隔依次按行输出。每行输出之间输出一个空行。

【样例输入】

```
2
www.dotcpp.com DOTCPP
A C M
D O T CPP
```

【样例输出】

```
www.dotcpp.com DOTCPP
A C M
D
O
T
CPP
```

🔑 7.5　本章小结

7.5.1　知识梳理

数组在程序设计中是一个重要组成部分，数组的使用常常和循环联系在一起。一维数组的操作通常用一重循环来实现，二维数组的操作通常用二重循环来实现。我们需要找到数组元素下标的变化规律，这样才能对数组元素进行更好地处理。本章介绍了数组的基本概念，包括一维数组和二维数组，以及特殊的字符数组。本章知识导图如图 7-17 所示。

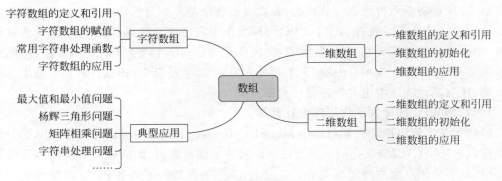

图 7-17　本章知识导图

7.5.2　常见上机问题及解决方法

1. 数组下标越界

C 语言中数组下标越界,编译器不会检查出错误,但是实际上后果可能会很严重,如程序崩溃等,所以在日常编程中,应当养成良好的编程习惯,避免这样的错误发生。

例如:

```
int a[5];
for(i = 0;i < = 5;i++)
    printf(" % d",a[i]);
```

错误原因:数组元素下标的范围为 0~4,当 i=5 时,出现下标越界,数组元素引用错误。

2. 二维数组的定义有误

例如:

```
int a[3][] = {{1,2,3},{4,5,6},{7,8,9}}
```

错误原因:在二维数组进行定义时,列下标不能省略。

3. 字符数组的赋值

例如:

```
int str[] = 'abc';
```

错误原因:在给字符数组赋值时字符串必须用双引号引起来。

4. 字符串输入输出有误

例如:

```
char a[10];
scanf(" % s",a);
printf(" % s",a[10]);
```

错误原因:字符串输出时输出函数的变量列表中应该为字符串的首地址。

🔍 扩展阅读:计算机程序设计大赛

2022 年 3 月 22 日,中国高等教育学会高校竞赛评估与管理体系研究工作组发布 2021 全国普通高校大学生竞赛排行榜。进入 2017—2021 年学科竞赛排行榜榜单的共有 56 项竞赛。这 56 项竞赛是教育部官方认可的、非常具有含金量及参赛价值的赛事。其中与计算机相关的程序设计比赛主要有 ACM-ICPC 国际大学生程序设计竞赛、中国大学生计算机设计大赛、中国高校计算机大赛-大数据挑战赛/团体程序设计天梯赛/移动应用创新赛/网络技术挑战赛/微信小程序应用开发赛/人工智能创意赛和"蓝桥杯"全国软件和信息技术专业人才大赛,还有其他赛事中也有程序设计大赛。

1. ACM-ICPC 国际大学生程序设计竞赛

国际大学生程序设计竞赛(International Collegiate Programming Contest,ICPC)是由国际计算机协会(ACM)主办的一项旨在展示大学生创新能力、团队精神和在压力下编写程序、分析和解决问题能力的年度竞赛。经过近 40 年的发展,ACM-ICPC 已经发展成为全球最具影响力的大学生程序设计竞赛,赛事由 AWS、华为和 Jetbrains 赞助,在北京大学设有 ICPC 北京总部,用于组织东亚区域赛。

1) 竞赛特点

参赛队伍最多由三名参赛队员组成。竞赛中命题 10 题左右,试题描述为英文,比赛时间为 5 小时,前 4 小时可以实时看到排名,最后一小时封榜,无法看到排名。竞赛可以使用的语言有 Java、C、C++、Kotlin 和 Python。重点考察选手的算法和程序设计能力,不考察实际工程中常用的系统编程、多线程编程等。选手可携带任何非电子类资料,包括书籍和打印出来的程序等,部分赛区会对选手携带的纸质资料进行限制。每个题目对应一种颜色的气球,解答出该题目的队伍会得到对应颜色的气球,且第一支解答出该题目的队伍还会额外获得一个 FIRST PROBLEM SOLVED 的气球。

2) 赛事安排

赛事由各大洲区域预赛和全球总决赛两个阶段组成。决赛安排在每年的 3~5 月举行,而区域预赛一般安排在上一年的 9~12 月举行。原则上一个大学在一站区域预赛中最多可以参与 3 支队伍,但只能有一支队伍参加全球总决赛。

入围世界总决赛的名额(WF Slots)分为参与名额(Participation Slots)、奖牌奖励名额(Medal Bonus Slots)和其他红利名额(Other Bonus Slots)三类。其中参与名额是从 ICPC 总部分配给各大洲区的参与名额中;奖牌名额是 ICPC 总部根据上一年度总决赛结果直接分配给获得奖牌的特定学校的名额;其他红利名额是各大洲区主席从 ICPC 总部争取到的额外奖励名额。

全球总决赛第一名将获得奖杯一座。另外,成绩靠前的参赛队伍也将获得金、银和铜牌。而解题数在中等以下的队伍会得到确认但不会进行排名。

2. 中国大学生计算机设计大赛

中国大学生计算机设计大赛(简称"大赛"或 4C)启筹于 2007 年,始创于 2008 年,每年举办一次。中国大学生计算机设计大赛的国赛参赛对象是我国大陆高等院校中所有专业的当年在校本科生(包括来华留学生,即国际生),重点是激发学生学习计算机知识和技能的兴趣和潜能,提高学生运用信息技术解决实际问题的综合能力,以赛促学,以赛促教,以赛促创。

1) 竞赛内容

中国大学生计算机设计大赛的竞赛内容目前分设：软件应用与开发、微课与教学辅助、物联网应用、大数据应用、人工智能应用、信息可视化设计、数媒静态设计、数媒动漫与短片、数媒游戏与交互设计、计算机音乐创作等类别,以及国际生"学汉语,写汉字"赛项。其中,计算机音乐创作类竞赛是我国大陆开设最早的面向大学生进行计算机音乐创作的国家级赛事。

2)竞赛时间

大赛每年举办一次,决赛时间一般在当年 7 月至 8 月,以三级竞赛形式开展,校级初赛—省级复赛—国家级决赛。学校初赛、省级复赛(包括省市赛、跨省区域赛和省级直报赛区的选拔赛)可自行、独立组织。省级赛原则上由各省的计算机学会、省计算机教学研究会、省计算机教学指导委员会或省教育厅(市教委)主办。

3．中国高校计算机大赛

中国高校计算机大赛(China Collegiate Computing Contest,C4)是面向全国高校各专业在校学生的科技类竞赛活动,于 2016 年创办,由教育部高等学校计算机类专业教学指导委员会、教育部高等学校软件工程专业教学指导委员会、教育部高等学校大学计算机课程教学指导委员会、全国高等学校计算机教育研究会联合主办,设多个竞赛模块:大数据挑战赛、团体程序设计天梯赛、移动应用创新赛、网络技术挑战赛、微信小程序应用开发赛、人工智能创意赛等。大赛旨在培养大学生运用计算机编程分析问题、解决问题的能力,同时培养学生的团队合作精神,特别是提高学校的程序设计教学的总体水平,提高大学生的综合素质。

其中,团体程序设计天梯赛主要考查参赛团队的程序设计能力、数据结构和算法运用能力,以及团队表现的综合素质。难度分为三个等级:基础级、进阶级、登顶级。按个人独立比赛、团体计分等方法进行排位。2016 年,第一届初赛共有来自 27 个省级行政区 180 所高校 444 支队伍 4294 名选手在线竞技,代码提交量近 8 万行,共有 87 所高校晋级决赛。

1)竞赛规则

每支参赛队最多由 10 名队员组成,竞赛的预定时长为 3 小时/2.5 小时。

2)竞赛题目

竞赛题目分 3 个梯级:基础级设 8 道题,其中 5 分、10 分、15 分、20 分的题各 2 道,满分为 100 分;进阶级设 4 道题,每道题 25 分,满分为 100 分;登顶级设 3 道题,每道题 30 分,满分为 90 分。

3)竞赛时间

初赛一般定于每年 5 月中旬至 6 月上旬,采用在线竞技的方式进行,比赛时长为 3 小时,初赛中各校最多允许派 3 支队伍参赛。赛后通过代码查重检验(10 分及以下的题目不查重)的高校,以各校得分最高的队伍进行最高分排序,排前 80 名的高校以及各省级行政区得分在 400 分以上的第一名高校获得决赛资格。

决赛一般定于每年 7 月举行。获得决赛资格的高校最多可派 3 支队伍参赛,比赛时长为 2.5 小时,比赛在全国设立多个赛区进行现场赛。

4．"蓝桥杯"全国软件和信息技术专业人才大赛

"蓝桥杯"全国软件和信息技术专业人才大赛是由工业和信息化部人才交流中心举办的全国性 IT 学科赛事。2020 年,"蓝桥杯"大赛被列入中国高等教育学会发布的"全国普通高校学科竞赛排行榜",是高校教育教学改革和创新人才培养的重要竞赛项目。截至 2023 年 2 月,"蓝桥杯"全国软件和信息技术专业人才大赛已举办 13 届。全国已超过 1600 所院校,累计 65 万余名学子报名参赛。

参赛组别有个人赛和团体赛,其中软件类有①C/C++程序设计(研究生组,大学 A 组、B组、C组),②Java 软件开发(研究生组,大学 A 组、B 组、C 组),③Python 程序设计(大学组)。

个人赛根据相应组别分别设立一、二、三等奖及优秀奖。其中,一等奖不高于 5%,二等奖占 20%,三等奖不低于 35%,优秀奖不超过 40%,零分卷不得奖。

初赛一般定于每年 3 月中旬至 4 月上旬,采用在线竞技的方式进行,比赛时长为 3 小时,决赛一般定于每年 5 月举行。

习题 7

1. 选择题

(1) 以下对二维数组 a 进行正确初始化的是(　　　)。

    A. int a[2][3]={{1,2},{3,4},{5,6}};

    B. int a[][3]={1,2,3,4,5,6};

    C. int a[][]={1,2,3,4,5,6};

    D. int a[2][]={{1,2},{3,4}};

(2) 在定义"int a[5][4];"之后,对 a 的引用正确的是(　　　)。

    A. a[2][4]　　　　B. a[1,3]　　　　C. a[4][3]　　　　D. a[5][0]

(3) 在执行语句"int a[][3]={1,2,3,4,5,6};"后,a[1][0]的值是(　　　)。

    A. 4　　　　B. 1　　　　C. 2　　　　D. 5

(4) 在定义"int a[5][6];"后,数组 a 中的第 10 个元素是(　　　)(设 a[0][0]为第一个元素)。

    A. a[2][5]　　　　B. a[2][4]　　　　C. a[1][3]　　　　D. a[1][5]

(5) 下列程序执行后的输出结果是(　　　)。

```c
#include "stdio.h"
int main()
{
 int i,j,a[3][3];
 for(i = 0;i < 3;i++)
    for(j = 0;j <= i;j++)
       a[i][j] = i * j;
 printf("%d,%d\n",a[1][2],a[2][1]);
 return 0;
}
```

    A. 2,2　　　　B. 不定值,2　　　　C. 2　　　　D. 2,0

(6) 有如下程序:

```c
#include "stdio.h"
int main()
{
  int a[3][3] = {{1,2},{3,4},{5,6}},i,j,s = 0;
  for(i = 1;i < 3;i++)
     for(j = 0;j <= i;j++)
        s += a[i][j];
  printf("%d\n",s);
```

```
   return 0;
}
```

该程序的输出结果是(   )。

　　A. 18　　　　　　　　B. 19　　　　　　　　C. 20　　　　　　　　D. 21

（7）以下程序的输出结果是(   )。

```
# include "stdio.h"
int main()
{
 int i,x[3][3] = {9,8,7,6,5,4,3,2,1};
 for(i = 0;i < 3;i += 1)
    printf(" % 5d",x[1][i]);
 return 0;
 }
```

　　A. 6 5 4　　　　　　B. 9 6 3　　　　　　C. 9 5 1　　　　　　D. 9 8 7

（8）以下程序的输出结果是(   )。

```
# include "stdio.h"
int main()
{
 int i,x[3][3] = {1,2,3,4,5,6,7,8,9}
 for(i = 0;i < 3;i++)
    printf(" % d",x[i][2 - i]);
 printf("\n");
 return 0;
}
```

　　A. 1,5,9　　　　　　B. 1,4,7　　　　　　C. 3,5,7　　　　　　D. 3,6,9

（9）以下程序的输出结果是(   )。

```
# include "stdio.h"
int main(   )
{
 int i,x[3][3] = {1,2,3,4,5,6,7,8,9};
 for(i = 0;i < 3;i++)
    printf(" % d",x[i][i]);
 printf("\n");
 return 0;
}
```

　　A. 1,5,9　　　　　　B. 1,4,7　　　　　　C. 3,5,7　　　　　　D. 3,6,9

（10）以下程序的输出结果是(   )。

```
# include "stdio.h"
int main()
{
 int a[3][3] = {{1,2,3},{3,4,5},{5,6,7}},i,j,s = 0;
 for(i = 0;i < 3;i++)
    for(j = i;j < 3;j++)
       s += a[i][j];
 printf(" % d\n",s);
 return 0;
 }
```

　　A. 26　　　　　　　　B. 36　　　　　　　　C. 19　　　　　　　　D. 22

(11) 以下程序的输出结果是(　　　)。

```c
#include"stdio.h"
int main()
{
  int aa[3][3] = {{2},{4},{6}};
  int i,p = aa[0][0];
  for(i = 0;i < 2;i++)
  {
    if(i == 0)
      aa[i][i + 1] = p + 1;
    else ++p;
    printf(" % d",p);
  }
  return 0;
}
```

　　　A. 23　　　　　　　　　B. 26　　　　　　　　　C. 3　　　　　　　　　D. 36

(12) 以下程序的输出结果是(　　　)。

```c
#include"stdio.h"
int main()
{
  int a[4][4] = {{1,2,3,4},{3,4,5,6},{5,6,7,8},{7,8,9,10}};
  int j,s = 0;
  for(j = 0;j < 4;j++)
    s += a[j][j];
  printf(" % d\n",s);
  return 0;
}
```

　　　A. 36　　　　　　　　　B. 26　　　　　　　　　C. 22　　　　　　　　　D. 20

(13) 以下程序执行后的输出结果是(　　　)。

```c
#include "stdio.h"
int main()
{
  int a[3][5] = {1,2,4,8,10, - 1, - 2, - 4, - 8, - 10,3,5,7,9,11};
  int i,j,n = 9;
  i = n/5;j = n - i * 5 - 1;
  printf("no. % d: % d, % d is % d\n",n,i,j,a[i][j]);
  return 0;
}
```

　　　A. 第 n 个元素所在的行和列及该元素的值

　　　B. 第 n 行的最大元素所在的行和列及其最大值

　　　C. 第 i 行的最大元素所在的行和列及其最大值

　　　D. 以上都不对

(14) 以下程序统计了 3 名学生的成绩,每名学生有 4 门课程的考试成绩,要求输出每名学生的总成绩、每名学生的平均成绩、3 名学生的总成绩。下列说法正确的是(　　　)。

```c
#include"stdio.h"
int main()
{
  int stu[3][4],i,j,t[3];
  float sum = 0,a[3];
```

```
   for(i = 0; i < 3; i++)
      for(j = 0; j < 4; j++)
         scanf(" % d",&stu[i][j]);
   for(i = 0; i < 3; i++)
   {
      t[i] = 0;
      for(j = 0; j < 3; j++)
        {sum += stu[i][j];
          t[i] += stu[i][j];
          printf(" % - 6d",stu[i][j]);}
      a[i] = t[i]/3;
      printf(" % - 6.2f\n",a[i]);
      }
 printf(" % .2f\n",sum/12.0);
 return 0;
}
```

  A.　数组 a 的每个元素中存放的是每名学生的总成绩

  B.　数组 t 的每个元素中存放的是每名学生的平均成绩

  C.　数组 a 的每个元素中存放的是每名学生的平均成绩

  D.　输出时所有学生的成绩放一行进行排列

(15) 以下程序的输出结果是(　　)。

```
# include" stdio. h"
int main()
{
 int n[3][3], i, j;
 for(i = 0; i < 3; i++)
    for(j = 0; j < 3; j++)
      n[i][j] = i + j;
 for(i = 0; i < 2; i++)
    for(j = 0; j < 2; j++)
      n[i + 1][j + 1] += n[i][j];
 printf(" % d\n",n[i][j]);
 return 0;
}
```

  A.　14   B. 0   C. 6   D. 值不确定

(16) 下面的程序运行后,输出的结果是(　　)。

```
# include" stdio. h"
int main()
{
 int i, j, a[7][7], x = 0;
 for(i = 0; i < 3; i++)
    for(j = 0; j < 3; j++)
        a[i][j] = 3 * j + i;
 for(i = 2; i < 7; i++)   x += a[i][i];
 printf(" % d\n",x);
 return 0;
}
```

  A.　8   B. 值不确定   C. 20   D. 0

(17) 下面程序的功能是(　　)。

```
# include " stdio. h"
```

```c
int main()
{
 int a[5][4],i,j,max,row,col;
 for(i=0;i<5;i++)
     for(j=0;j<4:j++)
         scanf(" %d",&a[i][j]);
 max=a[4][0];row=4;col=0;
 for(i=4;i>=0;i--)
     for(j=0;j<4;j++)
         if(max<a[i][j]){max=a[i][j];row=i;col=j;}
 printf("max=%d,row=%d,col=%d\n",max,row,col);
 return 0;
}
```

  A. 求二维数组中第 4 行中的最大元素及位置

  B. 求二维数组中的最大元素及位置

  C. 求二维数组中的最小元素及位置

  D. 求二维数组中每一行的最大元素及位置

 2. 程序设计题

 （1）**斐波纳契数列**。求斐波纳契数列的前 20 项。斐波纳契数列的通项式为 $f(1)=1$，$f(2)=1,f(n)=f(n-1)+f(n-2)(n>2)$。

 （2）**矩阵转置**。将 3 行 4 列的矩阵转置。

 （3）**数的查找**。查找一个整数是否在一个已排好序的数列中。

 （4）**数组逆序**。将一个数组逆序输出。

 （5）**数的插入**。有一个已经排好序的数组。现输入一个数，要求按原来的顺序将它插入数组中。

 （6）**【"蓝桥杯"国赛试题】**定义阶乘 n! $=1\times2\times3\times\cdots\times n$。请问 100!（100 的阶乘）有多少个约数？

 （7）**【"蓝桥杯"省赛试题】信用卡号码验证**。当你输入信用卡号码的时候，有没有担心输错了而造成损失呢？其实可以不必这么担心，因为并不是一个随便的号码都是合法的，它必须通过 Luhn 算法的验证通过。

 该校验的过程：

 ① 从卡号最后一位数字开始，逆向将奇数位（1、3、5…）相加。

 ② 从卡号最后一位数字开始，逆向将偶数位数字，先乘以 2（如果乘积为两位数，则将其减去 9），再求和。

 ③ 将奇数位总和加上偶数位总和，结果应该可以被 10 整除。

 例如，卡号是：5432123456788881。

 则奇数、偶数位（用黑体标出）分布：**5**4**3**2**1**2**3**4**5**6**7**8**8**8**8**1。

 奇数位和等于 35。

 偶数位乘以 2（有些要减去 9）的结果：16261577，求和等于 35。

 最后 35+35=70，可以被 10 整除，认定校验通过。

 请编写一个程序，从键盘输入卡号，然后判断是否校验通过。若通过则显示"成功"，否则显示"失败"。

 【样例输入】356827027232780

【样例输出】成功

（8）【"蓝桥杯"省赛试题】日期差。从键盘输入一个日期,格式为 yyyy-mm-dd,要求计算该日期与 1949 年 10 月 1 日距离多少天。

【样例输入】1949-10-2

【样例输出】1

【样例输入】1949-11-1

【样例输出】31

（9）【"蓝桥杯"省赛试题】字符串编码。小明发明了一种由全大写字母组成的字符串编码的方法。对于每一个大写字母,小明将它转换成它在 26 个英文字母中的序号,即 A→1,B→2,…,Z→26。这样一个字符串就能被转换成一个数字序列,如 ABCXYZ→123242526。

现在给定一个转换后的数字序列,小明想还原出原本的字符串。这样的还原有可能存在多个符合条件的字符串。小明希望找出其中字典序最大的字符串。

【输入格式】一个数字序列

【输出格式】一个只包含大写字母的字符串,代表答案

【样例输入】123242526

【样例输出】LCXYZ

第 **8** 章

函　　数

◇ **学习导读**

"函数"是由英语 function 翻译而来的,function 有功能的意思, 函数的本质就是完成一定的功能。当程序规模比较大时,把所有的 代码都写到一个主函数中时,会使主函数比较庞大、繁杂,使程序员 阅读和维护起来变得困难、头绪不清。此外,如果程序中要多次实现 某一功能,程序代码中会重复出现同一段代码,这就使得程序变长。 在 C 语言中,把一批常用的、使用比较频繁的功能用函数编写好,需 要时进行调用。如 cos( )函数用于求一个数的余弦值,abs( )函数用 于求一个整数的绝对值。

因此,利用函数不仅可以实现程序的模块化,将程序设计得简单 和直观,提高程序的可读性和维护性,而且可以把常用的操作编成通 用的函数,以供随时调用,提高程序的可重用性。本章将详细介绍函 数的定义、调用和使用方法,以及变量的作用域、生存期及存储类型。

◇ **内容导学**

(1) 函数的概念及其分类。

(2) 函数的定义。

(3) 函数的调用和声明。

(4) 函数的嵌套和递归调用。

(5) 变量的作用域与生存期。

(6) 变量的存储类型。

(7) 编写包含自定义函数的程序。

◇ **育人目标**

《论语》的"学而时习之,不亦说乎"意为:学习并且不断温习,不 也是一件愉快的事吗——学习也是一件快乐的事情。

一个复杂问题通常是分解为许多子问题来逐一解决的,每个子问题就是通过函数来实现的,这就是函数的重要性。如一个复杂工程就是由许多人员一起完成的,每个人各负其责,只要每个人完成了自己的工作(函数),就实现了整个工程。通过学习函数可以体会到团队精神。只要团队的每个成员取长补短,各尽所能,贡献各自的力量,这个团队的集体智慧就是坚不可摧的钢铁长城,就没有攻克不了的难题,函数之于程序设计有着"异曲同工,殊途同归"之妙。

8.1 函数概述

视频讲解

本节主要讨论以下问题。

(1) 什么是函数?

(2) 函数有哪些类型?

(3) 不同类型的函数有什么特点?

通过第 1 章的介绍可以了解到 C 语言源程序由函数组成。前面所写的程序基本上由一个主函数完成。在 C 语言中,函数是构成程序的基本模块,是模块化编程的最小单位,因此可以把每个函数都看作一个模块,若干相关的函数也可以合并成一个模块。面对复杂问题时,程序员往往是把整个问题划分成若干功能较为单一的子问题,然后针对具体子问题编写一个函数来完成,所有的子问题解决了,问题也就解决了。

其实,C 语言不仅提供了丰富的标准库函数,如输入输出函数、数学库函数和字符串处理函数等,还允许用户自身根据问题的需要自定义完成某项功能的函数,如 max 函数。标准库函数的功能非常丰富,根据功能将 C 语言标准库函数分为数学运算、文件和目录操作、事件和日期、进程操作、内存分配、字符串处理、系统函数、类型转换、绘图函数共九类。附录 E 列出了常用的库函数及对应头文件,如 math. h、string. h、stdio. h 等。库函数由于 C 语言系统提供定义,使用时直接调用即可。在调用时,给定具体的参数及在程序开头指出库函数所在的头文件就可以。同时,注意函数的返回值。如求一个整数 a 的绝对值并将其赋给变量 b,用法为"b＝abs(a);";输出整数 a 的值,用法为"printf("%d\n",a);"。

用户自定义的函数是根据问题的需要由用户自己定义一个能完成一定功能的函数,供其他函数调用。在定义时不能嵌套定义,但可以相互调用。如例 2-2 中的 **max** 函数就是用户自定义函数,然后供 **main** 函数调用。用户自定义的函数灵活多变,完全根据问题的需要来确定定义函数的个数和函数的格式以及功能。

在 C 语言中,函数有不同的类型,下面分别从使用者、函数是否有返回值、函数是否有参数三个角度对函数进行分类。

(1) 从使用者的角度看,函数分为标准库函数和用户自定义函数。

使用 C 语言系统提供的标准库函数,用户无须定义,也不必在程序中作类型说明,只需要直接调用并在程序开头用文件包含命令指出库函数所在的头文件。前面程序中出现的 printf、scanf、putchar、getchar、abs 和 sqrt 等都是库函数。

用户自定义函数是由用户根据需要自己定义的函数。对于用户自定义函数,不仅要在程序中定义函数本身,而且在主调函数模块中还必须对被调函数进行类型说明,然后才能使用。例如,求两个整数的最大值这类问题,就没有库函数能解决,用户就必须通过自己编写的函数来实现。

(2) 从函数是否有返回值看,函数分为有返回值函数和无返回值函数。

有返回值函数是指被调用执行完后将向调用者返回一个执行结果,称为返回值。此类函数在函数定义时,必须指明函数的返回值的类型。

无返回值函数用于执行某些具体的操作,执行完成后不向调用者返回其函数值。因此,此类函数在函数定义时,其类型说明符为 void。

(3) 从函数是否有参数看,函数分为无参函数和有参函数。

无参函数是指函数定义时没有参数的函数,主调函数和被调函数之间没有参数的传递。无参函数可以有也可以没有返回值。

有参函数又称为带参函数。在函数定义及函数说明时都有参数,称该参数为形式参数,简称为形参。在函数调用时也必须给出参数,称该参数为实际参数,简称为实参。在进行函数调用时,主调函数将把实参的值传送给形参,供被调函数使用。

在使用函数时,必须注意以下几点。

(1) 一个 C 程序可以由一个或多个源程序文件组成。

(2) 一个源程序文件可以由一个或多个函数组成,以源文件作为编译单位。

(3) C 程序从 main 函数开始执行,同时在 main 函数中结束运行。主函数不能被其他函数调用,但可以调用其他函数,其他函数之间可以相互调用。

(4) C 语言中的函数定义是相互平行、相互独立,地位平等而无"高低贵贱"和从属之分。只有 main 函数有点特殊,对函数来说,main 函数就像一个总管一样。所以不允许在一个函数中定义另一个函数,即不能嵌套定义函数。

🔑 8.2　函数的定义与调用

本节主要讨论以下问题。

(1) 不同类型的函数如何定义?

(2) 不同类型的函数的作用是什么?

(3) 如何得到函数的返回值?

(4) 如何调用不同类型的函数?

当问题比较复杂,尤其是包含多个功能时,可以将每个功能定义成一个函数,那函数怎样定义? 定义之后,如何正确调用及验证其正确性呢? 下面介绍不同类型函数的定义和调用方法。

任何函数都由函数首部和函数体两部分组成。其定义的一般格式如下:

```
函数类型 函数名(形式参数列表)
{
    函数体
    return 表达式返回值;
}
```

其中,第 1 行表示函数首部,包括函数返回值类型、函数名和参数。函数类型指出了函数返回值的数据类型,可以是基本数据类型,也可以是构造数据类型。如果省略,则默认为 int 类型;如果没有返回值,则定义为 void 类型(空类型)。函数名表示函数的名称,是一个合法的标识符。函数名后面是形式参数列表,用"()"括起来。如果该函数是无参函数,此参数列表为空;如果是有参函数,参数列表中可以有多个参数,以","作为分隔符。

函数体包括声明部分和功能部分。其中声明部分包括函数所需要的变量和相关声明(如函数声明)。功能部分由完成其功能的语句组成。

如果定义的函数有返回值,则通过语句"return 表达式;"返回其值,也可以写成"return(表达式);",否则无此语句或直接写"return;"。

根据函数是否有返回值和是否有参数,函数又分为无参数有返回值函数、无参数无返回值函数、有参数有返回值函数和有参数无返回值函数。

8.2.1　无参数无返回值函数

1. 函数的定义

此类函数定义的一般格式如下:

```
void  函数名( )
{
      函数体
}
```

函数类型为 void,表明函数无返回值,此类型符不可省。

函数名后面括号"()"中为空,表明函数无任何参数,也可在此括号中加上空类型说明符void。

函数体就是由正常实现其功能的语句组成。

2. 函数的用途

此类函数一般用于完成某项特定的处理任务,执行完成后不需要向调用函数通过return 语句返回函数值。如完成输出操作的函数。

3. 函数的声明

C 语言规定,对函数调用之前必须对其加以声明,否则会出现编译错误。所谓函数声明(function declaration)是指在调用函数调用被调用函数之前对被调用函数的说明。ANSI/ISO 标准提倡用函数原型(function prototype)的方式作出函数声明。

函数声明的格式如下:

```
void  函数名( );
```

从此格式可以看出,函数的声明实际上就是将函数的首部作为一条语句放在调用函数内部或调用函数之前,即由函数的首部加上一个分号构成。

对一个函数作出声明,此函数必须具备以下条件。

(1) 被调用函数必须存在,不管它是库函数还是自定义函数。

(2) 如果是库函数,只需要在文件开头用文件包含命令＃include 将调用的库函数所在的头文件包含到文件中去。头文件的文件名一般以".h"结尾,".h"文件内有许多都是函数声明。如使用求平方根的函数 sqrt,就应该在程序开头写上文件包含命令＃include＜math.h＞。

使用函数声明应注意以下几点。

(1) 如果被调用函数的定义出现在调用函数之前,则调用函数中可以不加声明,因为编译系统已经知道了函数类型,可根据函数首部对函数的调用进行检查。

例如：

```
int Add(int x,int y)          /* 被调用函数的定义 */
  { … }
int main( )                   /* 调用函数 */
  {
      int a,b,c;
      c = Add(a,b);
      return 0;
  }
```

（2）在所有函数定义之前，在函数的外部如果已进行了对函数的声明，则在调用函数内可以不必再次声明。

例如：

```
int Add(int x,int y);         /* 被调用函数的声明 */

int main( )
{
   int a,b,c;
   c = Add(a,b);
}
int Add(int x,int y)          /* 被调用函数的定义 */

 { … }
```

（3）若函数的返回值类型是 char 或 int 型，可不作函数声明。

4. 函数的调用

此类函数调用格式如下：

函数名( );

以上调用构成一条独立的函数调用语句，没有任何返回值，调用之后执行其对应的操作，不能将其作为表达式的一部分。

【例 8-1】 打印一条由 3 组图形构成的钻石手链，其中每组图形由 7 行的菱形、3 行的矩形组成。

算法分析：

这是一个输出图案的问题，包括菱形的钻石和矩形的表带两种图案。下面依次分析菱形图案和矩形图案。

（1）对于钻石中的 7 行菱形图案，每一行中的空格和星号如下所示：

	行　数	行　标	空　格	星　号
*	1	−3	3	1
***	2	−2	2	3
*****	3	−1	1	5
*******	4	0	0	7
*****	5	+1	1	5
***	6	+2	2	3
*	7	+3	3	1

根据上面的对应关系，设行标为 i，总行数为 N，则空格数为 abs(i)，星号数为 $2*((N/2+1)-abs(i))-1$。如果希望把整个图案往右平移 20 列，则每行的空格数增加 20 个。

（2）对于钻石中的 3 行矩形图案，每一行中的空格和星号如下所示：

	行 数	行 标	空 格	星 号
***	1	1	0	3
***	2	2	0	3
***	3	3	0	3

根据上面的对应关系发现，每行的空格数和星号数都相同。设行标为 i，则空格数都为 0，星号数都为 3，为了和钻石图案对齐，每行还需要增加 22 个空格。

源程序的编写步骤：

（1）编写输出钻石图案的函数 Diamond，定义变量 x、y，其中 x 表示行标，y 分别用来控制空格和星号的输出。代码如下：

```
void    Diamond()                           /* 函数定义 1:输出菱形图案 */
{
    int x,y;
    for(x = - 7/2;x < = 7/2;x++)             /* 输出 7 行菱形图案 */
      {
        for(y = 1;y < = 20 + abs(x);y++)     /* 输出每行的空格数 */
            printf(" ");
        for(y = 1;y < = 2 * (4 - abs(x)) - 1;y++)  /* 输出每行的星数 */
            printf(" * ");
        printf("\n");
      }
}
```

（2）编写输出表带图案的函数 Rectangle，定义变量 x、y，其中 x 表示行标，y 分别用来控制空格和星号。

```
void    Rectangle()                         /* 函数定义 2:输出矩形图案 */
{ int x,y;
  for(x = 1;x < = 3;x++)                     /* 输出 3 行矩形图案 */
    {
        for(y = 1;y < = 22;y++)              /* 输出每行的空格数 */
            printf(" ");
        for(y = 1;y < = 3;y++)               /* 输出每行的星数 */
            printf(" * ");
        printf("\n");
    }
 }
```

（3）主函数中重复调用上面的两个函数。

```
Diamond();Rectangle();
```

源程序：

```
1   /* 8 - 1.c */
2   # include "stdio.h"
3   # include "math.h"
4   void Diamond()                  /* 函数定义 1:输出菱形图案 */
5   {
6       int x,y;
7       for(x = - 7/2;x < = 7/2;x++)
```

```
 8      {for(y = 1;y < = 20 + abs(x);y++)
 9         printf(" ");
10      for(y = 1;y < = 2 * (4 − abs(x)) − 1;y++)
11         printf(" * ");
12      printf("\n");
13      }
14      }
15      void Rectangle()              /* 函数定义 2:输出矩形图案 */
16      {
17       int x, y;
18       for(x = 1;x < = 3;x++)
19       {
20        for(y = 1;y < = 22;y++)
21           printf(" ");
22        for(y = 1;y < = 3;y++)
23           printf(" * ");
24        printf("\n");
25       }
26      }
27      int main()
28      {
29       int i;
30       for(i = 0;i < 3;i++)
31       {
32        Diamond();               /* 函数 1 的调用 */
33        Rectangle();             /* 函数 2 的调用 */
34       }
35       return 0;
36      }
```

程序运行结果如下。

```
   *
  ***
 *****
*******
 *****
  ***
   *
  ***
  ***
  ***
   *
  ***
 *****
*******
 *****
  ***
   *
  ***
  ***
  ***
   *
  ***
 *****
*******
```

```
*****
 ***
  *
 ***
 ***
 ***
```

8.2.2 无参数有返回值函数

1. 函数的定义

此类函数定义的一般格式如下：

```
函数类型  函数名( )
    {
            函数体
        return 表达式;
    }
```

其中，函数类型是指函数返回值的数据类型。

函数的返回值是通过语句"return 表达式;"实现的，表达式值就是函数的返回值。一般情况下，表达式值的类型与函数返回值的类型保持一致。

函数体由正常实现其功能的语句组成。

2. 函数的用途

此类函数用于完成某个特定的处理任务，执行完成后向调用函数返回其函数值。

3. 函数的声明

此类函数的声明格式如下：

```
函数类型  函数名( );
```

4. 函数的调用

此类函数调用格式如下：

```
函数名( )
```

以上调用把函数返回值传给调用函数使用，一般不作为一条独立的函数调用语句，因此这个具有返回值的函数调用将作为表达式的一部分或其他函数的参数。如例 2-2 源程序中的"m＝max(a,b);"。

5. 函数的返回值

对于一个具有返回值的自定义函数，其函数体中一般都包含 return(表达式)语句，如果没有该语句，但又要作为有返回值的函数来使用，那么函数的返回值是不可预知的，会造成程序出现错误而得不到所需要的结果。return 语句的基本格式有以下 3 种。

```
return (表达式);
return 表达式;
return;
```

不管哪种格式，该语句的功能是使程序执行从被调用函数返回到调用函数中，如果有返回值，同时把返回值带给调用函数。函数是在有返回值时使用前面两种格式，当函数没有返回值时用最后一种，也可以什么都不写。函数中可以有一条或多条 return 语句。

当表达式的类型与函数的返回值类型不一致时，以函数返回值类型为准。

【例 8-2】 编程输出 $1+2+\cdots+100$ 的值。

源程序：

```
1   /* 8-2.c */
2   # include < stdio.h>
3   int main()
4   {
5      int Sum();              /*对被调函数 Sum 的声明*/
6      printf("%d",Sum());     /*被调用函数 Sum 的调用,作为函数 printf 的参数*/
7      return 0;
8   }
9   int Sum()                  /*函数 Sum 的定义,返回值为整型 int,无参数*/
10  {
11     int i,s = 0;
12     for(i = 1;i <= 100;i++)
13        s = s + i;
14     return s;               /*函数 Sum 的返回值为 s*/
15  }
```

程序解析：

此程序除包含 main 函数之外，还有一个 Sum 函数，用于实现求 100 个数的和，该函数是一个有返回值无参数的函数，定义放在调用函数 main 之后。因此，在 main 函数中调用 Sum 函数，需要对被调用函数 Sum 作出声明，即"int Sum();"，但由于 Sum 函数的返回值类型为 int 型，所以此声明可以省略。Sum 是一个有返回值的函数，调用此函数可以作为表达式的一部分参与运算或其他函数的参数进一步使用，在本例中是作为 printf 函数的参数，输出 Sum 函数的返回值。

根据以上分析，程序运行结果如下。

5050

8.2.3 有参数无返回值函数

1. 函数的定义

此类函数定义的一般格式如下：

void   函数名(参数列表)
  {
       函数体
  }

其中，参数列表中的参数称为形参。形参可以包含多个参数的定义，不同参数之间的定义以","分开，且参数名前加上参数的数据类型。如有两个整型参数，则参数列表形式为：int x,int y。

参数列表只对形参进行定义，泛指相应类型的变量，不允许在定义的同时对这些变量赋初值。当形参需要赋初值时，必须放在函数体内进行。

函数体由正常实现其功能的语句组成。

2. 函数的用途

此类自定义函数的作用主要是进行某种功能的处理，在功能处理过程中，需要调用函数将具体的值传递给形参。

3. 函数的声明

此类函数的声明格式如下：

void 函数名(参数列表);

4. 函数的调用

此类函数的调用格式如下：

函数名(实参列表);

以上调用构成一条独立的函数调用语句,函数调用时括号内的实参列表是多个用逗号分隔的表达式。每个实参可以是常量、变量、表达式和其他具有返回值的函数等。当在进行函数调用时,将每个实参的值传递给每个形参。同时,实参必须与形参的个数和数据类型依次保持一一对应,即第 1 个实参的值传递给第 1 个形参,第 2 个实参的值传递给第 2 个形参,以此类推,否则将会产生错误。

【例 8-3】 实现两个数的交换。

源程序:

```
1   /* 8 - 3.c */
2   #include < stdio.h>
3   void Swap( int x, int y)        /* Swap 函数的定义,函数类型为 void,无返回值,有两个形参 */
4   {
5     int t;
6     t = x;x = y;y = t;
7     printf("输出交换后的结果:% d % d",x,y);
8   }
9   int main()
10  {
11    int a,b;
12    scanf("% d % d",&a,&b);
13    printf("% d % d\n",a,b);
14    Swap(a,b);                    /* 调用 Swap 函数,将实参 a、b 的值分别传递给形参 x、y */
15    return 0;
16  }
```

程序解析:

此程序除了包含 main 函数之外,还有一个 Swap 函数,用于实现两个数的交换。Swap 函数是一个有参数无返回值的函数,定义在调用函数 main 函数之前。因此,在 main 函数之中调用 Swap 函数,不需要对被调函数 Swap 进行声明,若调用此函数,则得到一条函数调用语句"Swap(a,b);"。在执行该函数时将实参 a 和 b 的值分别传递给形参 x 和 y,也就是说,在函数体的执行过程中形参 x 和 y 就是实参 a 和 b 的值。实参 a 和 b 与形参 x 和 y 的关系如图 8-1 所示。

图 8-1 实参 a 和 b 与形参 x 和 y 的关系

根据以上分析,程序运行结果如下。

30 40 ↙
30 40

输出交换后的结果为 40 30。

8.2.4　有参数有返回值函数

1. 函数的定义

此类函数定义的一般格式如下：

函数类型　函数名(参数列表)
　{
　　　　函数体
　　　　return 表达式值；
　}

如果省略返回值类型符，则默认为 int 型。

函数的返回值通过语句"return 表达式；"实现。表达式值就是函数的返回值。一般情况下，表达式值的类型应与函数返回值类型一致。

其他定义中的有关说明和前面所述内容一致。

函数体由正常实现其功能的语句组成。

2. 函数的用途

此类自定义函数的作用主要是进行某种功能的处理，在功能处理过程中，需要调用函数将具体的值传递给形参。同时，将函数的返回值传递给调用函数。在用户自定义函数中，有返回值或有参数的函数比较多。

3. 函数的声明

此类函数的声明格式如下：

函数类型　函数名(参数列表)；

4. 函数的调用

此类函数的调用格式如下：

函数名(实参列表)

以上调用一般不作为一条独立的函数调用语句，是需要把函数返回值传递给调用函数使用，作为表达式的一部分或其他函数的参数。

5. 函数的返回值

此类函数体中包含 return (表达式)语句。

【例 8-4】　求两个整数的较大值。

算法分析：

定义一个求最大值的有参函数 Max，参数是所要比较的两个 x、y，返回值为较大值。

源程序：

```
1   /* 8-4.c */
2   # include "stdio. h"
3   int Max( int x, int y)          /* 定义有参函数 Max */
4   {
5     int z;
6     if(x > y) z = x;
7       else z = y;
8     return (z);
```

```
9      }
10     int main()
11     {
12     int a,b,c;
13     scanf(" % d, % d",&a,&b);
14     c = Max(a,b);        / * 调用函数 Max,把实参 a、b 的值传递给形参,同时将返回值赋给变量 z * /
15     printf(" % d\n",c);
16     return 0;
17     }
```

程序解析：

此程序除包含 main 函数之外,还有一个 Max 函数,用于求两个数的最大值。Max 函数是一个有参数有返回值的函数,定义在 main 函数之前。因此,在 main 函数之中调用 Max 函数,不需要对被调函数 Max 进行声明,Max 是一个有返回值的函数,调用此函数以作为表达式的一部分或其他函数的参数,本例中是作为表达式 c = Max(a,b) 的一部分,将返回值赋给变量 c。

根据以上分析,程序运行结果如下。

30,40 ↙
40

8.3　函数参数的传递方式

视频讲解

本节主要讨论以下问题。

(1) 函数被调用时,实参和形参如何进行值传递?

(2) 值传递方式和地址传递方式是如何进行的? 它们之间有什么区别?

函数的参数从函数定义和调用函数来分有形参和实参。由于形参不是实际存在的变量,所以又称虚拟变量。实参是在调用时传递给函数的参数。实参可以是常量、变量、表达式、函数等,无论实参是何种类型的数据,在进行函数调用时,它们都必须具有确定的值,以便把这些值传送给形参。根据实参传递给形参值的不同,通常有值传递和地址传递两种。

1. 值传递

值传递是在函数调用时,将实参的值赋给形参,形参和实参各占有独立的内存单元。当被调用函数执行结束时,形参所占的内存单元被释放,实参所占的内存单元仍保留并维持原值。在这个过程中,只有实参的值赋给形参,被调用函数执行结束后并没有将形参的值赋给实参,因此值传递又称为单向传递。

【例 8-5】 交换两个数。

源程序：

```
1    / * 8 - 5.c * /
2    # include "stdio. h"
3    int main()
4    {
5        void swap(int x, int y);
```

```
6        int a = 9,b = 20;
7        printf("%d,%d\n",a,b);
8        swap(a,b);
9        printf("%d,%d\n",a,b);
10       return 0;
11
12       }
13       void swap(int x,int y)
14       {
15        int z;
16        z = x;x = y;y = z;
17        printf("%d,%d\n",x,y);
18       }
```

程序分析：

程序中有 main 函数和 swap 函数，main 函数在前，swap 函数在后，main 函数中调用了 swap 函数。因此，在调用 main 函数中要对被调用函数 swap 作出声明，即第 5 行"void swap(int x,int y);"。swap 函数为带参无返回值函数，因此对 swap 函数的调用只能作为一条语句，即第 8 行"swap(a,b);"，不能作为表达式或函数的参数。swap 函数在定义时形参为 x 和 y，调用时实参分别为 a 和 b。

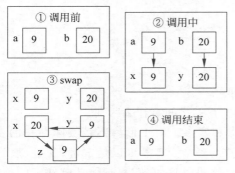

图 8-2　函数参数的值传递过程

程序执行时，从 main 函数开始，当执行到 "swap(a,b);"时，需要将实参 a 和 b 的值分别传递给形参 x 和 y，这种传递方式称为值传递。其传递过程分为如图 8-2 所示的 4 个阶段，即调用前、调用中、被调用函数的执行过程和调用结束。

根据以上分析，程序运行结果如下。

```
9,20
20,9
9,20
```

从以上程序的分析中可以看出值传递有以下特点。

（1）实参与形参各占独立的存储单元。如实参 a,b 与 x,y 各占独立的存储单元。

（2）在函数调用时，将实参的值传递给形参。如实参 a,b 的值传给形参 x,y。

（3）在被调用函数的执行过程中，需要使用形参的值就是直接访问相应的形参单元。

（4）被调用函数执行结束后，形参占用的内存单元被释放。

（5）在被调用函数内改变形参的值不会影响实参值的变化，即形参的值不会传递给实参。

2．地址传递

地址传递是调用被调用函数时，将实参所占存储单元的地址作为参数传递给形参。其特点是形参与实参占用相同的内存单元，被调用函数执行过程中形参值发生改变也就相应地改变了实参的值。因此，函数参数的地址传递可实现调用函数与被调用函数之间的双向数据传递，又称为双向传递。这种情况下，实参和形参不是普通的变量，如实参和形参都是数组或者指针变量等。典型的地址传递就是用数组作为函数的参数。在进行地址传递时，形参与实参占用相同的存储单元。因此,在被调用函数执行过程中如果存储单元存储的数据发生变化,也必将影响调用函数中占用这相同存储单元数据的变化。

数组作为函数的形参定义的一般格式如下:

返回值类型　函数名(类型 形参数组名[])
　　　　　　　{函数体}

调用该类型函数时的格式如下:

函数名(实参数组名);

例如: 定义函数 Sort 对数组 a 中元素进行排序。

```
void Sort(int  a[],  int length)
{ … }
```

main 函数中有如下定义:

```
int b[6] = {10,20,12,1,89,11};
```

则在 main 函数中可以调用 Sort 函数,对数组 b 进行排序。

```
Sort(b,6);
```

【例 8-6】 输入 10 个整数,对 10 个整数进行从小到大排序后输出。

算法分析:

本例中定义 3 个函数:函数 InputArr 的功能是输入待排序数据,函数 SortArr 的功能是运用冒泡排序法对数组进行排序,函数 OutputArr 的功能是输出排序后的数据。

源程序:

```
1   /* 8 - 6.c */
2   # include < stdio.h >
3   # define NUM 10
4   void InputArr(int Arr[], int size)
5   /* 函数 InputArr:输入 size 个数据放入数组 Arr 中 */
6   {
7     int i;
8     for(i = 0;i < size;i++)
9        scanf("%d",&Arr[i]);
10    }
11   void SortArr(int Arr[], int size)
12   /* 函数 SortArr 采取冒泡排序对 Arr 中的 size 个元素进行排序 */
13    {
14     int temp;
15     int i,j;
16     for(i = 0;i < size - 1;i++)
17       for(j = 1;j < size - i;j++)
18          if(Arr[j - 1] > Arr[j])
19          {
20             temp = Arr[j];
21             Arr[j] = Arr[j - 1];
22             Arr[j - 1] = temp;
23          }
24    }
25   void OutputArr(int Arr[], int size)
26   /* 函数 OutputArr:输出数组 Arr 中的 size 个数据 */
27   {
```

```
28      int i;
29      for(i = 0;i < size;i++)
30          printf(" % d ",Arr[i]);
31      printf("\n");
32      }
33  int main()
34  {
35      int A[NUM];
36      InputArr(A,NUM);        / * 输入数据到数组 A 中 * /
37      SortArr(A,NUM);         / * 对 A 中的元素进行排序 * /
38      OutputArr(A,NUM);       / * 输出数组 A 中的元素 * /
39      return 0;
40  }
```

程序运行结果如下。

```
10 54 51 18 19 75 48 36 95 82↙
10 18 19 36 48 51 54 75 82 95
```

视频讲解

🔑 8.4 函数的嵌套与递归调用

本节主要讨论以下问题。

(1) 选择结构和循环结构都有嵌套使用,函数的嵌套调用是指什么?

(2) 如何编写递归函数?

(3) 如何实现递归函数的执行?

用户定义的不同函数之间可以相互调用,假设定义了三个函数,分别为 f1、f2、f3,且在定义 f1 的过程中调用了 f2,在定义 f2 的过程中调用了 f3,这种情况就称为函数的嵌套调用。在上述函数的嵌套调用中,如果 f1 和 f3 相同,又称为递归调用。生活中递归的例子很多,如德罗斯特效应,最经典的例子就是一个人拿着一个相框,相框里的他拿着相框;还有我们小时候听的"从前有座山,山上有座庙,庙里有个老和尚……"的故事;以及 2010 年上映的科幻片《盗梦空间》,该片的逻辑就是"梦中梦",这些都有递归的思想在里面。

1. 函数的嵌套调用

函数的嵌套调用是指在执行被调用函数时,被调用函数又调用了其他函数。C 语言规定,函数不能嵌套定义,所有的函数定义都是平行的、独立的,但支持嵌套调用,这种嵌套调用可以是多层的。

例如:有以下函数之间的调用。

```
int F2( )
{ … }
int F1( )
{
    …
    F2( );
}
int main( )
{
    …
    F1( );
```

```
        return 0;
    }
```

其调用关系如图 8-3 所示。

【例 8-7】　计算 sum＝1！＋2！＋3！＋⋯＋n！的值。

算法分析:

首先定义一个求阶乘的函数 Fact,然后定义一个求阶乘和的函数 Factsum,在该函数中循环调用了 Fact。最后,在主函数 main 中调用 Factsum。

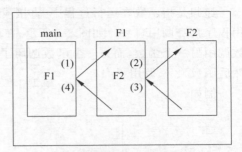

图 8-3　函数间的调用关系

这 3 个函数之间的嵌套调用关系如图 8-4 所示。

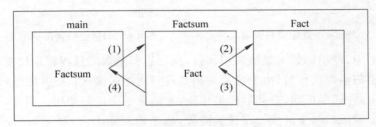

图 8-4　函数之间的嵌套调用关系

源程序:

```
1   / * 8 - 7.c * /
2   # include < stdio. h >
3   long Fact( int n)                /* 求阶乘的函数 Fact * /
4   { int i;
5     long f = 1;
6     for( i = 1; i < = n; i++) f = f * i;
7     return f;
8   }
9   void Factsum( int n)             /* 求阶乘和的函数 Factsum * /
10  {
11      int i;
12      long s = 0L;
13      for( i = 1; i < = n; i++)
14          s += Fact( i);
15      printf("1! + 2! + 3! + … + % d!= % ld \n", n, s);
16  }
17  int main()
18  {
19      int num;
20      scanf(" % d", &num);
21      Factsum( num);
22      return 0;
23  }
```

程序运行结果如下。

10↙
1! + 2! + 3! + … + 10!= 4037913

2．函数的递归调用

递归是指函数在运行过程中，直接或间接调用自身而产生的重入现象，简而言之就是应用程序自身调用自身。如图 8-5 所示，在函数 f 中直接调用了函数 f。间接递归调用是指函数调用另一个函数，而另一个函数调用了调用函数本身，如图 8-6 所示，函数 f1 调用了 f2，然后函数 f2 又调用了 f1。

例如：

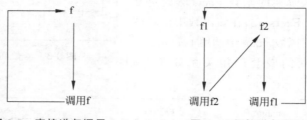

图 8-5　直接递归调用　　　　图 8-6　间接递归调用

在递归调用中，调用函数又是被调用函数，执行递归函数的过程就是反复调用并执行自身的过程。当递归函数执行时，由于反复调用其自身而逐层深入；当满足递归终止条件时，则结束递归调用，并逐层返回，直到返回最顶层，才结束整个递归调用。因此，把递归调用执行过程分为递推和回归两个阶段。在递推阶段，从原始问题出发，逐层调用，也就是从未知的问题向已知的方向递推，最后调用结束时得到一个确定的解。回归的过程是递推过程的逆过程，在回归阶段中，它从最后已知的结果逐一求解回归，最后到达递推的开始点，得出结果。以求 n! ＝n(n−1)! 为例，根据刚才递归调用的分析过程，得到求解 5! 的递推和回归的两个过程如图 8-7 所示。

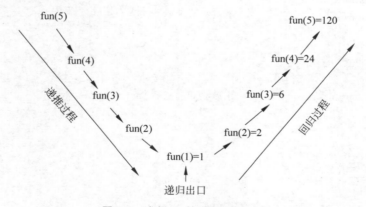

图 8-7　求解 5! 的递归调用过程

根据递归调用的特点，要使用递归函数来编写程序，基本步骤如下。

（1）设计求解问题的递归模型。递归模型包括递归体和递归出口。递归体反映问题求解的特点，即要找到问题的相似性，给出递归公式。递归出口就是给出递归终止条件。

（2）将递归模型转换为递归函数。

例如，求 n! 的递归模型如下：

$$n! = \begin{cases} n(n-1)! & (n \geqslant 2) \\ 1 & (n=1) \end{cases}$$

这个递归模型中的第一部分是递归体,将问题规模 n 变成 n-1,然后 n-1 变成 n-2,直到 n=1 时结果就确定了,也就是递归出口。从整体上来说,递归模型就是一个分段函数,根据条件选择执行每种情况。因此,递归函数的函数体的一般格式如下:

```
if(递归终止条件)    return (终止条件下的值);
        else return (递归公式);
```

【例 8-8】 用递归实现计算 1+2+…+n 的值。

算法分析:

设用 sum(n)表示计算前 n 个数的和,计算前 n-1 个数的和则用 sum(n-1)表示,因此有 sum(n)=sum(n-1)+n。当 n=1 时,结果为 1。因此建立的递归模型为:

$$sum(n) = \begin{cases} 1, & n=1 \\ sum(n-1)+n, & n>1 \end{cases}$$

源程序:

```
1   /* 8-8.c */
2   # include < stdio. h>
3   long Sum( int n)
4   {
5     long b;
6     if(n > 1)
7         b = Sum(n-1) + n;
8     else
9         b = 1;
10    return b;
11  }
12  int main()
13  {
14    long x;
15    int a;
16    scanf(" % d",&a);
17    x = Sum(a);
18    printf("1 + 2 + 3 + 4 + … + % d = % d",a,x);
19    return 0;
20
21  }
```

程序运行结果如下。

```
8 ↙
1 + 2 + 3 + 4 + … + 8 = 36
```

【例 8-9】 计算斐波那契数列中的第 n 项,设 f(n)为斐波那契数列中第 n 项,其递归模型如下。

$$f(n) = \begin{cases} 1 & n=1,2 \\ f(n-1)+f(n-2) & n\geqslant 2 \end{cases}$$

算法分析:

斐波那契数列是开始两项的值为 1,从第 3 项开始为前两项的和。这里可以采用一种递归的思想,设 f(n)表示为第 n 项,从第 3 项以后的每一项开始,表示为前两项 f(n-1)和 f(n-2)之和,即 f(n)=f(n-1)+f(n-2)。

源程序:

```
1   /*8-9.c*/
2   #include "stdio.h"
3   int main()
4   {
5     int n,a;
6     int f(int n);
7     scanf("%d",&n);
8     a=f(n);
9     printf("斐波那契数列中第%d项的值为%d\n", n,a);
10    return 0;
11  }
12  int f(int n)
13  {
14    if(n==1||n==2) return (1);
15    else return( f(n-1)+f(n-2));
16  }
```

程序运行结果如下。

10 ↙
斐波那契数列中第 10 项的值为 55

视频讲解

🔍 8.5　变量的作用域与生存期

本节主要讨论以下问题。

(1) 为了实现函数的功能,在函数内会定义变量,能不能在函数外定义变量?

(2) 在函数内和函数外定义的变量,它们有什么区别?

(3) 什么是变量的作用域和变量的生存期?

(4) 变量有哪些类型? 不同类型的变量的作用域和生存期如何分析?

函数是构成 C 语言程序的基本单位,为了完成更复杂的功能引入了自定义函数。这样,根据需要,在函数内部会定义一些变量,那么能不能在函数外部也定义变量呢? 当然可以。函数内或函数外定义的变量分别称为局部变量和全局变量。同时,每个变量都有对应的使用范围,不能随便在任意时刻、任意地方使用定义的变量。

8.5.1　变量的作用域和生存期的概念

变量的作用域是指变量的可用范围,即变量在程序中被读写访问的区域或范围。变量定义的位置不同,其作用域也不同。C 语言中的变量,按其作用域范围分为局部变量和全局变量。

程序中的变量都要占用一定的内存空间,但并不是所有的变量在程序开始执行时就占用内存。为了节省内存,程序在运行过程中,只有在必要时才给变量分配内存。如函数的调用,当一个函数被调用时,才会为该函数中的变量分配内存,当函数执行结束后,一些变量的内存单元将被释放。像这种变量从被分配内存到内存被释放的这段时间称为变量的生存期。

变量只能在其生存期内被引用,变量的作用域直接影响变量的生存期。作用域和生存期是从空间和时间的角度来体现变量的特性。

8.5.2 局部变量的作用域和生存期

局部变量是指作用域在局部范围内的变量,局部变量定义在函数或复合语句内部。局部变量的作用域在定义该变量的函数内或是定义该变量的复合语句中。换句话说,局部变量只在定义它的函数或是复合语句中才有效,也只在定义它的函数或复合语句中才能用它。

例如有以下程序:

```
int Fun(int x)
{
    int y,z;
    …
}
int main()
{
 int m,n;
{
  int p;
  p = m + n;
}
 return 0;
}
```

程序分析:

在这段程序里,定义的变量有 x、y、z、m、n、p,其中 x、y、z 定义在 Fun()函数内部,x、y、z 的作用域仅在 Fun()函数内,为局部变量。m、n 定义在 main()函数内部,作用域仅在 main()函数中,为局部变量。p 定义在复合语句中,其作用域仅在 main()函数中的复合语句中,为局部变量。

【例 8-10】 分析以下程序的输出结果。

```
1   # include "stdio. h"
2   int Fun()
3   {
4     int a;
5     a = 2;
6     printf("a = % d ",a);
7   }
8   int main()
9   {
10    int a = 1;
11    Fun();
12    printf("a = % d\n",a);
13    return 0;
14  }
```

程序分析:

Fun()函数中的 a 是局部变量,main()函数中定义的 a 也是局部变量,它们的作用范围分别是在各自的函数中。需注意的是,Fun()函数中的变量和 main()函数的变量同名,但是互不影响。

因此,程序的输出结果如下:

a = 2 a = 1

8.5.3　全局变量的作用域和生存期

全局变量是在与 main()函数平行的位置,即不在任何语句块内定义的变量,或者说是在所有函数之外定义的变量。全局变量的作用域是从定义变量开始一直到本文件的结束位置,这里需注意的是全局变量不属于哪个函数,它可以被本源程序文件的其他函数所共用。若全局变量的作用域内的函数或复合语句中定义了同名局部变量,则在局部变量的作用域内,同名全局变量会被"屏蔽",暂时不起作用。

全局变量的值在同一文件中的所有函数中都能被引用,因此,若在一个函数中改变了全局变量的值,就能影响其他函数。

【例 8-11】　分析以下程序输出的结果。

```
1   # include "stdio. h"
2   int x = 5, y = 10;          /* x、y 为全局变量 */
3   int Min(int x, int y)       /* 在 Min()函数中,x、y 是局部变量 */
4   {
5     int z;
6     if(x < y) z = x;
7         else z = y;
8     return z;
9   }
10  int main()
11  {
12    int x = 20;               /* main()函数定义 x 为局部变量 */
13    printf(" % d", Min(x, y));
14    return 0;
15
16  }
```

程序分析:

本例在程序开头定义了 x、y,是在函数之外定义的,因此 x、y 为全局变量。Min()函数中的 x、y 是局部变量,它与全局变量重名,因此全局变量在本函数中会被"屏蔽",在 Min()函数中不起作用,同理在 main()函数中的 x 也为局部变量,因此全局变量在本函数中不起作用。所以,该函数 Min 被调用时,实参 x,y 的值分别为 20,10。

程序的运行结果如下:

10

视频讲解

🔑 8.6　变量的存储类型

本节主要讨论以下问题。

(1) 变量的存储类型有哪些?

(2) 不同存储类型的变量有什么特点?

(3) 如何分析和使用不同存储类型的变量?

C 语言中每一个变量或函数都具有两个属性:数据类型和存储类型。数据类型规定了函数的取值和可参与的运算,变量的存储类型是指编译器为变量分配内存的方式,它决定变量的生存期,规定了它们占用内存空间的方式,又称为存储方式。变量的存储方式分为静态存储和动态存储。

静态存储是指程序运行期间分配固定的存储空间,它通常是在变量定义时就分配存储单元并一直保持不变,直至整个程序运行结束。

动态存储是指在程序运行期间根据需要分配存储空间。它在程序执行进入变量的作用域时才为变量分配存储单元,使用完后立即释放。

在 C 语言中,变量的存储类型有 4 种,分别为 auto(自动型)、register(寄存器型)、static(静态型)和 extern(外部型)。其中自动型变量和寄存器型变量属于动态存储类型,静态型变量和外部型变量属于静态存储类型。

因此,一个变量完整的定义格式如下:

存储类型说明符　　数据类型　变量名 1, …, 变量名 n;

例如:

```
auto char c1,c2;                /* c1、c2 为自动型字符变量 */
register int a,b;               /* a、b 为寄存器型变量 */
static int a[5] = {1,2,3,4,5};  /* a 为静态整型数组 */
extern int x,y;                 /* x、y 为外部整型变量 */
```

下面分别对 auto、static、register 和 extern 这 4 种变量进行介绍。

1. auto 变量

auto 变量是 C 语言程序中使用最广泛的一种类型,用于声明自动型变量。C 语言规定,函数内凡未加存储类型说明的变量均视为自动型变量,即自动型变量可省去说明符 auto。前面各章的程序中所定义的未加存储类型说明符的变量都是自动型变量。只有局部变量才能声明为 auto 变量,而全局变量不能声明为 auto 变量。

自动型变量具有以下特点。

(1)在定义时如果没给变量赋初值,则变量的初值不确定;如果赋初值则每次函数被调用时会执行一次赋值操作。

(2)其作用域是从自动型变量定义的位置开始到函数体(或复合语句)结束为止。

(3)自动型变量的内存分配和释放都是系统自动完成的,即调用函数或执行复合语句时,在动态存储区为其分配存储单元,函数或复合语句执行结束,变量所占内存空间立即释放。

(4)auto 变量的存储单元是在程序执行进入这些局部变量所在的函数体(或复合语句)时生成,退出其所在的函数(或复合语句)时消失。所以 auto 变量的生存期就是函数或复合语句的执行期间。

例如:

```
void Sub(float x,int i)
{
  if(i > 0)
  {
    int n = 0;
    n = i;
    printf(" % d    % f\n",n,x);}
}
```

程序分析：

在函数 Sub 中，变量 x、i、n 都是 auto 变量，但 x 和 i 的作用域是整个 Sub 函数，而 n 的作用域仅限于 if 的复合语句内。

2. static 变量

static 变量又称为静态型变量，用于声明静态型变量。它以关键字 static 作为存储类别的说明符，其中关键字 static 不能省略。静态型变量又根据作用范围的不同分为静态型局部变量和静态型全局变量。除形参外，局部变量和全局变量都可以定义成静态型变量。在函数体(或复合语句)内部，用 static 说明符来说明的变量，称为静态型局部变量。假如希望某些全局变量只限制为被本文件引用，而不能被其他文件引用时，可以在全局变量前面加上 static 说明符进行定义，这些全局变量被称为静态型全局变量。

静态型变量的特点如下。

(1) 生存期在整个程序的执行期间。

(2) 静态型局部变量的作用域在它所定义的函数或复合语句中。

(3) 变量的初值：若定义时未赋初值，在编译时系统自动赋初值为 0；若定义时赋初值，则仅在编译时赋初值一次，程序运行后不再给变量赋初值。

(4) 在编译时，将其分配在内存的静态存储区中，在整个程序运行期间，静态型变量在内存的静态存储区中占据着永久性的存储单元。即使退出函数，下次再运行该函数时，静态型局部变量仍使用原来的存储单元。由于并不释放这些存储单元，因此这些存储单元中的值能得以保留，因而可以继续使用存储单元中原来的值。

【例 8-12】 输入一个整数 x，分别输出 $1,1+2,1+2+3,\cdots,1+2+\cdots+x$ 的值。

算法分析：

问题中算式的特点是后一个算式是在前一个算式的基础上加上一个数，对每个算式的求解可以定义一个 Add() 函数，有多种方法对它进行求解，第 1 种方法是用循环结构将每项进行累加；第 2 种方法是采用 static 变量，在 static 变量中保存上个算式的和。本例中采用第 2 种方法。

源程序：

```
1   #include<stdio.h>
2   long Add(int i)            /*实现从 0 到 i 的累加*/
3   {static long sum = 0;      /*定义静态型变量 sum,初值为 0,用于累加*/
4     sum = sum + i;           /*累加结果存放于 sum*/
5     return sum;              /*返回累加结果*/
6     }
7   int main()
8   {int x;
9     int i,j;
10     int s = 0;
11     scanf("%d",&x);
12     if(x >= 1)
13
14       for(i = 1;i <= x;i++)
15       { printf("%d",1);
16         for(j = 2;j <= i;j++)
17             printf(" + %d",j);
18         s = Add(i);
```

```
19          printf(" = % d ",s);
20          printf("\n");
21      }
22      else printf("输入的数小于 1");
23      return 0;
24  }
```

程序运行结果如下。

```
10
1 = 1
1 + 2 = 3
1 + 2 + 3 = 6
1 + 2 + 3 + 4 = 10
1 + 2 + 3 + 4 + 5 = 15
1 + 2 + 3 + 4 + 5 + 6 = 21
1 + 2 + 3 + 4 + 5 + 6 + 7 = 28
1 + 2 + 3 + 4 + 5 + 6 + 7 + 8 = 36
1 + 2 + 3 + 4 + 5 + 6 + 7 + 8 + 9 = 45
1 + 2 + 3 + 4 + 5 + 6 + 7 + 8 + 9 + 10 = 55
```

3. register 变量

register 变量称为寄存器型变量,用于声明寄存器型变量,在定义时 register 不能省略。它和 auto 变量的区别为:register 说明的变量是建议编译程序将变量的值保留在 CPU 寄存器中,而不像 auto 变量那样占内存单元。在程序运行时,访问寄存器内的值要比访问存于内存中的值快很多。当对程序运行速度要求较高的情况下,把频繁引用的少数变量指定为 register 变量可以提高程序运行的速度。

寄存器型变量的特点如下。

(1) 只有函数内定义的变量或形参可以定义为 register 变量。

(2) 它受寄存器长度的限制,只能是整型、字符型和指针类型。

(3) 只能说明少量的 register 变量,因为在中央处理器中寄存器的个数有限。当没有足够多的寄存器来指定变量时,编译系统将其按照自动变量处理。

(4) 由于寄存器型变量的值不存放在内存中,因此它没有地址,不能对它进行求地址的运算,同时静态局部变量不能定义为 register 变量。

例如:

```
register char x = 'a';
int * point = &x;                /* 该语句是错误的 */
```

(5) 在说明 register 变量时,应尽量靠近使用的位置,用完之后尽快释放,以便提高寄存器的利用率,例如可以把寄存器型变量的声明和使用放在复合语句中来实现。

例如:

```
# include "stdio.h"
int main()
{
    long sum = 0;
    register int i;                /* i 为 register 变量,该语句可加快求值速度 */
    for(i = 1;i <= 10000;i++)
        sum = sum + i;
    printf("sum = % ld\n",sum);
```

```
    return 0;
}
```

4. extern 变量

全局变量除了可以用 static 声明以外,还可以用 extern 来声明,用于声明外部型变量。如果不使用 extern 声明符,全局变量的作用域是从定义开始处到本程序文件结束。

(1) 在同一编译单位内用 extern 声明符可以对全局变量的作用域进行扩展。当全局变量的定义不在文件的开头时,要在定义前引用该变量,这时需要在引用之前用关键字 extern 对该变量声明来实现全局变量的作用域的扩展,它的作用域变为从 extern 声明处起到程序执行结束。

例如:

```
#include  "stdio.h"
int Max(int x, int y)
{
  int z;
  z = x > y?x:y;
  return z;
}
int main()
{
  extern int a,b;           /* 声明 extern 变量,它的作用域变为从当前位置起到程序执行结束 */
  printf(" % d\n",Max(a,b));
  return 0;
}
int   a = 20,b = 30;        /* 全局变量 a、b */
```

通过 extern 声明符对 a、b 声明以后,a、b 的作用域就变为从声明部分开始到函数最后。

(2) 在不同的编译单位内用 extern 说明符可以对全局变量的作用域进行扩展。当一个程序有多个编译单位时,在每个文件中均需要引用同一个全局变量,如果在每个文件中都定义一个同名全局变量,那么在"连接"时会产生"重复定义"的错误。解决的办法为:在其中一个文件中定义所有的全局变量,而在其他用到这些全局变量的文件中用 extern 对这些变量进行声明。

extern 声明全局变量的特点如下。

* 如果定义变量时没有赋值,在编译时系统会自动给它赋初值 0。
* 它的生存期为整个程序执行期间。
* 编译时把它存放在静态存储区,待程序运行结束后才释放单元。

🔑 8.7　函数的作用域

本节主要讨论以下问题。

(1) 变量有作用域,函数的作用域又是如何实现的呢?

(2) 内部函数和外部函数如何定义和调用?

函数一旦定义后就可以被其他函数调用。但当一个程序由多个文件组成时,在一个文件中定义的函数能否被其他文件中的函数调用呢? 为此,C 语言把函数分为两类:内部函数和外部函数。不同类型的函数决定了函数是否能被其他函数调用。

1. 内部函数

如果在一个源文件中定义的函数只能被本文件中的其他函数调用,而不能被其他文件中的函数调用,这种函数称为内部函数。

定义内部函数的一般形式如下:

```
static   返回值的类型   函数(形参列表)
{
…
}
```

内部函数也称为静态函数,静态 static 是指对函数的调用范围仅仅局限于本文件中的函数,所以在不同的文件中定义同名的静态函数不会发生混淆。

例如:

```
static int Fun(int a, int b)
   { … }
```

2. 外部函数

外部函数在整个不同的文件中都能被调用,其定义的一般形式如下:

```
extern 返回值的类型   函数名(形式参数表)
{ … }
```

extern 声明符可以省略,如果在函数定义中没有声明 extern 或 static,则默认为 extern。外部函数可以被其他文件中的函数调用。

例如:

```
extern int Fun(int a, int b)
{ … }
```

8.8　函数的典型应用

视频讲解

本节主要讨论以下问题。

(1) 如何定义和调用函数?

(2) 调用函数时,如何实现形参与实参之间值的传递?

(3) 如何实现递归函数的定义和调用以及执行?

为了完成更复杂的问题或提高 main 函数的阅读性,在编写程序时,往往将每个功能定义成一个函数。函数定义后,正确的调用才能产生正确的结果。下面主要通过数的最值、最大公约数和最小公倍数、阶乘和汉诺塔以及运算器等问题介绍函数的定义、调用。

8.8.1　数的最值问题

1. 问题描述

输入 5 组数据,每组数据包含 3 个整数,并找出每组数中的最大值和最小值。

2. 算法分析

问题中有两个功能,分别为求最小值和求最大值。因此,这里分别定义两个函数,用于求最大值的函数 Max() 和求最小值的函数 Min(),然后在主函数中调用这两个函数。

（1）定义最大值函数 Max。最大值函数的功能是求 3 个整数中的最大值，因此定义成一个有返回值（最大值）、有参数（3 个整数）的函数。函数体中完成 3 个整数最大值的求解。方法是先假定第一个数是最大值，然后依次将当前的最大值与其他数进行比较。函数定义如下：

```
int Max(int a, int b, int c)
{
    int m;
    m = a;
    if(m < b) m = b;
    if(m < c) m = c;
    return m;
}
```

（2）定义最小值函数 Min。最小值函数的功能是求 3 个整数中的最小值，因此定义成一个有返回值（最小值）、有参数（3 个整数）的函数。函数体中完成 3 个整数最小值的求解。方法是先假定第一个数是最小值，然后依次将当前的最小值与其他数进行比较。函数定义如下：

```
int Min(int a, int b, int c)
{
    int n;
    n = a;
    if(n > b)n = b;
    if(n > c)n = c;
    return n;
}
```

3. 源程序的编写步骤

（1）定义最大值函数 Max。

（2）定义最小值函数 Min。

（3）定义 main 函数。输入 5 组数据，求每组中 3 个整数中的最大值和最小值，其中求最大值和最小值的功能调用 Max 和 Min 函数。

4. 源程序

```
1   /* 数的最值问题.c */
2   # include "stdio.h"
3   int Max(int a, int b, int c)
4   {
5       int m;
6       m = a;
7       if(m < b) m = b;
8       if(m < c) m = c;
9       return m;
10  }
11  int Min(int a, int b, int c)
12  {
13      int n;
14      n = a;
15      if(n > b)n = b;
16      if(n > c)n = c;
```

```
17      return n;
18    }
19    int main()
20    {
21      int x,y,z,i,maxn,minn;
22      i = 1;
23      while(i < = 5)
24      {
25        scanf(" % d, % d, % d",&x,&y,&z);
26        maxn = Max(x,y,z);
27        minn = Min(x,y,z);
28        printf(" % d\t % d\n",maxn,minn);
29        i++;
30      }
31      return 0;
32    }
```

程序运行结果如下。

```
30,40,50 ✓
50   30
20,32,26 ✓
32   20
50,70,68 ✓
70   50
80,20,50 ✓
80   20
50,64,58 ✓
64   50
```

【举一反三】

（1）输入 N 组数据，每组数据包含 5 个整数，并输出每组数中的最大值和最小值。要求使用例题中已定义的最大值和最小值函数。

（2）如果例题中已定义的最大值和最小值函数的首部改成如下，程序应该如何修改？

```
int Max( int a, int b)
int Min( int a, int b)
```

（3）编写一个求 10 个整数中最大值和最小值的函数。

8.8.2 最大公约数和最小公倍数问题

1. 问题描述

求两个整数的最大公约数和最小公倍数。

2. 算法分析

在求两数的最大公约数时介绍过辗转相除法，在本问题中将介绍更相减损法，也叫更相减损术，是出自《九章算术》的一种求最大公约数的算法。《九章算术》成书于公元一世纪，经历代数学家的增补修订，逐渐发展完备成为现今定本，它系统地总结了战国、秦、汉时期的数学成就，代表了东方数学的最高成就。西汉的官员张苍、耿寿昌进行了删补和整理，目前流行的版本是魏晋时期的数学家刘徽的注释本。全书分九卷，包含 246 道题。第一卷方田中共 38 道题，讨论各种形状田地的面积计算问题，并给出了关于分数的系统叙述，提出了约分、通分和求最大公约数的方法。其基本思想是：以较大的数减去较小的数,接着把所得的差与较小的数比较,并以大数减去小数。继续这个操作,直到所得的减数和差相等为止。

根据以上分析,定义一个求两个整数的最大公约数的函数 Max_Gys_2。函数功能是求两个整数的最大公约数,因此定义成一个有返回值(最大公约数)、有参数(2 个整数)的函数。函数体中用更相减损术完成两个整数最大公约数的求解。步骤如下。

(1) 判断两数是否相等,如果条件为真,转到(3);如果条件为假,转到(2)。

(2) 判断是否 m>n,如果为真,m=m-n;否则,n=n-m;转到(1)。

(3) 最大公约数为 n,结束。

因此,函数定义如下：

```
int Max_Gys_2(int m,int n)        /* 更相减损法 */
 {
 while(m!= n)
    if (m > n)m -= n;else n -= m;
 return n;
 }
```

最小公倍数为两个整数共有的倍数中最小的一个。因此,最小公倍数是两个数的积除以最大公约数的结果。

3. 程序编写步骤

(1) 定义求两个整数 m、n 的最大公约数的函数 Max_Gys_2。

(2) 定义 main 函数。调用 Max_Gys_2,然后用公式求解最小公倍数。

4. 源程序

```
1  /* 最大公约数和最小公倍数问题.c*/
2  # include "stdio. h"
3  int Max_Gys_2(int m,int n)          /* 更相减损法 */
4  {
5    while(m!= n)
6      if (m > n)m -= n;else n -= m;
7    return n;
8  }
9  int main()
10 {
11   int a,b,c1,c2,c3;
12   scanf(" % d, % d",&a, &b);
13   c2 = Max_Gys_2(a,b);
14   c3 = a * b/c2;
15   printf("更相减损法得最大公约数 % d\n",c2);
16   printf("最小公倍数为 % d\n",c3);
17   return 0;
18 }
```

程序运行结果如下。

25,75 ↙
更相减损法得最大公约数 25
最小公倍数为 75

【举一反三】

(1) 求最大公约数可用辗转相除法和更相减损术,要求分别定义这两种方法求最大公约数的函数,并在 main 函数中分别调用这两种方法求两个整数的最大公约数。

(2) 通过查阅资料,完善求最大公约数的方法,并一一定义对应的函数。然后,在 main 函数中分别调用这些方法求两个整数的最大公约数。

(3) 通过查阅资料,完善求最大公约数的方法,并一一定义对应的函数。然后,在 main 函数中定义一个菜单选择调用一种方法求两个整数的最大公约数。

(4) 编写判断整数 n 是否为素数的函数。并在 main 函数中调用求 100~1000 的素数。

(5) 编写一个判断整数 n 是否为水仙花数的函数。并在 main 函数中调用输出 100~999 的水仙花数。

8.8.3　阶乘问题

1. 问题描述

输入正整数 n,求 n!。n 的阶乘有以下的公式。

$$n! = \begin{cases} 1, & n=0,1 \\ n(n-1)!, & n>1 \end{cases}$$

2. 算法分析

定义一个求整数的阶乘的函数 Fac。函数功能是求一个整数的阶乘,因此定义成一个有返回值(阶乘结果)、有参数(一个整数)的函数。函数体中递归完成一个整数的阶乘。在求阶乘公式中可以看到,当 $n=0$ 或 $n=1$ 时递归结束表示递归出口,当 $n>1$ 时有一个通式表示递归体,可以用递归来求阶乘。函数体使用 if-else 语句,即"if(x==0||x==1)return 1; else return x * Fac(x-1);"。

根据以上分析,函数定义如下:

```
int Fac(int x)
{
  if(x==0||x==1) return 1;
    else return x * Fac(x-1);
}
```

3. 源程序的编写步骤

(1) 定义求阶乘的 Fac 函数。

(2) 定义 main 函数,调用 Fac。

4. 源程序

```
1   /*阶乘问题.c*/
2   # include "stdio.h"
3   int Fac(int x)
4   {
5      if(x==0||x==1) return 1;
6          else return x * Fac (x-1);
7   }
8   int main()
9   {
10     int n,sum = 0;
11     printf("请输入正整数 n:");
12     scanf(" % d",&n);
```

```
13    sum = Fac(n);
14    printf("n!= % d\n",sum);
15    return 0;
16    }
```

程序运行结果如下。

请输入正整数 n:10↙
n!= 3628800

【举一反三】

(1) 在 main 函数中调用求阶乘的 Fac 函数计算 1! +2! +…+n!。

(2) 编写计算 1! +2! +…+n! 的函数,要求使用单重循环结构,并在 main 函数中调用及输出结果。

8.8.4　汉诺塔问题

1. 问题描述

汉诺塔问题来自于一个古老的传说。传说印度的主神梵天做了一个汉诺塔,它是在一个黄铜板上插 3 根宝石针,其中一根针从上到下按从小到大的顺序串了 64 片金片。梵天要求僧侣们轮流把金片在 3 根针上移动,规定每次只能移动 1 片,并且只能是小金片压在大金片上,不允许大金片压在小金片上,当 64 片金片全部移动到另一根针上时,世界将会在一声霹雳中消失。

2. 算法分析

汉诺塔问题实际上是一个递归问题,现在我们把问题进行简化,假设有 3 个盘子,它们移动的过程如图 8-8 所示。

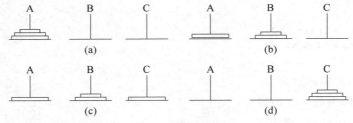

图 8-8　移动过程

图 8-8(a)所示为初始状态。

图 8-8(b)所示是第 1 步:将 A 座上的 2 个盘子借助 C 座移动到 B 座上。

图 8-8(c)所示是第 2 步:将 A 座上的 1 个盘子移到 C 座上。

图 8-8(d)所示是第 3 步:将 B 座上的 2 个盘子借助 A 座移动到 C 座。

第 2 步可以直接实现 A→C,第 1 步和第 3 步可以进行递归,这时的盘子数为 2。第 1 步分解出来的结果为 A→C,A→B,C→B;第 3 步分解的结果为 B→A,B→C,A→C。根据以上分析,定义一个 Hanoi 函数。函数的功能是完成盘子从源柱通过中间柱移到目标柱的过程,因此定义成一个无返回值、有参数(盘子、源柱、中间柱、目标柱)的函数。递归模型的建立过程如下。

当盘子数为 1 时,直接执行移动 move 的功能语句,该功能通过一条 printf 语句实现。

当有 n 个盘子时,分解成以下 3 个步骤。

(1) 将 n−1 个盘子从 A 座移动到 B 座(借助 C 座)。

(2) 将 A 上剩余的一个盘子移动到 C 座。

(3) 将 n−1 个盘子从 B 座移动到 C 座(借助 A 座)。

因此,递归模型如下:

$$Hanoi(n,A,B,C)=\begin{cases}Hanoi(n-1,A,C,B)\\move(A,C)\\Hanoi(n-1,B,A,C)\end{cases}$$

根据递归模型,定义函数如下:

```
void Hanoi (int n, char A, char B, char C)
{
if(n == 1)
{
    printf("移动盘子 %d 从 %c 到 %c\n", n, A, C);
}
else
{
    Hanoi(n - 1, A, C, B);
    printf("移动盘子 %d 从 %c 到 %c\n", n, A, C);
    Hanoi(n - 1, B, A, C);
}
}
```

3. 源程序的编写步骤

(1) 定义一个 Hanoi 函数。

(2) 定义 main 主函数对 Hanoi 函数进行调用。

4. 源程序

```
1   /* 汉诺塔问题.c */
2   # include < stdio. h >
3   void Hanoi (int n, char X, char Y, char Z)
4   {
5      if(n == 1)
6      {
7              printf("移动盘子 %d 从 %c 到 %c\n", n, X, Z);
8      }
9      else
10     {
11        Hanoi(n - 1, X, Z, Y);
12        printf("移动盘子 %d 从 %c 到 %c\n", n, X, Z);
13        Hanoi(n - 1, Y, X, Z);
14     }
15  }
16  int main()
17  {
18     int n;
19     printf("请输入数字 n 以解决 n 阶汉诺塔问题:\n");
20     scanf(" %d", &n);
21     Hanoi(n, 'A', 'B', 'C');
22     return 0;
23  }
```

程序运行结果如下。

请输入数字 n 以解决 n 阶汉诺塔的问题:
3↙
移动盘子 1 从 A 到 C
移动盘子 2 从 A 到 B
移动盘子 1 从 C 到 B
移动盘子 3 从 A 到 C
移动盘子 1 从 B 到 A
移动盘子 2 从 B 到 C
移动盘子 1 从 A 到 C

【举一反三】
(1) 在 main 函数中调用求 Hanoi 函数统计 n 个盘子移动的次数。
(2) 用递归方法求解迷宫问题。

8.8.5　运算器问题

1. 问题描述

从键盘上输入任意两个数和一个运算符(+、-、*、/),计算其运算的结果并输出。要求用函数实现不同的运算。

2. 算法分析

根据问题描述,该问题中涉及的数据主要有:两个操作数用变量 a 和 b 表示,运算符用变量 op 表示,运算结果用变量 result 表示。定义 4 个函数分别进行加、减、乘、除运算。

(1) 加法运算 add(a,b)。

```
float add(float a,float b)
{return a + b;}
```

(2) 减法运算 minus(a,b)。

```
float minus(float a,float b)
{return a - b;}
```

(3) 乘法运算 times(a,b)。

```
float times(float a,float b)
{return a * b;}
```

(4) 除法运算 divide(a,b)。

```
float divide(float a,float b)
{    return(a / b);  }
```

根据以上分析,建立的算法模型如下:

```
switch ( op )
 {
  case  '+':  result = add(a,b); break;
  case  '-':  result = minus(a,b);  break;
  case  '*':  result = times(a,b);  break;
  case  '/':  if (!b)
                {
                    printf ("divisor is zero!\n");
                }
              else
```

```
                     result = divide(a,b);  break;
      default:  不进行运算;
  }
```

其中,在除法运算中,为了保证除数为 0 时不出现错误结果,还要作进一步判断。

3. 源程序的编写步骤

(1) 输入两个操作数 a、b 和运算符 op,用 scanf 函数。

(2) 定义完成功能的 4 个函数,见算法分析。

(3) 定义 main 主函数,根据 op 分别调用加、减、乘、除函数计算结果。

4. 源程序

```
1   /*运算器问题.c*/
2   //算法分析中的 4 个函数定义
3   #include <stdio.h>
4   int main ( )
5   {
6     float a, b;
7     int tag = 1;
8     char op;
9     float result;
10    while(tag)
11    {
12     scanf ("%f%f", &a, &b);
13     getchar();
14     scanf ("%c", &op);
15     switch ( op )
16     {
17      case '+': result = add(a,b); break;
18      case '-': result = minus(a,b); break;
19      case '*': result = times(a,b); break;
20      case '/': if (!b)
21                  printf ("divisor is zero!\n");
22                else
23                  result = divide(a,b);
24                break;
25      default:  tag = 0;
26     }
27     if (tag&&b)
28         printf ("%.2f\n",result);
29    }
30        printf ("exit!\n");
31        return 0;
32    }
```

程序运行结果如下。

```
6.5 7.8 ↙
-↙
-1.30
6.5 0 ↙
/↙
divisor is zero!
6.5 7.8 ↙
=↙
exit!
```

【举一反三】

根据输入的加、减、乘运算符号执行两矩阵的加法、减法或乘法。要求定义完成不同功能的函数。

8.9　本章小结

8.9.1　知识梳理

本章详细介绍了函数的基本概念、函数的定义、函数的调用以及声明的方法,首先必须明白函数的定义和声明是两回事,函数的定义是给出一个有特定功能的函数,它有函数首部和函数体;而函数的声明将对函数名、函数类型、形参的类型、个数和顺序通知编译系统,让系统对所调用的函数进行检查,确保能正确调用。本章的难点是函数的嵌套和递归调用,在函数的递归调用中,要能归纳出一个问题的模型通式,并且要注意在编写代码时一定要有递归终止条件。本章中还深入探讨了变量的实质,介绍了变量的生存期、作用域和存储类别,在本章的最后还介绍了函数的典型应用。本章知识导图如图 8-9 所示。

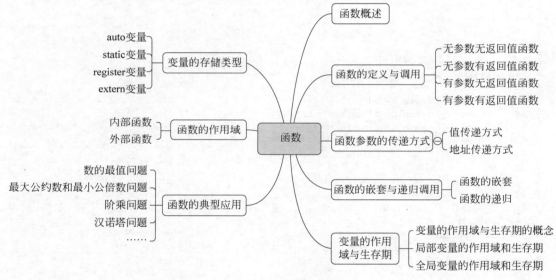

图 8-9　本章知识导图

8.9.2　常见上机问题及解决方法

1. 自定义函数没有被正确调用

例如:

```
int main( )
 { int a,b,c;
    c = Add(a,b);
}
  int Add(int x,int y)
 { }
```

原因是：Add 函数在主调函数 main 之后定义，需要在主函数中给出函数声明。

2．在使用系统函数库的函数时，前面没有包含对应的头文件

例如：

```
int main()
{
    int x = 4,y;
    y = sqrt(x);
    printf(" % d",y)
}
```

系统会给出警告：

```
warning C4013: 'sqrt' undefined; assuming extern returning int
warning C4013: 'printf' undefined; assuming extern returning int
```

3．在递归调用中没有给出递归终止条件

例如：

```
int Fac (int x)
{
    return x * Fac (x - 1);
}
```

4．宏定义后面加上“；”号

```
#define PI 3.1415926;
```

这条命令是非法的。

🔑 习题 8

1．选择题

(1) 以下叙述中错误的是(　　)。

    A. 可以给指针变量赋一个整数作为地址值

    B. 函数可以返回地址值

    C. 改变函数形参的值，不会改变对应实参的值

    D. 当在程序的开头包含头文件 stdio.h 时，可以给指针变量赋 NULL

(2) 若有代数式 $\sqrt{|n^x + e^x|}$ (其中 e 仅代表自然对数的底数，不是变量)，则以下能够正确表示该代数式的 C 语言表达式是(　　)。

    A. sqrt(fabs(pow(n,x)+exp(x)))　　　B. sqrt(fabs(pow(n,x)+pow(x,e)))

    C. sqrt(abs(n^x+e^x))　　　　　　　　D. sqrt(fabs(pow(x,n)+exp(x)))

(3) 有以下程序：

```
#include < stdio.h >
int f(int x);
int main()
{
    int n = 1,m;
    m = f(f(f(n)));
    printf(" % d\n",m);
```

```
    return 0;
}
int f(int x)
{
    return x * 2;
}
```

程序运行后的输出结果是(　　)。

　　A. 8　　　　　　　　B. 2　　　　　　　　C. 4　　　　　　　　D. 1

(4) 有以下程序:

```
#include < stdio. h >
 int fun(int x, int y)
{
 if(x!= y) return((x + y)/2);
        else return(x);
}
int main()
{
 int a = 4, b = 5, c = 6;
 printf(" % d\n", fun(2 * a, fun(b, c)));
 return 0;
}
```

程序运行后的输出结果是(　　)。

　　A. 6　　　　　　　　B. 3　　　　　　　　C. 8　　　　　　　　D. 12

(5) 有以下程序:

```
#include < stdio. h >
int f(int x, int y)
{   return((y - x) * x); }
int main()
{
  int a = 3, b = 4, c = 5, d;
  d = f(f(a, b), f(a, c));
  printf(" % d\n", d);
  return 0;
}
```

程序运行后的输出结果是(　　)。

　　A. 7　　　　　　　　B. 10　　　　　　　　C. 8　　　　　　　　D. 9

(6) 有以下程序:

```
#include < stdio. h >
int main()
{
 int c[10] = {1,2,3,4,5,6,7,8,9,0}, i;
 void Fun(int a, int b);
 for(i = 0; i < 10; i += 2)
    Fun(c[i], c[i + 1]);
 for(i = 0; i < 10; i++)
    printf(" % d,", c[i]);
 printf("\n");
 return 0;
}
void Fun(int a, int b)
```

```
{
    int temp;
    temp = a; a = b; b = temp;
}
```

程序的运行结果是(　　)。

    A. 1,2,3,4,5,6,7,8,9,0   B. 2,1,4,3,6,5,8,7,0,9

    C. 0,9,8,7,6,5,4,3,2,1   D. 0,1,2,3,4,5,6,7,8,9

(7) 设有如下函数定义:

```
#include    "stdio.h"
 int fun(int k)
{ if(k < 1)return 0;
    else if(k == 1)return 1;
      else return fun(k - 1) + 1;
}
```

若执行调用语句"n＝fun(3);",则函数 fun 共被调用的次数是(　　)。

    A. 2   B. 3   C. 4   D. 5

(8) 以下关于宏的叙述中正确的是(　　)。

    A. 宏替换没有数据类型限制   B. 宏定义必须位于源程序中所有语句之前

    C. 宏名必须用大写字母表示   D. 宏调用比函数调用耗费时间

(9) 以下叙述中正确的是(　　)。

    A. 在 C 语言中,预处理命令行都以"＃"开头

    B. 预处理命令行必须位于 C 程序的开头

    C. ＃include "stdio.h"必须放在 C 程序的开头

    D. C 语言的预处理不能实现宏定义和条件编译的功能

(10) 有以下程序:

```
#include "stdio.h"
#define P 3.5
#define S(x) P * x * x
int main()
{
    int a = 1,b = 2;
    printf(" % 4.1f\n",S(a + b));
    return 0;
}
```

程序运行后的输出结果是(　　)。

    A. 7.5   B. 31.5

    C. 程序有错,无输出结果   D. 14.0

2. 写出下列程序的运行结果。

(1)

```
#include" stdio.h"
 int   f(int x, int y)
{
    return(y - x) * x;
 }
 int main( )
```

```
{
    int a = 3, b = 4, c = 5, d;
    d = f(f(3,4),f(3,5));
    printf(" % d \n",d);
    return 0;
}
```

（2）

```
# include" stdio. h"
unsigned fun( unsigned num)
{
    unsigned k = 1;
    do
    {
      k * = num % 10;
      num/ = 10;
    } while(num);
    return(k);
}
int main()
{
    unsigned n = 26;
    printf(" % d \n", fun(n));
    return 0;
}
```

（3）

```
# include   < stdio. h >
# define   F(X,Y) (X) * (Y)
int main ()
{
    int   a = 3, b = 4;
    printf(" % d \n", F(a++,b++));
    return 0;
}
```

3. 程序填空题

（1）假设 a、b、c 是 3 个互不相等的整数。下列代码将取出它们中居中的数值，并记录在 m 中。其中的 swap 函数可以交换两个变量的值。

```
int Swap( int a, int b, int c)
{   int m;
    if(a > b) swap(&a, &b);
    if(b > c) swap(&b, &c);
    _____;
    m = b;
    return m;
}
```

（2）如下函数的功能是求出某个日期是该年度的第几天。如果传入 year＝1980，month＝1，day＝1，则返回 1；如果传入 year＝1980，month＝2，day＝1，则返回 32。

```
int getDayOfYear( int year, int month, int day)
{
    int days _____;
    int flag = (year % 4 == 0 && year % 100!= 0) ||year % 400 == 0 ? 1 : 0;
```

```
    int sum = day ;
    for(int i = 0; i < month; i++)
        sum += days[flag][i];
    return sum;
}
```

(3) 求最小公倍数。

```
int f(int a, int b)
{
    int i;
    for(i = a; ; _____)
    {
        if(i % b == 0) return i;
    }
}
```

(4) 计算 3 个 A、2 个 B 可以组成多少种排列的问题(如 AAABB、AABBA)是"组合数学"的研究领域。但在有些情况下,也可以利用计算机计算速度快的特点,通过巧妙地推理来解决问题。如下程序计算了 m 个 A、n 个 B 可以组合成多少个不同排列的问题。

```
int f(int m, int n)
{
    if(m == 0 || n == 0) return 1;
    return _____;
}
```

(5) (a+b)的 n 次幂的展开式中各项的系数很有规律,对于 n=2,3,4 时,分别是:1 2 1,1 3 3 1,1 4 6 4 1。这些系数构成了著名的杨辉三角形:

```
              1
            1   1
          1   2   1
        1   3   3   1
      1   4   6   4   1
    1   5   10   10   5   1
```

如下程序给出了计算第 m 层的第 n 个系数的计算方法(m,n 都从 0 算起)。

```
int f(int m, int n)
{
    if(m == 0) return 1;
    if(n == 0 || n == m) return 1;
    return _____;
}
```

(6)【"蓝桥杯"省赛试题】金字塔数,space 为塔底边距离左边的空白长度,x 为塔底中心字母。

例如,当 space=0,x='C' 时,输出:

```
      A
     ABA
    ABCBA
```

当 space＝2,x＝'E'时,输出:

$$
\begin{array}{c}
A\\
ABA\\
ABCBA\\
ABCDCBA\\
ABCDEDCBA
\end{array}
$$

```
void h( int space, char x)
{
int i;
if(x<'A'||x>'Z') return;
_____;
for(i = 0; i < space; i++) printf(" ");
for(i = 0; i < x - 'A'; i++) printf(" % c", 'A' + i);
for(i = 0; i <= x - 'A'; i++) printf(" % c", _____);
printf("\n");
}
```

(7)【蓝桥杯省赛试题】如果让你设计一个程序,你会用什么变量保存身份证号码呢?长整数可以吗? 不可以,因为有人的身份证最后一位是 X。实际上,除了最后一位的 X,不会出现其他字母。身份证号码 18 位＝17 位＋校验码,校验码的计算过程如下。

例如:身份证前 17 位＝ABCDEFGHIJKLMNOPQ。

A～Q 中的每位数字乘以权值后求和(每位数字和它对应的"权"相乘后累加)。

17 位对应的权值分别是:

7　9　10　5　8　4　2　1　6　3　7　9　10　5　8　4　2

求出的总和再对 11 求模,然后按如下映射:

余数	0	1	2	3	4	5	6	7	8	9	10
校验码	1	0	X	9	8	7	6	5	4	3	2

以下代码实现了校验过程,输入串为身份证前 17 位,返回了校验码。

```
char verifyCode( char * s)
{
    static int weight[ ] = {7,9,10,5,8,4,2,1,6,3,7,9,10,5,8,4,2};
    static char map[ ] = {'1','0','X','9','8','7','6','5','4','3','2'};
    int sum = 0;
    for(int i = 0; i < 17; i++)
    {
        sum += (_____) * weight[i];    // 填空
    }
    return map[_____];                 // 填空
}
```

(8) 程序填空。

例如,如下的方阵:

$$
\begin{array}{cccc}
1 & 2 & 3 & 4\\
5 & 6 & 7 & 8\\
9 & 10 & 11 & 12\\
13 & 14 & 15 & 16
\end{array}
$$

转置后变为:

$$
\begin{matrix}
1 & 5 & 9 & 13 \\
2 & 6 & 10 & 14 \\
3 & 7 & 11 & 15 \\
4 & 8 & 12 & 16
\end{matrix}
$$

如果是对该方阵顺时针旋转(不是转置),却是如下结果:

$$
\begin{matrix}
13 & 9 & 5 & 1 \\
14 & 10 & 6 & 2 \\
15 & 11 & 7 & 3 \\
16 & 12 & 8 & 4
\end{matrix}
$$

以下代码实现的功能就是把一个方阵顺时针旋转。

```c
void rotate(int * x, int rank)
{
    int * y = (int * )malloc(_____);        // 填空
    for(int i = 0; i < rank * rank; i++)
    {
        y[_____] = x[i];                    // 填空
    }
    for(i = 0; i < rank * rank; i++)
    {
        x[i] = y[i];
    }
    free(y);
}
int main(int argc, char * argv[])
{
    int x[4][4] = {{1,2,3,4},{5,6,7,8},{9,10,11,12},{13,14,15,16}};
    int rank = 4;
    rotate(&x[0][0], rank);
    for(int i = 0; i < rank; i++)
    {
        for(int j = 0; j < rank; j++)
        {
            printf(" % 4d", x[i][j]);
        }
        printf("\n");
    }
    return 0;
}
```

4. 程序设计题

(1) **素数判断**。编写一个函数来判断一个整数是否为素数。

(2) **整数位数**。编写一个函数来统计一个整数的位数。

(3) **斐波那契数列**。编写一个递归函数来求斐波那契数列的第 20 项。

(4) **方阵转置**。编写一个函数,将一个方阵转置,即把原来元素的行号变列号,原来元素的列号变行号,进行行列互换。

(5) **字符串连接**。编写一个函数,将两个字符串连接。

(6) **生成字符串**。编写一个函数,将一个字符串中的元音字符复制到另一字符串。

(7) **字符处理**。编写一个函数,输入 4 个字符,然后将它们输出,但是每个字符间一定要有一个 * 号。

(8) **找最长单词**。编写一个函数,输出一行字符,将此字符串中第一个最长的单词输出。

(9) **牛顿迭代法**。用牛顿迭代法求方程 $ax^3+bx^2+cx+d=0$ 的根,系数 a、b、c、d 的值依次为 1、2、3、4。求 x 在 1 附近的一个实根。

(10) **进制转换**。编写一个函数,输入一个十六进制数,输出相应的十进制数。

(11) **整数转换字符串**。用递归法将一个整数 n 转换成字符串。

第 9 章

指　针

◇ 学习导读

程序运行时,变量在内存中占据了一定的存储空间,程序员可以很方便地通过 & 变量名访问变量的存储空间。为了让程序的效率和灵活性更高,前辈孜孜不倦,不断地改进优化,发明了一种访问变量存储空间的方式,这就是指针。

指针是 C 语言中广泛使用的一种数据类型。运用指针编程是 C 语言最主要的风格之一。C 语言程序设计中使用指针可以达到以下目标:程序简洁、紧凑、高效;有效地表示复杂的数据结构;实现动态分配内存;得到多于一个的函数返回值;能像汇编语言一样处理内存地址,从而编出精练而高效的程序。

因此,学习指针是学习 C 语言中最重要的一环,正确理解和使用指针是掌握好 C 语言的一个标志。可以说,不懂指针就不懂什么是 C 语言。

◇ 内容导学

(1) 指针的定义、引用与初始化。

(2) 指针与数组、字符串之间的联系。

(3) 动态内存分配和释放的方法。

(4) 带指针型参数和返回指针的函数的定义方法。

(5) 用指针去描述程序中用到的数据。

◇ 育人目标

《增广贤文》的"学如逆水行舟不进则退,心似平原走马易放难收"意为:学习就像逆水行船,不继续前进就会退步;心思就像平原上跑马,很难收住——坚持就是胜利。

指针是程序设计语言的精髓,用好了指针就能灵活地编程,帮助调配内存以提高程序的效率,但如果没用好可能给程序带来一定的危险。面对事物的两面性,我们不仅要做认真的学习者,正确地理解指针,还要做机智的程序管理者,学会合理地使用指针,让指针帮助编程者更好地处理问题。

视频讲解

9.1　指针的基本概念

本节主要讨论以下问题。

(1) 什么是指针和指针变量?

(2) 如何定义和引用指针变量?

(3) 指针有哪些基本运算?

(4) 变量的指针是什么? 如何定义指向变量的指针变量?

在第3章中学习了基本数据类型,已经能够定义简单变量,如"int a,b;",能通过变量 a 和 b 直接得到对应值,且能通过 &a 和 &b 得到变量的存储地址,如果想用一个变量不但能得到 a 的值及存储地址,还能得到 b 的值及存储地址,怎么办? 通过本节的学习,将找到答案。

9.1.1　指针与指针变量的概念

存储器是具有"记忆"功能的设备,它用两种稳定状态的物理器件来表示二进制数码"0"和"1",这种器件称为记忆元件或记忆单位。位是二进制数的最基本单位,也是存储器存储信息的最小单位。若干记忆单元组成一个存储单位,大量的存储单元的集合组成一个存储体。为了区分存储体内的存储单元,必须将它们逐一进行编号,这个编号称为地址。地址与存储单元之间一一对应,且是存储单元的唯一标志。

根据存储器在计算机中所处的不同位置,可分为主存储器和辅助存储器。在主机内部,直接与 CPU 交换信息的存储器称为主存储器或内存储器。

在计算机中,执行程序所需的数据都存放在内存储器中,C 语言中不同类型的数据所占用的内存单元是不等的,同一种类型的数据所占的内存单元数也因平台而异,如在 Visual C++ 6.0 中,整型变量所占用的字节数为 4,字符变量所占用的字节数为 1。为了便于管理,将每个存储单位设一个相应的编号,这就是内存地址,且按字节进行编址。

内存地址	内存	变量名
2000H	10	x
2002H	20	y
2004H	30	z

图 9-1　变量地址和内存的对应关系

当对一个变量进行赋值时,实际上就是对它的内存空间所分配的单元进行赋值,变量的地址实际上就是编译系统在内存中给变量所分配的空间地址,如图 9-1 所示。

一个内存区相当于一栋教学楼,里面的每个教室相当于内存单元,学生相当于内存中存放的数据,教学楼中的教室号相当于内存中的地址编号。这里内存单元的地址就是所说的指针,它主要是为了方便对内存的直接访问而提供的一种语言机制,它可以访问数据单元,也可以访问程序代码存放的单元。如存在一个变量,获得该变量内存地址的方法是使用取地址操作符"&"。

指针变量是指专门用来存放变量的空间地址。如图 9-2 所示是表示申请了一个指针类型的变量空间,该空间存放了指针类型的数据,当前指针类型的值为变量 a 的地址 2000H,用箭头来表示指针,该指针可以

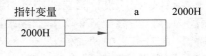

图 9-2　指针与变量空间的对应关系

把它理解为指向变量 a。

9.1.2　指针变量的定义和引用

1. 指针变量的定义

在 C 语言中,定义指针变量的一般格式为:

基类型　　 * 指针变量名;

其中,基类型是指针变量所指向的变量的类型。

例如:

```
int   * pi;      /* 定义名为 pi 的指针变量,且指向整型数据变量空间 */
char * pch;      /* 定义名为 pch 的指针变量,且指向字符型数据变量空间 */
```

指针变量在使用之前需要进行初始化。初始化有两种方法,一种方法在定义指针变量时,对指针变量进行初始化,初始化格式为:

基类型　　 * 指针变量名 = 变量的地址;

另一种方法是先定义指针变量,然后对指针变量进行初始化,例如:

```
int i;           /* 定义一个普通变量 i */
int * pi;        /* 定义一个指向整型变量的指针变量 */
pi = &i;         /* 对指针变量进行初始化 */
```

假定上述定义中 i 的地址为 x,则以上 pi 与 i 的关系如图 9-3 所示,称 pi 指向变量 i,或者 i 变量的空间是 pi 指针变量所指的空间。可以看出,通过 pi 可以找到 i 的空间,也就可以通过 pi 去访问变量 i 的存储空间。

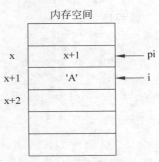

图 9-3　指针变量的引用

2. 指针变量的引用

指针变量引用的一般格式为:

* 指针变量名

其中 * 是指针运算符,它的作用是访问指针所指空间的数据。

访问一个变量,有两种方法:一种是用普通变量进行直接访问,另一种是用指针变量进行间接访问。

例如:

```
int i, * pi = &i;
(1) i = 10;      /* 直接访问 */
(2) * pi = 10;   /* 间接访问 */
```

【例 9-1】　指针变量的访问。

源程序:

```
1   /* 9 - 1.c */
2   # include "stdio.h"
3   void main()
4   {
5       char ch1,ch2;
```

```
6        char  * pch_1, * pch_2;
7        ch1 = 'A';ch2 = 'a';
8        pch_1 = &ch1;
9        pch_2 = &ch2;
10       printf("用直接访问得:ch1 = % c,ch2 = % c\n",ch1,ch2);
11       printf("用间接访问得:ch1 = % c,ch2 = % c\n", * pch_1, * pch_2 );
12   }
```

程序解析:

ch1、ch2 为普通字符变量,第 8 行和第 9 行表示 pch_1、pch_2 分别是指向字符变量 ch1 和 ch2 的指针变量。因此,访问变量 ch1、ch2 就有两种访问方式。使用 ch1 和 ch2 是直接访问,即第 10 行,使用 * pch_1 和 * pch_2 是间接访问,即第 11 行。

程序运行结果如下。

```
用直接访问得:ch1 = A, ch2 = a
用间接访问得:ch1 = A, ch2 = a
```

【例 9-2】 指针、指针变量及空间的关系。
源程序:

```
1    / * 9 - 2.c * /
2    # include "stdio.h"
3    void main( )
4    {    int i = 10, * pi;
5         char ch = 'A', * pch = &ch;
6         float * pfl;
7         pi = &i;
8    / * pfl = 10.1234f;        //该语句很危险,因为没有初始化指针变量 pfl * /
9         printf("\n 变量 i 在内存中的起始地址:% ld ,占 % d 字节",pi,sizeof(pi));
10        printf("变量 i 的值是:% d\n", * pi);
11        printf("\n 变量 ch 在内存中的起始地址:% ld,占 % d 字节",pch,sizeof(pch) );
12        printf("变量 ch 的值是:% c\n", * pch);
13       * pi = * pi + 50;          / * pi 所指空间值在原有值的基础上加 50 * /
14        printf("\n 执行语句\" * pi = * pi + 50;\"后变量 i 的值是:% d",i);
15        ch = ch + 3;
16        printf("\n 执行语句\"ch = ch + 3;\"后指针变量 pch 的值是:% ld,占 % d 字节",pch,sizeof(pch));
17        printf("\n 执行语句\" ch = ch + 3;\"后指针变量 pch 所指空间的值是:% c\n", * pch);
18   }
```

程序解析:

程序中第 4 行定义了整型变量 i 和指向整型变量的指针变量 pi,第 5 行定义了字符变量 ch 和指向字符变量的指针变量 pch,第 6 行定义了指向实型变量的指针变量 pfl,第 7 行和第 5 行中的"pi = & i; * pch = & ch;"定义了指针变量 pi、pch 分别指向变量 i 和 ch。使用 pi 和 pch 就能够得到变量 i 和 ch 所在内存的存储地址,使用 * pch 和 * pi 就能够得到变量 i 和 ch 的值。

所有指针在使用之前都必须先让其有所指向,即初始化,然后才能去访问其所指的空间,像程序中出现的"pfl = 10.1234f;"是错误的,编译时会出现"error C2115:'=':incompatible types;"的语法错误。当多次运行该程序或在不同机器上运行该程序时,同一个指针变量 pi 和 pch 的值可能会不同。

程序运行结果如下。

变量 i 在内存中的起始地址:6487564,占 8 字节变量 i 的值是: 10

变量 ch 在内存中的起始地址:6487563,占 8 字节变量 ch 的值是:A

执行语句" * pi = * pi + 50;"后变量 i 的值是:60
执行语句"ch = ch + 3;"后指针变量 pch 的值是:6487563,占 8 字节
执行语句"ch = ch + 3;"后指针变量 pch 所指空间的值是: D

9.1.3 指针的基本运算

指针实质上就是一个表示内存地址的特殊长整型数,因此指针与指针、指针变量与指针变量之间也可以进行运算,但由于其和普通变量不同,C 语言只为指针提供的运算符有: * 、& 、+ 、- 、++ 、-- , += 、-= 、sizeof()及关系运算符。

1. * 、&运算

* 、& 两种运算符都可用于指针变量,它们是单目运算符,优先级相同,结合性为右结合性。 * 只能放在指针变量前,表示取到所指向的存储单元中存放的值; & 只能放在变量前,表示取到变量的存储单元地址。它们之间的操作是互逆的。

若有定义"int i=100;int * pi=&i;",则 &i、& * pi 和 pi 是等价的,i、* pi 和 * &i 也是等价的。

2. 算术运算

-运算的右操作数可以是与左操作数类型相同的指针,结果为两指针之间相差的元素个数,+运算代表指针变量可以和整型数进行加法运算,整型数表明指针下移的元素个数。++和--运算表示指针下移或上移一个存储单元。

指针的 += 、-= 运算实质就是特殊的算术运算,这些运算的特点在于运算的左操作数只能是指针,右操作数只能是一个整型数或整型表达式,绝不能是指针。

值得注意的是,若指针基类型是 A 类型,而运算右操作数值是 B 的话,则指针变量的运算幅度是 B * sizeof(A)表示 B 个 A 类型所占存储空间的大小。

例如:

```
int * p = (int * )malloc(10 * sizeof(int));    / * p 指针指向存放 10 个整型数的存储空间 * /
int * q = p;                                    / * q 指针指向 p 所指空间 * /
q += 2;                                         / * q 指针下移两个存储单元,指向第 3 个元素 * /
* q = 100;                                      / * 将 100 赋给 q 所指向的存储单元 * /
```

语句执行后 p、q 指针的内存空间描述如图 9-4 所示。从图中可以看出,假定 p 的起始地址为 X,故执行 q+=2 以后的值为 X+2 * sizeof(int)。

3. 比较运算

指针变量的比较运算符有>、<、>= 、<= 、== ,用于比较两个指针所指向的存储单元的前后关系或是否是同一个存储单元。在内存中,设两个指针变量 pi、qi,指向同一个数组,如图 9-5 所示,则比较运算的逻辑结果如下。

pi>qi:pi 指针所指元素位于 qi 所指元素之后时表达式值为 1。

pi<qi:pi 指针所指元素位于 qi 所指元素之前时表达式值为 1。

pi>=qi:pi 指针所指元素位于 qi 所指元素之后(或两指针指向同一元素)时表达式值为 1。

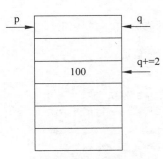

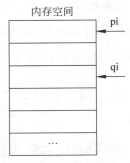

图 9-4　指针算术运算　　　　　图 9-5　指针比较运算指针指示示意图

pi<＝qi：pi 指针所指元素位于 qi 所指元素之前（或两指针指向同一元素）时表达式值为 1。

pi＝＝qi：两指针指向同一元素时表达式的值为 1。

【例 9-3】　通过程序了解指针运算的特征。

源程序：

```
1   /＊9－3.c＊/
2   ＃include＜stdio.h＞
3   void main()
4   {     int a[10]＝{0,2,4,6,8,10,12,14,19,18};
5         int ＊pi,＊pj;
6         double d[20];
7         double ＊pd;
8         pj＝pi＝&a[0];
9         pd＝&d[0];
10        printf("pi 的值即 a[0]的地址是 %ld\n",pi);
11        printf("pd 的值即 d[0]的地址是 %ld\n",pd);
12        pi＝&a[6];
13        pd++;
14        printf("pi＝%ld,pj＝%ld,pj－pi＝%d\n",pi,pj,pi－pj);
15        printf("pd++后 pd 的值是 %ld\n",pd);
16        printf("＊pi++前 pi 的值是 %ld,(＊pi)＝%d\n",pi,＊pi);
17        ＊pi++;
18        printf("＊pi++后 pi 的值是 %ld,(＊pi)＝%d\n",pi,＊pi);
19        printf("++＊pi 前 pi 的值是 %ld,(＊pi)＝%d\n",pi,＊pi);
20        ++＊pi;
21        printf("++＊pi 后 pi 的值是 %ld,(＊pi)＝%d\n",pi,＊pi);
22        printf("＊++pi 前 pi 的值是 %ld,(＊pi)＝%d\n",pi,＊pi);
23        ＊++pi;
24        printf("＊++pi 后 pi 的值是 %ld,(＊pi)＝%d\n",pi,＊pi);
25        printf("pi＞pd＝%d\n",pi＞pd);
26  }
```

程序解析：

　　程序中第 4 行和第 6 行定义了两个数组 a 和 d，第 5 行定义了指向整型变量的指针变量 pi 和 pj，第 7 行定义了指向实型变量的指针变量 pd。第 8 行和第 9 行的"pj＝pi＝&a[0]；pd＝&d[0]；"表示指针变量 pi、pj 和 pd 分别指向数组 a 和 d 的首地址。因此，可以通过 pi、pj 和 pd 进行指针自增、自减运算，如程序中的第 13 行、第 23 行和第 17 行中的"pd++、++pi、 pi++"或者加上一个整数值,如第 12 行"pi=&a[6];"也可以写成"pi+6",指针 pi、pj 和 pd 还可以进行比较运算和减法运算,运算结果取决于它们当前所指向存储空间的地址大小,如"pi>pd"及相隔单元数"pi-pj",而引用 * pi 则是得到其指向的存储单元空间所存储的变量的值。

程序运行结果如下。

```
pi 的值即 a[0]的地址是 6487520
pd 的值即 d[0]的地址是 6487360
pi = 6487544,pj = 6487520,pj - pi = 6
pd++后 pd 的值是 6487368
 * pi++前 pi 的值是 6487544,( * pi) = 12
 * pi++后 pi 的值是 6487548,( * pi) = 14
++ * pi 前 pi 的值是 6487548,( * pi) = 14
++ * pi 后 pi 的值是 6487548,( * pi) = 15
 * ++pi 前 pi 的值是 6487548,( * pi) = 15
 * ++pi 后 pi 的值是 6487552,( * pi) = 19
pi > pd = 1
```

9.1.4 变量的指针与指向变量的指针变量

变量可以是整型、实型也可以是字符型,这些变量在内存中都占有一定的存储空间,存储空间的地址就是变量的指针。如果一个变量的类型是指针类型,那么指向该变量的指针就称为指针的指针,即指向指针变量的指针变量,它属于二级指针。它的定义格式为:

类型　　** ** **变量名;

变量的指针与指向指针变量的指针变量如图 9-6 所示,pi1 指向变量 pi0 的指针变量,称为一级指针,pi2 指向指针变量 pi1 的指针变量,称为二级指针。假设变量 pi0 为整型,它们的定义形式如下:

图 9-6　变量的指针和指向指针变量的指针变量

```
int pi0;
int * pi1 = &pi0;
int ** pi2 = &pi1;
```

【例 9-4】 指向变量的指针变量访问。

源程序:

```
1    / * 9 - 4.c * /
2    # include "stdio. h"
3    int main( )
4    {
5        int x, * p1, ** p2;                /* 定义指针变量,一级指针 p1 和二级指针 p2 */
6        printf("请输入一个整型数据:");
7        scanf(" % d",&x);
8        p1 = &x;                           /* 给 p1 指针赋值为整型变量 x 的地址 */
9        p2 = &p1;                          /* 给 p2 指针赋值为指针变量 p1 的地址 */
10       printf("通过二级指针访问 % d", ** p2);    /* 通过 p2 指针访问 x 变量 */
11       printf("\n");
12       return 0;
13    }
```

程序运行结果如下。

请输入一个整型数据:120 ⤶
通过二级指针访问 120

视频讲解

🔑 9.2 指针和数组

本节主要讨论以下问题。

(1) 一维数组的指针是什么? 如何定义指向一维数组的指针变量?

(2) 如何通过指向一维数组的指针变量引用数组元素? 如何通过指向一维数组的指针变量给数组元素赋值?

(3) 二维数组的指针是什么? 如何定义指向二维数组的指针变量?

(4) 如何通过指向二维数组的指针变量引用数组元素? 如何通过指向二维数组的指针变量给数组元素赋值?

(5) 假设有若干指向同类型的指针变量,如何定义成一个数组呢?

定义变量后,系统将给变量分配相应的存储单元,存储单元有对应的存储地址,然后定义指向变量的指针变量。通过使用指针变量,灵活方便地读写变量。其实,定义数组后,系统也会给数组分配一段连续的存储单元,这段存储单元也有起始地址。通过这个起始地址,可以访问数组中的其他元素。因此,在处理数组时,也可以定义一个指针变量指向这个数组。然后,通过这个指针变量实现对数组元素的处理。下面将介绍数组的指针和指向数组的指针变量。

9.2.1 数组的指针和指向数组的指针变量

数组元素存放在一片连续的空间中,数组名就是它的首地址。数组元素的指针就是数组元素的地址。如定义了一个长度为 10 的数组 a[10],在编译阶段系统会给它开辟一片存储区,如图 9-7 所示。

定义一个指针变量存放该数组的首地址,则这个指针变量即为指向这个一维数组的指针变量。下面定义了一个指向一维数组的指针变量:

```
int a[10];
int * pi;
pi = &a[0];        /* 将第 0 个元素 a[0]的地址赋给指针变量 pi */
pi = a;            /* 将数组 a 的首地址赋给指针变量 pi */
```

这些变量之间的关系如图 9-8 所示。

定义了一个指向一维数组的指针变量 pi 后,要访问数组中的元素,可以通过以下 4 种方式。

(1) 使用数组下标引用数组元素进行直接访问,如引用第 i 个元素直接写成 a[i]。

(2) 用数组的首地址作为指针进行直接访问,如引用第 i 个元素直接写成 * (a+i)。

(3) 用指针的方式间接访问数组元素,如引用第 i 个元素直接写成 * (pi+i)。

(4) 使用下标运算符间接访问数组元素,如引用第 i 个元素直接写成 pi[i]。

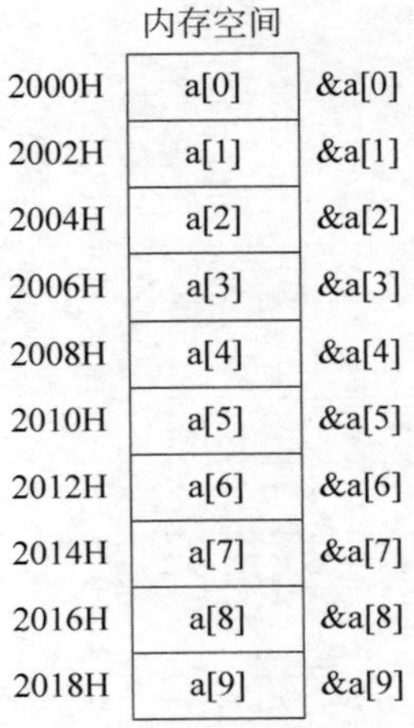

内存空间

2000H	a[0]	&a[0]
2002H	a[1]	&a[1]
2004H	a[2]	&a[2]
2006H	a[3]	&a[3]
2008H	a[4]	&a[4]
2010H	a[5]	&a[5]
2012H	a[6]	&a[6]
2014H	a[7]	&a[7]
2016H	a[8]	&a[8]
2018H	a[9]	&a[9]

内存空间

pi

a[0]	&a[0]
a[1]	&a[1]
a[2]	&a[2]
a[3]	&a[3]
a[4]	&a[4]
a[5]	&a[5]
a[6]	&a[6]
a[7]	&a[7]
a[8]	&a[8]
a[9]	&a[9]

图 9-7　一维数组元素与地址的对应关系 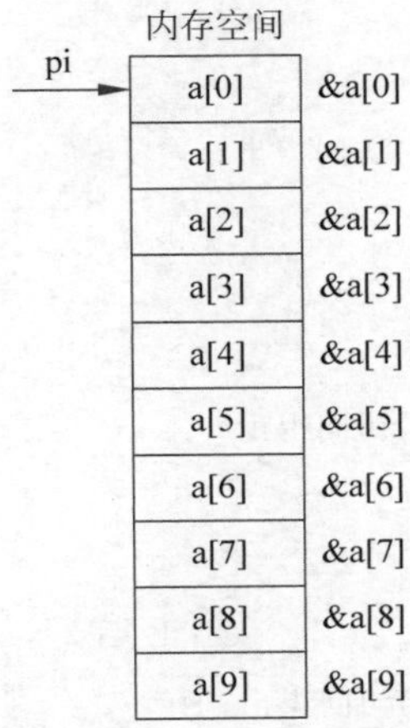　　图 9-8　指向一维数组的指针变量

【例 9-5】　用一个整型数组存放 5 名学生的成绩,要求尽可能尝试用不同且更多的方式访问学生的成绩。

算法分析:

学生的成绩存放在数组中,访问成绩最简单的方法是直接通过数组的下标,这种访问方式称为直接访问。除此之外,也可以使用指针指向数组,然后通过指针间接访问学生的成绩。

源程序:

```
1   /* 9 - 5.c */
2   # include "stdio.h"
3   # define N 5
4   int main()
5   {    int a[N] = {60,90,80,75,95};
6        int i, * pi = &a[0];
7        printf("\n 通过方式(1)访问得出:");
8        for(i = 0;i < N;i++)      /* 数组下标 */
9        printf("\n 第 % d 个: % d",i + 1,a[i]);
10       printf("\n 通过方式(2)访问得出:");
11       for(i = 0;i < N;i++)      /* 数组下标 */
12       printf("\n 第 % d 个: % d",i + 1, * (a + i));
13       printf("\n 通过方式(3)访问得出:");
14       for(i = 0;i < N;i++)      /* 指向数组的指针 */
15       printf("\n 第 % d 个: % d",i + 1, * (pi + i));
16       printf("\n 通过方式(4)访问得出:");
17       for(i = 0;i < N;i++)      /* 指向数组的指针 */
18       printf("\n 第 % d 个: % d",i + 1,pi[i]);
19       printf("\n");
20       return 0;
21   }
```

程序运行结果如下。

通过方式(1)访问得出:
第 1 个:60
第 2 个:90

第3个:80
第4个:75
第5个:95
通过方式(2)访问得出:
第1个:60
第2个:90
第3个:80
第4个:75
第5个:95
通过方式(3)访问得出:
第1个:60
第2个:90
第3个:80
第4个:75
第5个:95
通过方式(4)访问得出:
第1个:60
第2个:90
第3个:80
第4个:75
第5个:95

9.2.2　指向多维数组的指针

一维数组中的元素可以通过指针变量来引用,二维数组的元素也可以通过指针变量来引用。但由于二维数组的特殊性,其使用起来比一维数组显得更为复杂。

1. 二维数组

二维数组可看作特殊的一维数组。如定义一个二维数组"int a[3][2];",该二维数组中共有6个元素,按行优先顺序存储的元素为 a[0][0]、a[0][1]、a[1][0]、a[1][1]、a[2][0]和 a[2][1],如图 9-9 所示,此二维数组可看作由 3 个一维数组组成,其中一维数组 a[0]代表第 0 行的元素,包含数组元素 a[0][0]、a[0][1];一维数组 a[1]代表第 1 行的元素,包含数组元素 a[1][0]、a[1][1];一维数组 a[2]代表第 2 行的元素,包含数组元素 a[2][0]和 a[2][1]。而这

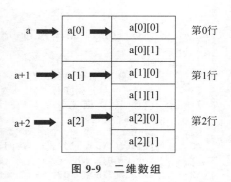

图 9-9　二维数组

3 个一维数组元素 a[0]、a[1]、a[2]又是一个一维数组。因此,二维数组本质上就是一维数组。

2. 二维数组的地址

二维数组的地址分为行地址和元素地址。对于定义的二维数组 int a[3][2],第 i 行第 j 列的元素为 a[i][j],这个元素的地址可以通过地址运算符 & 取得,即 &a[i][j]。数组名 a 是整个二维数组的首地址,从二维数组与一维数组的关系(见图 9-9)可以看出,a、a+1、a+2 分别指向一个一维数组,每个一维数组都是二维数组中的一行元素,因此称为一维数组的行地址,其中 a 为第 0 行的起始地址,与元素 a[0][0]的地址相等;a+1 为第 1 行的起始地址,与元素 a[1][0]的地址相等;a+2 为第 2 行的起始地址,与元素 a[2][0]的地址相等。对于第 i 行来说,a+i 就是第 i 行的地址,如图 9-10 所示。

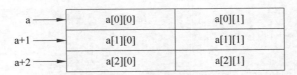

图 9-10 二维数组的地址

对于二维数组 int a[3][2],其不同地址的引用格式的含义说明如下。

(1) a:表示二维数组的首地址,即第 0 行的首地址。

(2) a+i⇔&a[i]:表示第 i 行的首地址,指向行。

(3) a[i]⇔*(a+i):表示第 i 行第 0 列的元素地址。

(4) a[i]+j⇔*(a+i)+j:表示第 i 行第 j 列的元素地址。

(5) *(a[i]+j)⇔*(*(a+i)+j)⇔a[i][j]:表示第 i 行第 j 列的元素 a[i][j]。

(6) a+i=&a[i]=a[i]=*(a+i)=&a[i][0]:这 5 种引用的值相等,但含义不同。

(7) a[i]⇔*(a+i)⇔&a[i][0]:表示第 i 行第 0 列的元素地址,指向列。

3. 指向二维数组元素的指针变量

二维数组的元素 a[i][j] 的地址为 &a[i][j],从另一个角度来看,这个元素是第 i 行第 j 列,其所在行的地址为 a[i],该行第 j 列的地址就是 a[i]+j;又因为 a[i] 与 *(a+i) 是等价的,因此元素 a[i][j] 的地址又可以用 *(a+i)+j 来表示。已知某个二维数组元素的地址,要找出其对应元素值只要在元素地址前加上 * 运算符就可以了,对应关系如下。

元素地址		二维数组元素
(1) &a[i][j]	⇔	*(&a[i][j])
(2) a[i]+j	⇔	*(a[i]+j)
(3) (*(a+i)+j)	⇔	*(*(a+i)+j)
(4) (&a[0][0]+2*i+j)	⇔	*(&a[0][0]+2*i+j)
(5) (a[0]+2*i+j)	⇔	*(a[0]+2*i+j)

因此,可以利用一般指针变量指向二维数组元素,从而利用指针变量间接访问二维数组元素。

【例 9-6】 利用指针变量输出二维数组元素。

源程序:

```
1   /*9-6.c*/
2   #include"stdio.h"
3   int main()
4   {    int i,j,*p,a[3][2];
5        for(i=0;i<3;i++)
6          for(j=0;j<2;j++)
7            scanf("%d",&a[i][j]);
8        p=&a[0][0];              /* p是指向二维数组元素的指针变量 */
9        printf("\n");
10       for(i=0;i<3;i++)
11        {for(j=0;j<2;j++)
12            printf("%d",*(p+i*2+j));
13         printf("\n");
14        }
15       printf("\n");
```

```
16        p = &a[0][0];           /* p是指向二维数组元素的指针变量 */
17        for(;p < &a[0][0] + 6;p++)
18        {
19          printf("%d", * p);
20          if((p - &a[0][0]) % 2 == 1)printf("\n");
21        }
22        printf("\n");
23        p = &a[0][0];           /* p是指向二维数组元素的指针变量 */
24        for(i = 0;i < 3;i++)
25        {for(j = 0;j < 2;j++)
26            printf("%d", * p++);
27          printf("\n");
28        }
29        printf("\n");
30        return 0;
31    }
```

程序解析：

通过整型指针变量 p 来引用二维数组中的每个元素,程序中第 16 行的赋值表达式 "p=&a[0][0];",右边是元素 a[0][0] 的地址,p+1 就指向元素 a[0][0] 的下一个元素 a[0][1],如图 9-11 所示。

程序执行结果如下。

10 20 ↙
30 40 ↙
50 60 ↙

10 20
30 40
50 60

10 20
30 40
50 60

10 20
30 40
50 60

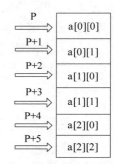

图 9-11 二维数组元素的指针

4. 指向二维数组的指针变量

在访问二维数组元素时,也可以直接定义一个指向二维数组的指针变量,这个指针变量称为数组指针。其定义格式为:

数据类型   **(*指针变量名)[常量表达式];**

其中,指针变量名和 * 号一定要用小括号括起来,常量表达式必须是二维数组第二维的大小。

对指向二维数组指针变量进行赋值的一般形式,有以下 3 种。

(1) 二维数组名+整型常数 n。如"p=a+1;"。

(2) & 二维数组名[整型常量 n]。如"p=&a[1];"。

(3) 不可用数组单元地址对其赋值。如"p=a[0];"或"p=&a[0][0];"都是错误的。

例如,"int a[2][3];"则定义一个指向此二维数组的指针变量为"int(*p)[3];",写成

"int(＊p)[2];"或"int ＊p[3];"都是错误的。

【例 9-7】 利用数组指针输出二维数组元素。

源程序：

```
1   /＊9-7.c＊/
2   # include"stdio.h"
3   int main()
4   {   int i,j,a[3][2];
5       int (＊p)[2];        /＊定义了一个列元素个数为 2 的数组指针 p＊/
6       for(i = 0;i < 3;i++)
7        for(j = 0;j < 2;j++)
8          scanf("％d",&a[i][j]);
9       p = a;
10      printf("\n");
11      for(i = 0;i < 3;i++)
12      { for(j = 0;j < 2;j++)
13           printf("％d ",p[i][j]);
14        printf("\n");
15      }
16      printf("\n");
17      p = &a[0];
18      for(i = 0;i < 3;i++)
19      { for(j = 0;j < 2;j++)
20           printf("％d ",＊(＊p + j));
21        printf("\n");
22        p++;
23      }
24      printf("\n");
25      p = a + 2;
26      for(j = 0;j < 2;j++)
27           printf("％d ",＊(＊p + j));
28      printf("\n");
29      return 0;
30  }
```

程序解析：

程序中第 5 行"int（＊p)[2];"表示定义了一个列元素个数为 2 的数组指针，第 9 行
"p＝a;"表示 p 是指向二维数组 a 的指针变量且指向第一行，第 17 行"p＝&a[0];"表示 p 是
指向二维数组 a 的指针变量且指向第一行，第 25 行"p＝a＋2;"表示 p 是指向二维数组 a 的第
3 行。第 13 行 p[i][j] 表示取到数组的第 i 行第 j 列的元素，第 20 行和第 27 行＊(＊p＋j)的
引用则表示取到指针 p 所指向的数组行的元素。

程序运行结果如下。

10 20 ✓
30 40 ✓
50 60 ✓

10 20
30 40
50 60

10 20
30 40

50 60

50 60

9.2.3　指针数组

指针数组是指数组的每个元素是指针变量。其定义的一般格式为：

　基类型　　　*数组名[常量表达式];

例如,下面定义了一个指针数组,并且将这个指针数组的每个单元指向另一个数组的各个单元,如图 9-12 所示。

```
int * num[5];
int a[5];
num[0] = &a[0];num[1] = &a[1];num[2] = &a[2];num[3] = &a[3];num[4] = &a[4];
```

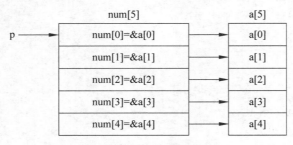

图 9-12　指针数组示意图

【**例 9-8**】　利用指针数组输出数组的每个元素。

源程序：

```
1  /* 9 - 8.c */
2  # include "stdio.h"
3  int main()
4  {
5      int a[5], * num[5],i;
6      printf("输入 5 个数:");
7      for(i = 0;i < 5;i++)
8          scanf("% d",&a[i]);
9      for(i = 0;i < 5;i++)
10         num[i] = &a[i];
11     printf("通过指针数组输出 5 个数:");
12     for(i = 0;i < 5;i++)
13         printf("% d ", * num[i]);
14     printf("\n");
15 }
```

程序运行结果如下。

12458↙
通过指针数组输出 5 个数: 12458

数组指针是指向数组的指针,指针数组是指由一组指针变量组成的数组。设有定义指针数组 int * p[5] 与数组指针 int (* p)[5],它们在定义与使用方面的区别如图 9-13 和图 9-14 所示。

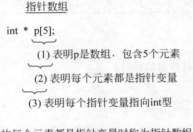

图 9-13　指针数组与数组指针定义的区别

定义与性质	指针数组	数组指针
变量定义	int* p[5]	int(*p)[5]
变量性质	p是数组名，不是指针变量，不可对p赋值	p是指针变量，不是数组名，可对p赋值

图 9-14　指针数组与数组指针使用的区别

9.3　指针和字符数组

视频讲解

本节主要讨论以下问题。

（1）字符数组的指针是什么？如何定义指向字符数组的指针变量？

（2）如何通过指向字符数组的指针变量引用数组元素？如何通过指向字符数组的指针变量给数组元素赋值？

（3）多个字符串如何进行定义？二维字符数组的指针是什么？如何定义指向二维字符数组的指针变量？

（4）如何通过指向二维字符数组的指针变量引用数组元素？如何通过指向二维字符数组的指针变量给数组元素赋值？

（5）如何通过指针变量单个或整体处理字符串？

字符数组是一种基类型为字符型的数组。在处理字符数组时也可以使用指针变量。字符数组的指针就是存放字符串的连续空间的首地址，也是字符数组第 0 个元素的地址。存放字符数组首地址的指针变量即指向字符数组的指针变量。由于字符串常量可以使用字符数组来存放，因此，有了指向字符数组的指针变量后，在处理字符串时将变得更加灵活和方便，尤其是在处理多个字符串时，指针变量的优势更加明显和突出。下面将介绍字符数组的指针和指向字符数组的指针变量。

1．字符串的表示

在 C 语言中，字符串可以用字符数组表示，也可以用字符指针变量来表示。设定义有 char str[]＝"STRING"，此时定义的 str 就是一个字符数组，如图 9-15 所示。

用字符指针变量表示字符串有以下两种方法。

1）边定义边赋值

定义字符指针变量时对其进行赋值，一般格式如下：

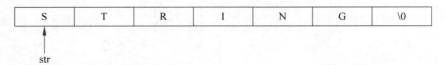

图 9-15　指向字符数组的指针

char * 字符指针变量名 = 字符串常量;

例如：char * str = "STRING";

2）先定义后赋值

先定义字符指针变量,然后对其进行赋值,一般格式如下：

char * 字符指针变量名;
字符指针变量名 = 字符串常量;

例如：

```
char * str;
str = "STRING";
```

2. 访问字符串的方法

有了指针变量,处理字符串就变得更加灵活方便。对一个字符串的引用不但可以单个字符引用,还可以整体引用。

1）单个引用

源程序：

```
1   # include "stdio. h"
2   int main()
3   {
4       char str[ ] = "STRING";
5       char * pc = "STRING";
6       int i;
7       for(i = 0;str[i]!= '\0';i++)
8           printf(" % c",str[i]);          / * 通过字符数组元素单个访问 * /
9       for(i = 0;pc[i]!= '\0';i++)
10          printf(" % c", * (pc + i));      / * 通过指针变量单个访问 * /
11      return 0;
12  }
```

程序解析：

用数组存放字符串,如果要单个引用每一个字符,直接采用下标引用数组中的每一个元素,如程序中第 8 行的 str[i]。用指针变量表示字符串,如果要单个引用每一个字符,有两种方法：一种是让指针变量不断下移,另一种是固定首指针,即指针变量是指向一个字符数组的指针变量,采用下标进行引用,如程序中第 10 行的 * (pc+i)。不管采用哪种方法,访问字符串的结束标志都是'\0',如第 7 行和第 9 行代码中的 str[i]！= '\0'和 pc[i]！= '\0'。

2）整体引用

源程序：

```
1   # include "stdio. h"
2   int main()
3   {
```

```
4        char  * pc = "STRING";
5        char str[] = "STRING";
6        printf(" % s",pc);
7        printf(" % s",str);
8        return 0;
9    }
```

程序解析：

不管用数组、指针变量还是指针数组等方式存放字符串，如果需要整体引用，直接使用对应首地址表示，如程序中第 6 行和第 7 行的 pc 或 str，格式控制符就用％s，输出结束标志是'\0'。

【例 9-9】 分别利用字符数组首地址和指向字符数组的指针变量实现字符串复制。

算法分析：

（1）利用字符数组首地址，其实现过程如图 9-16 所示。

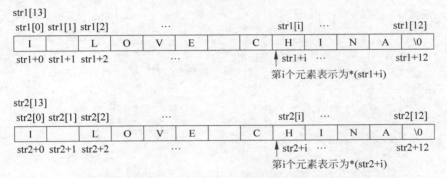

图 9-16 利用字符数组首地址的实现过程

源程序：

```
1   /* 9-9-1.c */
2   # include "stdio. h"
3   int main( )
4   {
5       int i = 0;
6       char str1[] = "I LOVE CHINA",str2[13];       /* 把 str1 复制到 str2 */
7       while( * (str1 + i)!= '\0')
8       {
9           * (str2 + i) = * (str1 + i);              /* 将字符依次赋值 */
10          i++;
11      }
12      * (str2 + i) = '\0';
13      printf("str1 is % s\n",str1);
14      printf("str2 is % s\n",str2);
15      return 0;
16  }
```

程序运行结果如下。

```
str1 is I LOVE CHINA
str2 is I LOVE CHINA
```

（2）利用指向字符数组的指针变量，其实现过程如图 9-17 所示。

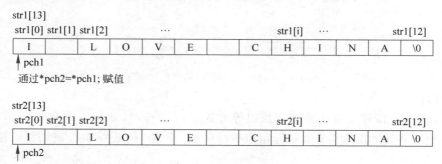

图 9-17　利用指向字符数组的指针变量的实现过程

源程序：

```
1   /* 9 - 9 - 2.c */
2   # include "stdio.h"
3   int main()
4   {    int i = 0;
5        char str1[] = "I LOVE CHINA",str2[13];
6        char * pch1,* pch2;        /*定义两个指针变量,指向数组 str1 和 str2 */
7        pch1 = str1;
8        pch2 = str2;
9        while( * pch1!= '\0')
10       {
11          * pch2 = * pch1;
12          pch1++;
13          pch2++;}
14       * pch2 = '\0';
15       printf("str1 is % s\n",str1);
16       printf("str2 is % s\n",str2);
17       return 0;
18  }
```

程序运行结果如下。

```
str1 is I LOVE CHINA
str2 is I LOVE CHINA
```

3. 多个字符串的表示

一个字符指针变量可以指向一个字符串，多个字符串的存储和处理可以定义多个字符指针变量，这些字符指针变量有多个且指向的数据类型相同。因此，将这些字符指针变量定义成一个数组。由于数组中的每个数据元素都是一个指针变量，所以又称为指针数组。指针数组在使用之前，也要先对指针数组元素进行初始化。

例如：

```
char str[3][20] = {"China","American","Japanese"};
char * pstr[3];          /*指针数组 pstr */
pstr[0] = str[0];        /*指针数组元素 pstr[0]初始化 */
pstr[1] = str[1];        /*指针数组元素 pstr[1]初始化 */
pstr[2] = str[2];        /*指针数组元素 pstr[2]初始化 */
```

也可以在定义字符指针数组时直接对其进行赋值，定义为以下形式：

```
char * pstr[3] = {"China","American","Japanese"};
```

【例 9-10】　2022 年我国成功举办了冬季奥林匹克运动会,通过运动健儿们的拼搏努力,中国体育代表团金牌数和奖牌数均创历史新高。现编程对历届冬奥会举办国的名称按照字母顺序进行排序。

算法分析:

每个国家名称就是一个字符串,因为要处理多个字符串,所以采用字符指针数组存放多个国家名称。在第 7 章中,采用了冒泡排序算法进行排序,这里采用简单选择排序算法对多个字符串进行排序。选择排序分为简单选择排序和堆排序。简单选择排序又称为直接选择排序。

简单选择排序的基本思想是每一趟选择排序都是从待排序的数据元素中选择一个最小的元素,放在对应的位置,直到全部待排序的数据元素排完为止。算法步骤如下。

(1) 设待排序的记录存访在数组 a[0…n-1]中。第一趟从 a[0]开始,通过 n-1 次比较,从 n 个记录中选出关键字最小的记录,记为 a[k],交换 a[0]和 a[k]。

(2) 第二趟从 a[1] 开始,通过 n-2 次比较,从 n-1 个记录中选出关键字最小的记录,记为 a[k],交换 a[1]和 a[k]。

(3) 以此类推,第 i 趟从 a[i-1]开始,通过 n-i 次比较,从 n-i+1 个记录中选出关键字最小的记录,记为 a[k],交换 a[i-1]和 a[k]。

(4) 经过 n-1 趟,排序完成。

这里排序的对象为多个字符串,定义一个字符指针数组 name,采用字符串比较函数 strcmp,并记录下最小字符串的位置 min,然后找出每趟的最小字符串,如果最小字符串所在的位置与需要交换的位置不相等,则将这两个位置的数进行交换,否则不交换。这种方法称为改进的简单选择排序。其算法 N-S 图如图 9-18 所示。

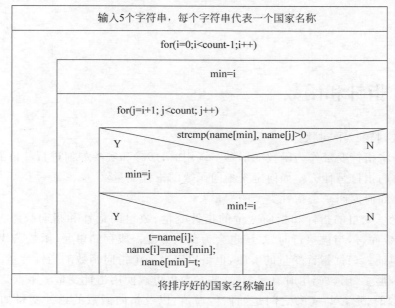

图 9-18　算法 N-S 图

源程序:

```
1   / * 9 - 10.c * /
2   # include "stdio.h"
3   # include "string.h"
4   int main()
5   {
6       char * name[5] = {"China","America","Russia","Canada","Italy"};
7       int i,j,min;
8       char * t;
9       int count = 5;
10      for(i = 0;i < count - 1;i++)        / * count - 1 趟选择排序 * /
11
12      {
13        min = i;
14        for(j = i + 1;j < count;j++)      / * 第 i 趟找最小字符串的位置 min * /
15            if(strcmp(name[min],name[j]) > 0)min = j;
16        if(min!= i)                       / * 将 a[min]与 a[i]进行交换 * /
17         {
18           t = name[i];
19           name[i] = name[min];
20           name[min] = t;
21         }
22      }
23      for(i = 0;i < 5;i++)                / * 从小到大输出选择排序后的字符串 * /
24        printf(" % s\n",name[i]);
25      return 0;
26  }
```

程序运行结果如下。

```
America
Canada
China
Italy
Russia
```

9.4　指针和函数

本节主要讨论以下问题。

(1) 如何将指针变量作为函数的形参? 调用时,形参和实参如何进行其值的传递?

(2) 函数的指针是什么? 如何定义指向函数的指针变量?

(3) 函数如何返回一个指针类型的变量?

前面讨论了变量的指针和指向变量的指针变量、数组的指针和指向数组的指针变量。其实,对于函数而言,当被执行时,系统也会为函数分配一段存储单元,函数名代表这段存储单元的起始地址。根据指针变量的本质,也可以定义一个指向函数的指针变量。除此之外,函数定义时有形参,函数调用时有实参,这些参数也可以使用指针变量。下面详细介绍指针作为函数参数时,形参与实参之间是如何传递值,以及指向函数的指针变量如何定义和使用。除此之外,介绍函数如何返回一个指针变量作为其返回值。

视频讲解

9.4.1 指针作为函数的参数

C 语言中,函数的参数有形参和实参两种,当函数被调用时,它们间进行传送。通过第 8 章的学习可知,参数间传送信息的方式有两种,分别是值传递和地址传递。值传递是指把实参的值传递给形参,形参在被调用函数中的变化对实参不会产生任何影响,地址传递是实参把所指向的存储单元地址传递给形参,因此,形参在被调用函数中的变化直接影响实参。要实现参数的地址传递,形参就将定义为指针类型或数组类型。此时,调用函数的实参对应就是变量的地址或数组。

1. 指针变量作为函数的参数

当指针变量作为函数参数时,其定义的方式与普通变量类似,函数体中的使用也一样。当调用指针变量作为函数参数的函数时,其实参必须与形参的类型和个数保持一致,否则会出错。

【例 9-11】 输入两个整数并且按照从小到大的顺序进行排列。

源程序:

```
1   /* 9 - 11.c */
2   # include "stdio.h"
3   void swap(int * p1,int * p2)      /* 函数参数为两个指针变量 p1、p2 */
4   {
5     int temp;
6     temp = * p1;
7     * p1 = * p2;
8     * p2 = temp;
9   }
10  int main()
11  {
12    int x,y;
13    int * px, * py;
14    scanf("% d, % d",&x,&y);
15    px = &x,py = &y;               /* px 指向变量 x,py 指向变量 y */
16    if(x > y) swap(px,py);         /* 可换成 swap(&x,&y); */
17    printf("% d, % d\n",x,y);
18    return 0;
19  }
```

程序解析:

swap 函数定义中(见程序第 3 行)有两个指向整型的指针变量 p1 和 p2 的形参,调用该函数时,其实参必须是指针变量或变量的地址。在这里是第 16 行中的 px 和 py,这两个变量都是指针变量。函数调用时实参和形参的传递过程如图 9-19 所示。

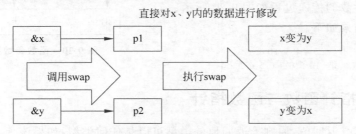

图 9-19 函数调用时实参和形参的传递过程

程序运行结果如下。

```
20,10 ↙
10,20
```

2. 数组作为函数的参数

当数组作为函数的参数时,其定义形式一般是数组和长度分开进行,调用时实参的类型与形参的类型保持一致,因此,也应该是一个数组,一般用数组名表示。

【例 9-12】 将 10 个整数逆序输出。

源程序:

```
1   /*9-12.c*/
2   #include "stdio.h"
3   void reverse(int x[],int n )
4   {   int t,i,j,m;
5       m=(n-1)/2;
6       for(i=0;i<=m;i++)
7       { j=n-1-i;
8          t=x[i];
9          x[i]=x[j];
10         x[j]=t;
11      }
12  }
13  int main()
14  {
15      int i,a[10]={1,2,3,4,5,6,7,8,9,10};
16      printf("原始序列:");
17      for(i=0;i<10;i++)
18        printf("%d ",a[i]);
19      printf("\n");
20      reverse(a,10);
21      printf("被倒置后的数组是:");
22      for(i=0;i<10;i++)
23        printf("%d ",a[i]);
24      printf("\n");
25      return 0;
26  }
```

程序解析:

在 reverse 函数的定义中,形参有两个,一个表示数组 x,另一个表示数组的长度 n。调用该函数时,其实参必须是两个参数。在这里是 a 和 10,一个参数 a 是数组名,与第一个形参一致;另一个参数是 10,表示长度。函数参数的传递过程如图 9-20 所示。

程序运行结果如下。

```
原始序列:1 2 3 4 5 6 7 8 9 10
被倒置后的数组是:10 9 8 7 6 5 4 3 2 1
```

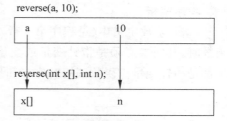

图 9-20   函数参数的传递过程

9.4.2   指针函数与函数指针

视频讲解

有的函数具有返回值,原则上返回值的类型可以是任何类型,如果该函数返回一个指针变量,则该函数称为指针函数。如果在一个程序中有多个仅函数名不同的函数首部的函数,也就是说,函数的返回值类型相同、形参个数及类型相同,但函数名不同,那么,根据指针的特点,可以定义一个指向函数的指针变量,该指针称为函数指针。下面详细介绍指针函数和函数指针。

1. 指针函数

函数可以返回不同类型的值,如整型、浮点型等,也可以返回一个指针类型的数据。如果一个函数的返回值为指针类型,则称为指针函数。返回指针值的函数的定义格式如下:

类型名　　　 * 函数名(参数表)

例如:

```
int    * fun1(int a,int b);     /*定义了一个返回值为整型的指针函数 fun1 */
float * fun2(float a,float b);   /*定义了一个返回值为浮点型的指针函数 fun2 */
 char  * fun3(char a,char b);    /*定义了一个返回值为字符型的指针函数 fun3 */
```

【例 9-13】 求两数的最大值。

源程序:

```
1   /* 9 - 13.c */
2   # include"stdio.h"
3   # include"stdlib.h"
4   int * max(int a,int b)
5   {
6     int * m;
7     m = (int * )malloc(sizeof(float));
8     if(a > b)  * m = a;
9       else * m = b;
10    return m;
11  }
12  int main()
13  {
14    int x,y, * m;
15    scanf(" % d % d",&x,&y);
16    m = max(x,y);
17    printf(" % d\n", * m);
18    return 0;
19  }
```

以上程序中,第 4 行定义的函数 max 是一个返回值为指向单精度类型的指针变量。因此,在第 16 行调用这个函数时,将返回值赋给指针变量 m。称 max 为指针函数。该程序运行结果如下。

10 20 ✓
20

2. 函数指针

在程序运行时系统会给函数分配一定的内存,函数代码会占用这部分的存储空间,函数的指针就指向函数的入口地址,函数名存放的值就是这个函数的入口地址,它是存储函数代码的内存单位的首地址。假定有一个 max 函数,在编译时系统给它分配的入口地址 X 就是函数指针,可以使用指针变量指向函数的入口地址,称这样的指针为函数指针。

函数指针的定义格式为：

类型名 （＊指针变量名)(形式参数列表)

【**例 9-14**】 分别求两数的最大值、最小值、两数之和、两数之差、两数的乘积和两数相除。

源程序：

```
1   /＊9－14.c＊/
2   ＃include "stdio.h"
3   float max(float a,float b)        /＊求两数的最大值＊/
4   {
5      float m;
6      if(a＞b) m＝a;
7            else m＝b;
8      return m;
9   }
10  float min(float a,float b)        /＊求两数的最小值＊/
11  {
12     float m;
13     if(a＜b)m＝a;
14           else m＝b;
15     return m;
16  }
17  float sum(float a,float b)        /＊求两数的和＊/
18  {
19     float m;
20     m＝a＋b;
21     return m;
22  }
23  float sub(float a,float b)        /＊求两数的差＊/
24  {
25     float m;
26     m＝a－b;
27     return m;
28  }
29  float mulp(float a,float b)       /＊求两数的乘积＊/
30  {
31     float m;
32     m＝a＊b;
33     return m;
34  }
35  float div(float a,float b)        /＊求两数相除＊/
36  {
37     float m;
38     m＝a/b;
39     return m;
40  }
41  int main()
42  {
43     float (＊fun)(float a,float b);   /＊定义一个指向函数的指针＊/
44     float x,y,z;
45     fun＝max;                        /＊指针变量存放 max 函数的地址＊/
46     scanf("％f,％f",&x,&y);
47     z＝(＊fun)(x,y);
```

```
48        printf("x = % 4.1f,y = % 4.1f,最大值为 % 4.1f\n",x,y,z);
49        fun = min;              /* 指针变量存放 min 函数的地址 */
50        scanf(" % f, % f",&x,&y);
51        z = ( * fun)(x,y);
52        printf("x = % 4.1f,y = % 4.1f,最小值为 % 4.1f\n",x,y,z);
53        fun = sum;              /* 指针变量存放 sum 函数的地址 */
54        scanf(" % f, % f",&x,&y);
55        z = ( * fun)(x,y);
56        printf("x = % 4.1f,y = % 4.1f,两数之和为 % 4.1f\n",x,y,z);
57        fun = sub;              /* 指针变量存放 sub 函数的地址 */
58        scanf(" % f, % f",&x,&y);
59        z = ( * fun)(x,y);
60        printf("x = % 4.1f,y = % 4.1f,两数之差为 % 4.1f\n",x,y,z);
61        fun = mulp;             /* 指针变量存放 mulp 函数的地址 */
62        scanf(" % f, % f",&x,&y);
63        z = ( * fun)(x,y);
64        printf("x = % 4.1f,y = % 4.1f,两数的乘积为 % 4.1f\n",x,y,z);
65        fun = div;              /* 指针变量存放 div 函数的地址 */
66        scanf(" % f, % f",&x,&y);
67        z = ( * fun)(x,y);
68        printf("x = % 4.1f,y = % 4.1f,两数相除为 % 4.1f\n",x,y,z);
69        return 0; }
```

以上程序中,共定义了 6 个函数,分别是 max、min、sum、sub、mulp 和 div,这 6 个函数的首部除函数名不相同外其他都相同。因此,在调用这 6 个函数时,使用了一个指针变量 fun 来间接地引用,称 fun 为函数指针。该程序运行结果如下。

```
10,20↙
x = 10.0,y = 20.0,最大值为 20.0
30,50↙
x = 30.0,y = 50.0,最小值为 30.0
78,95↙
x = 78.0,y = 95.0,两数之和为 173.0
87,58↙
x = 87.0,y = 58.0,两数之差为 29.0
65,85↙
x = 65.0,y = 85.0,两数的乘积为 5525.0
54,120↙
x = 54.0,y = 120.0,两数相除为 0.4
```

9.5　指针与动态内存分配

本节主要讨论以下问题。
(1) 什么是动态内存分配? 动态内存分配与指针有什么关系?
(2) 如何实现动态内存分配?
(3) 如何收回不需要的内存空间?
程序在运行过程中所需要的空间分为两类:一类是程序在运行前获得的空间,另一类是程序在运行过程中获得的空间。前一类获得的空间称为静态空间,后一类获得的空间则称为动态空间。
静态空间的分配和释放全部由操作系统完成,不用程序员分配。如在编写程序过程中定义了变量或数组,系统将根据变量的类型或大小分配相应的存储单元,且不可改变。动态空间的分配和释放则完全由程序员处理,它们是程序员根据处理数据的实际需求,向系统申请合适大小的存储空间,当不需要时又可以释放相应分配的空间。C 语言提供了让程序员分配空间和释放空间的方法。

1. 动态内存分配

动态内存分配函数和动态释放内存函数都在库文件"stdlib.h"中,下面介绍最常用的动态分配函数 malloc 和动态释放函数 free,其他函数可以查看库文件"stdlib.h"。这两个函数的函数原型为:

```
void * malloc(int size_t);
void    free(void * );
```

其中,malloc 函数的参数 size_t 表示要求所分配空间的大小,以字节为单位。用 malloc 函数分配内存不一定成功,如果分配内存失败,则返回值是 NULL。如果成功,函数的返回值是所获得空间的起始地址,返回的地址指向的存储单元存放的变量为空类型,说明返回的指针所指向的内存块可以是任何类型。因此,使用时一般需要将其强制转换成指针变量指向的变量类型。

例如:

(1) int * pi;
　　pi = (int *) malloc(10);
　　　　　　　　　　　　/ * 分配的空间大小为 10 字节,将其强制转换成 int 型 * /

(2) char * pch;
　　pch = (char *)malloc(50);
　　　　　　　　　　　　/ * 分配空间大小为 50 字节,将其强制转换成 char 型 * /

2. 动态内存释放

动态内存释放函数为 free 函数,它的使用比 malloc 函数要简单。其函数原型为:

```
void    free(void * );
```

函数的参数为指针变量,表示释放该指针变量所指向的空间。注意,该地址一定是调用 malloc 函数返回的地址,否则会出错。使用 malloc 函数分配的空间,若程序以后不再使用该空间,则应该及时使用 free 函数来释放它,否则可能会造成该程序泄漏,大量泄漏的后果会导致程序因无内存分配而无法运行下去。

使用 free 函数对上面分配的空间进行释放的操作如下。

(1) free(pi);　　　　　　/ * 将 pi 所指的空间释放 * /
(2) free(pch);　　　　　/ * 将 pch 所指的空间释放,归还给系统 * /

9.6　多级指针

本节主要讨论以下问题。

(1) 指针变量的指针是什么?

(2) 如何定义指向指针变量的指针变量呢?

指针变量也是一个变量,系统为其分配对应的存储单元,该存储单元也有对应地址。因此,可以定义一个指针变量来指向这个存放指针变量的存储空间。指向一个指针数据的指针变量称为指向指针的指针,又称为二级指针。在本章开头已经提出了"间接访问"变量的方式,利用指针变量访问另一个变量就是"间接访问"。如果在一个指针变量中存放一个目标变量的地址,这就是"单级间址",如图 9-21(a)所示;指向指针数据的指针用的是"二级间址"方法,如图 9-21(b)所示。从理论上说,间址方法可以延伸到多级,即多级指针,如图 9-21(c)所示,但实际上在程序中很少使用超过二级间址,因为级数越多,越难理解,容易产生混乱,出错机会也很多。

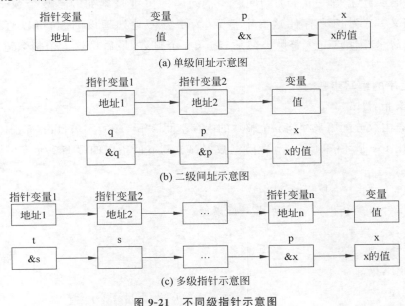

(a) 单级间址示意图

(b) 二级间址示意图

(c) 多级指针示意图

图 9-21 不同级指针示意图

二级指针变量的定义格式为:

数据类型符 ∗∗指针变量名;

其中,∗ 号的个数表示指针的级数,∗∗ 号表明后面的变量是二级指针变量。例如,有以下二级指针变量的定义方式:

```
int ** q, * p, x;
p = &x; q = &p;
** q = 5;
```

其中,p 指向变量 x,称为指向变量 x 的指针变量,q 指向指针变量 p,称为指向指针变量的指针变量,又称 q 为二级指针。∗∗ q 为变量 x 的值,∗ q 为变量 x 对应的存储单元的地址。

🔑 9.7 指针的典型应用

视频讲解

本节主要讨论以下问题。

(1) 如何定义指向某种类型变量的指针变量以及使用指针变量读写数据?

(2) 指针作为函数参数时,如何实现形参与实参之间的有效传递?

指针是程序设计语言的精髓。有了指针,访问数据变得非常灵活,尤其是动态内存空间的分配。下面主要通过任意个整数求和、冒泡排序和轮转数等问题介绍指针的使用。

9.7.1　任意个整数求和

1. 问题描述

输入整数个数 n,然后输入这 n 个整数,求这 n 个整数的和。

2. 算法分析

这个问题实际上是一个累加和问题。本问题的关键是累加的整数个数未知,因此不能简单地定义一个数组来存储这 n 个整数,为了方便地处理该问题,可以直接使用动态内存分配方法来存储这 n 个整数。然后,输入 n 个整数,最后将这 n 个整数进行累加得到结果。

3. 源程序的编写步骤

(1) 定义指针 int * p。

(2) 动态内存分配用来存储 n 个整数的内存空间:"p＝(int *)malloc(sizeof(int) * n);"。

(3) 采用 for 循环依次输入 n 个整型数据存放到 p 所指向的存储单元。

```
for(i = 0;i < n;i++)
    scanf("%d",p + i);
```

(4) 将指针 p 所指向的 n 个元素进行累加。

```
for(i = 0;i < n;i++)
    s += *(p + i);
```

(5) 输出结果 s。

4. 源程序

```
1   /* 任意个整数求和.c */
2   # include "stdio.h"
3   # include ""
4   int main( )
5   {   int i,s = 0, * p,n;
6       scanf("%d",&n);
7       p = (int * )malloc(sizeof(int) * n);
8       for(i = 0;i < n;i++)
9           scanf("%d",p + i);
10      for(i = 0;i < n;i++)
11          s = s + *(p + i);
12      printf("%d\n",s);
13      return 0;
14  }
```

程序运行结果如下。

```
4 ↙
10 20 30 40 ↙
100
```

【举一反三】

(1) 输入 n 个整数,求这 n 个整数的积。

(2) 输入任意个整数,选择求这些整数的和或积。

9.7.2　冒泡排序

1. 问题描述

在 2022 年冬奥会上,中国运动员谷爱凌为中国体育代表团摘得 2 金 1 银。下面编程对自由式女子大跳台比赛的 5 位选手的成绩进行冒泡排序。

2. 算法分析

冒泡排序的基本思想是将相邻的两个数进行比较,大的下移,小的上浮,当一趟冒泡结束后,就可以得到一个最大的数了,然后继续将除最大数之外的其他数重复此过程,直至所有的数都变成有序为止。

将这 5 个成绩放在一维数组 a[5] 中,要求从小到大排序。对这 5 个数据需要进行 4 趟比较。如图 9-22 所示是冒泡排序的第一趟和第二趟的过程。设初始序列为 187.50,188.25,182.50,178.00,169.00。

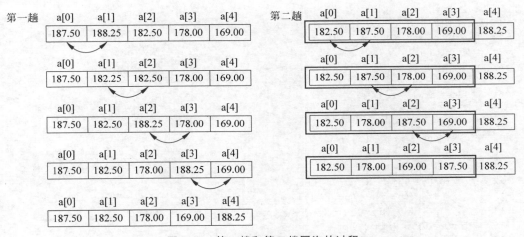

图 9-22　第一趟和第二趟冒泡的过程

归纳得出,如果有 n 个数需要 n−1 趟,第一趟比较 n−1 次,第二趟比较 n−2 次,以此类推,第 i 趟则需要比较 n−i 次。其算法 N-S 描述如图 9-23 所示。

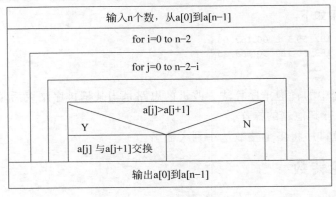

图 9-23　算法 N-S 图

3. 源程序的编写步骤

（1）定义数组 a[N]和指向数组的指针 p＝a 及其他有关变量。

（2）输入数组中的元素。

```
for(i = 0;i < 5;i++)
    scanf("%d",&a[i]);
```

（3）采用冒泡排序对数组进行排序，采用指针引用数组元素的方法。

```
for(i = 0;i <= N-2;i++)
    for(j = 0;j <= N-i-2;j++)
      if( * (p+j)> * (p+j+1))
        {t = * (p+j); * (p+j) = * (p+j+1); * (p+j+1) = t;}
```

（4）输出排序后的数据。

```
for(i = 0;i < 5;i++)
  printf("%.2f ", * (p+i));
```

4. 源程序

```
1   /* 冒泡排序.c */
2   #include "stdio.h"
3   #define N 5
4   int main( )
5   {
6      float a[N], * p,t;
7      int i,j;
8      for(i = 0;i < N;i++)
9         scanf("%f",&a[i]);
10     p = a;
11     for(i = 0;i <= N-2;i++)
12        for(j = 0;j <= N-i-2;j++)
13           if( * (p+j)> * (p+j+1))
14              {t = * (p+j); * (p+j) = * (p+j+1); * (p+j+1) = t;}
15     for(i = 0;i < N;i++)
16        printf("%.2f ", * (p+i));
17     printf("\n");
18     return 0;
19  }
```

程序运行结果如下。

```
187.50 188.25 182.50 178.00 169.00 ↙
169.00 178.00 182.50 187.50 188.25
```

【举一反三】

（1）改进本题中的冒泡排序算法。改进的思路是当某趟排序结束后整个数据已经是有序的，就不需要进行其他趟的操作。

（2）使用快速排序将多个整数从小到大输出。

9.7.3　轮转数

1. 问题描述

轮转数问题是将一个字符串中的字符依次向右移的过程，又称为字符串循环右移。如字符串"abcdef" 经过一次轮转后结果为"fabcde"；经过两次轮转后结果为"efabcd"。

2. 算法分析

假设字符串为"abcdef",经过 3 次轮转后变为"defabc",轮转过程如图 9-24 所示。

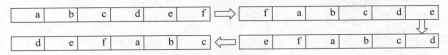

图 9-24 轮转过程

通过图 9-24 可知,每次轮转都是将除最后一个字符外的其他字符往后移一个位置,并将移出的字符作为第一个元素。在此操作过程中,需要将移出的字符保存在一个中间变量中。因此,核心过程就是其他字符整体后移。

3. 编写源程序的基本步骤

(1) 定义算法分析过程中用到的变量及其他相关变量:

```
char s[];                /* 存放字符串 */
char temp;               /* temp 存放最后将移出的字符 */
```

(2) 取最后一个字符:

```
temp = *(s + Len - 1);     /* Len 表示字符串的长度 */
```

(3) 一次轮转移动其他字符的过程:

```
i = Len - 1;
while(i >= 0) *(s + i) = *(s + i - 1), i -- ;
```

(4) 将取出的字符作为第一个元素:

```
*s = temp;
```

(5) 重复步骤(2)、(3)、(4)n 次,其中 n 表示轮转次数。

(6) 输出结果。

4. 源程序

```
1   /* 轮转数.c */
2   # include "stdio.h"
3   # include "string.h"
4   int main()
5   {
6      char st[] = "abcdef";          /* 存放字符串 */
7      char temp;                     /* temp 存放最后将移出的字符 */
8      int Len, i, n;
9      printf(" % s\n",st);
10     scanf(" % d",&n);
11     Len = strlen(st);
12     while(n > 0)
13     { temp = *(st + Len - 1);      /* Len 表示字符串的长度 */
14       i = Len - 1;
15       while(i > 0)
16       { *(st + i) = *(st + i - 1);i -- ;}
17        *st = temp;
18       n -- ;
19     }
20     printf(" % s\n",st);
```

```
21    return 0;
22  }
```

程序运行结果如下。

```
abcdef
3↙
defabc
```

【举一反三】

（1）"回文串"是一个正读和反读都一样的字符串，如"level"或者"noon"等都是回文串。编写程序判断输入的字符串是否为回文串。

（2）读入一个实数，输出该实数的小数部分，小数部分末尾若有多余的0，请去掉。如输入 111111.12345678912345678900，则输出 0.123456789123456789。若去掉末尾0之后小数部分为0，则输出 No decimal part。

9.8　本章小结

9.8.1　知识梳理

1．指针的含义

指针变量是指专门用来存放变量的存储空间地址的变量。内存单元的地址就是指针，它主要是为了便于直接访问内存而提供的一种语言机制，它可以访问数据单元，也可以访问程序代码存放的单元。

2．指针的运算

（1）取地址运算符 &：求变量的地址。

（2）取内容运算符 *：表示指针所指的变量。

（3）赋值运算、算术运算和比较运算等。

3．指针与数组

指针和数组有密切的关系，任何能由数组下标完成的操作也都可以用指针来实现，但在程序中使用指针可以使代码更紧凑、更灵活。本章介绍了如何在 C 程序中定义及应用指向一维数组、二维数组及字符数组的指针变量。

4．指针与函数

函数的指针为指向函数的指针变量，在程序运行时系统会给函数分配一定的内存，函数代码会占用这部分的存储空间，函数的指针就是指向函数的入口地址，函数名正是这个函数的入口地址，它是存储函数代码的内存单位的首地址。

5．指针数组

因为指针是变量，因此也可用指向同一数据类型的指针来构成一个数组，这就是指针数组。数组中的每个元素都是指针变量，根据数组的定义，指针数组中的每个元素都为指向同一数据类型的指针变量。

本章知识导图如图 9-25 所示。

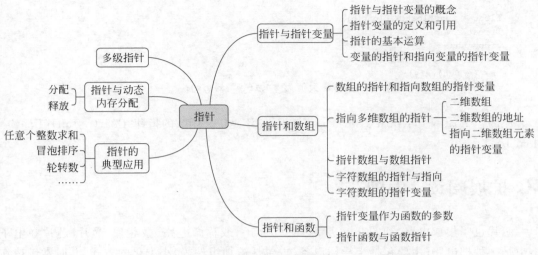

图 9-25　本章知识导图

9.8.2　常见上机问题及解决方法

1. 数组名不能直接赋值

例如：

```
int a[10], * p
a = p;
```

原因：数组名不能直接赋值。

2. 指针变量需要赋初值

例如：

```
float * pfl;
 * pfl = 10.1234f;
```

原因：该语句很危险，因为之前没有初始化指针变量 pfl。

3. 指针数组的使用

例如：

```
int a[5], num[5];
for(i = 0; i < 5; i++)
    num[i] = &a[i];
```

原因：这里应该定义一个指针数组，语句为"int * num[5];"。

4. 函数指针的使用

```
float max(float a, float b)    /* 求两数的最大值 */
{
    float m;
    if(a > b) m = a;
        else m = b;
    return m;
}
int main()
```

```
{
  float * fun(float a,float b);
   float x,y,m;
   fun = max;
   scanf(" % f, % f",&x,&y);
   m = ( * fun)(x,y);
   printf("x = % 4.1f,y = % 4.1f,最大值为 % 4.1f\n",x,y,m);
}
```

原因:"float * fun(float a,float b);"错误,应该是定义函数的指针"float(* fun)(float a, float b);"。

🔑 扩展阅读:中国芯[①]

芯片也叫集成电路,如图 9-26 所示,缩写为 IC,或称微电路、微芯片,晶片/芯片在电子学中是一种把电路(主要包括半导体设备,也包括被动组件等)小型化的方式,并时常制造在半导体晶圆表面上。

图 9-26　芯片示例

1. 中国芯发展史简介

中国芯片产业起步于 20 世纪 50 年代中期,1956 年,我国成功研制出了首批半导体器件——锗合金晶体管;1961 年,我国第一个集成电路研制课题组成立;1965 年,我国第一代单片集成电路在北京、石家庄和上海等地相继问世。中国集成电路市场是全球最大的集成电路市场,其需求比例占全球的 62.8%。

我国芯片产业共经历了以下三个发展阶段。

1965—1978 年:以计算机和军工配套为目标,以开发逻辑电路为主要产品,初步建立集成电路工业基础及相关设备、仪器、材料的配套条件。

1978—1990 年:主要引进美国二手设备,改善集成电路装备水平,在"治散治乱"的同时,以消费类整机作为配套重点,较好地解决了彩电集成电路的国产化。

1990—2000 年:以 908 工程、909 工程为重点,以 CAD 为突破口,抓好科技攻关和北方科研开发基地的建设,为信息产业服务,集成电路行业取得了新的发展。

目前我国集成电路产业已具备一定基础,多年来我国集成电路产业所聚集的技术创新

---

①　内容来自 https://www.jiaheu.com/topic/609994.html

活力、市场拓展能力、资源整合动力以及广阔的市场潜力,为产业在未来 5～10 年实现快速发展、迈上新的台阶奠定了基础。

2. 中国芯关键人物

中国芯关键人物如图 9-27 所示。

图 9-27　中国芯关键人物(从左至右:依次是黄敞、邓中翰、沈绪榜、许居衍、林为干、吴德馨)

(1)黄敞:中国航天微电子与微计算机技术的奠基人。

美国哈佛大学博士学位,成功研制出固体火箭用 CMOS 集成电路计算机,使我国卫星运载技术跨上了新台阶,也为后续发展奠定了坚实基础。1975 年,黄敞主持研制的大规模集成电路、大规模集成的 I2L 微计算机,获得了 1978 年全国第一次科学技术大会质量金奖。

(2)邓中翰:中国芯片之父。

加利福尼亚大学伯克利分校电子工程与计算机科学博士,成为该校成立 130 年来横跨理、工、商三科学位的第一人。

2005 年,邓中翰领导开发设计出的"星光"系列数字多媒体芯片,实现了八大核心技术突破,申请了该领域 2000 多项中国国内外技术专利,取得了核心技术突破和大规模产业化的一系列重要成果,这是具有中国自主知识产权的集成电路芯片第一次在一个重要应用领域达到全球市场领先地位,彻底结束了中国"无芯"的历史。

邓中翰是中国大规模集成电路及系统技术主要开拓者之一,邓中翰在"星光中国芯工程"中作出了突出成就,被业界称为"中国芯之父"。

(3)沈绪榜:研制 16 位嵌入式微计算机促进 NMOS(N-Metal-Oxide-Semiconductor,N 型金属-氧化物-半导体)技术的发展。

中国计算机专家、中国科学院院士,1957 年毕业于北京大学数学力学系。1965 年,他设计研制了我国第一台国产双极小规模集成电路航天制导计算机,并首次研制出了我国第一台国产 PMOS(Positive channel Metal Oxide Semiconductor,n 型衬底、p 沟道、靠空穴的流动运送电流的 MOS 管)中规模集成电路航天制导计算机,促进了中国 PMOS 集成电路技术的迅速发展。

1977 年完成了我国第一台国产 NMOS 大规模集成电路航天专用 16 位微计算机的研制,获国家科技进步奖三等奖,他研制的专用大规模集成电路运算逻辑部件(ALU)于 1988 年获国防专用国家级科技进步奖三等奖。

(4)许居衍:创建中国第一个集成电路专业研究所。

1953—1956 年于厦门大学物理系学习,1956—1957 年于北京大学物理系学习。1970 年,他参与了中国第一个集成电路专业研究所——第二十四研究所的创建,组织中国第一块硅平面单片集成电路的研制定型、参与计算机辅助制版系统及离子注入技术的基础研究,在集成电路工程技术的研究方面作出了创新性贡献。在他担任总工程师期间,第二十四所完成了 4KB、16KB、64KB DRAM、8 位微机、超高速 ECL(Emitter Coupled Logic,发射极耦合逻辑电路)、8 位数模转换器等重大科技开发工作,先后获得国家科技进步奖 1 项,部科技进步奖一等奖 10 多项。

许居衍同志是中国微电子工业初创奠基的参与者和当今最重点企业的技术创建与开拓者,为中国微电子工业发展作出了重大贡献。

(5) 林为干:中国微波之父。

美国加州大学博士学位,对中国电磁科学的发展作出了杰出的贡献,从教 60 余年,一直在此领域耕耘,其主要科技成就为闭合场理论、开放场理论和镜像理论。

在闭合场理论方面,他发表了"一腔多模拟微波滤波器"的观点,奠定了一腔多模的作用,林为干开展了毫米波技术和宽带光纤技术等方面的系统研究,完成了一大批国家科研任务,取得了一系列成果。

正是由于他在国内微波理论方面作出的开拓性贡献,香港中文大学在 1993 年邀请林为干做学术报告时,尊他为"中国微波之父"。

(6) 吴德馨:在国内首先研究成功硅平面型高速开关晶体管,首先将正性胶光刻和干法刻蚀等技术用于大规模集成电路的研制,首先在中国国内突破了大规模集成电路(LSI)低下的局面。

1961 年从清华大学无线电电子工程系毕业后分配至中国科学院半导体研究所工作,1991 年当选为中国科学院学部委员(院士)。1992 年被中华人民共和国国家科学技术委员会聘为"深亚微米结构器件和介观物理"项目首席科学家,主要从事砷化镓微波集成电路和光电模块的研究。

20 世纪 60 年代初期,作为主要负责人之一,在国内首先研究成功硅平面型高速开关晶体管,所提出的提高开关速度的方案被广泛采用,并向全国推广。20 世纪 60 年代末期研究成功介质隔离数字集成电路和高阻抗运算放大器模拟电路。20 世纪 70 年代末期,研究成功 MOS4K 位动态随机存储器。20 世纪 80 年代末期,自主开发成功 3 微米 CMOS LSI 全套工艺技术,用于专用电路的制造。20 世纪 90 年代,研究成功 0.8 微米 CMOS LSI 工艺技术和 0.1 微米 T 型栅 GaAsPHEMT 器件。

先后获得国家新产品一等奖和国家科技进步奖二等奖各 1 项、中国科学院和北京市科技进步奖一等奖 4 项、中国科学院科技进步奖二等奖 2 项。2020 年,吴德馨所在的中国科学院微电子研究所集成电路核心技术创新团队获得 2019 年度中国电子信息科技创新团队奖。

3. 自主研发的中国芯

中国芯是指中国自主研发并生产制造的计算机处理芯片。实施"中国芯"工程,采用动态流水线结构,研发生产了一系列中国芯。通用芯片有:魂芯系列、龙芯系列、威盛系列、神威系列、飞腾系列、申威系列。嵌入式芯片有:星光系列、北大众志系列、湖南中芯系列、万通系列、方舟系列、神州龙芯系列。

1) 中国第一枚通用 CPU——龙芯

提起国产芯片,中国科学院计算所不得不提,龙芯中科研制的处理器产品包括龙芯 1 号、龙芯 2 号、龙芯 3 号三大系列,涵盖小、中、大三类 CPU 产品,如图 9-28 所示。

龙芯不只是沉醉于实验室的"芯片产品",它已经成功流片,并于 2015 年在中国发射的北斗卫星上应用。龙芯产品在性能上与主流的 CPU 有差距,尤其在算力与功耗上,无法与英特尔的产品竞争,但随着国产研发实力的增强,未来提升空间很大,抢占国内市场不是不可能。

图 9-28 龙芯产品

2）国内首款具有完全自主知识产权的 GPU——JM5400

GPU 一直是国内的一块"芯病"，长期被英伟达等国外企业垄断。2014 年 4 月，景嘉微电子成功研制出国内首款具有完全自主知识产权的图形处理芯片——JM5400，在多项性能上达到或优于常用国外产品。

JM5400 作为一款有着特殊意义的产品，虽然性能没法和英伟达巨头的产品相提并论，但仍值得鼓励，希望它早日占领中国 GPU 市场，打破国外垄断。

3）全球首款内置独立 NPU 的智能手机 AI 计算平台——海思麒麟 970 芯片

华为海思因自主研发的麒麟芯片备受关注，海思麒麟 970 芯片是一款非常具有跨时代意义的国产芯片产品。

麒麟 970 芯片最大的特征是设立了一个专门的 AI 硬件处理单元——NPU（神经元网络），用来处理海量的 AI 数据，它采用了台湾积体电路制造股份有限公司（简称台积电）10nm 工艺，首次集成 NPU 采用了 HiAI 移动计算架构，其 AI 性能密度大幅优于 CPU 和 GPU，在处理同样 AI 任务时，麒麟 970 新的异构计算架构拥有大约 50 倍能效和 25 倍性能优势。

2017 年 10 月 16 日在德国慕尼黑电子展上，华为发布首款采用麒麟 970 的手机 Mate 10。2018 年，华为对媒体披露了华为麒麟 970 芯片的升级版——麒麟 980 芯片，这一款芯片在性能上更上一层楼。2022 年，华为麒麟 980 等芯片被国家博物馆收藏。

据悉，它采用台积电 7nm 工艺，同时搭载寒武纪的人工智能 NPU，集成 ARM 最新 A77 核心架构，最高主频可达 2.8GHz。

4）中国第一款云端智能芯片——寒武纪 MLU100 芯片

2018 年 5 月 3 日，中科院在上海发布了我国首款云端人工智能芯片——寒武纪 MLU100。这是一款向人工智能领域的大规模的数据中心和服务器提供的核心芯片，它可支持各类深度学习和经典机器学习算法，充分满足视觉、语音、自然语言处理、经典数据挖掘等领域复杂场景下的云端智能处理需求。

目前寒武纪 MLU100 芯片已经应用在相关产品之中，联想集团推出的搭载 MLU100 智能处理卡的云端智能服务器 SR650，它打破了 37 项服务器基准测试的世界纪录。科大讯飞公司将寒武纪智能处理器应用于语音智能处理，测试显示其能耗效率领先竞争对手的云端 GPU 方案 5 倍以上。

中科曙光公司也推出了搭载寒武纪芯片的 PHANERON 服务器产品及人工智能管理平台 SothisAI。与中科院渊源颇深的寒武纪，在成立不到两年的时间里，推出如此多代表性"芯片"产品，让人期待与敬佩。

5) 中国设计算力最高的 AI 芯片——百度"昆仑"

2018 年 7 月 4 日,百度在 2018 年百度 AI 开发者大会上宣布推出云端全功能 AI 芯片 "昆仑",据悉,它是中国第一款云端全功能 AI 芯片,也是业内设计算力最高的 AI 芯片。

据介绍,"昆仑"算力强大,100＋瓦特功耗下提供 260Tops 性能,能同时满足训练和推断的需求,除了常用深度学习算法等云端需求,还能适配自然语言处理、语音识别、自动驾驶、推荐等具体终端场景的计算需求。

百度近几年在人工智能上投入了巨大的财力、物力、人力,推出的"昆仑"芯片也让大家更相信它对人工智能的看好。"度娘"不仅是颜值担当,实力也是国内翘楚,值得称赞。

2021 年,百度宣布昆仑 2 代芯片实现量产。相比于 2018 年发布的昆仑 1 代芯片,昆仑 2 代的性能提升了 2～3 倍。2022 年,昆仑 2 代芯片已完成无人驾驶场景端到端的性能适配。

如今,在超级计算机领域,中国已经处于领先水平,尤其是"神威·太湖之光"更是蝉联世界浮点运算第一的宝座,并且与"天河二号"采用 Intel 处理器不同,"神威·太湖之光"全部采用自主"中国芯"——"申威 26010"众核处理器。

芯片国产化进程注定是一场艰难的"马拉松"赛跑,芯片研发不像互联网应用,开发一个 App 火了就成功,它需要与设计、研发、材料、工艺等产业相结合,形成强大的供应链系统,方能破解"芯痛"之结,"中国芯"未来可期。

🔑 习题 9

1. 选择题

(1) 若有定义语句"float i, * pi＝&a;",以下叙述中错误的是(　　　)。

　A. 定义语句中的 * 号是一个间址运算符

　B. 定义语句中的 * 号是一个说明符

　C. 定义语句中的 pi 只能存放 float 类型变量的地址

　D. 定义语句中, * pi＝&i 把变量 a 的地址作为初始赋值给指针变量 pi

(2) 设已有定义"int x;",则以下对指针变量 pi 进行定义且赋初值的语句中,正确的是(　　　)。

　A. int * p＝(float)x;　　　　　　　　　B. int * pi＝&x;

　C. float p＝&x;　　　　　　　　　　　D. float * p＝1024;

(3) 下列语句中,正确的是(　　　)。

　A. char * s; s＝"Program";　　　　　B. char s[7]; s＝"Program";

　C. char s; * s＝{"Program"};　　　　D. char s[7]; s＝{"Program"};

(4) 若有定义语句"int x,y, * px, * py;",执行了"px＝&x;py＝&y;"之后,正确的输入语句是(　　　)。

　A. scanf("%d%d",px,py);　　　　　B. scanf("%d%d"&x,&y);

　C. scanf("%d%d",x,y);　　　　　　D. scanf("f%f",x,y);

(5) 有以下程序:

```
#include <stdio.h>
int main()
```

```
(    int   n, * p = NULL;
     * p = &n;
     printf("input   n :" );
     scanf(" % d",&p);
     printf("output n:");
     printf(" % d\n",p);
     return 0;
)
```

该程序试图通过指针 p 为变量 n 读入数据并输出,但程序有多处错误,以下语句中正确的是(　　)。

　　A. int n, * p＝NULL；　　　　　　　　B. * p＝&n；

　　C. scanf("%d",&p)；　　　　　　　　D. printf("%d\n",p)；

(6) 有以下程序:

```
# include < stdio. h >
# include < stdlib. h >
int   fun(int n )
{   int * p;
    p = (int * ) malloc (sizeof(int)) ;
    * p = n;
    return * p;
}
int main()
{   int a;
    a = fun(10);
    printf (" % d\n",a + fun(10));
    return 0;
}
```

程序的运行结果是(　　)。

　　A. 0　　　　　　　　B. 10　　　　　　　C. 20　　　　　　　D. 出错

(7) 有以下程序:

```
# include < stdio. h >
# include < string. h >
void swap(char * x,char * y)
{
 char t[100];
 strcpy(t,x);
 strcpy(x,y);
 strcpy(y,t);
}
int main()
{
 char s1[ ] = "abc",s2[ ] = "123";
 swap(s1,s2);
 printf(" % s, % s",s1,s2);
 return 0;
}
```

程序执行后的输出结果是(　　)。

　　A. 321,cba　　　　　B. abc,123　　　　　C. 123,abc　　　　　D. 1bc,a23

(8) 有以下程序:

```
# include < stdio.h >
void fun(int a[ ],int n)
{   int   i ,t;
    for(i = 0;i < n/2;i++)
     { t = a[i];a[i] = a[n - 1 - i];a[n - 1 - i] = t; }
}
int   main()
{   int k[10] = {1,2,3,4,5,6,7,8,9,10},i;
    fun(k,5);
    for(i = 2;i < 8;i++)
      printf(" % d",k[i]);
    printf ( "\n");
    return 0;
}
```

程序的运行结果是(　　)。

　　A. 321678　　　　　B. 876543　　　　C. 1098765　　　　D. 345678

(9) 有以下程序:

```
# include < stdio.h >
# define N 4
void fun (int a[ ][N],int b[ ])
{   int i;
    for(i = 0;i < N;i++)
      b[i] = a[i][i] - a[i][N - 1 - i];
}
int main()
{   int x[N][N] = {{1,2,3,4},{5,6,7,8},{9,10,11,12},{12,14,15,16}},y[N],i;
    fun(x,y);
    for(i = 0;i < N;i++)
       printf(" % d ",y[i]);
     return 0;
}
```

程序运行后的结果是(　　)。

　　A. −3,−1,1,4　　　　　　　　　　B. −12,−3,0,0

　　C. 0,1,2,3　　　　　　　　　　　D. −3,−3,−3,−3

(10) 有以下程序:

```
# include < stdio.h >
# include < string.h >
void main()
{   char str[ ][20] = {"One * World","One * Dream!"}, * p = str[1];
    printf (" % d,",strlen(p));
    printf(" % s\n",p);
}
```

程序运行后的输出结果是(　　)。

　　A. 10,One * Dream!　　　　　　　B. 9,One * Dream!

　　C. 9,One * World　　　　　　　　D. 10,One * World

(11) 有以下程序(注: 字符 a 的 ASCII 码值为 97):

```
# include < stido.h >
```

```
int   main()
{   char * s = {"abc"};
    do
    { printf(" % d", * s % 10);
     ++s;
     }while{ * s};
    return 0;
}
```

程序运行后的输出结果是(　　)。

    A. 789　　　　　　　　B. abc　　　　　C. 7890　　　　　　D. 979 899

(12) 有以下函数:

```
int fun (char * x, char * y)
{ int n = 0;
  while(( * x == * y )&& * x!= '\0')
    { x++; y++; n++; }
  return   n;
}
```

函数的功能是(　　)。

    A. 将 y 所指字符串赋给 x 所指存储空间

    B. 查找 x 和 y 所指字符串中是否有'\0'

    C. 统计 x 和 y 所指字符串中最前面连续相同的字符个数

    D. 统计 x 和 y 所指字符串中相同的字符个数

2. 程序填空题

(1) 下列代码把一个字符串 p 复制到新的位置 q。

```
char * p = "abcde";
char * q = (char *)malloc(strlen(p) + 1);
for(int i = 0;_____; i++) q[i] = p[i];
q[i] = '\0';
```

(2) 形如"abccba"、"abcba"的串称为回文串,下列代码判断一个串是否为回文串。

```
char buf[] = "abcde11edcba";
int x = 1;
for(int i = 0; i < strlen(buf)/2; i++)
    if(_____)
    {
        x = 0;
        break;
    }
printf(" % s\n", x ? "是":"否");
```

(3) 下列代码是把一个二进制的字符串转换为整数。

```
char * p = "1010110001100";
int n = 0;
for(int i = 0; i < strlen(p); i++)
{
    n = _____;
}
printf(" % d\n", n);
```

(4) 2012 年是壬辰年,1911 年是辛亥年。下面的代码将根据公历年份输出相应的干支法纪年。已知最近的甲子年是 1984 年。

```c
void f(int year)
{
    char * x[] = {"甲","乙","丙","丁","戊","己","庚","辛","壬","癸"};
    char * y[] = {"子","丑","寅","卯","辰","巳","午","未","申","酉","戌","亥"};
    int n = year - 1984;
    while(n < 0) n += 60;
    printf("%s%s\n", x[_____], y[_____]);
}
int main(int argc, char * argv[])
{
    f(1911);
    f(1970);
    f(2012);
    return 0;
}
```

3. 程序设计题

(1) **大小写字母转换**。用指针实现将输入的字符串中的大写字母转换成小写字母,小写字母转换成大写字母,其他字符保持不变,如输入"I Love China!",则输出"i lOVE cHINA!"。

(2) **报数问题**。有 n 个人围成一圈,顺序排号。从第 1 个人开始报数(从 1 到 3 报数),凡报到 3 的人退出圈子,问最后留下的是原来第几号?

(3) **最大值和最小值问题**。我国天基测控系统由多颗中继卫星组成,在 2012 年我国就成为继美国之后第二个拥有全球覆盖能力中继卫星系统的国家,目前我国"数据中继卫星天团"阵容再次升级,稳健性、可靠性、灵活性和服务能力得到进一步提升。

每颗中继卫星具有各自的载重量,现有 5 颗卫星的载重量数据(84,93,88,87,61),将其中最小的数与第一个数进行交换,再把最大的数与最后一个数进行交换。

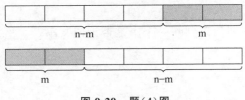

图 9-29　题(4)图

(4) **数的移动**。有 n 个整数,使其前面各数顺序向后移 m 个位置,最后 m 个数变成最前面 m 个数,如图 9-29 所示。

(5) **截取子串**。假如一个字符串中有 n 个字符,截取一个从第 m 个字符开始到最后的字符串。

(6) **字符串长度**。求一个字符串的长度。

(7) **矩阵转置**。将一个 4 行 4 列的矩阵转置。

(8) **月份转换成对应的英文**。输入一个月份,输出该月份对应的英文。

(9) **找方阵最大数**。将 5 阶方阵中最大的元素放在中心,4 个角分别放 4 个最小的元素(按从左到右、从上到下的顺序,依次从小到大存放)。

(10) **【"蓝桥杯"练习试题】**输入一个字符串,内有数字和非数字字符,例如:

A123x456 17960? 302tab5876

将其中连续的数字作为一个整数,依次存放到一数组 a 中。例如 123 放在 a[0],456 放在 a[1],以此类推,统计共有多少个整数,并输出。

第 *10* 章

构造数据类型

CHAPTER *10*

◇ **学习导读**

C 语言提供了基本数据类型（如 int、float、double、char 等），用户可以在程序中直接定义这种类型的变量。由于程序需要处理的数据有时比较复杂，而且多样化，仅使用基本数据类型不能够实现用户的要求，如描述一名学生，包括姓名、班级和多门课程的成绩等信息的数据，如果仅用基本数据类型处理其中的成绩信息较片面，并不能看到完整的学生信息。这时，就需要全面地考虑数据对象的多属性需求，定义更复杂的数据类型对这类数据进行描述。C 语言为了增强对这类数据的描述能力，允许用户根据需要来定义数据类型，称为自定义数据类型——构造数据类型。

C 语言允许用户自定义的构造数据类型有结构体、共用体和枚举类型。本章将详细介绍这些类型的定义以及使用方法。

◇ **内容导学**

（1）结构体的概念和应用。

（2）共用体的概念和应用。

（3）结构体数组与结构体指针。

（4）链表的概念以及创建、插入、删除等基本操作。

（5）构造数据类型作为函数参数和返回值的函数定义方法。

（6）位段的定义和应用。

（7）枚举类型的概念和应用。

（8）类型定义的应用。

◇ **育人目标**

《论语》的"有朋自远方来，不亦乐乎？"意为：有志同道合的朋友从远方来（请教），不也是一件快乐的事情吗——凝心聚力，共克时艰。

构造数据类型能将多种类型变量集合在一起，从而解决更复杂的问题。这正像一个团队，每个成员擅长的领域各不相同，只有通过团队协作、取长补短，才能更好更快地完成任务。

10.1　结构体

本节主要讨论以下问题。

（1）什么是结构体数据？如何定义结构体类型的变量？

（2）针对结构体类型的变量，如何引用结构体类型中的每个数据成员？

（3）如何定义结构体数组？如何引用结构体数组元素？

（4）如何定义指向结构体类型的指针变量？

在现实生活中，经常会遇到这样的情况。例如单位员工的工资记录，其中每个员工的工资记录都由一组属性，如工号、姓名、性别、年龄、工资、家庭地址等描述，而这一组属性都属于某个员工。如果将 num、name、sex、age、salary、address 分别定义为相互独立的简单变量，就难以反映它们之间的内在联系，处理起来也不方便。

因此，如果希望把这些数据组成一个关系更紧密的整体，例如定义一个 worker 变量，在这个变量中包括工人的工号、姓名、性别、年龄、工资、家庭地址等，这样就能反映这些属性的关系了。C 语言称这种数据结构为结构体类型。结构体类型就是把多个数据项组成一个整体，反映数据对象的多种属性，可以让计算机世界中的数据对象更接近于真实世界中的事物本身，如表 10-1 所示。这些数据项的类型可以相同也可以不同，根据实际需要来定。使用结构体类型的变量时，与基本数据类型不一样，需要先定义结构体类型。下面具体介绍结构体变量的定义和使用。

表 10-1　用结构体表示的工人信息

num	name	sex	age	salary	address
10010	ZhangSan	M	36	5600	Shanghai

10.1.1　结构体类型的定义

前面讨论的工人信息，可以用一个结构体类型描述。

```
struct worker
{
    int num;                /* 工号为整型 */
    char name [20];         /* 姓名为字符型 */
    char sex;               /* 性别为字符型 */
    int age;                /* 年龄为整型 */
    float salary;           /* 工资为浮点型 */
    char address[50];       /* 地址为字符型 */
};
```

定义一个结构体类型的一般形式为：

```
struct    结构体类型名
{
    数据类型 1    数据项 1;
    数据类型 2    数据项 2;
      …
    数据类型 n    数据项 n;
};
```

其中：

（1）struct 是关键字，表示定义结构体类型。

（2）结构体类型名是一个标识符，按照标识符的命名规则由用户自行定义，此类型名也可以省略，表示没有名字的结构体。

（3）大括号括起的部分是结构体类型中包含的数据成员，也就是数据对象的属性，又称为数据项或分量。每个数据项都有自己的类型和名字，数据项的个数没有限制。类型相同的数据项，既可以逐个、逐行分别定义，也可以合并成一行定义。成员名可以与程序中的变量同名，代表不同的对象，互不影响。

（4）数据项的数据类型可以是基本类型；也可以是构造类型，如数组；还可以是结构体类型。

（5）结构体类型定义结束后有一个分号，此分号不能省略。

例如：日期包括年、月、日，定义这样一个日期的结构体类型如下。

```
struct date
{
  int month;
  int day;
  int year;
};
```

10.1.2　结构体变量的定义

结构体类型定义后，就同前面所介绍的简单数据类型一样，才可以用它去定义此类型的变量。为了能在程序中使用结构体类型的变量，应该先定义结构体类型，然后定义结构体类型的变量。结构体类型变量定义后，该变量在内存中所占空间大小是它包含的各个成员所占内存大小之和。结构体类型的变量定义有以下两种方法。

1. 间接定义法

间接定义法是指先定义结构体类型，然后定义结构体类型变量。其定义的一般格式为：

```
struct   结构类型名
{
  数据类型 1    数据项 1;
  数据类型 2    数据项 2;
     …
  数据类型 n    数据项 n;
};
struct   结构类型名   变量名列表;
```

利用上面定义的结构体类型 worker 和 date，可以定义具有这种类型的变量。定义如下：

```
struct worker worker1,worker2;        /* worker1,worker2 为变量 */
struct date   birthday;               /* birthday 为变量 */
```

2. 直接定义法

直接定义法是指在定义结构体类型的同时直接定义结构体变量。其定义的一般格式为：

```
struct   [结构类型名]
{
  数据类型 1    数据项 1;
  数据类型 2    数据项 2;
```

```
    ...
    数据类型 n   数据项 n;
}结构体变量名;
```

其中：

结构体类型名可以省略，如果省略就表示定义了一个没有名字的结构体类型。不能用此结构体类型去定义其他变量。因此，这种方式用得不多。

定义结构体类型和定义结构体变量放在一起进行，能直接看到结构体的结构，比较直观。在写小程序时比较方便，但在写大程序时一般不用这种方式，因为写大程序时往往要求对类型的声明和对变量的定义分别放在不同的地方。

例如：

```
struct date
{
    int month;
    int day;
    int year;
}birthday;
```

通过以上两种方法，可以定义结构体变量。不管是定义结构体类型，还是定义结构体类型变量，它们和普通变量一样，也有作用域问题。如果结构体类型的定义出现在函数内部，则它的作用范围是函数内部，只有在该函数内部才能用该类型去定义相应的结构体变量；如果结构体类型的定义位于函数的外面，则它的作用范围是程序，从它的定义位置起到所在文件末尾的所有函数都可以利用它去定义相应的结构体类型变量。一般情况下，结构体类型的定义位于函数外面。

10.1.3　结构体变量的引用和赋值

结构体类型与结构体变量是两个不同的概念。在程序中，可以对结构体变量赋值、存取或运算，而不能对结构体类型赋值、存取或运算。同时，在编译时，对类型不分配空间，只对变量分配空间。结构体类型中的成员名可以与程序中的变量名相同，但二者不代表同一对象。对结构体变量中的成员，需要通过运算符引用结构体成员，不能直接对结构体变量进行整体的输入与输出。

1. 结构体变量的引用

（1）非指针型结构体变量成员的引用，需要通过成员运算符"."引用其包含的成员。其引用的一般格式为：

结构体变量名.成员名

如引用结构体变量 worker1 的成员 age 为 worker1.age；引用结构体变量 worker1 的成员 salary 为 worker1.salary。

（2）指针结构体变量成员的引用，需要通过成员运算符"->"或"."引用其包含的成员。其引用的一般格式为：

结构体指针 ->成员名

或

(＊结构体指针).成员名

其中,"->"和"."是结构体成员引用运算符,它在所有运算符中优先级最高,与下标运算符[]和圆括号()是同一个优先级,具有左结合性。

例如:有以下定义

```
struct worker * worker3;
```

如引用结构体变量 worker3 的成员 age 为 worker-> age 或(* worker). age;引用结构体变量 worker3 的成员 salary 为 worker-> salary 或(* worker). salary。

(3) 嵌套结构体定义的结构体变量成员的引用。如果某结构体成员本身又是一个结构体类型,需要引用其成员,则只能通过多级分量运算,实现对最低一级的成员进行引用。其引用的一般格式为:

结构体变量名.成员名.子成员名. … .最低级子成员名

例如:有以下定义

```
struct date
{
    int month;
    int day;
    int year;
};
struct worker
{
    int num;                    /*工号为整型*/
    char name[20];              /*姓名为字符型*/
    char sex;                   /*性别为字符型*/
    int age;                    /*年龄为整型*/
    float salary;               /*工资为浮点型*/
    char address[50];           /*地址为字符型*/
    struct date birthday;       /*出生年月*/
    };
struct worker worker4;
```

根据以上定义可得结构体类型 worker 中含有一个成员 birthday,其类型是结构体类型 date,若需要引用结构体类型变量 worker4 中 birthday 的成员 day 和 month,则逐级引用为 worker4. birthday. year 和 worker4. birthday. month。

(4) 同类型结构体变量间的引用。ANSI C 新标准允许将一个结构体类型的变量作为一个整体赋给另一个具有相同结构体类型的变量。如有定义:

```
struct  worker  w1,w2;
```

若要把已赋值好 w1 的各成员值复制给 w2 对应的各成员,则可用赋值语句"w2＝w1;"实现。

通过以上 4 种方法可以实现对结构体变量成员的引用,结构体变量成员可以像普通变量一样进行运算。例如:

```
worker1. salary = worker2. salary;        /*赋值运算*/
Sum = worker1. salary + worker2. salary;  /*加法运算*/
worker1. salary++;                        /*自加运算*/
```

同时,还可以引用结构体变量成员的地址,也可以引用结构体变量的地址。如 & worker1、& worker2 和 & worker1. salary 等。结构体变量的地址可以用作函数的参数,实现地址传递。

2. 结构体变量的赋值

(1) 先定义结构体类型,然后在定义结构体变量时直接赋初值,称为变量的初始化。其一般格式为:

```
struct  结构体类型名
{
    …
};
struct  结构体类型名  变量名 = {成员1的值,…,成员n的值};
```

赋初值时,把所有的成员初值放在一对大括号{ }内,其大括号中的值顺序必须与结构体成员的定义顺序保持一致,且保持类型一致。

例如:

```
struct  student
{
    char no[15];                        /*学号*/
    char name[15];                      /*姓名*/
    float yw, sx, yy;                   /*三门课的成绩*/
    float total;                        /*总成绩*/
};
struct student  stud1 = {"200012201", "Name One",60,70,80,210};
```

这样,在定义结构体变量 stud1 时对其进行初始化,给出了某一名学生的具体信息,学号是 200012201,姓名是 Name One,三科成绩分别为 60、70、80,总成绩为 210。

若初值数量少于成员数量,则无初值的成员自动被置 0(数值型成员)或空(字符型成员)。

(2) 定义结构体类型的同时定义结构体变量,且赋初值。其一般格式为:

```
struct  结构体类型名
{
…
}变量名 = {成员1的值,…,成员n的值};
```

例如:

```
struct  student
{
    char no[15];                        /*学号*/
    char name[15];                      /*姓名*/
    float yw, sx, yy;                   /*三门课的成绩*/
    float total;                        /*总成绩*/
}stud1 = {"200012201", "Name One",60,70,80,210};
```

(3) 在程序中对结构体变量赋值。在程序中对结构体变量赋值只能对每个成员逐一赋值或者使用输入函数对其值进行输入。C语言支持同类型的结构体变量之间整体赋值。

例如:

```
struct  student
{
    char no[15];                        /*学号*/
    char name[15];                      /*姓名*/
    float yw, sx, yy;                   /*三门课的成绩*/
    float total;                        /*总成绩*/
}stud1, stud2;
```

在程序中，可以通过以下语句对结构体变量中的成员赋值。

```
strcpy (stud1.no, "200012201");
strcpy (stud1.name, "Name One");
stud1.yw = 60;
stud1.sx = 70;
stud1.yy = 80;
stud1.total = 210;
stud2 = stud1;
```

【例 10-1】　输入两名学生的学号、姓名和成绩，输出成绩较高学生的学号、姓名和成绩。

算法分析：

本例题本质上是一个求两个数（成绩）的最大值问题。由于问题处理的对象是学生，学生包括多个数据项，需要从学生的数据中取出成绩。设 student1 和 student2 表示两个学生变量，且是结构体数据类型，建立的算法模型是：如果 student1 和 student2 中成绩较大的是 student1，就输出 student1 的全部信息，否则就输出 student2 的全部信息。

源程序：

```
1   /* 10 - 1.c */
2   # include < stdio.h >
3   struct student
4     {
5       int num;
6       char name[20];
7         float score;
8     }student1, student2;
9   int main()
10   {
11
12       scanf("% d % s % f", &student1.num, student1.name, &student1.score);
13       scanf("% d % s % f", &student2.num, student2.name, &student2.score);
14       if(student1.score > student2.score)
15         printf("% d % s % 4.2f\n", student1.num, student1.name, student1.score);
16       else if(student1.score < student2.score)
17         printf("% d % s % 4.2f\n", student2.num, student2.name, student2.score);
18       else
19       {
20         printf("% d % s % 4.2f\n", student1.num, student1.name, student1.score);
21         printf("% d % s % 4.2f\n", student2.num, student2.name, student2.score);
22       }
23       return 0;
24   }
```

程序运行结果如下。

```
10102   lisa   90↙
10105   ocean  80↙
10102   lisa   90.00
```

10.1.4　结构体数组

数组元素是结构体类型的数据，称为结构体数组。在实际应用中，经常使用结构体数组来表示具有相同数据结构的一个集合。如某个工厂的工人信息、某个班级的学生信息等。

1. 结构体数组的定义

（1）直接定义法。直接定义法是指在定义结构体类型的同时定义结构体数组。其一般格式为：

```
struct 结构体名
{
    成员表列
}数组名[数组长度];
```

（2）间接定义法。间接定义法是指先定义一个结构体类型，然后再用此类型定义结构体数组。其一般格式为：

```
struct 结构体名
{
    成员表列
};
结构体类型    数组名[数组长度];
```

定义了一个结构体数组之后，结构体数组就相当于一张二维表，一个表的框架对应的就是某种结构体类型的数组，表中每一行信息对应该结构体数组元素，表中的每一行每一列对应该结构体数组元素各成员的具体值，表中的行数对应结构体数组的大小。

例如：

```
struct student
{
    long int num;
    char name[20];
    char sex;
    char addr[50];
}stu[10];
```

结构体数组 stu 在内存中所占的大小为 10 * sizeof(struct student)。其对应的二维表形式如表 10-2 所示。

表 10-2　结构体数组 stu 对应的二维表形式

成 员 名	num	name	sex	addr
stu[0]				
stu[1]				
…	…	…	…	…
stu[9]				

2. 结构体数组的初始化

结构体数组初始化的方法有以下两种。

（1）在结构体类型定义后，定义结构体数组时进行初始化。其一般格式为：

```
struct   结构体类型名
{
    …
};
struct   结构体类型名   结构体数组[size] = {{初值表1}, …, {初值表n}};
```

（2）定义结构体类型的同时定义结构体数组并进行初始化。其一般格式为：

```
struct  [结构体类型名]
{
    …
} 结构体数组[size] = {{初值表 1},{初值表 2}, …, {初值表 n}};
```

当对结构体数组元素全部初始化时，数组的大小可以省略，每个初值表中对应一个数组元素的各成员的初值。

3. 结构体数组元素的引用

引用结构体数组元素的成员的一般格式为：

结构体数组名[下标].成员名;

【**例 10-2**】 为充实大学生活和提升综合能力，同学们踊跃参加学生会干部竞选。经过前期激烈角逐，现有 3 名候选人进入学生会主席一职竞选的投票环节，面向同学们征集选票。每名同学只能投票选一人，要求编一个统计选票的程序，先后输入被选人的名字，最后输出个人得票结果（为便于输入，假设投票人数为 10 人）。

算法分析：

设一个结构体数组中包含 3 个元素，每个元素的信息包括候选人的姓名和得票数。有 10 名投票同学，输入被选人的姓名，将每名投票同学所选的候选人与数组元素中的"姓名"成员比较，如果相同，就给这个元素中的"得票数"成员的值加 1。

编写源程序的基本步骤：

（1）定义一个结构体数组 leader，并初始化。

```
struct person
{
    char name[20];
    int count;
}leader[3] = {"Li",0,"Zhang",0,"Sun",0};
```

（2）统计 10 名投票同学的投票情况。

```
for(i = 0;i < 10;i++)
{
    scanf(" % s",leader_name);
    for(j = 0;j < 3;j++)
        if(strcmp(leader_name,leader[j].name) == 0)
            leader[j].count++;
}
```

（3）输出 3 个候选人对应的得票情况。

```
for(i = 0;i < 3;i++)
    printf(" % 5s: % d\n",leader[i].name,leader[i].count);
```

源程序：

```
1   /* 10 - 2.c */
2   # include < stdio.h >
3   # include < string.h >
4   struct person
5   {
```

```
6     char name[20];
7     int count;
8     }leader[3] = {"Li",0,"Zhang",0,"Sun",0};
9     int main()
10    {
11        int i,j;
12        char leader_name[20];
13        for(i = 0;i < 10;i++)
14        { printf("请输入选票名:");
15            scanf("%s",leader_name);
16            for(j = 0;j < 3;j++)
17                if(strcmp(leader_name,leader[j].name) == 0)
18                    leader[j].count++;
19        }
20        printf("\nResult:\n");
21        for(i = 0;i < 3;i++)
22            printf("%5s:%d\n",leader[i].name,leader[i].count);
23        return 0;
24    }
```

程序运行结果如下。

```
请输入选票名:Li
请输入选票名:Li
请输入选票名:Sun
请输入选票名:Zhang
请输入选票名:Li
请输入选票名:Zhang
请输入选票名:Li
请输入选票名:Sun
请输入选票名:Sun
请输入选票名:Li
Result:
   Li:5
Zhang:2
  Sun:3
```

【例 10-3】 在 2022 年北京冬奥会上,每个国家获得的金牌数不同,现有 6 个国家的信息(包括国家编码、国家名称、金牌数),要求按照金牌数由多到少顺序输出每个国家的信息。

算法分析:

本例题本质上是一个排序问题。与之前不一样的就是处理数据变成了结构体类型。采用的排序算法为简单选择排序。算法模型与之前建立的相同。

源程序:

```
1   /*例 10-3.c*/
2   #include<stdio.h>
3   struct GoldList
4   {
5   int code;
6   char name[20];
7   int gold;
8   };
9   int main()
10  {
```

```
11    struct GoldList country[6] = {{276,"German",12},{156,"China",9},{840,"America",8},
      {578,"Norway",16},{752,"Sweden",8},{528,"Netherlands",8}};
12      struct GoldList g;
13      int i,j,k;
14      for(i = 0;i < 5;i++)
15      {
16        k = i;
17        for(j = i + 1;j < 6;j++)
18          if(country[j].gold > country[k].gold)
19              k = j;
20        g = country[k];
21        country[k] = country[i];
22        country[i] = g;
23      }
24      printf("按金牌数量排序后的顺序是:\n");
25      printf("编号 国家 金牌数\n");
26      for(i = 0;i < 6;i++)
27      {
28        printf(" % d % 14s % 5d\n",country[i].code,country[i].name,country[i].gold);
29      }
30      return 0;
31    }
```

程序运行结果如下。

```
按金牌数量排序后的顺序是:
编号        国家      金牌数
578        Norway      16
276        German      12
156         China       9
840        America      8
752        Sweden       8
528     Netherlands      8
```

10.1.5　结构体和指针

1. 结构体变量的指针和指向结构体变量的指针变量

定义了结构体变量后,系统将为这个变量分配存储空间,存储空间的大小是该变量的各个成员所占空间之和,这个存储空间的地址就是结构体变量的指针。如果把这个结构体变量的起始地址存放在一个指针变量中,那么这个指针变量就是指向该结构体的变量,称为指向结构体变量的指针变量。

例如:

```
struct student
{ long num;
  char name[20];
  char sex;
  float score;
};
struct student stu1;
struct student * p;
p = &stu1;
```

上述变量定义中,定义了一个结构体类型 struct student,结构体变量 stu1 和指向结构体变量 stu1 的指针变量 p。通过该指针变量 p 可以引用其指向的结构体变量中的各成员。其引用格式如下。

- p-> num 或(＊p).num：引用 stu1 中的 num 成员。
- p-> name 或(＊p).name：引用 stu1 中的 name 成员。
- p-> sex 或(＊p).sex：引用 stu1 中的 sex 成员。
- p-> score 或(＊p).score：引用 stu1 中的 score 成员。

2. 结构体数组的指针和指向结构体数组的指针变量

一个结构体数组的起始地址就是这个结构体数组的指针。如果把一个结构体数组的起始地址存放在一个指针变量中,那么这个指针变量就是指向该结构体数组的指针变量。

例如：

```
struct student
{
    int num;
    char name[20];
    char sex;
    int age;
};
struct student stu[3] = {{10101,"Li Lin",'M',18},(10102,"Zhang Fun",'M',19},
{10104, "Wang Min",'F',20}};
struct student * p;
p = stu;
```

上述变量定义中,定义了一个结构体类型 struct student,结构体数组 stu 和指向结构体数组 stu 的指针变量 p。通过该指针变量 p 引用其指向的结构体数组元素及成员。如 p[2] 表示引用数组元素 stu[2],p[2].num 表示引用数组元素 stu[2]中的 num 成员。

🔑 10.2　单链表

本节主要讨论以下问题。

(1) 什么是单链表？单链表与结构体类型有什么关系？

(2) 单链表的基本操作有哪些？如何实现这些基本操作？

线性表是由同一类型的数据元素构成的具有"前后"关系的有序序列。线性表有顺序表和单链表。顺序表是指用数组存放线性表中的所有数据元素,逻辑上相邻、物理上也相邻。链表是指数据元素在内存中不是连续存放的,而是通过指针将各数据元素前后序的关系链接起来。链表有单链表、循环单链表和双向链表以及双循环链。这里主要讨论单链表。对于单链表中的每个元素(结点)而言,不但要包含数据元素本身的数据值,还要存放指向后继元素的指针,分别称为数据域和指针域。因此,单链表中的每个结点需要定义成结构体类型的变量。下面介绍单链表的创建、插入、删除和查找基本操作。

10.2.1　单链表及其结构

单链表的逻辑结构如图 10-1 所示。

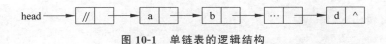

图 10-1　单链表的逻辑结构

从单链表的逻辑结构可以看出,存储一个数据元素至少需要两部分信息,即数据元素内容(如 a、b、d)和指向后继元素的指针,这两部分信息组成单链表的一个结点,分别称为数据域和指针域。数据域用来存储数据元素的内容,可以是任意类型;指针域用于指向后继元素。尾结点的指针域置为 NULL,作为链表的结束标志。head 是一个头指针,用于指向单链表的头结点。

链表中,定义结点的结构体类型的一般格式为:

```
struct 结点结构体类型名
{
    数据成员定义;                    /* 数据域 */
    struct 结点结构体类型名    * 指针变量名;    /* 指针域 */
};
```

然后,定义结点。

例如有以下定义:

```
struct score                        /* 定义结点的结构体类型 */
{   int data;                       /* 数据域 */
    struct score * next;            /* 指向下一结点的指针域 */
}
struct score * list;                /* 定义结构体类型的指针变量 list */
```

10.2.2　单链表的基本操作

单链表的常用基本操作有:创建、插入、删除等。

1. 单链表的创建操作

单链表的创建操作是指建立一个单链表,即往空链表中依次插入若干结点,并保持结点之间的前驱和后继关系。

单链表的创建操作的基本思想如下。

(1) 创建一个头结点,头指针 head 和尾指针 tail 都指向该结点,并设置该结点的指针域为 NULL(链尾标志)。

(2) 创建一个结点,用指针 q 指向它,为该结点的数据域赋值,指针域置为 NULL。

(3) tail 结点的指针域指向该结点,同时使 tail 指向 q 所指向的结点。

(4) 不断重复步骤(2)、(3),直至链表创建完毕。

【例 10-4】　创建一个单链表的函数 CreateList。

根据以上分析,得到的函数定义如下:

```
1   /* 10 - 4.c */
2   struct Node
3   {
4       int data;
5       struct Node * next;
6   };
7   typedef struct Node * List;
```

```
8   List CreateList(List L)
9   {
10      int x;
11      List head,tail,q;
12      head = (List )malloc(sizeof(struct Node));
13      head - > next = NULL;
14      tail = head;
15      while(1)
16      {
17          scanf(" % d",&x);
18          if(x < 0) break;
19          q = (List)malloc(sizeof(struct Node));
20          q - > data = x;
21          q - > next = NULL;
22          tail - > next = q;
23          tail = q;
24      }
25      return (head);
26   }
```

2. 单链表的插入操作

单链表的插入操作是指在第 i 个结点 N_i 与第 i+1 节点 N_{i+1} 之间插入一个新的结点 N,使线性表的长度增1,且 N_i 与 N_{i+1} 的逻辑关系发生如下变化:插入前,N_i 是 N_{i+1} 的前驱,N_{i+1} 是 N_i 的后继;插入后,新插入的结点 N 成为 N_i 的后继、N_{i+1} 的前驱。

单链表插入操作的基本思想如下。

(1) 通过单链表的头指针 head,首先找到链表的第 1 个结点;然后顺着结点的指针域找到第 i 个结点 s。

(2) 将 p 指向的新结点插入第 i 个结点 s 之后。插入时首先将新结点 p 的指针域指向第 i 个结点 s 的后继结点,然后再将第 i 个结点 s 的指针域指向新结点。注意顺序不可颠倒。当 i=0 时,表示头结点。

基于此基本思想的插入操作过程如图 10-2 所示。

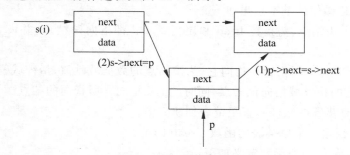

图 10-2　单链表的插入操作过程

【例 10-5】 插入一个结点的函数 Insert。

根据以上分析,得到的函数定义如下:

```
1   /*10 - 5.c */
2   struct Node
3   {
```

```
4    int data;
5    struct Node * next;
6    };
7    typedef struct Node * List;
8    void Insert(List head,int t,int i)
9    {
10       List s,p;
11       int j;
12       s = head;
13       for(j = 0;j < i&&s - > next!= NULL;j++)
14           s = s - > next;
15       if(s == NULL)
16       {
17           printf("No Exist\n");
18           return ;
19       }
20       p = (List) malloc(sizeof(struct Node)); p - > data = t;
21       p - > next = s - > next;
22       s - > next = p;
23   }
```

3. 单链表的删除操作

单链表的删除操作是指删除链表中的第 i 个结点 N_i，使线性表的长度减 1。删除前，结点 N_{i-1} 是 N_i 的前驱，N_{i+1} 是 N_i 的后继；删除后，结点 N_{i+1} 成为 N_{i-1} 的后继。

单链表删除操作的基本思想如下。

（1）通过单链表的头指针 head，找到链表中指向第 i 个结点的前驱结点的指针 p 和指向第 i 个结点的指针 q。

（2）删除第 i 个结点。删除时只需执行 p-> next＝q-> next 即可，当然不要忘了释放结点 i 的内存单元。注意当 i＝0 时，表示头结点且不可删除。

基于此基本思想的删除操作过程如图 10-3 所示。

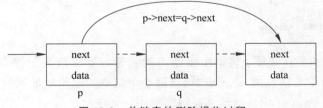

图 10-3　单链表的删除操作过程

【例 10-6】　删除一个结点的函数 Delete。
根据以上分析，得到的函数定义如下：

```
1    /* 10 - 6.c */
2    struct Node
3    {
4    int data;
5    struct Node * next;
6    };
7    typedef struct Node * List;
8    void Delete(List L,int i)
9    {
```

```
10      List p,q;
11      int j;
12      p = L;
13      for(j = 0;j < i - 1&p - > next != NULL;j++) / * 查找第 i 个结点的前驱结点,即第 i - 1 个结点 * /
14          p = p - > next;
15      if(p != NULL)
16      {
17        q = p - > next;
18        p - > next = q - > next;
19        free(q);
20      }
21      printf("删除成功!!");
22  }
```

【例10-7】　建立一个简单的静态单链表,这个链表由 3 个结点组成,每个结点除指针域外,包括学号和分数。建立单链表后,输出每个结点的值。

算法分析:

本例中包含两个操作过程:建立链表和访问链表。建立链表的算法见例 10-4。访问链表的过程是依次把链表的每个结点的数据域值输出的过程。现有 3 个结点分别是 a 结点、b 结点和 c 结点,可以借助 p 指针,先使 p 指向 a 结点的数据,"p = p-> next"是为输出下一个结点做准备,p-> next 的值是 b 结点的地址,因此在执行"p = p-> next"后指向的是 b 结点,当进行下次循环时输出的就是 b 结点的数据,一直循环访问直到访问的结点 next 域为空,也就是最后一个结点表示访问结束。

源程序的编写步骤:

(1) 定义结构体类型的结点,其成员包括 num、score、next 及其他相关结构体变量和指向结构体的指针变量。

```
struct Student
{
    int num;
    float score;
    struct Student * next;
};
```

(2) 建立链表的操作步骤:将第 1 个结点的起始地址赋给头指针 head,将第 2 个结点的起始地址赋给第 1 个结点的 next 成员,将第 3 个结点的起始地址赋给第 2 个结点的 next 成员。第 3 个结点的 next 成员赋给 NULL。

```
head = &a;
a. next = &b;
b. next = &c;
c. next = NULL;
```

(3) 访问链表的操作步骤:通过单链表的头指针 head,首先找到链表的第 1 个结点;然后顺着结点的指针域逐个引用每个结点的数据域并输出其值,直至链表结束。

```
p = head;
while(p != NULL)
{
    printf(" % ld % 5.1f\n",p - > num,p - > score);
    p = p - > next;
}
```

源程序：

```
1   /*10-7.c*/
2   # include < stdio.h>
3   struct Student
4   {
5      int num;
6      float score;
7      struct Student * next;
8   };
9   int main()
10  {
11     struct Student a,b,c, * head, * p;
12     a.num = 201401;a.score = 89.50;
13     b.num = 201402;b.score = 90.00;
14     c.num = 201403;c.score = 85.00;
15     head = &a;
16     a.next = &b;
17     b.next = &c;
18     c.next = NULL;
19     p = head;
20     while(p!= NULL)
21     {
22        printf(" % ld % 5.1f\n",p-> num,p-> score);
23        p = p-> next;
24     }
25     return  0;
26  }
```

程序运行结果如下。

```
201401 89.5
201402 90.0
201403 85.0
```

🔑 10.3 共用体

视频讲解

本节主要讨论以下问题。

（1）什么是共用体数据？如何定义共用体类型的变量？

（2）针对共用体类型的变量，如何引用共用体类型中的数据成员？

（3）如何使用共用体类型的变量？

共用体提供了一种可以把几种不同类型的数据存放在同一段内存的方法，这多个不同的变量占用同一段内存空间。不同的变量也就是共用体的成员，各成员相互覆盖，不能同时引用。而结构体中的每个成员占独立的存储空间，可以引用任何一个需要的成员。

C 语言最初引入共用体的目的之一是节省存储空间，另外一个目的是可以将一种类型的数据不通过显式类型转换而作为另一种类型数据使用。

10.3.1 共用体类型的定义

共用体类型定义的一般格式为：

```
union [共用体类型名]
{
    数据类型 1    成员 1;
    数据类型 2    成员 2;
    …
    数据类型 n    成员 n;
};
```

例如:

```
union num
{
  int i;
  char j;
  float k;
};
```

定义的共用体 num 中包含 3 个成员,分别为 i、j、k,它们
使用同一地址的内存空间,如图 10-4 所示。这段内存空间的
大小由占最大空间的成员来决定。因此,num 共用体占 4 字
节的内存。

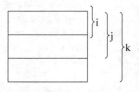

图 10-4　共用体所占内存空间

10.3.2　共用体变量的定义和引用

1. 共用体变量的定义

与结构体变量的定义一样,共用体变量的定义也有两种:间接定义和直接定义。

(1) 间接定义。间接定义是指先定义共用体类型,然后定义共用体变量。

```
union 共用体类型名
{
    数据类型 1    成员 1;
    数据类型 2    成员 2;
    …
    数据类型 n    成员 n;
};
union 共用体类型名    变量名 1,变量名 2,…,变量名 n;
```

例如:

```
union num
{
  int i;
  char j;
  float k;
};
union num x, y, z;
```

(2) 直接定义。直接定义是指在定义共用体类型的同时定义共用体变量。

```
union [共用型类型名]
{
    数据类型 1    成员 1;
    数据类型 2    成员 2;
    …
    数据类型 n    成员 n;
}变量名 1,变量名 2,…,变量名 n;
```

例如：

```
union num
{ char j;
  int   i;
  float k;
}x,y,z;

union
{ char j;
  int   i;
  float k;
}x,y,z;
```

与结构体变量相比较,结构体变量所占内存长度是各成员占的内存长度之和,每个成员分别占有其自己独立的内存单元,而共用体变量所占的内存长度等于占内存最多字节数的成员的长度,所有成员共用一个内存单元,某一时刻只能对其中一个变量进行操作。在引用共用体成员变量时,最后存入的共用体成员的引用才是正确的,其他成员的引用值会产生错误。例如,执行赋值语句"x.j='a'；x.i=10；x.k=12.6；"后,引用变量 x 的成员,只有 x.k 才是正确的,其他成员 x.j 和 x.i 被引用,其值就不再是'a'和 10,已被最后一个成员 x.k 的赋值所覆盖。

共用体变量不能用作函数的参数,也不能作为函数返回值类型,同样在定义共用体变量时,也不能进行初始化。

共用体变量可以出现在结构体类型中,结构体变量也可以出现在共用体类型中。

2. 共用体变量的引用

共用体变量的引用方式与结构变量的引用方式也非常类似。其一般格式为：

共用体变量名.成员名

若为共用体指针变量,引用格式为"共用体类型指针变量名->成员名"或"(* 共用体类型指针变量名). 成员名"。

例如：

```
union data
{
    int i;
    char ch;
    float f;
};
union data a, b, c, * p, d[3];
```

则引用共用体变量 a 的成员为 a.i,a. ch,a. f,引用共用体指针变量 p 的成员为 p-> i、p-> ch、p-> f,或者(* p).i、(* p). ch、(* p). f,引用共用体数组元素 d[0]的成员为 d[0]. i、d[0]. ch、d[0]. f。

10.3.3　共用体变量的赋值

共用体变量的赋初值

（1）定义共用体变量时可以对变量初始化,但是初始化表中只能为第一个成员赋初值,不能像结构体变量对所有成员赋初值。

例如：

```
union num
{
   int i;
   char ch;
   float f;
};
union num a = {16};          /*16赋给成员 i */
union num a = {'A'};         /*'A'赋给成员 i,i的值为 65 */
```

（2）在程序中对共用体变量赋值。定义了共用体变量后，在程序中可以对其成员赋值，不可以对其整体赋值。但具有相同共用体类型的变量之间可以相互赋值。

例如：

```
union num
{
   int i;
   char ch;
   float f;
}a,b;
a.ch = 'a';
a.f = 1.5;
a.i = 40;
b = a;
```

（3）在同一个内存段里可以存放几个不同类型的成员，但在每一个瞬间只能存放其中一个成员，而不能同时存放多个成员。

例如：

```
union num
{
   int i;
   char ch;
   float f;
}a;
a.i = 97;
```

若实现如下输出：

```
printf(" % d".a.i);
printf(" % c".a.ch);
printf(" % f".a.f);
```

97 是赋给 a.i 的，所以按整型的形式存储在变量单元中，用%d 格式符输出 a.i，那就是 97，用%c 格式符输出 a.ch，系统就会把存储单元中的信息按字符输出'a'，用%f 格式符输出 a.f，系统就会将存储单元中的信息按浮点数形式来处理 97.00000。

因此在每一个瞬间，存储单元只能有唯一的内容，也就是说，在共用体变量中只能存放一个值。

【例 10-8】 有若干学生和教师人员的数据。学生的数据包括：姓名、号码、性别、职业、班级。教师的数据包括：姓名、号码、性别、职业、职务。要求用同一个表格来处理。编程实现这两类人员信息的输入和输出。

算法分析：

根据题目的条件可知学生和教师的数据包含的信息只有一项不同，把它们放在同一表格中的格式如表 10-3 所示。若 job 项为学生(s)，则第 5 项为 class(班)，即 li 是 501 班的；若 job 项是老师(t)，第 5 项为 position(职务)，即 wang 是 prof(教授)，显然第 5 项可以用共用体来处理。

表 10-3 学生与教师信息表

num	name	sex	job	class position
101	li	f	s	501
102	wang	m	t	prof

输入这两类人员信息时，先输入前 4 项相同的数据，然后用 if 语句检查刚才输入的 job 成员，如果是's'，表示是学生，则第 5 项应该输入一个班级号(整数)给共用体变量的成员 categorty. class 中。如果职业是't'，表示是老师，则第 5 项应该输入一个字符串给共用体变量的成员 category. position 中。

输出数据为这两类人员信息时，如果是学生，第 5 项以整数形式输出班号；如果是老师，则第 5 项以字符串形式输出职位，在 printf 输出语句中"%-6d"表示以十进制整数形式输出，占 6 列，数据向左对齐，其他的形式也是如此。

源程序：

```
1   /*10-8.c*/
2   #include<stdio.h>
3   struct
4   {
5     int num;
6     char name[10];
7     char sex;
8     char job;
9     union
10      {int grade;
11       char position[10];
12      }category;
13  }person[2];
14  int main()
15  {int i;
16    for(i=0;i<2;i++)
17    {printf("please enter the data of person:\n");
18     scanf("%d%s %c %c",&person[i].num,person[i].name,&person[i].sex,&person[i].job);
                                /*输入前4项*/
19     if(person[i].job=='s')          /*如果是学生,输入班级*/
20       scanf("%d",&person[i].category.grade);
21     else if(person[i].job=='t')     /*如果是老师,输入职务*/
22       scanf("%s",person[i].category.position);
23     else                            /*如果job不是s和t,显示错误*/
24       printf("input error!");
25    }
26    printf("\n");
```

```
27      printf("no\tname\tsex\tjob\tclass/position\n\n");
28      for(i = 0;i < 2;i++)
29      {
30        if(person[i].job == 's')          /* 若是学生 */
31          printf("%d\t%s\t%c\t%c\t%d\n\n",person[i].num,person[i].name,person
32      [i].sex,person[i].job,person[i].category.grade);
33        else                              /* 若是老师 */
34          printf("%d\t%s\t%c\t%c\t%s\n\n",person[i].num,person[i].name,person
35      [i].sex,person[i].job,person[i].category.position);
36      }
37      return 0;
38  }
```

程序的运行结果下。

```
please enter the data of person:
101   Li   f   s   501 ↙
please enter the data of person:
102   Wang   m   t   prof ↙

no       name     sex     job      class/position
101      Li       f       s        501
102      Wang     m       t        prof
```

🔑 10.4　位段

本节主要讨论以下问题。

(1) 什么是位段？引入位段的作用是什么？

(2) 如何定义位段结构类型及位段结构类型变量？

(3) 位段结构类型变量是如何存储的？

(4) 位段如何使用？

访问结构体或共用体的成员就是访问成员所对应的整个存储单元内容,结构体每个成员占有独立的内存空间,共用体变量的存储空间某个时刻只能被其中一个成员所占用。如果需要访问该成员存储单元的部分连续位,或者让成员共同占有某个存储单元,则必须定义位段。

C语言允许在一个结构体中以位为单位来指定其成员所占内存长度,这种以位为单位的成员称为位段或称位域。利用位段能够用较少的位数存储数据。

1. 位段结构类型及位段结构变量的定义

```
struct 结构类型名
{
    数据类型 位段名 1:位数;
    数据类型 位段名 2:位数;
    …
    数据类型 位段名 n:位数;
};
struct 结构类型名
{
    数据类型 位段名 1:位数;
```

```
    数据类型 位段名 2:位数;
    …
    数据类型 位段名 n:位数;
}结构变量名;
```

其中,各个位段的数据类型必须是 int、signed、unsigned;位数为 1 的位段只能用 unsigned;每个位段名后紧跟一个冒号,冒号后面是该位段的位数。

对位段定义应该注意以下几点。

(1) 各个位段必须单独定义,不能把几个位段组织成数组。

(2) 每个位段的长度可以超过 1 字节,但不能超过一个计算机的字长,所以位段的总长度可以超过一个计算机的字节,超过的部分会占用下一个存储单元。由于不允许一个位段跨越两个字长的存储单元,可以定义一个长度为 0 的位段,以保证下一个位段从新的存储单元开始,如:

```
int a:5;
int b:9;
int x:0;            /*位段 c 将从下一个字长的存储单元开始存储*/
int c:4;
```

(3) 如果位段结构的总长度不足 n 个计算机字长,余下的位可以定义一个不使用的位段或无名位段。

例如：定义一个无名位段

```
unsigned:8;
```

这时,余下的 8 位将被清 0。

(4) 位段结构体变量可以按位段初始化,不需要初始化的位段用逗号跳过。

例如：

```
struct  bit  word = {3,1,,1}
```

(5) 位段结构中也可以包含整型变量或数组成员,但是变量或数组的后面不能跟冒号和位数,系统会自动将它们从新的存储单元开始存放。

例如：

```
struct a
{
  unsigned a1:2;
  unsigned a2:5;
  unsigned a3:4;
  int i;
}ch;
```

(6) 结构体中也可以包含位段成员。

例如：

```
struct  employ
{
  char   * number;
  float   wage;
  unsigned lay_off:3;
}emp1;
```

2．位段结构的存储

位段结构中的成员按先后顺序存储，但存储单元中位段的空间分配方向因编译器而异。由于不同的计算机的字长不同，造成使用位段结构的程序很难移植。

（1）每个位段结构体变量都有自己的起始地址，其中每个整型变量或数组成员也有各自的地址，但位段成员没有自己的地址，不能对位段成员进行取地址运算。

（2）对于前面定义的位段结构体变量 ch，成员变量 i 必须从新的字节开始存放，因此系统存储 a3 后会闲置 5 位，所以 ch 的存储格式如下：

a1	a2	a3	空闲	i
2	5	4	5	16

3．位段结构的使用

【例 10-9】 阅读以下程序，分析程序的运行结果。

源程序：

```
1   /* 10-9 */
2   # include < stdio.h>
3   int   main()
4   {
5   struct   bit
6   {
7     unsigned   a:1;
8     unsigned   b:2;
9     unsigned c:3;
10    int   d;
11  }s = {1,2,3,4};              /*初始化*/
12  s.c = 7;                     /*给 s.c 重新赋值 7*/
13  s.d = 125;                   /*给 s.d 重新赋值 125*/
14  printf("%d %d %d %d\n",s.a,s.b,s.c,s.d);
15  return 0;
16  }
```

程序解析：

（1）初始化位段结构体变量 s 后，成员值如下：

成员	a	b	c	空	d
值	1(1)	2(10)	3(011)	00	4(0000000000000100)

其中括号中的值就是成员对应值的二进制定义中所占的位数，d 成员是从一个新的字节开始，所以前面空了 2 位。

（2）对成员 c 和 d 重新赋值之后，成员 a 和 b 保持不变，值变化如下：

成员	a	b	c	空	d
值	1(1)	2(10)	7(111)	00	125(0000000001111111)

从以上分析可以看出，最后 s.a=1，s.b=2，s.c=7，s.d=125。

程序运行结果如下。

1 2 7 125

视频讲解

10.5　枚举类型

本节主要讨论以下问题。

(1) 什么是枚举型数据？如何定义枚举型的变量？

(2) 如何使用枚举类型变量？

在程序处理的数据中，如果它的取值是有限的，例如表示性别的数据只有两种可能的值，分别为"男"和"女"；表示奥运会奖牌的数据只有 3 种可能的值，分别为"金牌"、"银牌"和"铜牌"，在计算机中可以把这种特点的数据定义成枚举类型。所谓"枚举"，就是把这种类型的数据的取值一一列举出来。枚举型变量需要先定义枚举类型，然后再定义该类型的变量。

1. 枚举类型的定义

枚举类型定义的一般格式为：

enum　枚举类型名{标识符 1, 标识符 2, …, 标识符 n};

其中，enum 是定义枚举类型的关键字，枚举类型名必须是合法的标识符，大括号中的标识符称为枚举元素或枚举常量，其值为整常数。在默认情况下，整常数从 0 开始依次加 1。它们表示该枚举类型的变量只能取大括号中所列出的标识符 1，标识符 2，…，标识符 n，取其他值都是非法。标识符之间用逗号分开。为了区别于符号常量，通常值名用小写字母。枚举类型定义以分号结束。

例如，一个星期有 7 天，就可以将程序中处理的星期数据定义成枚举类型，定义如下：

enum weekday {sun, mon, tue, wed, thu, fri, sat};

2. 枚举类型变量的定义

枚举类型定义之后就可以用它来定义这种类型的变量，枚举类型变量的定义方法有以下两种。

(1) 直接定义法。在定义枚举类型的同时定义枚举变量，一般格式为：

enum　枚举类型名{标识符 1, 标识符 2, …, 标识符 n} 枚举变量列表

(2) 间接定义法。先定义枚举类型，然后定义枚举变量，一般格式为：

enum　枚举类型　枚举变量列表

例如，有以下定义。

(1) 直接定义。

enum weekday {sun, mon, tue, wed, thu, fri, sat} today, nextday;

(2) 间接定义。

enum weekday {sun, mon, tue, wed, thu, fri, sat};
enum weekday today, nextday;

3. 枚举类型变量的值

C 编译对枚举元素实际上按整型常量处理，当遇到枚举元素列表时，编译程序就把其中第 1 个标识符赋 0 值，第 2 个，第 3 个，…，第 n 个标识符依次赋 1，2，…，n−1。也可以在枚举类型定义时指定枚举元素的值为某个整型常量，后面未指定值的元素则默认在前一个元素值的基础上加 1。

例如：

```
enum   color{red = 2,yellow,blue, white = 7, black} c1;
```

此时,red 为 2,yellow 为 3,blue 为 4,white 为 7,black 为 8。

可以将枚举常量赋给一个整型变量。但不能将一个整数赋给枚举变量,需要时要进行强制类型转换。同时,枚举常量和枚举变量可以参与关系运算,运算的结果按所代表的整数之间的关系来决定。

例如：

```
if(c1 = = red) printf("red");
if(c1 != black) printf ("it  is  not  black");
f(c1 > white)  printf("it  is  black");
```

在使用枚举类型时,枚举变量所取的枚举值不是字符串,不能用"%s"的方法输出字符串"red",即"printf("%s",c1);",但可以用"if(c1 = = red)   printf("red");"这样的形式输出"red"。

【例 10-10】 口袋中放有红、绿、蓝、黄、白、黑 6 种颜色的球,每种颜色 4 个球,共 24 个球。每次从口袋中随意摸 4 个球,摸到 4 个同颜色的球为特等奖,3 个同颜色的球为一等奖,两种不同颜色各两个为二等奖;摸到三种颜色的球为三等奖,其他无奖。用程序模拟该摸奖过程。

算法分析：

用枚举类型 ball 确定 6 种颜色球的起始编号,用数组 pocket 来装 6 种颜色的球,摸奖人摸的球放入数组 getball 中,用产生处于球标号范围的随机数方式来模拟摸奖人摸球。

设红球的起始编号是 1,如果产生的随机数处于 1 到 4 之间,则表示摸到红球;若绿色球起始编号为 5 的话,产生的随机数处于 5 到 8 之间表示摸到绿球了;每摸出一个球,则对应颜色球数减 1。

程序中给出了 Init、Randint、Print、Bonus 函数,Init 函数负责每次摸奖前初始化口袋,Randint 负责产生一个指定范围的随机数,Print 函数则负责把摸中的球打印输出,Bonus 函数实现兑奖。

源程序编写步骤：

(1) 定义程序中使用的变量。

(2) 编写实现相关功能的函数。

void Init：负责每次摸奖前初始化口袋。

int Randint(int begin,int end)：负责产生指定范围(begin~end)的随机数。

void Print：负责把摸中的球打印输出。

void Bonus：实现兑奖。

(3) 编写主函数。

源程序：

```
1   /* 例 10-10.c */
2   #include < time. h >
3   #include < stdlib. h >
4   #include < stdio. h >
```

```
5   enum ball{red = 1,green = 5,blue = 9,yellow = 13,white = 17,black = 21};
6   int pocket[6];                        /* 口袋数组 */
7   enum ball getball[4];                 /* 存放摸到的球 */
8   void Init()
9   {  int i;
10    for(i = 0;i < 6;i++) pocket[i] = 4;  /* 初始化口袋,每种球有 4 个 */
11  }
12  int Randint(int begin,int end)
13  { int t = time(0);                    /* 获取当前系统的秒数 */
14    srand((int)t);                      /* 将 t 作为随机数种子 */
15  return ((int)((float)(end - begin) * rand()) % (end - begin + 1)) + 1;
                                          /* 返回 begin 到 end 之间的一个随机数 */
16  }
17  void Print()
18  {int i;
19  printf("\n\n");
20  for(i = 0;i < 4;i++)
21    switch(getball[i])                  /* 打印输出所摸的球 */
22  { case red:printf("红球 ");break;
23     case green:printf("绿球 ");break;
24     case blue:printf("蓝球 ");break;
25     case yellow:printf("黄球 ");break;
26     case white:printf("白球 ");break;
27     case black:printf("黑球 ");break;
28     default:;
29     }
30   printf("\n\n");
31  }
32  void Bonus()
33  { int i, count[6] = {0,0,0,0,0,0};
34  int third = 0;
35  for(i = 0;i < 4;i++)
          /* 对摸到的球进行计数,计入数组 count 对应的元素中 */
36    switch(getball[i])
37    {case red:count[0]++;break;
38     case green:count[1]++;break;
39     case blue:count[2]++;break;
40     case yellow:count[3]++;break;
41     case white:count[4]++;break;
42     case black:count[5]++;break;
43     default:;
44     }
45  for(i = 0;i < 6;i++)
46    {if(count[i] == 4){printf("\n 恭喜您中特等奖了!\n");return;}
47     if(count[i] == 3){printf("\n 恭喜您中一等奖了!\n");return;}
48     if(count[i] == 2) third++;
49     }
50  switch(third)
51  {case 2:printf("\n 恭喜您中二等奖了!\n");break;
52   case 1:printf("\n 恭喜您中三等奖了!\n");break;
53   case 0:printf("\n 请别灰心,下次一定中大奖!\n");break;
54   default:;
55   }
56  }
57  void main()
```

```
58  { int getrandball;
59  char cont;
60  int i;
61  do
62  {
63   Init();                              /* 初始化口袋 */
64   for(i = 0;i < 4;i++)
65   {
66     printf("\n 请摸第 % d 球,请按 Enter 键开始",i + 1);
67     getchar();
68     getrandball = randint(0,23);     /* 摸球,即产生处于 0 到 23 之间的随机数 */
69     if((getrandball < red + pocket[0])&&(getrandball >= red))          /* 摸到红球 */
70      {getball[i] = red;
71      pocket[0] -- ;
72      printf("\n 摸到红球\n");
73     }
74    else
75    if((getrandball < green + pocket[1])&&(getrandball >= green))       /* 摸到绿球 */
76      {getball[i] = green;
77      pocket[1] -- ;
78      printf("\n 摸到 绿球\n");
79      }
80    else
81    if((getrandball < blue + pocket[2])&&(getrandball >= blue))         /* 摸到蓝球 */
82      {getball[i] = blue;
83      pocket[2] -- ;
84      printf("\n 摸到 蓝球\n");
85      }
86    else
87    if((getrandball < yellow + pocket[3])&&(getrandball >= yellow))     /* 摸到黄球 */
88      {getball[i] = yellow;
89      pocket[3] -- ;
90      printf("\n 摸到 黄球\n");
91      }
92    else
93    if((getrandball < white + pocket[4])&&(getrandball >= white))       /* 摸到白球 */
94      {getball[i] = white;
95      pocket[4] -- ;
96      printf("\n 摸到 白球\n");
97      }
98    else
99    if((getrandball < black + pocket[5])&&(getrandball >= black))       /* 摸到黑球 */
100     {getball[i] = black;
101     pocket[5] -- ;
102     printf("\n 摸到 黑球\n");
103     }
104    else
105     {i -- ;}                      /* 产生的随机数对应的球已经被摸走,重摸 */
106     }
107 Print();
108 Bonus();
109 printf("\n 继续摸球吗(Y/N):");
110 scanf(" % c",&cont);
111 }while(cont == 'y'||cont == 'Y');
112 }
```

程序运行结果如下。

请摸第 1 球,请按 Enter 键开始
摸到 绿球
请摸第 2 球,请按 Enter 键开始
摸到 绿球
请摸第 3 球,请按 Enter 键开始
摸到 红球
请摸第 4 球,请按 Enter 键开始
摸到 黑球
绿球 绿球 红球 黑球
恭喜您中三等奖了!
继续摸球吗(Y/N):

10.6 类型定义

本节主要讨论以下问题。

(1) 定义类型名有什么好处?

(2) 如何对已有的数据类型名换名?

(3) 定义类型别名有什么需要注意的原则?

除了可以直接使用 C 提供的标准类型名(如 int、float、char 等)和自定义的数据类型(如结构体、共用体等),C 语言支持用 typedef 声明已有的数据类型的别名,该别名与标准类型名一样,可用来定义相应类型的变量。使用 typedef 只能为已有的类型定义一个新的名字,而不能定义出新的类型来。

使用 typedef 的好处是可以使类型名更贴切,便于阅读和理解;可以为复杂的类型(结构体、共用体、数组和指针)取一个更简洁的名字,方便使用;而最大的好处是便于程序的移植。

例如:

typedef int   COUNT;

这样,COUNT 就是 int 的别名,以下两条语句定义就是等价的。

```
COUNT  i, j;
int    i, j;
```

1. 声明基本类型的别名

声明基本类型的别名的一般格式为:

typedef 基本类型名   别名标识符;

例如:

typedef   int   WORD;
typedef   float   REAL;
typedef   unsigned char   BYTE;

指定用 WORD 代表 int 类型,REAL 代表 float,BYTE 代表 unsigned char。所以,以下两行定义等价。

(1) int   i, k; float x, y; unsigned char a, b;

（2）WORD i，k；REAL x，y；BYTE a，b；

2．声明自定义类型的别名

声明自定义类型的别名的一般格式为：

typedef　自定义类型定义信息　别名标识符；

例如：

```
typedef   struct   student
{char no[15];
     char name[15];
     float yw, sx, yy;
     float total;
} STUDENT;
```

这样，在说明 struct　student 类型的变量 stud1、stud2 时，就可以用如下更简洁的语句实现。

```
STUDENT stu1, stu2;
```

3．定义类型别名的基本步骤

（1）按定义变量的方法写出定义体。

（2）将变量名换成别名。

（3）在定义体最前面加上 typedef。

例如：给 unsigned int 定义一个别名 DWORD。

（1）按定义变量的方法，写出定义体："unsigned int a；"。

（2）将变量名换成别名："unsigned int DWORD；"。

（3）在定义体最前面加上 typedef："typedef unsigned int DWORD；"。

例如：定义 NUM 为有 5 个元素的整型数组别名。

（1）按定义变量的方法，写出定义体："int a[5]；"。

（2）将变量名换成别名："int NUM[5]；"。

（3）在定义体最前面加上 typedef："typedef int NUM[5]；"。

然后，用 NUM 去定义数组变量："NUM x,y；"。功能为把 x、y 都定义为含有 5 个元素的整型数组，即等价于"int x[5],y[5]；"。

视频讲解

🔑 10.7　构造数据类型的典型应用：学生信息管理系统

本节主要讨论以下问题。

（1）如何使用构造数据类型？

（2）使用构造数据类型的好处有哪些？

在很多问题中，其数据相对比较复杂，就需要用到构造数据类型。构造数据类型能够将数据与数据之间的关系变得更加紧密。下面通过学生信息管理系统的实现，介绍构造数据类型的使用。

1．问题描述

编写一个学生信息管理系统，实现对学生信息的增加、删除、修改和显示，如图 10-5 所示。其中每个学生信息假设只包括学生的学号、姓名、班级、成绩等。

2. 算法分析

该问题涉及的知识点有选择结构和条件判断、循环结构的运用、循环的嵌套、函数的调用、结构体类型的定义、结构体变量的定义和引用、结构体变量的赋值、结构体数组等。

学生信息包括的属性多,且紧密性强,所以定义一个结构体来表示学生的信息,然后由于问题中所

图 10-5　学生信息管理系统的主界面

涉及的功能不止一个,将此管理系统中的功能分解成若干模块,每个模块由一个函数实现,包括增加学生信息函数、删除学生信息函数、修改学生信息函数、显示学生信息函数以及主函数菜单。

（1）定义结构体。把学生信息定义成结构体,其中成员包括学生的学号、姓名、班级、成绩等属性。

（2）增加学生信息函数 Input。

（3）删除学生信息函数 Delete。

（4）修改学生信息函数 Mode。

（5）显示学生信息函数 Output。

（6）主函数菜单如图 10-5 所示。

下面详细分析各个模块的实现。

3. 源程序的编写步骤

1）定义程序中用到的相关变量

（1）结构体类型及结构体数组的定义。定义一个 Student 结构体,包含学号（整数型）、姓名（字符型）、班级（字符型）、成绩（浮点型）等,然后宏定义（定义 n 为常数 10,常数可以自定义）数组的长度,最后定义 Student 类型的数组 student。

```
struct Student
{
    int id;               /* 学号 */
    char name[20];        /* 姓名 */
    char team[20];        /* 班级 */
    float score;          /* 成绩 */
};
#define N 10              /* 宏定义 */
struct Student student[N];  /* 定义结构体 */
```

（2）全局整型变量 stuNum 的定义。为了便于记录学生信息的数量变化,定义一个全局整型变量 stuNum。

```
int stuNum = 0;          /* 现有学生信息数,全局变量 */
```

2）编写学生信息管理系统的基本操作函数

（1）增加学生信息的函数 void Input。

① 输入需要增加的学生信息的数量 stu:用 scanf 函数。

② 学生信息的输入:用 for 语句实现。

③ 判断输入是否超出 1 个以上,给予提示:用 if 语句实现。

④ 录入完成之后的学生信息数。

根据以上分析,函数定义如下:

```
1    void Input()                    /* 录入学生信息 */
2    {
3      int stu,i;
4      scanf(" % d",&stu);
5      for(i = stuNum;i < stuNum + stu;i++)
6      {
7        if(stu!= 1)                  /* 录入多个,给予提示 */
8        {
9          printf("\t[第 % d 个学生信息]\n",i + 1);
10       }
11       printf("\t 输入学号:");
12       scanf(" % d",&student[i].id);
13       printf("\t 输入姓名:");
14       scanf(" % s",student[i].name);
15       printf("\t 输入班级:");
16       scanf(" % s",student[i].team);
17       printf("\t 输入成绩:");
18       scanf(" % f",&student[i].score);
19     }
20
21     stuNum = stuNum + stu;  /* 录入后的学生信息数 */
22     printf("\t 录入成功\n");
23     printf("\n——————————————————————\n\n");
24   }
```

(2) 删除学生信息的函数 void Delete。

① 判断当前学生信息数量是否为 0:用 if 语句实现。

② 选择删除方式:用 if 语句实现。

③ 输入所删除的学生学号 dstu:用 scanf 函数。

④ 从数组中找到学生信息:用 for 语句加 if 语句实现。

⑤ 删除某学生信息:用 for 语句实现。

⑥ 删除全部学生信息:用 for 语句实现。

根据以上分析,函数定义如下:

```
1    void Delete()                   /* 删除学生信息 */
2    {
3      int del,i;
4      printf("\n");
5      if(stuNum == 0)               /* 如果学生信息数为 0,给予提示 */
6      {
7        printf("\n\t 系统没有任何学生的信息!\n");
8      }else
9      {
10       printf("\t 按学号指定删除(1),全部删除(0),请输入:");
11       scanf(" % d",&del);
12
13       if(del == 0)                /* 如果输入 0,删除全部学生信息 */
```

```
14    {
15       printf("\t[当前全部学生信息]\n");
16       printf("\t学号\t姓名\t班级\t成绩\n");
17       for(i = 0;i < stuNum;i++)
18       {
19          printf("\t%d\t%s\t%s\t%0.2f\n",student[i].id,student[i].name,student[i].
             team,student[i].score);
20       }
21       stuNum = 0;                        /*删除全部,则学生信息数量为 0*/
22       printf("\n\t删除成功!\n\n");
23    }
24    else if(del == 1)                     /*如果输入 1,按学号删除学生信息*/
25    {
26       int dstu,k = 0;
27       printf("\t请输入要删除的学生学号:");
28       scanf("%d",&dstu);
29
30       for(i = 0;i < stuNum;i++)
31       {
32          if(dstu == student[i].id)      /*找到该学生信息*/
33          {
34             k = 1;
35             printf("\t[需删除学生信息]\n");
36             printf("\t学号\t姓名\t班级\t成绩\n");
37             printf("\t%d\t%s\t%s\t%0.2f\n",student[i].id,student[i].
38             name,student[i].team,student[i].score);
39             for(;i < stuNum;i++)        /*从数组中删除信息*/
40             {
41                student[i] = student[i + 1];
42             }
43             stuNum -- ;                 /*学生信息删除后,数量自减 1*/
44             printf("\n\t删除成功!\n\n");
45             break;                      /*结束多余的循环*/
46          }
47       }
48       if(k == 0)
49       {
50             printf("\n\t输入信息有误!\n");
51       }
52       }else
53       {
54             printf("\n\t输入信息有误!\n");
55       }
56    }
57    printf("\n————————————————————\n\n");
58 }
```

（3）修改学生信息的函数 void Mode。

① 判断当前学生信息数量是否为 0：用 if 语句实现。

② 输入所修改的学生学号 mstu：用 scanf 函数。

③ 数组中找到学生信息：用 for 语句加 if 语句实现。

④ 修改该学生信息：用 scanf 函数。

根据以上分析,函数定义如下:

```
1   void Mode()
2   {
3     int mstu,i,k = 0;
4     printf("\n");
5
6     if(stuNum == 0)
7     {
8         printf("\t 系统没有任何学生的信息!\n");
9     }
10    else {
11        printf("\t 请输入需要修改的学生学号:");
12        scanf("%d",&mstu);
13
14        for(i = 0;i < stuNum;i++)
15        {
16          if(mstu == student[i].id)          /* 找到该学生信息 */
17          {
18          k = 1;
19          printf("\n\t[需修改的学生信息]\n");
20          printf("\t 学号\t 姓名\t 班级\t 成绩\n");
21          printf("\t%d\t%s\t%s\t%0.2f\n",student[i].id,student[i].name,
22          student[i].team,student[i].score);
23
24          printf("\n\t[请修改]\n");
25          printf("\t 输入学号:");
26          scanf("%d",&student[i].id);
27          printf("\t 输入姓名:");
28          scanf("%s",student[i].name);
29          printf("\t 输入班级:");
30          scanf("%s",student[i].team);
31          printf("\t 输入成绩:");
32          scanf("%f",&student[i].score);
33          printf("\n\t 修改成功!\n");
34          break;                          /* 结束多余的循环 */
35          }
36        }
37    if(k == 0)
38    {
39        printf("\n\t 输入信息有误!\n");
40    }
41    }
42
43    printf("\n———————————————————\n\n");
44  }
```

(4) 显示学生信息的函数 void Output。

① 判断当前学生信息数量是否为 0:用 if 语句实现。

② 显示已有学生的全部信息:用 for 语句、printf 函数实现。

根据以上分析,函数定义如下:

```
1   void Output()              /* 显示学生信息 */
2   {
```

```
3      int i;
4      printf("\n");
5      if(stuNum == 0)
6      {
7          printf("\t 系统没有任何学生的信息!\n");
8      }
9      else
10     { printf("\n\t[当前学生信息]\n");
11        printf("\t 学号\t 姓名\t 班级\t 成绩\n");
12        for(i = 0;i < stuNum;i++)
13        {
14            printf("\t%d\t%s\t%s\t%0.2f\n",student[i].id,student[i].name,stu
15            dent[i].team,student[i].score);
16        }
17     }
18     printf("\n————————————————————\n\n");
19  }
```

3) 编写主函数

算法分析：

对于主函数菜单,可以通过 switch 语句来实现主菜单的选择执行,以在增加学生信息、删除学生信息、修改学生信息和显示学生信息间实现跳转。

源程序的编写步骤：

(1) 显示当前学生信息数量：用 printf 函数实现。

(2) 主菜单的选择执行：用 switch 函数实现。

主函数定义如下：

```
1   void main()              /* 主函数菜单 */
2   {
3       int i;
4       printf("\n");
5       printf("\t ┌──────────────┐ \n");
6       printf("\t │ │ 1.录入学生信息   │ \n");
7       printf("\t │ │ 2.删除学生信息   │ \n");
8       printf("\t │ │ 3.修改学生信息   │ \n");
9       printf("\t │ │ 4.显示学生信息   │ \n");
10      printf("\t │ │ 5.退出程序 │ \n");
11      printf("\t └──────────────┘ \n");
12      printf("\t 现有学生信息:%d\n",stuNum);
13      do
14      {   printf("\t 请输入您的选择:");
15          scanf("%d",&i);
16          switch(i)
17          {
18              case 1:Input();break;
19              case 2:Delete();break;
20              case 3:Mode();break;
21              case 4:Output();break;
22              case 5:break;
23              default:printf("\n\t 输入有误!\n\t");
24          }
25      } while(i!= 5);
26  }
```

运行结果如下。

```
||1.录入学生信息
||2.删除学生信息
||3.修改学生信息
||4.显示学生信息
||5.退出程序

现有学生信息:0
请输入您的选择:1
2
[第1个学生信息]
  输入学号:1002
  输入姓名:张小明
  输入班级:1班
  输入成绩:95
[第2个学生信息]
  输入学号:1005
  输入姓名:李小兰
  输入班级:3班
  输入成绩:80
  录入成功
--------------------

请输入您的选择:2
按学号指定删除(1),全部删除(0),请输入:1
请输入要删除的学生学号:1002
[需删除学生信息]
学号     姓名    班级     成绩
1002     张小明   1班      95.00
删除成功!
--------------------

请输入您的选择:3
请输入需要修改的学生学号:1005
[当前学生信息]
学号     姓名    班级     成绩
1005     李小兰   3班      80.00

[请修改]
输入学号:1007
输入姓名:李小兰
输入班级:5班
输入成绩:80
修改成功!
--------------------

请输入您的选择:4
[当前学生信息]
学号     姓名    班级     成绩
1007     李小兰   5班      80.00
--------------------
请输入您的选择:5
```

【举一反三】

(1) 修改学生信息管理系统中的显示学生信息,要求按照学号从小到大的顺序显示学生的信息。

（2）实现教师信息管理系统。

10.8 本章小结

10.8.1 知识梳理

本章介绍了结构体、共用体及枚举类型 3 种用户自定义的数据类型，它们均属于构造数据类型，是用户定义新数据类型的重要手段。结构体和共用体有很多相似之处，它们都由成员组成，成员可以具有不同的数据类型。成员的表示方法都相同，都可用间接和直接两种方式作变量定义。

在结构体中，各成员都占有自己的内存空间，它们是同时存在。一个结构体变量的总长度等于所有成员长度之和。在共用体中，所有成员不能同时占用它的内存空间，它们不能同时存在。共用体变量的长度等于最长的成员的长度。

"."是成员运算符，可以用它表示成员项，成员还可用"->"运算符来表示。

结构体变量可以作为函数参数，函数也可返回指向结构体的指针变量。而共用体变量不能作为函数参数，函数也不能返回指向共用体的指针变量。但可以使用指向共用体变量的指针，也可以使用共用体数组。

结构体定义允许嵌套，结构体中也可以用共用体作为成员，形成结构体和共用体的嵌套。

链表是一种重要的数据结构，它便于实现动态的存储分配。本章介绍的是单链表，还有双链表、循环链表等。

本章知识导图如图 10-6 所示。

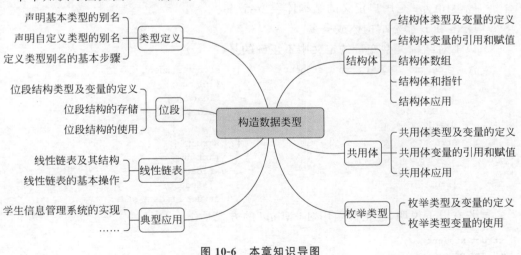

图 10-6 本章知识导图

10.8.2 常见上机问题及解决方法

（1）不能用 student1. birthday 来访问 student1 变量中的成员 birthday，因为 birthday 本身是一个结构体。

（2）struct student(struct 不能省略)。

（3）p＝& d. year 错误：(* p). year。

（4）struct CHNODE * p 错误：CHNODE * p。

（5）新类型名 date，在定义变量时，不要写成 struct date birthday。

（6）删除结点：删除第 a 个结点时，先将第(a－1)个结点直接与第(a＋1)个结点相连接，然后再释放第 a 个结点的存储单元。

（7）枚举常量是标识符，不是字符串，以输出字符串方式输出枚举常量是错误的，如"fg＝ture; printf("％s",fg);"(错误)。

习题 10

1. 选择题

（1）当定义一个结构体变量时，系统分配给它的内存是(　　)。

  A. 各成员所需内存量的总和   B. 结构中第 1 个成员所需的内存量

  C. 成员中占内存量最大的容量 D. 结构中最后一个成员所需的内存量

（2）如下说明语句，则下面叙述不正确的是(　　)。

```
struct stu {
    int a ;
    float b ;
} stutype ;
```

  A. struct 是结构体类型的关键字

  B. struct stu 是用户定义的结构体类型

  C. stutype 是用户定义的结构体类型名

  D. a 和 b 都是结构体成员名

（3）以下对结构类型变量的定义中不正确的是(　　)。

  A. ＃define STUDENT struct student B. struct student
   STUDENT   {int num;
   {int num;   float age;
   　float age;   }std1;
   }std1;

  C. struct   D. struct
   {int num;   {int num;
   　float age;   　float age;
   }std1;   　}student;
               struct student std1;

（4）若有以下说明，能正确引用"Li Ming"的方式是(　　)。

```
struct student
{   int name;
    int num;
}stu1[2] = {{ "Ma Hong",18},{"Li Ming",17}};
struct stu * p = stu1;
```

  A. stu1[1]. name   B. p-> name

  C. stu1. name   D. (* p++). name

（5）以下程序的运行结果是（   ）。

```
struct st
{int n;
 float x;
} * p;
void main()
{    struct st arr[5] = {{10,5.6},{12,7.1},{14,6.7},{16,6.2},{18,6.9}};
     p = arr; printf("%d\n",++p->n);
     p++; printf("%d,%.2f\n",p->n,p->x);}
```

    A. 12   B. 11

       12,7.10   10,5.60

    C. 11   D. 12

       12,7.10   14,6.70

（6）设有枚举定义语句"enum t1{a1,a2=7,a3,a4=15};"，则枚举常量 a2 和 a3 的值分别为（   ）。

    A. 7 和 8   B. 2 和 3   C. 7 和 2   D. 1 和 2

（7）当定义一个共用体变量时，系统分配给它的内存是（   ）。

    A. 各成员所需内存量的总和   B. 结构中第一个成员所需的内存量

    C. 成员中占内存量最大的容量   D. 结构中最后一个成员所需的内存量

（8）以下对 C 语言中共用体类型数据的叙述中正确的是（   ）。

    A. 可以对共用体变量直接赋值

    B. 一个共用体变量中可以同时存放其所有成员

    C. 一个共用体变量中不能同时存放其所有成员

    D. 共用体类型定义中不能出现结构体类型的成员

（9）以下程序的运行结果是（   ）。

```
void main()
{    enum color{red,yellow,blue = 4,green,white}cr1,cr2;
     cr1 = yellow; cr2 = white;
     printf("%d,%d\n",cr1,cr2);}
```

    A. 1,6   B. 2,7   C. 1,3   D. 2,5

（10）若有以下说明和语句，已知 int 和 double 类型分别占 2 字节和 8 字节，则 sizeof(st) 的值为（   ）。

```
struct st {
  char a[10];
  union {
       int i;
       double y;
     };
};
```

    A. 18   B. 20   C. 12   D. 以上均不是

（11）若有以下说明和定义：

```
typede int * INTEGER
INTEGER p, * q;
```

以下叙述中,正确的是(　　　)。

    A. p 是 int 型变量　　　　　　　　B. p 是基类型为 int 的指针变量

    C. q 是基类型为 int 的指针变量　　D. 程序中可用 INTEGER 代替 int 类型名

(12) 以下对枚举类型进行定义的语句中不正确的是(　　　)。

    A. enum b{1,2,3};　　　　　　　　B. enum a{X=0,Z=2,Y=4};

    C. enum c{A,B,C};　　　　　　　　D. enum d{D=2,E,F};

2. 程序设计题

(1) **学生成绩管理**。有 3 名学生,每名学生有两门课的成绩,从键盘输入学生数据(包括学生号、姓名、两门课成绩),计算出平均成绩,并按平均分进行排序处理。

(2) **整数转换**。已知枚举类型定义如下:

```
enum color{red,yellow,blue,green,white,black};
```

从键盘输入一个整数,显示与该整数对应的枚举常量的英文名称。

第11章

文　件

CHAPTER **11**

◇ 学习导读

　　至现在为止,已经学习了 C 语言提供的基本数据类型和构造数据类型以及编写程序的基本结构和基本语句。通过前面的学习,读者应该能够编写具有一定质量的程序了。在运行程序时,大多数都是通过键盘输入程序运行过程中的数据,以及通过显示器显示程序运行的结果。程序运行结束后,运行的结果和输入的数据也消失了。当需要重新运行程序时,数据又需要重新输入后,结果才能显示。很显然,不是特别方便。为了存储输入的数据和程序运行的结果,C 语言提出了一种特殊的数据类型——文件,允许编程者使用"文件"类型输出(读)和输入(写)数据。

　　本章介绍了 C 语言文件的组织结构和与文件有关的操作。介绍了文件的基本概念、文件操作的基本步骤及 C 语言文件读写的库函数和文件的典型应用。

◇ 内容导学

　　(1) 文件的概念。

　　(2) 文本文件与二进制文件的区别。

　　(3) 文件的打开、读写、定位以及关闭的方法。

　　(4) 文件操作的系统函数的使用方法。

　　(5) 编写对文件进行简单处理的程序。

◇ 育人目标

　　《论语》的"三思而后行"意为:凡事都要再三思考而后行动——谨慎行事,安全无小事。

　　文件可以很好地帮助编程者快速读入数据和保存数据结果,极大提高了程序的处理效率和应用广度。在实际应用时,对文件的读写管理需要特别注意信息安全问题,不要随意读取不明来源的文件,对文件的写入需要注意隐私信息保护,做好权限设置,合理运用编程技术从而创造更大的价值。

🔑 11.1　文件的基本概念

本节主要讨论以下问题。

(1) 什么是文件？文件的基本操作有哪些？

(2) 文件有哪些分类？

(3) 文件的基本操作有哪些？

在学生信息管理系统的实现过程中，使用到了构造数据类型。每次运行这个学生信息管理系统都需要输入相应的数据以验证各个功能是否能够正确完成，如果输入数据少，每次输入会觉得比较方便，如果输入的数据较多可能会想，是不是将之前的数据存成一个文件，下次再运行时就不需要重复输入，直接使用这个文件中的数据呢？其实，C语言支持文件这种数据类型。

11.1.1　文件的定义

文件(File)是指存储在外部介质(如磁盘)上的一组相关数据的有序集合。为标识一个文件，每个文件都必须有一个文件名，其一般结构为：主文件名[.扩展名]。例如，一个 C 语言源程序名为 hello.c，一个 Word 2003 文档的文件名为 doc1.doc。计算机的操作系统(Operating System)是以文件为单位对数据进行管理，每个文件以一个唯一的包含路径的文件名来进行标识，并通过这个文件名来完成对它的读/写操作。

使用数据文件的目的有以下三点。

(1) 数据文件的改动不引起程序的改动，即程序与数据分离。

(2) 不同程序可以访问同一数据文件中的数据，即数据共享。

(3) 能长期保存程序运行的中间数据或结果数据。

11.1.2　文件的分类

按照不同的分类标准，可以把文件进行以下分类。

1. 按数据的组织形式分类

按数据的组织形式的不同，文件分为文本文件(字符数据流)和二进制文件(二进制数据流)。文本文件即 ASCII 文件，它的存储方式是一字节存放一个字符所对应的 ASCII 码；二进制文件是按数据在内存中的实际表现形式存放，一字节对应 8 位二进制数。如整数1234 以这两种文件形式存放后的效果如图 11-1 所示。从图中可以看出，在文本文件中，整数 1234 分别以'1'、'2'、'3'、'4'这4个字符各占一字节空间存放，共占 4 字节；在二进制文件中，整数 1234 对应的二进制形式是 10011010010，占 2 字节。

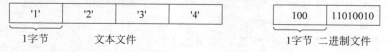

图 11-1　文本文件和二进制文件的存储方式

　　文本文件的存取操作以字符为单位,便于对字符数据进行处理,但由于一个字符占用一字节,所以文本文件占用的存储空间较多,且此类文件被读入内存时需要一定的转换时间。一般情况下,文本文件包括如 *.c、*.txt 等类型的文件。像 C 语言源程序就是文本文件。文本文件可以按记事本的方式打开。

　　二进制文件的存取操作以字节为单位,可直接被读入内存,原样输出到磁盘文件中,可以节省存储空间,无须转换时间,存放结构紧凑,但 1 字节不一定对应一个字符,所以不能直接以字符形式输出。一般情况下,二进制文件有 *.obj、*.exe、*.bin 等类型的文件。像 C 语言的执行文件就是二进制文件。二进制文件一般不可以用记事本方式打开。

　　2. 按存储介质分类

　　按存储介质的不同,文件分为设备文件和普通文件。从操作系统的角度看,每一个与主机相连的输入输出设备都可以看作一个文件。键盘和显示屏都属于设备文件(标准文件),程序可以从这些设备文件中获取所需的数据信息。C 语言规定的标准文件有 3 个:标准输入文件(键盘)、标准输出文件(显示屏)和标准出错信息输出文件。编译系统在启动后自动打开这些标准文件,并为其分配缓冲区及指定相应的文件指针,退出系统时自动关闭它们,所以这类文件的特点是使用十分方便,不需要用户的定义即可使用。普通文件指存储在存储介质,如磁盘、磁带等上的文件。

　　3. 按对文件访问形式分类

　　按对文件访问形式的不同,文件分为顺序访问文件和随机访问文件。读写位置指针是当一个文件被打开后由系统定义用来标识文件读写位置的指针,它存在于 FILE 类型的变量中。在顺序访问文件中,读写位置指针总是按照字节的顺序由前往后顺序移动,不能随意跳转到文件某个指定位置进行读取/写入操作。

　　在随机访问文件中,读写位置指针可以根据需要进行调整,自由地跳转到文件某个位置进行读取/写入操作,即随机地访问文件。

　　4. 按文件的逻辑结构分类

　　按文件逻辑结构的不同,文件分为记录文件和流式文件。记录文件是由具有一定结构的记录组成(定长和不定长),流式文件是由一个个字符(字节)数据顺序组成。

　　5. 按文件的内容分类

　　按文件的内容不同,文件分为程序文件和数据文件。程序文件又可分为源文件、目标文件和可执行文件。像各种图像文件、声音文件等称为数据文件。

11.1.3　文件操作概述

1. 读文件与写文件

　　对文件访问就是对文件进行读写操作。读文件是将磁盘文件中的数据传送到计算机内存的操作,写文件是从计算机内存向磁盘文件中传送数据的操作。

2. 文件操作的处理方法

　　过去使用的 C 语言版本中,对文件有两种处理方法,即利用缓冲型文件系统和非缓冲型文件系统。

　　缓冲型文件系统又称为标准文件系统或高层文件系统,是目前常用的文件系统。在对文件进行操作时,系统自动地为每个文件在内存中开辟一个缓冲区。当内存与外部介质进行数据传输操作(写入文件和读取文件)时,中间需要通过一个文件缓冲区,当这个缓冲区被填满时,数据才被传输出去,如图11-2所示。它与具体机器无关,通用性好,功能强,使用方便。缓冲区的大小视具体使用的 C 语言版本而定,一般为 512 字节。

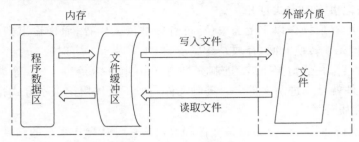

图 11-2　缓冲型读写文件方式

非缓冲型文件系统又称为二进制系统或 UNIX 系统。它提供的文件输入输出操作函数更接近于操作系统,它不能自动设置缓冲区,而是由用户根据所处理的数据大小在程序中设置。因此,与机器有关,使用较为困难,但它节省内存,执行效率较高。这是 ANSI C 标准不提倡使用的方法,而提倡采用缓冲文件系统来对文件进行处理。本章介绍的是 ANSI C 标准规定的缓冲文件系统中对文件的操作方法。

视频讲解

🔑 11.2　文件的打开与关闭

本节主要讨论以下问题。

(1) 文件的打开和关闭操作如何实现?

(2) 在实现过程中有哪些注意事项?

C 语言对文件的处理需要严格遵循步骤进行。在程序开始运行时,系统会自动打开以下 3 个标准文件,并分别定义指向文件的指针。

(1) 标准输入文件——stdin:指通过标准输入设备键盘输入数据。如果程序中指定要从 stdin 所指的文件输入数据,就是从终端键盘上输入数据。

(2) 标准输出文件——stdout:指向标准输出设备显示器输出信息。

(3) 标准错误文件——stderr:指向标准输出设备显示器输出错误信息。

除此之外,若对其他文件进行操作,必须先打开该文件,然后才能对文件的内容进行编辑和更新处理,最后,使用结束后,关闭打开的文件,以免数据丢失,基本步骤如下。

(1) 定义文件指针。

(2) 打开文件:在内存中建立文件缓冲区,使文件指针指向磁盘文件缓冲区。

(3) 文件处理:使用读函数或写函数对文件的内容进行读取或写入操作。

(4) 关闭文件。

对于文件的不同操作步骤,C 语言都提供了标准库函数实现其操作。如用 fopen()函数打开一个文件,用 fclose()函数关闭一个文件。这些库函数都在标准库"stdio.h"中。

11.2.1　文件指针

文件类型是一个结构体类型,该结构体类型存放了文件的一些信息,包括文件状态、数据缓冲区的位置、文件读写的当前位置等。在 Turbo C 2.0 的标准输入输出头文件 stdio.h 中定义了一个结构体类型,即 FILE 类型(又称为文件类型),定义格式如下:

```
typedef struct{
 short           level;        /*缓冲区"满"或"空"的程度*/
 unsigned        flags;        /*文件状态标志*/
 char            fd;           /*文件描述符*/
 unsigned char   hold;         /*如无缓冲区不读取字符标志*/
 short           bsize;        /*缓冲区的大小*/
 unsigned char  *buffer;       /*数据缓冲区的位置*/
 unsigned char  *curp;         /*当前的指向指针*/
 unsigned        istemp;       /*临时文件指示符*/
 short           token;        /*用于有效性检查*/
} FILE;
```

文件类型指针变量是一个指向 FILE 类型变量的指针变量,用以指向文件在内存的缓冲区首地址,通过它指向的 FILE 类型变量就能读取文件信息,并由此访问该文件。因此,在对每个文件进行读/写操作之前,必须事先定义一个指向 FILE 类型的指针变量,即文件类型指针变量。

定义格式如下:

FILE　　*指针变量名 1 [,　*指针变量名 2,…];

例如:

```
FILE   * fp;                   /*定义一个文件类型指针变量 fp */
FILE   * fp1, * fp2, * fp3;    /*定义 3 个文件类型指针变量 fp1、fp2 和 fp3 */
```

11.2.2　打开文件

C 语言程序在操作文件时必须遵从"打开—读写—关闭"的操作流程。不打开文件就无法读取文件中的数据。不关闭文件就会耗尽操作系统资源。C 语言通过 fopen(参数)函数完成文件打开的操作。

打开文件函数的原型如下:

FILE　　* fopen(char * path, char * mode)

该函数的作用是按指定的 mode 方式打开由 path 指向的文件,如果文件打开成功,则返回该文件结构体的指针,否则返回 NULL。

其中,参数 path 是指向文件名字符串的指针变量,是由双引号括起的包含文件路径和文件名(含扩展名)的字符串。参数 mode 也是字符串,表示打开文件的方式。打开文件的方式由两类字符构成,一类字符表示打开文件的类型又称为打开文件类型符,如 t 表示文本文件(text,默认方式),b 表示二进制文件(binary);另一类字符是操作具体处理方式,又称为操作类型符,如 r 表示从文件中读取数据(read),w 表示向文件写入数据(write),a 表示在文件尾部追加数据(append),+表示文件可读可写。在使用 mode 时,其字符先后次序是操作类型符在前,打开文件类型符在后,如 rb、wt,但对于+来说,可以放在操作类型符的右边也可以放在 mode 字符串的最后,但不可以放在操作类型符的左边,如 w+b、wb+是正确的,而+wb 是错误的。它们的具体含义如表 11-1 所示。

表 11-1　打开文件的处理方式

mode 值	文件使用方式说明	mode 值	文件使用方式说明
r	以只读方式为输入打开一个文本文件	rb	以只读方式为输入打开一个二进制文件
w	以只写方式为输出打开一个文本文件	wb	以只写方式为输出打开一个二进制文件
a	向文本文件的尾部追加数据	ab	向二进制文件的尾部追加数据
r+	打开一个文本文件,允许读和写	rb+	打开一个二进制文件,允许读和写
w+	打开或建立一个文本文件,允许读写	wb+	打开或建立一个二进制文件,允许读写
a+	打开一个文本文件,允许读,或在文件末追加数据	ab+	打开一个二进制文件,允许读,或在文件末追加数据

使用这些打开文件方式的字符时,需要注意以下几点。

(1) 以 r、rb,r+、rb+方式打开一个不存在的文件时,fopen()函数返回 NULL 值。

(2) 以 w、wb 方式打开文件时,如果该文件不存在,则此操作会建立一个指定文件名的新文件;如果该文件存在,则在打开时会将它删除,然后新建一个该文件名的文件,覆盖原文件。

(3) 以 w+、wb+方式打开文件时,如果该指定文件不存在,则此操作将建立一个指定文件名的新文件,然后向此文件写数据,然后可以读取数据。

(4) 以 a+、ab+方式打开文件时,可向文件尾部追加数据,也可以读取文件。

例如:

```
FILE    * fp1, * fp2;
fp1 = fopen ("file1.txt","r");   /* 以只读的形式打开当前目录下的 file1.txt 文件 */
fp2 = fopen ("d:\\fileexp\\file2.txt","w");
                           /* 以只写的形式打开在 d:\fileexp\目录下的 file2.txt 文件 */
```

因此,为增强程序的可靠性,常用下面的方法打开一个文件。

```
if((fp = fopen("文件名","操作方式")) == NULL)
{ printf("can not open this file\n");
  exit(0);
}
```

11.2.3　关闭文件

文件在读/写操作结束后需要被关闭,完成关闭文件操作的函数是 fclose(参数)。使用这个函数,可以将尚未装满的文件缓冲区里的数据强制写回文件后再关闭该文件,避免了文件数据的丢失,还可以及时释放系统资源。

关闭文件函数的原型如下:

int   fclose(FILE * fp)

该函数的作用是关闭 fp 所指向的文件。如果正常关闭文件,则该函数返回值为 0;如果文件关闭时出现错误,则返回值为 EOF。

一般使用以下程序段来完成关闭文件操作。

```
# include < stdio. h >
…
FILE    * fp;
fp = fopen ("file1.txt","r");
```

```
if( fp == NULL)             /* 如果不能成功打开文件的处理方法 */
{
  printf("Can not open this file!");
  exit(0);                  /* 退出当前执行的程序 */
}
/* 如果能够成功打开文件,则执行以下语句 */
…
fclose(fp);                 /* 关闭文件函数 */
…
```

11.2.4　exit 函数

exit 函数的一般格式是：

void　exit([程序状态值]);

其功能是关闭已打开的所有文件,结束程序运行,返回操作系统,并将"程序状态值"返回给操作系统。当"程序状态值"为 0 时,表示程序正常退出；当"程序状态值"为非 0 值时,表示程序出错退出。

11.3　文件的读写

视频讲解

本节主要讨论以下问题。

(1) 文件的读写操作如何实现?

(2) 不同类型的读写操作函数怎么使用?

根据对文件的读/写形式的不同可以将文件分为顺序访问文件和随机访问文件。在以读方式或写方式(如 r、rb 或 w、wb)打开文本文件或二进制文件时,读写位置指针自动指向文件的开头位置；在以追加方式(如 a、ab)打开文件时,读写位置指针自动指向文件的末尾。

以顺序方式访问文件时,读写位置指针总是由前往后顺序移动,每次处理完当前字符后指针自动向后移动一个位置。本节介绍的文件读写函数属于顺序访问文件方式。

11.3.1　文件读写函数

C 语言标准库"stdio. h"中提供了一系列文件的读写操作函数,常用的函数如下。

* 字符读写函数：fgetc 和 fputc；
* 字符串读写函数：fgets 和 fputs；
* 格式化读写函数：fscanf 和 fprintf；
* 数据块读写函数：fread 和 fwrite。

1. 字符读写函数

字符读写函数 fgetc 和 fputc 是以字符为单位对文件进行读写的函数。每次可以从文件读出或向文件写入一个字符。

1) fgetc 函数的原型

int　fgetc(FILE * fp)

功能：fp 为文件类型指针变量,从 fp 所指向的文件中读入一个字符。同时,将读写位置指针向前移动 1 字节。

返回值：如果读取成功，则返回读取的字符代码（ASCII 码对应的整型值），否则返回 EOF。

2）fputc 函数原型

```
int     fputc(int c, FILE * fp )
```

功能：fp 为文件类型指针变量，将 c 对应的字符写入 fp 所指向的文件中。参数 c 是整型（或字符型）变量（或常量）。同时，将读写位置指针向前移动 1 字节。

返回值：如果成功写入 c 对应的字符，则函数返回该字符的 ASCII 值，否则将返回 EOF。

【例 11-1】 将键盘上输入的一个字符串（以 '@' 作为结束字符），以 ASCII 码形式存储到一个磁盘文件中，然后从该磁盘文件中读出其字符串并显示出来。

算法分析：

通过问题的描述定义两个文件类型指针 fp1 和 fp2 同时指向该磁盘文件，要求将一个以 '@' 作为结束字符的字符串以 ASCII 码形式写入一个磁盘文件中，因此，可以使用 fgetc 和 fputc 函数。假设写入的字符为 ch，调用 fputc 函数的格式为：

```
fputc (ch, fp1);
```

若将读出的字符存放在变量 ch 中，调用 fgetc 函数的格式为：

```
ch = fgetc(fp2);
```

源程序编写步骤：

（1）定义相关变量——char ch;FILE * fp1，* fp2。

（2）打开文件并判断是否打开成功。

```
if ((fp1 = fopen("abc.txt","w + ")) == NULL)
{
  printf ("can not open this file\n");
  exit (0);
}
fp2 = fopen ("abc.txt", "r + ");
```

（3）把一个个字符写入文件。

```
for ( ; (ch = getchar( )) != '@' ; )
    fputc (ch, fp1);
```

（4）从文件中把一个个字符读出，并输出到显示器上。

```
for (; (ch = fgetc(fp2)) != EOF; )
    putchar (ch);            /* 顺序读入并显示 */
```

（5）依次关闭文件。

```
fclose (fp1);
fclose (fp2);
```

源程序：

```
1   /* 11 - 1.c */
2   # include < stdio.h >
3   # include < stdlib.h >
4   int main ()
```

```
5    {
6      FILE * fp1, * fp2;
7      char ch;
8      if ((fp1 = fopen("abc.txt","w + ")) == NULL)    /* 打开失败 */
9      {
10      printf ("can not open this file\n");
11      exit (0);
12      }
13     printf("请输入字符串:\n");
14     for( ; (ch = getchar( )) != '@'; )
15       fputc (ch, fp1);                              /* 将字符串写入文件中 */
16     fclose (fp1);
17     fp2 = fopen ("abc.txt","r + ");
18     printf("显示字符串为:\n");
19     for (; (ch = fgetc(fp2)) != EOF; )              /* 读取文件内容并显示 */
20       putchar (ch);
21     printf("\n");
22     fclose (fp2);
23     return 0;
24   }
```

程序运行结果如下。

请输入字符串:
My motherland is so beautiful!@
显示字符串为:
My motherland is so beautiful!

同时,在 11-1. c 同一文件夹下自动创建一
个名为 abc. txt 的文件,程序运行后,文件的内容
如图 11-3 所示。

图 11-3　例 11-1 的文件内容

2. 字符串读写函数

字符串读写函数 fgets 和 fputs 是以字符串为单位进行文件读写的函数。每次可从文
件读出一个指定长度的字符串或向文件写入一个字符串。

1) fgets 函数原型

`char      * fgets(char * s, int n, FILE * fp )`

功能:从 fp 所指向的文件中,读取长度最大为 n−1 的字符串,并在字符串的末尾加上
结束标志'\0',然后将字符串存放到 s 中。同时,将读写位置指针向前移动实际读取的字符
串长度字节。当从文件中读取第 n−1 个字符后或读取数据过程中遇到换行符'\n'后,函数
返回。因此,s 中存放的字符串的长度不一定正好是 n−1。

返回值:若操作成功,返回读取的字符串的指针;否则,若读到文件尾或出错,则返回
NULL。

2) fputs 函数原型

`int      fputs(char * s, FILE * fp)`

功能:将 s 中的字符串写入 fp 所指向的文件中,字符串结束符'\0'不写入,也不会自动
向文件写入换行符,若需要写入一行文本,s 字符串必须包含'\n'。同时,将读写位置指针向
前移动字符串长度字节。

返回值:如果在文件的当前读写位置成功写入 s 对应的字符串,则函数返回最后一个字符的 ASCII 码值;否则,将返回 EOF。

【例 11-2】 向文件"社会主义核心价值观.txt"中写入 3 行文本,然后分 3 次读出其内容并显示在屏幕上。

算法分析:

通过问题的描述分别定义文件类型指针 fp1 和 fp2 指向该文本文件完成文件的写入和读取,同时定义二维字符数组 out 和 in 分别用来存放需要写入的内容和读出的内容,设这两个字符数组中分别可以存放 3 个字符串,分 3 次写入文件中,然后分 3 次读取并显示在屏幕上。同时,题目中要求将 3 个字符串写入一个磁盘文件或从磁盘文件中读出 3 个字符串,因此,可以使用 fgets 和 fputs 函数。

根据以上分析,建立的算法模型为:

设写入的字符串是该数组 out 中的第 i 个元素 out[i],调用 fputs 函数的格式为"fputs(out[i] , fp1);",若将读出的字符串存放在数组 in 中的第 i 个元素 in[i]中,调用 fgets 函数的格式为"fgets(in[i], 30, fp2);"。同时,在每个字符串结束之后,还需要写入一个换行符,因此,需要使用 fputc 函数,其调用格式为"fputc('\n', fp1);"。

源程序编写步骤:

(1) 定义相关变量。

```
FILE * fp1, * fp2;
char out[3][30] = {"富强 民主 文明 和谐","自由 平等 公正 法治","爱国 敬业 诚信 友善"}, in[3][30];
int i;
```

(2) 打开文件并判断是否打开成功。

```
if( (fp1 = fopen("社会主义核心价值观.txt","w + ")) == NULL )
{
    printf( "Can not open the file!\n");
    exit(0);
}
```

(3) 把 out 数组的字符串和换行符写入 fp1 所指向的文件中。

```
for(i = 0; i < 3; i++)
{
    fputs(out[i] , fp1);
    fputc('\n', fp1);
}
```

(4) 将 fp1 指针关闭。

```
fclose(fp1);
```

(5) 再次打开文件以完成数据读取。

```
fp2 = fopen("社会主义核心价值观.txt","r + ");
```

(6) 把 fp2 所指向的文件中的字符串读取到 in 数组中,并输出到显示器上。

```
for(i = 0; i < 3; i++)
    if( fgets(in[i], 30, fp2) != NULL)
        puts(in[i]);
```

(7) 关闭文件。

```
fclose (fp2);
```

源程序：

```
1    # include < stdio. h >
2    # include < stdlib. h >
3    int main()
4    {
5      FILE  * fp1, * fp2;
6      char out[3][30] = {"富强 民主 文明 和谐","自由 平等 公正 法治","爱国 敬业 诚信 友善"},
    in[3][30];
7      int i;
8      if( (fp1 = fopen("社会主义核心价值观.txt","w + ")) == NULL )
9      {
10        printf( "Can not open the file!\n");
11        exit(0);
12      }
13      for(i = 0; i < 3; i++)
14      {
15        fputs(out[i] , fp1);
16        fputc('\n', fp1);
17      }
18      fclose(fp1);
19      fp2 = fopen("社会主义核心价值观.txt","r + ");
20      for(i = 0; i < 3; i++)        /* 循环把 fp 所指文件中的字符串读取到 in 数组中 */
21        if( fgets(in[i], 30, fp2) != NULL)
22          puts(in[i]);             /* 显示 in 数组中的字符串 */
23      fclose(fp2);
24    }
```

程序运行结果如下。

富强 民主 文明 和谐

自由 平等 公正 法治

爱国 敬业 诚信 友善

在 11-2.c 同一文件夹下自动创建一个"社会
主义核心价值观.txt"文件,文件的内容如图 11-4
所示。

图 11-4　例 11-2 的文件内容

3. 格式化读写函数

C 语言提供了格式化读写函数 fscanf 和 fprintf。这两个函数的功能与格式化输入输出
函数 scanf 和 printf 相似。它们之间的区别是 fscanf 和 fprintf 函数的操作对象是文件,而
scanf 和 printf 函数的操作对象是标准输入输出,即键盘和显示器。

1) fscanf 函数原型

int　　fscanf(FILE * fp, char * format[,address, …])

功能:该函数的作用是按指定的格式读取 fp 所指向的文件中的数据,然后把数据依次
存入指定的存储单元。参数 fp 为文件类型指针变量。参数 format 通常为"输入格式字符
串""输入项地址列表",各输入项之间用逗号分隔。

返回值:如果操作成功,则函数的返回值就是读取的数据项的个数;如果操作出错或
遇到文件尾,则返回 EOF。

2) fprintf 函数原型

```
int      fprintf(FILE * fp, char * format[,address,…])
```

功能：参数 fp 为文件类型指针变量，format 通常为"输出格式字符串""输出项列表"，各输出项之间用逗号分隔。该函数的作用是按指定的格式将数据写入 fp 所指向的文件中。

返回值：如果操作成功，则函数的返回值就是写入文件中数据的字节数；如果操作出错，则返回 EOF。

【例 11-3】 将变量的值格式化写入文件中，然后从文件中格式化读出并显示。

算法分析：

通过问题的描述，定义文件类型指针 fp 指向该文件，同时定义两个变量 i 和 f 用来存放写入的内容和读出的内容。要求将两个变量以某种格式写入磁盘文件或从磁盘文件中格式化读出，因此使用格式化 fscanf 和 fprintf 函数。

设把整型变量 i 和单精度变量 f 写入文件 fp 中，调用 fprintf 函数的格式为"fprintf(fp,"%2d,%6.2f",i,f);"；若将格式化读出数据存放在变量 i 和 j 中，则调用 fscanf 函数的格式为"fscanf(fp,"%d,%f",&i,&f);"。

源程序编写步骤：

(1) 定义算法分析中用到的变量及中间变量。

```
int i = 3;
float f = 0.568f;
FILE    * fp;
```

(2) 打开文件并判断是否成功打开。

```
fp = fopen ("xu.txt","w");
  if (fp = = NULL)          {
    printf ("can't create file\n");
    exit (0);
  }
```

(3) 将变量 i 和 f 的值格式化输出到文件中。

```
fprintf (fp," % 2d, % 6.2f", i, f);
fclose (fp);
```

(4) 打开文件并判断是否成功打开。

```
fp = fopen ("xu.txt","r");
if (fp = = NULL)          {
  printf ("can't open file \n");
  exit (0);
}
```

(5) 从文件中读取数值到变量 i 和 f，并显示从文件中读取的变量 i 和 f 的值。

```
fscanf (fp," % d, % f",&i, &f);
fclose (fp);
printf ("i =  % 2d, f =  % 6.2f\n", i, f);
```

源程序：

```
1  /* 11 - 3.c */
2  # include < stdio.h >
3  # include < stdlib.h >
```

```
4   int main ( )
5   {
6      int i = 3;
7      float f = 0.568f;
8      FILE * fp;
9      fp = fopen ("xu.txt","w");
10     if (fp == NULL)
11     {
12       printf ("can't create file \n");
13       exit(0);
14     }
15     fprintf (fp," % 2d, % 6.2f", i, f);
16     fclose (fp);
17     fp = fopen ("xu.txt","r");
18     if (fp == NULL)
19     {
20       printf ("can't open file \n");
21       exit(0);
22     }
23     i = 0;
24     f = 0;
25     fscanf(fp," % d, % f",&i, &f);
26     fclose(fp);
27     printf("i = % 2d, f = % 6.2f\n", i, f);
28     return 0;
29   }
```

程序运行结果如下。

```
i =  3, f =    0.57
```

在 11-3. c 同一文件夹下自动创建一个 xu. txt 文件,文件的内容如图 11-5 所示。

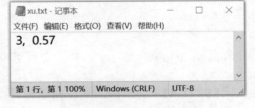

图 11-5 例 11-3 的文件内容

4. 数据块读写函数

C 语言还提供了用于整块数据的读写函数 fread 和 fwrite 以及 getw 和 putw,可用来读写一组数据,如一个数组元素、一个结构变量的值。

1) fread 函数原型

unsigned fread(void * ptr, unsigned size, unsigned n, FILE * fp)

功能:从 fp 所指向的文件中读取 n 个数据项,每个数据项的大小是 size 字节,并将其放到 ptr 所指向的内存中。

其中参数 ptr 为指针变量,用于指向数据块要存放的内存区域的首地址,参数 size 为每次读取的字节数,参数 n 为读操作的次数,参数 fp 为文件类型指针变量。

返回值:如果操作成功,则函数的返回值就是读取的数据项的个数;如果操作出错或遇到文件尾,则返回 0。

例如:

```
fread( ptr,2,5,fp );   /* 它表示此函数从 fp 所指向的文件的当前读写位置起读取 5 个数据,每次
                          读取的数据量为 2 字节,并将它们存放到 ptr 所指的内存中 */
```

2) fwrite 函数原型

```
int   fwrite(void * ptr, unsigned size, unsigned n, FILE * fp )
```

功能:将 ptr 所指向的内存中存放的 n 个大小为 size 字节的数据项写入 fp 所指向的文件中。参数 ptr 为指针变量,它指向某个内存区域的首地址,参数 size 为每次写入的字节数,参数 n 表示写操作的次数,参数 fp 为文件类型指针变量。

返回值:如果操作成功,则函数的返回值就是写入文件中数据项的个数;如果操作出错,则返回 0。

3) getw 函数原型

```
int    getw( FILE * fp )
```

功能:从 fp 所指向的文件中读取一个字(word)。

返回值:如果操作成功,则函数的返回值为所读取的二进制整数;如果发生错误,则返回值为 EOF。

4) putw 函数原型

```
int    putw( int w, FILE * fp )
```

功能:将一个 int 型数据 w 写入 fp 所指向的文件中。

返回值:如果操作成功,则函数的返回值为写入的整数 n;如果发生错误,则返回值为 EOF。

例如:

```
…
int i ;
i = getw( fp );
…
putw( 5,fp );
…
```

【例 11-4】 要求输入 5 位同学的"C 语言""计算机基础""英语"3 门课程的成绩,统计其平均成绩后再输出,并将这些信息保存在 stui. bin 文件中。

算法分析:

通过问题的描述,定义文件类型指针 fp 指向 stui. bin 文件,同时定义结构体类型变量 stui 和 stuo 用来存放写入的内容和读出的内容。要求写入 stui. bin 文件的数据是一个结构体,因此使用数据块 fread 和 fwrite 函数。

源程序编写步骤:

(1) 定义算法分析中用到的变量及中间变量。

```
struct stu                                    /* 定义结构体类型变量 stui 和 stuo */
   {
     char num[6];
     float sc[3], ave;
   }stui, stuo;
FILE * fstui;
int i;
```

(2) 打开文件并判断是否成功打开。

```
if( (fstui = fopen("stui.bin","wb + ")) == NULL)   /* 打开文件 */
```

```
    {
      printf( "Can not open the file!\n");
      exit(0);
    }
```

（3）将 5 位同学的数据分别从键盘输入，计算平均值，并将数据写入文件 fstui 中。

```
  for(i = 0; i < 5; i++)
  {
    scanf("%s%f%f%f", stui.num, &stui.sc[0], &stui.sc[1], &stui.sc[2]);
  /* 读取从键盘输入的学号和 3 门课程的成绩数据 */
    stui.ave = (stui.sc[0] + stui.sc[1] + stui.sc[2])/3;  /* 求平均值 */
    fwrite( &stui, sizeof(struct stu), 1, fstui);         /* 将数据写入文件 */
  }
```

（4）分别读取 fstui 所指向的文件中的数据并显示。

```
for(i = 0; i < 5; i++)
  {
    if( fread( &stuo, sizeof(struct stu), 1, fstui)!= NULL )
/* 读取 fstui 所指文件中的数据 */
    printf("%s\t%.1f\t%.1f\t%.1f\t%.1f\n",stuo.num,stuo.sc[0], stuo.sc[1],stuo.sc[2],
stuo.ave);
    }
```

（5）关闭文件。

```
fclose(fstui);
```

源程序：

```
1   /* 11-4.c */
2   # include < stdio.h>
3   # include < stdlib.h>
4   int main()
5   {
6     struct stu                /* 定义结构体类型变量 stui 和 stuo */
7     {
8     char num[6];
9     float sc[3], ave;
10    }stui, stuo;
11    FILE *fstui;
12    int i;
13
14    if( (fstui = fopen("stui.bin","wb+")) == NULL )        /* 打开文件 */
15    {
16     printf( "Can not open the file!\n");
17     exit(0);
18    }
19    printf("请输入 5 位学生的 3 门课程的成绩:如:201409 60 70 80\n");
20    printf(" ********************* \n");
21    for(i = 0; i < 5; i++)
22    {
23    scanf("%s%f%f%f", stui.num, &stui.sc[0], &stui.sc[1], &stui.sc[2]);
24    /* 读取从键盘输入的学号和 3 门课程的成绩数据 */
25    stui.ave = (stui.sc[0] + stui.sc[1] + stui.sc[2])/3;        /* 求平均值 */
26    fwrite( &stui, sizeof(struct stu),1, fstui);               /* 将数据写入文件 */
27    }
28    printf(" ********************* \n输出结果:\n");
```

```
29    rewind(fstui);              /* 文件读写指针返回文件头 */
30    for(i = 0; i < 5; i++)
31    {
32    if( fread( &stuo, sizeof(struct stu), 1, fstui)!= 0 )
33    /* 读取 fstui 所指文件中的数据 */
34    printf(" % s\t% .1f\t% .1f\t% .1f\t% .1f\n",stuo.num,stuo.sc[0],stuo.sc[1],stuo.
35    sc[2],stuo.ave);
36    }
37    fclose(fstui);
38    return 0;
39    }
```

程序运行结果如下。

请输入 5 位学生的 3 门课程的成绩:如:201409 60 70 80
* * * * * * * * * * * * * * * * * * * *
201401 70 85 82
201402 80 83 90
201403 77 88 82
201404 90 81 88
201405 85 88 89 ↙
* * * * * * * * * * * * * * * * * * * *

输出结果:

```
201401   70.0      85.0      82.0      79.0
201402   80.0      83.0      90.0      84.3
201403   77.0      88.0      82.0      82.3
201404   90.0      81.0      88.0      86.3
201405   85.0      88.0      89.0      87.3
```

在 11-4.c 同一文件夹下自动创建一个 stui.bin 文件。

11.3.2　文件读写函数选用原则

1. 从功能角度来选

从功能角度来说,fread()和 fwrite()函数可以完成文件的任何数据读/写操作。但为方便起见,依下列原则选用。

(1) 读/写 1 个字符(或字节)数据时:选用 fgetc 和 fputc 函数。

(2) 读/写 1 个字符串时:选用 fgets 和 fputs 函数。

(3) 读/写 1 个(或多个)不含格式的数据时:选用 fread 和 fwrite 函数。

(4) 读/写 1 个(或多个)含格式的数据时:选用 fscanf 和 fprintf 函数。

2. 从文件类型的角度来选

从文件类型的角度来说,不同的函数的操作文件类型有所不同,依下列原则进行选择。

(1) fgetc 和 fputc 函数主要对文本文件进行读写,但也可以对二进制文件进行读写。

(2) fgets 和 fputs 函数主要对文本文件进行读写,对二进制文件操作无意义。

(3) fread 和 fwrite 函数主要对二进制文件进行读写,但也可以对文本文件进行读写。

(4) fscanf 和 fprintf 函数主要对文本文件进行读写,对二进制文件操作无意义。

11.4　文件的定位与随机读写

本节主要讨论以下问题。

在文件的读写操作过程中,如何实现在所需要的位置进行操作?

11.3 节介绍的读写函数的读写方式都是指读写文件只能从头开始,顺序读写各个数据,即顺序读写。但在实际问题中,常常需要只读写文件中某一指定位置的内容。这就要求移动文件指针到指定的文件位置,然后进行读写。称这种读写文件的方式为随机读写。

在随机访问文件中,读/写完一个字符(字节)数据后,可以按要求跳转到文件某个指定位置进行读取/写入操作,这种操作称为文件的定位。C 语言提供了文件定位函数,如rewind、fseek 等,调用 ftell 函数就可以知道文件位置指针的位置。

1. rewind 函数原型

```
void      rewind(FILE * fp )
```

功能:将 fp 所指向的文件的读/写位置指针重新指向文件的开头。

返回值:无。

2. fseek 函数原型

```
int       fseek(FILE * fp, long offset, int when)
```

功能:该函数的作用是把 fp 所指向的文件的读写位置指针调整到距离起始点 when 位移量为 offset 的位置处。其中:

参数 offset 表示的是读写位置指针向文件尾部移动的字节数。一般要求为 long 型,所以此参数值结尾要加上 l(或 L)。

参数 when 有 3 种取值,0 代表文件头,1 代表文件当前位置,2 代表文件末尾。实际中常用宏定义代替起始位置,这 3 个值分别对应宏名 SEEK_SET、SEEK_CUR 和 SEEK_END。

返回值:如果移动成功则返回 0 值,否则返回非 0 值。

fseek 函数一般用于二进制文件,因为文本文件要进行字符的转换,往往无法准确计算位移量。

例如:

```
fseek(fp,100L,SEEK_SET); /* 将读写位置指针移动到离 fp 所指文件的文件头 100 个字节的位置 */
fseek(fp,50L,1);          /* 将读写位置指针移动到离 fp 所指文件的当前位置 50 个字节的位置 */
fseek(fp, - 50L,2);       /* 将读写位置指针移动到离 fp 所指文件的末尾前 50 个字节的位置 */
```

3. ftell 函数原型

```
long      ftell(FILE * fp )
```

功能:取得流式文件当前的读写位置,它用相对于文件开头的位移量来表示。其中的参数 fp 为文件类型指针变量。

返回值:正常返回值为读写指针所在当前位置距文件头的位移量,返回值为 −1L 时表示出错。

例如:

```
…
i = ftell(fp);
if(i == - 1L)   printf("No current position\n");
                                    /* 取得当前读写位置出错时,输出 No current position */
…
```

【例 11-5】　在 fruit.txt 文件中分 3 行写入 3 个字符串,它们分别是"apple"、"banana"和"lemon"。然后从该文件中读取各字符串并显示在屏幕上,要求只显示出第 2 个字符串的内容"banana"以及在文件尾处写出字符串"3 fruit."。

算法分析:

首先是把 3 个字符串写入 fruit.txt 文本文件,然后是从该文件中读取这些字符串或其中某个字符串,这是一个写入文件后又读文件的操作过程。因此,首先需要以可写和可读方式打开该文件,并将文件读写指针指向该文件的开始处。

由于写入的是字符串,因此,使用 fputs 函数,以及在每次使用该函数之后再写入一个换行符'\n'的方式完成。

从文件中读取字符串首先应让文件读写指针返回到文件开始处,然后使用 fgets 函数从文件中读取一个字符串并存入某个字符数组,同时可将这个数组内容显示在屏幕上。

最后,要求只读取并显示第 2 个字符串,可以考虑使用 fseek 函数让文件读写指针指向文件中的第 2 个字符串的首部,然后开始读取并显示在屏幕上。

源程序的编写步骤:

(1) 定义相关变量及两个用于存放 3 个字符串的二维字符数组。

```
char out[3][10] = {"apple","banana","lemon"}, in[3][10];
```

(2) 以读/写方式创建与源程序同一文件夹的 fruit.txt 文件,并将文件读写指针指向该文件的开始处。

```
if( (fp = fopen("fruit.txt","w + ")) == NULL )
  {
    printf("Can not open the file!\n");
    exit(0);
  }
```

(3) 循环 3 次,每次写入一个字符串(使用 fputs 函数)和一个换行符。

```
for(i = 0; i < 3; i++)
  {
    fputs(out[i] , fp);
    fputc('\n', fp);
  }
```

(4) 使用 rewind 函数让文件读写指针返回到文件开始处,然后循环使用 fgets 函数从文件中读取一个字符串并存入字符数组 in[i],同时将这个数组内容显示在屏幕上。

```
rewind(fp);                       /* 使用 rewind()函数使读写指针返回文件开头 */
for(i = 0; i < 3; i++)            /* 循环把 fp 所指文件中的字符串读取到 in 数组中 */
  if( fgets(in[i], 10, fp) != NULL ) puts(in[i]);      /* 显示 in 数组中的字符串 */
```

(5) 使用 fseek 函数让文件读写指针指向文件中的第 2 个字符串开始处,然后使用 fgets 函数从文件中读取这个字符串并存入字符数组 in[0],同时将这个数组内容显示在屏幕上。

```
fseek(fp,7L,0);            /* 将读写指针向后移动到离 fp 所指文件的文件头 7 字节的位置 */
printf("将读写指针向后移动到离 fp 所指文件的文件头 7 字节的位置后,输出的字符串为:");
if( fgets(in[0], 10, fp)!= NULL)     puts(in[0]);
```

（6）在文件尾处写入信息"3 fruits."。其中数字 3 以格式化方式写入，"fruits."以字符串方式写入。

```
i = 3;
fseek( fp,0,2 );        /* 将读写指针向后移动到文件结尾处 */
fprintf( fp,"%d", i ); /* 把整数 i 写入文件中 */
fputs("fruits.",fp);    /* 把字符串"fruits."写入文件中 */
```

（7）关闭已打开的文件。

源程序：

```
1   /* 11 - 5.c */
2   # include < stdio. h >
3   # include < stdlib. h >
4   int main(void)
5   {
6      FILE * fp;
7      char out[3][10] = {"apple","banana","lemon"},in[3][10];
8      int i;
9      if( (fp = fopen("fruit.txt","w + ")) == NULL )
10     {
11        printf("Can not open the file!\n");
12        exit(0);
13     }
14     for(i = 0; i < 3; i++)
15     {
16        fputs(out[i] , fp);
17        fputc('\n', fp);
18     }
19     rewind(fp);
20     for(i = 0; i < 3; i++)
21        if( fgets(in[i], 10, fp) != NULL ) puts(in[i]);
22     fseek(fp,7L,0);          /* 将读写指针向后移动到离 fp 所指文件的文件头 7 字节的位置 */
23     printf("将读写指针向后移动到离 fp 所指文件的文件头 7 字节的位置后,输出的字符串为:");
24     if( fgets(in[0], 10, fp)!= NULL) /* 把 fp 所指文件中的字符串读取到 in[0]一维数组中 */
25        puts(in[0]);                  /* 显示 in[0]中的字符串 */
26     i = 3;
27     fseek( fp,0,2 );                 /* 将读写指针向后移动到文件结尾处 */
28     fprintf( fp,"%d", i );           /* 把整数 i 写入文件中 */
29     fputs("fruits. ", fp);           /* 把字符串"fruits."写入文件中 */
30     fclose(fp);                      /* 关闭文件 */
31     return 0;
32  }
```

程序运行结果如下。

```
apple

banana

lemon
```

将读写指针向后移动到离 fp 所指文件的文件头 7 字节的位置后,输出的字符串为: banana

此外,在 11-5.c 同一文件夹内会产生一个文件名为 fruit.txt 的文本文件,该文件内容如图 11-6 所示。

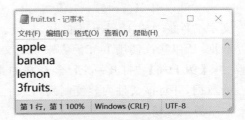

图 11-6　例 11-5 的文件内容

🔍 11.5　文件的出错检测

本节主要讨论以下问题。

(1) 在文件读写过程中,如何判断文件指针是否指向文件末尾?

(2) 在文件读写过程中,如何判断文件指针是否操作出错或成功?

在使用文件操作函数进行读写时,往往要判断文件指针是否已经指向文件末尾,或者某个文件操作函数是否调用成功等,C语言中提供了文件出错检测函数:ferror、clearerr、feof 等。

1. ferror 函数原型

int ferror(FILE * fp)

功能:检查对 fp 所指文件进行读写函数的调用是否出错。参数 fp 为文件类型指针变量。

返回值:函数返回 0 值(假),表示读写函数调用未出错;否则返回非 0 值(真),表示读写函数调用出错。如有必要,在调用一个读写函数后应立即检查 ferror 函数的值,否则信息会丢失。

例如:

```
…
ch = fgetc(fp);                         /* 对 fp 所指文件调用 fgetc 函数 */
if( ferror(fp) ) printf("Error in I/0.\n");  /* 如果错误,则输出 Error in I/0. */
…
```

2. clearerr 函数原型

void　　clearerr (FILE * fp)

功能:重新设置文件出错标志,使文件错误标志置为 0(即无错误)和文件结束标志置为0(即文件读写指针未到文件结尾处)。只要文件操作出现错误标志,该标志会一直保留直到对这个文件调用 clearerr 函数或 rewind 函数,或任何其他一个读写函数。参数 fp 为文件类型指针变量。

返回值:无。

3. feof 函数原型

int feof(FILE * fp)

功能:判断文件是否结束。参数 fp 为文件类型指针变量。

返回值:如果读写指针到了文件的末尾处,则该函数返回非 0 值(真);否则返回 0 值(假)。

文件以 EOF 符号(−1 值)结束,这可以作为判断文本文件结束与否的标志,因为组成文本文件的 ASCII 码不可能为−1 值。但对于二进制文件来说就不实用了,−1 值可能是数据,所以建议使用 feof 函数来判断文本文件是否结束。

【例 11-6】　打开一个已经存在的文本文件"我和我的祖国.txt",按字符顺序读取其中的数据,并将该文件内容复制到另一个文本文件中去。

算法分析:

首先,按字符顺序读取某个已存在的文本文件"我和我的祖国.txt"(原始文件),然后把所有读取到的字符内容复制到一个新的文本文件(目标文件)中,注意,此处目标文件的文件名需要自行输入,对原始文件是读取过程,对目标文件的生成过程是写入操作。

读取过程可以使用 fgetc 函数,依次读取每个字符并存放在某个字符变量中,直至读到文件的尾部(即 EOF 处)时结束读取操作。

写入操作可以使用 fputc 函数将每次读取到的字符直接写入待复制文件的目标文件中。

源程序的编写步骤:

(1) 以读取方式打开文本文件"我和我的祖国.txt"。

(2) 输入待复制文本文件的名称,一般扩展名为.txt。

(3) 以写入方式打开这个待复制文件。

(4) 循环读取源文件中的每个字符并写入待复制文件中,直至源文件结束。

(5) 关闭已打开的两个文件。

源程序:

```
1   /* 11 - 6.c */
2
3   # include < stdio.h >
4   # include < stdlib.h >
5   int main(void)
6   {
7       FILE * fin, * fout;                  /* 定义两个文件类型指针变量 */
8       char fname[20];
9       int c;
10      fin = fopen("我和我的祖国.txt" ,"r"); /* 打开当前目录下的文件复制问题.c */
11      printf("请输入待复制到的文件名称(包括文件扩展名,20 个字符以内): ");
12      scanf("%s",fname);                   /* 自行输入待复制到的文件名称 */
13      fout = fopen(fname,"w");             /* 以 w 只写方式打开待复制文件 */
14      if(fin == NULL)                      /* 判断是否成功打开文件复制问题.c 文件 */
15      {
16          printf("Can not open the input file!\n");
17          exit(0);
18      }
19      if(fout == NULL)                     /* 判断是否成功打开待复制文件 */
20      {
21          printf("Can not open the output file!\n");
22          exit(0);
23      }
24      while ( (c = fgetc(fin)) != EOF)     /* 判断是否结束 */
25          fputc( c,fout );                 /* 把 c 写入 fout 所指的文件中 */
26      printf("请关闭该窗口,在\"我和我的祖国.txt\"的同一文件夹内查看所复制的文件:%s\n",
    fname);
27      fclose(fin);                         /* 关闭文件 */
28      fclose(fout);                        /* 关闭文件 */
29      return 0;
30  }
```

程序的运行结果如下。

请输入待复制到的文件名称(包括文件扩展名,20 个字符以内): 复制后的文件.txt
请关闭该窗口,在"我和我的祖国.txt"的同一文件夹内查看所复制的文件:复制后的文件.txt

在"我和我的祖国.txt"同一文件夹下自动创建一个"复制后的文件.txt"文件，文件的内容如图 11-7 所示。

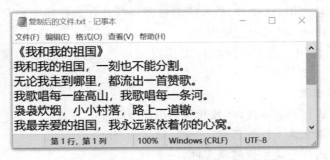

图 11-7　例 11-6 运行后的文件内容

视频讲解

11.6　文件的典型应用：超市收银

本节主要讨论以下问题：

（1）文件类型的数据如何定义？

（2）如何对文件类型的数据进行读写？

（3）文件类型的数据能带来哪些好处？

文件数据类型能够方便地使程序的输入和输出数据以文件形式存储，通过查看文件，了解程序的输入或输出数据，实现程序与数据的分离，更方便用户操作。一般来说，对于数据比较复杂，如结构体类型或者文本型数据更适合使用文件进行存储。下面主要通过超市常用的收银系统进一步介绍文件的操作和使用。

1. 问题描述

在超市购物时，顾客选完东西就需要买单，那么如何算出消费金额呢？假设商品编号、商品名称、单价等信息已经存放在一个文件中，只要通过键盘输入购买的每种商品数量，就可以计算出具体的消费金额，要求将计算出的所有消费记录，包括商品数量、金额、日期和商品编号保存在另一个文件中。

2. 算法分析

设存放商品编号、商品名称、单价等的文件为 storage.dat，存放消费记录的文件为 record.dat，商品种类有 num 种，表示每种商品信息的数据类型为结构体 Ware_Tag，消费记录的数据类型为结构体 Record_Tag。

通过问题描述，可以看出首先要建立 storage.dat 文件，把商品的相关信息写入此文件中，然后通过键盘输入购买的每种商品数量，对文件 storage.dat 进行读取操作，计算此商品的消费金额，同时将这种商品的消费记录写入文件 record.dat，写入和读取文件操作的对象都以数据块为单位，因此需要使用 fread 和 fwrite 函数。

3. 编写源程序的基本步骤

（1）建立 storage.dat 文件的函数 CreateStorage。

```
void CreateStorage( char * fileName ,int num)
{
```

```
    int i;
    FILE * pF = NULL;
    DataType * pDataType = NULL;
    pDataType = ( DataType * ) malloc( sizeof( DataType ) * num );
    if ( pDataType == NULL )
    {
        printf( "内存分配失败." );
        return;
    }
    for( i = 0; i < num; i++ )                          /* 每种商品的序号、名称、价格 */
    {
        scanf( "% d", &pDataType[i].index );
        scanf( "% s", pDataType[i].name );
        scanf( "% d", &pDataType[i].price );
    }
    pF = fopen( fileName, "a +" );
    fwrite( pDataType, sizeof( DataType ), num, pF );    /* 每种商品信息写入文件 fileName */
    fclose( pF );
    free ( pDataType );
}
```

（2）编写将商品信息文件中的商品信息读出的函数 LoadData，并将读出的结果存储到变量 pDataType。

```
void LoadData( char * fileName, DataType ** pDataType, int num )
{

    FILE * pF = NULL;
     if ( num == 0 )
    {
        return ;
    }
     * pDataType = ( DataType * )malloc( sizeof( DataType ) * num );

    if ( pDataType == NULL )
    {
        printf( "内存分配失败\n" );
        return;
    }

    pF = fopen( fileName, "r" );
    fread( * pDataType, sizeof( DataType ), num, pF );
    fclose( pF );

}
```

（3）将第（2）步读出到 pDataType 的信息输出。

```
for ( i = 0; i < num; i++ )
{
    printf( "% d   % s   % d \n", pDataType[i].index, pDataType[i].name, pDataType[i].price );
}
```

（4）输入每种商品的购买数量，并计算购买日期和总金额。

```
t = time( NULL );
s = ctime( &t );
for( i = 0; i < num; i++ )
```

```
{
    scanf( " % d", &pRecord[i].num );
    strcpy( pRecord[i].date, s );
    pRecord[i].index = pDataType[i].index;
    pRecord[i].total = pRecord[i].num * pDataType[i].price;
}
```

（5）将第（4）步计算的结果写入文件 record.dat 中。

```
pF = fopen( recordFile, "a + " );
fwrite( pRecord, sizeof( Record ), num, pF );
```

（6）查看消费记录信息。

```
pF = fopen(recordFile, "r + " );
fread( pRecord, sizeof( Record ), num, pF );
for ( i = 0; i < num; i++)
{
    printf( "  % s  % d  % d  % d \n", pRecord[i].date, pRecord[i].index,  pRecord[i].num,
pRecord[i].total );
}
fclose(pF);
```

4. 源程序

```
1   typedef struct Ware_Tag
2   {
3    int index;
4    char name[20];
5    int price;
6   }DataType;
7   typedef struct Record_Tag
8   {
9    char date[30];
10   int index;
11   int num;
12   int total;
13   }Record;
14   # include < stdio.h >
15   # include < stdlib.h >
16   # include < time.h >
17   # include < string.h >
18   void CreateStorage( char * fileName, int num )
19   {
20    int i;
21    FILE * pF = NULL;
22    DataType * pDataType = NULL;
23
24    pDataType = ( DataType * ) malloc( sizeof( DataType ) * num );
25    if ( pDataType == NULL )
26    {
27      printf( "内存分配失败." );
28      return;
29    }
30    printf("input commodity information :\n");
31    for( i = 0; i < num; i++)
32    {
```

```
33       scanf( "%d", &pDataType[i].index );
34       scanf( "%s", pDataType[i].name );
35       scanf( "%d", &pDataType[i].price );
36    }
37
38    pF = fopen( fileName, "a+" );
39
40    fwrite( pDataType, sizeof( DataType ), num, pF );
41
42    fclose( pF );
43    free ( pDataType );
44
45    }
46    void LoadData( char * fileName, DataType ** pDataType, int num )
47    {
48
49    FILE * pF = NULL;
50    if ( num == 0 )
51     {
52     return ;
53     }
54
55     * pDataType = ( DataType * )malloc( sizeof( DataType ) * num );
56
57    if ( pDataType == NULL )
58    {
59       printf( "内存分配失败\n" );
60       return;
61    }
62
63    pF = fopen( fileName, "r" );
64    fread( * pDataType, sizeof( DataType ), num, pF );
65    fclose( pF );
66
67    }
68    int main( int argc, char * argv[] )
69    {
70      char * storageFile = "storage.dat";
71
72      char * recordFile = "Record.dat";
73      DataType * pDataType = NULL;
74      Record * pRecord = NULL;
75      int i;
76      int num = 3;
77      char * s = NULL;
78      time_t t;
79      FILE * pF = NULL;
80      CreateStorage( storageFile,num );
81      LoadData( storageFile, &pDataType, num );
82      printf("output commodity information :\n");
83      for ( i = 0; i < num; i++)
84      {
85    printf( "%d %s %d \n", pDataType[i].index, pDataType[i].name, pDataType[i].price );
86      }
87
```

```
88    pRecord = ( Record * ) malloc ( sizeof( Record ) * num );
89    if ( pRecord == NULL )
90    {
91      printf( "内存分配失败,程序退出." );
92      return 0;
93    }
94
95    t = time( NULL );
96    s = ctime( &t );
97    printf("input consumption quantity :\n");
98    for( i = 0; i < num; i++)
99    {
100     scanf( " % d", &pRecord[ i ].num );
101     strcpy( pRecord[ i ].date, s );
102     pRecord[ i ].index = pDataType[ i ].index;
103     pRecord[ i ].total = pRecord[ i ].num * pDataType[ i ].price;
104
105   }
106   pF = fopen( recordFile, "a + " );
107   fwrite( pRecord, sizeof( Record ), num, pF );
108   free( pRecord );
109   free( pDataType );
110   fclose(pF);
111   pF = fopen( recordFile, "r + " );
112   fread( pRecord, sizeof( Record ), num, pF );
113   printf("output consumption record :\n");
114   for ( i = 0; i < num; i++)
115   {
116   printf( " % s % d % d % d \n", pRecord[ i ].date, pRecord[ i ].index, pRecord[ i ].num,
      pRecord[ i ].total );
117   }
118
119   fclose(pF);
120   return 0;
121   }
```

源程序经编译、连接和运行后的结果如下。

```
input    commodity information :
1 aaa 10
2 bbb 20
3 ccc 30
output   commodity information :
1   aaa   10
2   bbb   20
3   ccc   30
input    consumption quantity :
10 20 30
output   consumption record :
  Wed Jan 18 20:15:46 2023
   1   10   100
  Wed Jan 18 20:15:46 2023
   2   20   400
  Wed Jan 18 20:15:46 2023
   3   30   900
```

【举一反三】

（1）改进第 10 章的学生信息管理系统，要求将输入的学生信息存放到文件中。

（2）编写教师信息管理系统，要求输入的教师信息存放到文件中。

11.7　本章小结

11.7.1　知识梳理

本章主要介绍了 C 语言中文件的概念、分类和对一般文件的处理方法，包括文件的打开和关闭、文件的顺序或随机读写和文件读写指针的定位。这些操作过程都是通过 ANSI C 中提供的一组规范的流式文件操作函数来实现的，使用这些函数之前必须给程序包含"stdio.h"文件。如表 11-2 所示，列出了本章介绍的文件操作函数。

表 11-2　缓冲文件系统中的常用函数

分　类	函 数 原 型	功　　能
打开文件	FILE * fopen(char * path,char * mode)	打开文件(包括新建文件)
关闭文件	int fclose(FILE * fp)	关闭文件
文件读写	int fgetc(FILE * fp)	从指定文件读取一个字符
	int fputc(int c,FILE * fp)	把一个字符写入到指定文件中
	char * fgets(char * s,int n,FILE * fp)	从指定文件读取字符串
	int fputs(char * s,FILE * fp)	把字符串写入指定文件中
	int fscanf(FILE * fp,char * format,…)	按指定格式从文件读取数据
	int fprintf(FILE * fp,char * format,…)	按指定格式将数据写入文件中
	int fread(void * ptr,unsigned size,unsigned n, FILE * fp)	从指定文件读取数据项
	int fwrite(void * ptr,unsigned size,unsigned n, FILE * fp)	把数据项写入指定文件中
	int getw(FILE * fp)	从指定文件读取一个字(int 型)
	int putw(int w,FILE * fp)	把一个字写入指定文件中
文件定位	void rewind(FILE * fp)	使文件读写指针重新置于文件开头
	int fseek(FILE * fp,long offset,int whence)	改变文件读写指针的位置
	long ftell(FILE * fp)	返回文件读写指针的当前值
文件状态	int feof(FILE * fp)	若读写指针到文件末尾,则函数值为真(非 0)
	int ferror(FILE * fp)	若对文件操作出错,则函数值为真(非 0)
	void clearerr(FILE * fp)	将 ferror 和 feof 函数值置 0

本章知识导图如图 11-8 所示。

11.7.2　常见上机问题及解决方法

1. 关闭文件的操作容易遗忘

文件读写的顺序是打开文件、读写文件和关闭文件。

编程者需要根据问题的要求考虑打开文件的方式，包括只读、只写、读取/写入或追加，文件类型为文本文件或是二进制文件时的打开方式也有不同。具体内容见表 11-1。

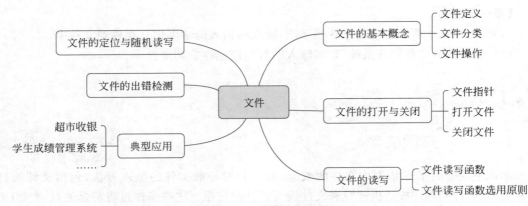

图 11-8　本章知识导图

读写文件时需要根据文件的类型和每次读写文件的数据单位来考虑所使用的读写函数。此外,读写函数的返回值也决定了读写过程是否成功或是否结束。因此,需要编程者在使用之前详细参看这些文件操作函数的参数及不同的返回值所代表的含义。

关闭文件使用 fclose 函数,这通常会被初次使用 C 语言编写文件操作的编程者所遗忘。因此,良好的编程习惯会让程序变得更加强健、友好。

2. 文件的读写指针的位置容易被遗忘

顺序读写文件时,文件的读写指针是自动向后顺序移动的,因此在写入文件完毕后,该指针就指向了文件的结束处。如果问题中还需要继续读取该文件,就需要使用 rewind 函数或 fseek()函数让文件读写指针返回到文件的首部或某个位置,否则是无法读取该文件内容的。

🔑 习题 11

1. 简述 C 语言程序设计中对文件的分类方式。

2. 描述 C 语言程序设计对一般文件的基本处理过程。

3. 简述常用的文件读写函数的功能及用法。

4. 常用的文件读写指针的定位函数包括哪些? 它们的作用是什么?

5. 选择题

(1) 函数表达式 fseek(fp,−50L,2)的作用是_____。

　　A. 将文件的指针移动到距离文件头 50 字节处

　　B. 将文件的指针从当前位置向后移动 50 字节

　　C. 将文件的指针从当前位置向前移动 50 字节

　　D. 将文件的指针移动到文件的末尾前 50 字节处

(2) 函数 rewind()的作用是_____。

　　A. 将文件的指针移动到文件头　　　　B. 将文件的指针移动到指定的位置

　　C. 将文件的指针移动到文件的末尾　　D. 将文件的指针移动到下一字符处

(3) 标准库函数 fgets(s,n,f)的功能是_____。

    A. 从文件 f 中读取长度为 n 的字符串存入指针 s 所指的内存

    B. 从文件 f 中读取长度不超过 n−1 的字符串存入指针 s 所指的内存

    C. 从文件 f 中读取 n 个字符串存入指针 s 所指的内存

    D. 从文件 f 中读取长度为 n−1 的字符串存入指针 s 所指的内存

(4) 在 C 语言中,对文件的存取以_____为单位。

    A. 记录　　　　　　B. 字节　　　　　　C. 元素　　　　　　D. 簇

(5) 下面的变量表示文件指针变量的是_____。

    A. FILE * fp　　　　　　　　　　B. FILE fp

    C. FILER * fp　　　　　　　　　　D. file * fp

(6) 在 C 语言中,系统自动定义了 3 个文件指针 stdin、stdout 和 stderr,分别指向终端输入、终端输出和标准出错输出,则函数 fputc(ch,stdout)的功能是_____。

    A. 从键盘输入一个字符给字符变量 ch

    B. 在屏幕上输出字符变量 ch 的值

    C. 将字符变量的值写入文件 stdout 中

    D. 将字符变量 ch 的值赋给 stdout

(7) 下面程序段的功能是_____。

```
# include < stdio. h>
void main(void)
{ char s1;
  s1 = putc(getc(stdin),stdout);
}
```

    A. 从键盘输入一个字符给字符变量 s1

    B. 从键盘输入一个字符,然后再输出到屏幕

    C. 从键盘输入一个字符,然后在输出到屏幕的同时赋给变量 s1

    D. 在屏幕上输出 stdout 的值

(8) 在 C 语言中,常用如下方法打开一个文件。

```
if((fp = fopen("file1.c","r")) == NULL)
{printf("cannot open this file \n");exit(0);}
```

其中函数 exit(0)的作用是_____。

    A. 退出 C 环境

    B. 退出所在的复合语句

    C. 当文件不能正常打开时,关闭所有的文件,并终止正在调用的过程

    D. 当文件正常打开时,终止正在调用的过程

(9) 执行如下程序段:

```
# include < stdio. h>
void main(void)
{ …
  FILE * fp;
  fp = fopen("file","w" );
  …
}
```

则磁盘上生成的文件的全名是_____。

    A. file   B. file.c   C. file.dat   D. file.txt

(10) 在 C 语言中,打开文本文件 file1.c 的程序段中正确的是_____。

    A. #include < stdio.h > void main(void){FILE * fp; fp = fopen("file1.c","WB");}

    B. #include < stdio.h > void main(void){FILE fp; fp = fopen("file1.c","w"); }

    C. #include < stdio.h > void main(void){FILE * fp; fp = fopen("file1.c","w");}

    D. #include < string.h > void main(void){FILE * fp; fp = fopen("file1.c","w"); }

6. 程序设计题

(1) **学生成绩管理**。要求输入 30 名学生的学号、3 门课程("C 语言""计算机基础""英语")的成绩,将这些信息和各名学生的 3 门课程的总分信息保存在 student.bin 文件中。

(2) **成绩排序**。读取 student.bin 文件,按总分进行排序,然后将排序后的信息保存到 stusort.bin 文件中。

(3) **学生成绩计算**。读取 stusort.bin 文件,输出前 10 名学生的学号以及 3 门课程的成绩和总分。

第 *12* 章

预处理命令

CHAPTER *12*

◇ **学习导读**

预处理功能是 C 语言的重要特征之一。高级语言源程序必须经过编译程序将其翻译成机器语言方可运行。编译程序由词法分析、语法分析、中间代码生成和代码优化等,在进入编译这几个阶段之前,有时也进行一些预处理工作,如注释、多余的空格等。预处理是指在对源程序编译之前,先对源程序中的编译预处理命令进行处理,然后将整个源程序再进行通常的编译处理,以得到目标代码。

从语法上讲,这些预处理命令不是 C 语言的一部分,但合理使用它们,可以简化程序开发过程,提高程序的可读性,也更有利于移植和调试 C 语言程序。

◇ **内容导学**

(1) ♯include 命令的含义,熟练掌握 include 命令的用法。

(2) 宏定义 ♯define 命令的使用。

(3) 条件编译的各种形式和意义。

◇ **育人目标**

《答陈同甫书》的"百尺竿头,更进一步"意为:到了极高的境地,仍需继续努力,争取更高的进步——继续努力,精益求精。

预处理功能是 C 语言的一个重要功能,合理地使用预处理功能,将有利于程序的阅读、修改、调试和移植,帮助编程者不断地改进和优化程序。在学习中,要有螺丝钉精神,学会积累知识,学会创新优化,提高自身技能。

🔑 12.1   预处理命令简介

C语言源程序中所有以♯开头、以换行符结尾的行称为预处理命令。预处理命令不是C语言的一部分,而是传给编译程序的各种指令。

C语言提供的预处理命令包括以下几种。

(1) 文件包含:♯include。

(2) 宏定义:♯define、♯undef。

(3) 条件编译:♯if、♯ifdef、♯else、♯elif、♯endif 等。

(4) 其他:♯line、♯error、♯program 等。

本章主要介绍文件包含、宏定义和条件编译 3 种预处理命令。

🔑 12.2   文件包含命令

本节主要讨论以下问题。

(1) 什么是文件包含命令?

(2) 如何使用文件包含命令?

(3) 使用文件包含命令时,需要注意什么?

文件包含命令是指一个源文件可以通过♯include 命令将另一个源文件包含进来。文件包含命令的一般格式为:

♯ **include "文件名"**

或

♯ **include <文件名>**

其中,文件名是指被调用函数所在文件的文件名,也可以直接写出完整的路径。"< >"与"" ""的区别主要在于告诉编译器寻找函数所在文件的路径不一样。"" ""是先到程序所在目录或指定路径中去寻找,若没找到该文件然后就转移到编译系统的 include 目录中去寻找,"< >"则直接到 include 目录中去寻找。

预编译处理时,将用被包含文件的内容取代该预处理命令,然后对"包含"后的文件与源程序一起形成一个新源文件进行编译,如图 12-1 所示。

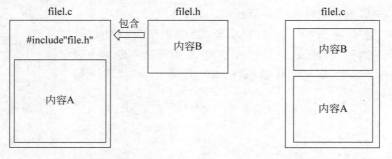

(a) 预处理前两个文件的情况   (b) 预处理后两个文件的情况

图 12-1   文件包含命令预处理过程

【例 12-1】　从键盘输入两个整数,分别求最大整数和最小整数,要求用函数 Max 和 Min 分别求这两个整数中的最大值和最小值,且两函数分别放在文件"max. c"和文件 "C:\tc\min. c"中,主函数放在文件"12-1. c"中。

编写源程序的基本步骤:

(1) 建立文件 max. c,函数功能是求出两个整数的最大值。

```
/ * max.c * /
int Max( int a, int b)
{ return a > b?a:b;
}
```

(2) 建立文件 c:\tc\min. c,函数功能是求出两个整数的最小值。

```
/ * c:\tc\min.c * /
int Min( int x, int y)
{ return x < y?x:y;
}
```

(3) 建立文件"12-1. c",通过调用以上两个函数完成功能。

```
1    / * 12 - 1.c * /
2    # include < stdio.h >              / * 到编译系统找文件 stdio.h * /
3    # include "max.c" / * 到程序所在目录找文件 max.c * /
4    # include "c:\\tc\\min.c"      / * 到指定目录 c:\tc 找文件 min.c * /
5    void main()
6    {
7        int a,b;
8
9        scanf(" % d % d",&a,&b);
10       printf("a = % d,b = % d\na,b 的最大值为 % d\n",a,b,Max(a,b));
11       printf("a = % d,b = % d\na,b 的最小值为 % d\n",a,b,Min(a,b));
12   }
```

程序运行结果如下。

```
54   32 ↙
a = 54,b = 32
a、b 的最大值为 54
a = 54,b = 32
a、b 的最小值为 32
```

使用文件包含命令的优点如下所述。

一个大程序通常分为多个模块,并由多个程序员分别编程。有了文件包含处理功能,就可以将多个模块共用的数据(如符号常量和数据结构)或函数,集中到一个单独的文件中。这样,凡是要使用其中数据或调用其中函数的程序员,只要使用文件包含处理功能,将所需文件包含进来即可,不必再重复定义它们,从而减少重复劳动。

在使用文件包含命令时,要注意以下几点。

(1) 每行写一句,只能写一个文件名,结尾不加分号";"。如果要包含 n 个文件,则要用 n 条包含命令。

(2) 被包含的文件必须是源文件而不能是目标文件。文件名可以任意,但通常以". h" (head 的第 1 个字母)为后缀,因为被包含文件通常在包含文件的头部,被包含文件也因此而被称为"头文件"。在头文件中,除可以包含宏定义外,还可以包含外部变量定义、结构类型定义等。

(3) 文件包含可以嵌套,即在一个被包含的文件中可以包含另一个被包含文件。

(4) 一个文件中有多条♯include命令时,应注意它们的先后次序。例如,如果文件A包含文件B和文件C,而文件B要用到文件C,那么,在文件A中应将♯include"C"写在♯include"B"的前面。

🔑 12.3 宏定义

本节主要讨论以下问题:

(1) 什么是宏定义?

(2) 如何使用不带参数的宏定义?

(3) 如何使用带参数的宏定义?

(4) 带参数的宏定义与带参数的函数有什么区别?

♯define指令定义一个标识符来代表一个字符串,在源程序中发现这个标识符时,都要用该字符串替换,以形成新的源程序。这种标识符称为宏名,将程序中出现与宏名相同的标识符替换为字符串的过程称为宏替换。宏替换的过程在编译预处理时进行。宏定义分为两种:不带参数的宏定义和带参数的宏定义。

1. 不带参数的宏定义

不带参数的宏定义又称为常量宏,常量宏定义的一般格式如下:

♯**define** 标识符   字符串

其中,标识符是宏名,为了和变量名区别,宏名习惯用大写字母命名,字符串就是指宏名所代表的值。这种形式往往用来定义符号常量。

使用常量宏的好处是便于修改常量的值。在编译器的预处理阶段处理后,其中所有宏将会被替换成相应的字符串。

常量宏是一条预处理命令,不是一条语句,因此后面不能加分号。

2. 宏替换

宏替换仅仅是将源程序中与宏名相同的标识符替换宏,并不对宏作任何处理。例如,♯define M 2+4这样定义了宏M后,当程序中出现了M,就直接将2+4替换M,如果先计算2+4,然后将结果6替换M,这样就不对。

宏的定义可以嵌套,但不可递归。例如:

```
♯define N 9
♯define M 2 + N
```

在该定义中,宏M中出现了宏N。在进行宏替换时,要注意替换的次序,层层替换,从外到里。先替换程序中出现的M,再替换N。

例如,♯define M 2+M是错误的,不可递归定义。

【例12-2】 常量宏的使用。

源程序:

```
1   /*12-2.c*/
2   ♯include"stdio.h"
```

```
3    #define PI 3.14              /*定义宏 PI*/
4    #define R 3                  /*定义宏 R*/
5    #define C 2*PI*R             /*定义宏 C*/
6    #define S PI*R*R             /*定义宏 S*/
7    int main(void)
8    {
9        printf("C=%f,S=%f",C,S);
10       return 0;
11   }
```

程序运行结果如下。

```
C=18.840000,S=28.260000
```

程序解析：

该程序中用了 4 个宏定义，分别用来定义 PI、R、C 和 S。其中，宏 C 中出现了宏 R 和宏 PI。这种情况称为宏的嵌套定义。在程序进行编译前，编译系统会对程序进行预处理，把函数体中所有宏名用字符串替换。像在出现宏的嵌套时，进行宏替换要注意替换的次序，层层替换，从外到里。以语句"printf("C=%f,S=%f",C,S);"中的宏名 C 为例，其替换过程如图 12-2 所示。

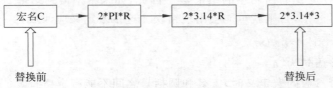

图 12-2 宏替换过程

3. 带参数的宏定义

带参数的宏又称为带参宏，其定义的一般格式为：

#define 标识符(参数列表) 字符串

其中，标识符就是宏名，一般用大写字母来命名，参数列表由一个或多个参数构成，以逗号分开，没有数据类型符；字符串又称为宏体，由参数、运算符以及已经定义的宏或其他相关代码组成。

定义了带参宏后，就可以在程序中使用它了。使用带参宏与函数调用类似，称为宏调用，所有宏调用都会在预处理阶段进行宏替换（宏扩展），其替换过程是：用宏调用中的每个实参替换宏定义体中相应的形参，之后用替换后的宏体去替换宏调用语句，替换过程中若实参为表达式，则不需要计算表达式，而是直接用表达式替换相应的形参。

【例 12-3】 带参数宏定义的使用。

```
1    /*12-3.c*/
2    #include"stdio.h"
3    #define PI 3.14                /*定义宏 PI*/
4    #define C(r) 2*PI*r            /*定义带参宏 C,r 是形参*/
5    #define S(r) PI*r*r            /*定义带参宏 S,r 是形参*/
6    int main(void)
7    {
8        double r;
9
```

```
10      scanf("%lf",&r);
11      printf("C=%lf,S=%lf",C(r),S(r));      /* 带参宏 C(r)和 S(r)使用,r 是实参 */
12      return 0;
13  }
```

程序运行结果如下。

6↙
C=37.680000,S=113.040000

程序解析:

语句"printf("C=%lf,S=%lf",C(r),S(r));"在预处理阶段被替换为"printf("C=%lf,S=%lf",2*3.14*r,3.14*r*r);"。

由于带参数的宏在使用时,参数大多是表达式,宏内容本身也是表达式,因此不但需要将整个宏内容括起来,而且还要将宏参数用()括起来,否则可能引起非预期的结果。

例如:

```
#define  sqrt(x)  x*x
```

如果在程序中有某语句为"a=sqrt(2+3);",则编译后该语句为"a=2+3*2+3;",此时 a 的值为11,而不是编者所希望的结果25。因此,如果希望得到结果25,则需要将宏体中的参数 x 用括号括起来,否则就可能会出现错误。这条宏定义应改成:

```
#define  sqrt(x)  (x)*(x)
```

这样编译后该语句为"a=(2+3)*(2+3);"。

同时在定义带参数的宏定义时,宏名和圆括号之间不能有空格符。

定义和使用带参宏和函数调用似乎是一回事。实质上它们是有本质区别的,主要体现在以下几点。

(1) 带参宏定义不是 C 语句,函数定义是 C 语句块集合。

(2) 带参宏的形参不需要指出类型,而函数参数必须指出参数类型。

(3) 带参宏的宏调用是在预处理阶段完成替换,其过程不进入编译阶段,更不会进入运行阶段,而函数调用在程序运行过程中完成。

(4) 宏调用在被预处理之后,宏已经不存在了,而函数调用在编译阶段将会安排额外的指令来完成函数的调用过程(如参数入栈、出栈、跳转和返回指令等)。

(5) 宏替换时实参不进行任何处理,直接替换宏体中相应的形参,而函数调用在编译阶段将会被先计算实参的值(实参可能为表达式),之后检查实参的类型,若与相应的形参类型不一致,在编译阶段将会报错,编译就不会通过。

(6) 因为宏调用是在预处理阶段被宏体替换掉,因此不存在返回值,而函数调用则可能存在返回值。

(7) 同一个带参宏在程序中进行宏调用将使程序代码增加,而同一个函数在程序中多次调用只会增加几条入栈、出栈、跳转和返回指令。

通过对带参宏和函数的比较,可以看出带参宏和函数的使用各有优缺点。一般情况下,如果程序中有个功能简单、代码短小且在程序中使用不多的功能块,则此时可以用宏或带参宏来实现,否则应该考虑使用函数。

在宏定义中,需要注意以下几点。

（1）在带参宏定义中，宏名和形参表之间不能有空格出现。

（2）在带参宏定义中，形参不必作类型定义。

（3）在宏定义中的形参是标识符，而宏调用中的实参可以是常量、变量或表达式。

（4）在宏定义中，宏体中的每个形参往往都用括号括起来，以免宏展开时出错。

（5）宏定义可以用来定义多条语句，例如：

```
#define SSSV(s1,s2,s3,v)    s1 = l * w;s2 = l * h;s3 = w * h;v = w * l * h
```

在宏调用时，把这些语句置换到源程序内。

（6）宏可以被重复定义。例如：

```
#define M   10
int f1()
{    …
     x = M * M;
     …
}
#define M   20
int f1()
{    …
     x = M * M;
     …
}
```

4. 终止宏定义

定义一个宏之后，这个宏是有作用域的。它的作用域从#define定义之后直到该宏定义所在文件结束，通常宏定义放在源程序开头，因此，如果想在使用完后终止该宏定义的使用，可以使用#undef命令。

#undef命令的一般格式为：

#undef 宏名

功能：取消最近一次#define定义的宏，使定义的宏失去作用。

【例 12-4】 #undef的用法。

```
1   /* 12 - 4.c */
2
3   #include "stdio.h"
4   #define S1 "123456"             /* 定义宏 S1 */
5   int main(void)
6   {
7     printf("%s\n",S1);            /* 使用宏 S1 */
8     #undef S1                     /* 取消宏 S1 */
9     printf("%s\n",S1);            /* 错误,S1 的定义已经取消 */
10    {
11       #define S2 "abcdef"        /* 定义宏 S2 */
12       printf("%s\n",S2);         /* 使用宏 S2 */
13    }
14    printf("%s\n",S2);            /* 使用宏 S2 */
15    return 0;
16  }
```

编译时输出如下编译信息：

```
error C2065: 'S1': undeclared identifier
```

在本例中,需要注意以下两点。

(1) 符号常量的有效范围是从第 1 次出现的位置开始,到♯undef 结束。如果没有对应的♯undef 指令,则到文件末尾结束。

(2) 符号常量与变量的有效范围不同。变量根据其所在位置决定它的作用域范围。符号常量仅仅与其出现的先后位置以及对应的♯undef 命令相关,与是否出现在具体函数中无关。

🔑 12.4　条件编译

本节主要讨论以下问题:

(1) 什么是条件编译?

(2) 如何使用条件编译?

(3) 使用条件编译时,需要注意什么?

通常情况下,一个源程序的所有语句都将参与编译,但有时编者要求希望根据一定的条件去编译源程序的某部分,这时就需要使用条件编译来达到这个目的。像计算机有着许多不同硬件结构以及软件系统的平台,在不同的平台下,同一功能的实现可能会用不同的程序代码。

例如:

```
if(机器类型 = A 类型)
    {代码 A}
  else if (机器类型 = B 类型)
      {代码 B}
    else if (机器类型 = C 类型)
      {代码 C}
```

上面例子中,代码 A、代码 B、代码 C 是在不同平台上完成相同功能的代码段。如果代码按照上面这样编写,则代码 A、代码 B 和代码 C 都将会编译到程序文件中,很显然,此时程序中完成该功能的代码就重复了 2 次,代码无理由地增加了长度。使用条件编译就能解决,这样不但可以缩短程序的编译时间,减少目标程序长度,提高程序的执行效率,而且方便程序员调试和测试代码。

条件编译命令实际上用来让程序员告诉编译器,程序中哪些程序段该编译,哪些不要编译。条件编译命令的引入,使得不同硬件平台或软件平台的代码可以同时编写在一个程序文件中,从而方便程序的维护和移植。同时,针对具体情况,选择不同的代码段加以编译。

条件编译命令有以下几种形式。

1. ♯ifdef-♯endif 条件编译

```
♯ifdef　宏名
    程序段 1
♯else
    程序段 2
♯endif
```

功能:若宏名已经被♯define 定义过,则编译程序段 1,否则编译程序段 2。这条编译命令如同前面学过的 if-else 语句,是一种典型的条件编译命令。

2．＃ifndef-＃endif 条件编译

```
＃ifndef　宏名
     程序段 1
＃else
     程序段 2
＃endif
```

功能：若宏名没有被＃define 定义过，则编译程序段 1，否则编译程序段 2。与第 1 种形式完全相反。

3．＃if-＃endif 条件编译

```
＃if 条件 1
   程序段 1
＃elif　条件 2
   程序段 2
     ⋮
＃else
   程序段 n
＃endif
```

功能：若条件 1 为真，则编译程序段 1，否则如果条件 2 为真就编译程序段 2，以此类推，如果各条件都不为真就编译程序段 n。

引入了条件编译后，则上面所提到的不同硬件或软件系统平台下，功能相同而代码不同的情况可以采用条件编译的方式来解决。例如：

```
＃define　WINDOWS 0
＃define　LINUX　　1
＃define　UNIX　　　2
＃define　OPERATING　WINDOWS
     …
＃if　OPERATING == WINDOWS
    {代码 A}
＃endif
＃if OPERATING == LINUX
    {代码 B}
＃endif
＃if OPERATING == UNIX
    {代码 C}
＃endif
```

如果在上述程序代码中定义了 OPERATING 的值为 WINDOW 常量，则编译器将编译代码 A 段，生成 Windows 版本；如果定义 OPERATING 的值为 LINUX 常量，则编译器将编译代码 B 段，生成 Linux 版本；否则生成 UNIX 版本。

可以看出，采取条件编译可以方便地生成某个程序的多种不同平台下的程序版本。

【例 12-5】 设计程序模式使其能方便地生成 Windows、Linux 和 UNIX 版本。

```
1   /＊12-5.c＊/
2   ＃include"stdio.h"
3   ＃define WINDOWS 0
4   ＃define LINUX 1
5   ＃define UNIX 2
6   ＃define OPERATING UNIX
```

```
7    int main(void)
8    {
9        # if OPERATING == WINDOWS
10        printf("在 Windows 下运行!\n");
11       # endif
12       # if OPERATING == LINUX
13           printf("在 Linux 下运行!\n");
14       # endif
15       # if OPERATING == UNIX
16           printf("在 UNIX 下运行!为 UNIX 版本\n");
17       # endif
18       return 0;
19   }
```

程序运行结果如下。

在 UNIX 下运行!为 UNIX 版本

【**例 12-6**】　从键盘上随意输入一行字符,输出时将字幕字符要么全部小写输出,要么全部大写输出。

```
1    / * 12 - 6.c * /
2    # include"stdio. h"
3    # define UPPER 1
4    int main(void)
5    {
6        char str[80];
7        int i = 0;
8        printf("请输入一个字符串:\n");
9        gets(str);
10       while(str[i]!= '\0')
11       {
12       # if UPPER                /* 大写处理 */
13          if((str[i]< = 'z')&&(str[i]> = 'a'))
14              str[i] -= 32;      /* 小写字母字符转换成大写字母字符 */
15       # else                    /* 小写处理 */
16          if((str[i]< = 'Z')&&(str[i]> = 'A'))
17              str[i] += 32;      /* 大写字母字符转换成小写字母字符 */
18       # endif
19       i++;
20       }
21       puts(str);
22       return 0;
23   }
```

程序运行结果如下。

请输入一个字符串:
I love China ✓
I LOVE CHINA

通过前面的介绍,可以发现条件编译根据条件是否为真来选择相应的程序段进行编译,不能误以为是分支语句,它们之间的区别体现在以下几点。

(1) 处理的时间点不同:条件编译是在预编译环节的处理,而条件语句是在程序运行时的处理。

（2）条件形式不同：条件编译中的条件不可以包含变量名，只能是常量表达式和宏名，可以不加括号；而条件语句中的条件是条件表达式，可以是任何类型的表达式。

（3）目标代码长度不同：条件编译是根据条件来决定哪部分程序段编译成目标代码，而条件语句编译成目标代码与条件无关，最终它们所在的源程序生成的代码长度不同。

12.5　本章小结

12.5.1　知识梳理

编译预处理阶段的工作是编译系统读取 C 源程序，对其中的伪指令（以♯开头的指令）和特殊符号进行处理，或者说是扫描源代码，检查包含预处理指令的语句和宏定义，对其进行初步的转换，删除程序中的注释和多余的空白字符，产生新的源代码提供给编译器。预处理过程先于编译器对源代码进行处理。

在 C 语言中，编译器本身并没有任何内在的机制来完成如下一些功能：在编译时包含其他源文件、定义宏、根据条件决定编译时是否包含某些代码。要完成这些工作，就需要使用预处理程序。尽管在目前绝大多数编译器都包含了预处理程序，但通常认为它们是独立于编译器的。

本章知识导图如图 12-3 所示。

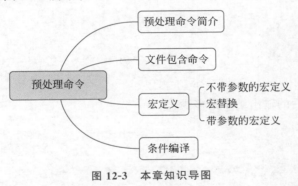

图 12-3　本章知识导图

12.5.2　常见上机问题及解决方法

（1）定义宏时在末尾加分号。

C 语言中，在定义宏时，一般不在末尾加分号，否则会产生错误。例如：

♯define PI 3.14;

应改成：

♯define PI 3.14

（2）使用预处理命令时，丢失"♯"。

（3）在用宏来定义字符串变量时，没有用引号。

（4）宏扩展的整体或参数没用括号括起来。

（5）在使用条件编译时，条件中使用变量。

（6）文件包含中指明包含文件的路径时使用"\"。

习题 12

1. 有以下程序：

```
#define  f(x)    x * x
int main()
{   int i;
    i = f(4 + 4)/f(2 + 2);
    printf(" % d\n",i);
    return 0;
}
```

执行后输出的结果是多少？

2. 程序中头文件 typel. h 的内容是：

```
#define   N    5
#define   M1   N
```

程序如下：

```
#include   "type1.h"
#define   M2   N * 2
int main()
{   int i;
    i = M1 + M2;
    printf(" % d\n",i);
    return 0;
    }
```

程序编译、运行后的输出结果是多少？

3. 有如下程序：

```
#define     N    2
#define     M    N + 1
#define     NUM   2 * M + 1
int main()
{   int  i;
    for(i = 1;i < = NUM;i++)
         printf(" % d\n",i);
    return 0;
 }
```

程序编译、运行后的输出结果是多少？

4. 分别用函数和带参的宏，从 3 个整数中找出最小者。

5. 什么是条件编译？条件编译有什么优点？

6. 写一个带参宏，实现求 3 个整数的最大值。

附　　录

附录 A　安装 C 语言开发集成环境

附录 B　ASCII 码对照表

附录 C　ANSI C89 标准中 C 语言的保留字

附录 D　C 语言运算符的优先级和结合性

附录 E　常见的 C 语言库函数

附录 F　编译常见错误中英文对照表

参 考 文 献

[1] 苏小红,叶麟,张羽,等.程序设计基础(C语言)[M].北京:人民邮电出版社,2022.

[2] 徐新爱,胡佳,卢昕,等.C语言程序设计[M].2版.北京:人民邮电出版社,2017.

[3] 黄建国.从中国传统数学算法谈起[M].北京:北京大学出版社,2016.

[4] 徐新爱,胡佳,卢昕,等.C语言程序设计[M].北京:人民邮电出版社,2014.

[5] 张苍,等.九章算术[M].曾海龙,译解.南京:江苏人民出版社,2011.

[6] 王敬华,林萍,张国清.C语言程序设计教程[M].北京:清华大学出版社,2009.

[7] 王明福,余苏宁.C语言程序设计教程[M].北京:高等教育出版社,2005.

[8] 丁爱萍.C语言程序设计实例教程[M].西安:西安电子科技大学出版社,2002.

[9] 谭浩强.C语言程序设计教程[M].2版.北京:高等教育出版社,1998.

[10] 何钦铭,颜辉.C语言程序设计[M].北京:高等教育出版社,2007.

[11] 邢馥生,刘志远,姜德森.C语言程序设计及应用[M].北京:高等教育出版社,2002.

[12] 百度百科.九章算术[EB/OL].[2023-01-06].https://baike.baidu.com/item/九章算术/348232.

[13] 康拉德·楚泽[EB/OL].(2021-04-29)[2023-01-06].http://edulinks.cn/2021/04/28/20210428-konrad-zuse/.

[14] 国家统计局[EB/OL].[2023-01-06].https://data.stats.gov.cn/easyquery.htm?cn=A01.